农村林业知识读本

林业政策问答手册

国家林业局农村林业改革发展司　编

知识产权出版社
全国百佳图书出版单位

图书在版编目（CIP）数据

林业政策问答手册／国家林业局农村林业改革发展司编．—北京：知识产权出版社，2018.1
（农村林业知识读本）
ISBN 978-7-5130-5268-9

Ⅰ.①林… Ⅱ.①国… Ⅲ.①林业政策—中国—问题解答 Ⅳ.①F326.20-44

中国版本图书馆CIP数据核字（2017）第276595号

责任编辑：石陇辉　　　　责任校对：潘凤越
封面设计：睿思视界　　　责任出版：刘译文

农村林业知识读本

林业政策问答手册

国家林业局农村林业改革发展司　编

出版发行：知识产权出版社有限责任公司		网　　址：http://www.ipph.cn	
社　　址：北京市海淀区气象路50号院		邮　　编：100081	
责编电话：010-82000860 转 8175		责编邮箱：shilonghui@cnipr.com	
发行电话：010-82000860 转 8101		发行传真：010-82000893/82005070/82000270	
印　　刷：三河市国英印务有限公司		经　　销：各大网上书店、新华书店及相关专业书店	
开　　本：787mm×1092mm 1/16		印　　张：21.5	
版　　次：2018年1月第1版		印　　次：2018年1月第1次印刷	
字　　数：445千字		定　　价：86.00元	
ISBN 978-7-5130-5268-9			

出版权专有　侵权必究
如有印装质量问题，本社负责调换。

序

中国13.7亿人口中，目前还有6亿多农民，不懂农民就是不懂中国。我国山区面积占国土面积的69%，山区人口占全国人口的56%，在全国2100多个县市中，有1500多个在山区。全面建成小康社会，重点难点在农民。农民是重要的农业生产经营者，也是林业生产经营活动的重要主体。林地是农村宝贵的资源，是农民重要的生产资料。我国有45.6亿亩林地，其中集体林地27.37亿亩，占全国林地总面积的60%。

据国家林业局测算，我国农村集体林业资源总经济价值达2万亿元以上，其中经济林和竹林占90%以上，在中国林业发展中占有重要地位。习近平总书记于2014年4月4日在参加首都义务植树时深刻指出，"林业建设是事关经济社会可持续发展的根本性问题"。大力发展林业，加强生态建设，事关经济社会可持续发展，事关全面建设小康社会目标的实现，事关建设生态文明。

2015年1月28日，国务院总理李克强在国家林业局工作汇报件上做出重要批示，充分肯定了林业系统积极推进林业改革。李克强总理指出，林业是重要的生态资源，也是不可替代的绿色财富。实行集体林权制度改革，赋权予民，给予农民更广泛的林业生产经营自主权，对于促进集体林区林业经济发展，对于加速林业现代化进程，破解"三农"难题，推进社会主义新农村建设，实现经济社会全面协调可持续发展，具有十分重大的意义。随着我国全面推进和深化集体林权制度改革，至2016年我国共发放林权证1.01亿本，约5亿农民获得了集体林地承包经营权。

为更好地服务于约5亿农民的林业生产经营活动，国家林业局农村林业改革发展司特面向林农组织编写了这套"农村林业知识读本"系列丛书，丛书共包括5本实用手册，即《林业政策问答手册》《林农法律维权实用手册》《林业实用技术手册》《林农致富实用手册》和《林业社会化服务手册》。

本系列丛书旨在促进农民对林业政策知识的系统了解，提升农民的林业法律意识和维权能力，推动农民掌握和运用系列林业实用技术，提高林农的创新意识、创业能力和致富素养，充分认知和合理运用林业社会化服务平台，最终提升农民林业生产经营水平和经营效率。

本系列丛书作为普及性读物，定位为服务于农民，注重系统性、可读性和实用性，力求语言简洁、通俗易懂，内容简单易行。

希望本系列丛书能成为农民朋友们的助手和参谋，切实助力于农民林业经营水平的提高，助益于农民脱贫致富。

前　言

林业政策是国家经济政策的组成部分，是政府在林业方面的施政目标，它不仅是国家为保护森林资源、发展林业生产而制定的行动规范和准则，也是鼓励农民发展林业积极性和维护林业经营者合法权益的制度保障。实践证明，林业政策能促进"三农"问题的解决、林区林农的增收，其重要性不言而喻。而同时，提升农民素质，帮助农民了解林业政策，运用林业相关政策增加收入也具有重要的现实意义，这也是我们编写《林业政策问答手册》的初衷和目的。

本书共5章：第1章是林业知识，主要介绍林业的基础知识和林业政策的知识，使读者对林业及林业政策有初步了解；第2章是林业经营政策，重点梳理林业经营方面的有关政策；第3章是林权改革政策与操作，着重明确林权改革方面的政策导向及具体实施；第4章是林业政策案例，从林权改革、林业合作组织、林下经济、新型林业经营主体、退耕还林还草、贴息贷款等补贴政策，以及农民权益保护七个方面筛选出具有示范作用的典型案例，供读者学习参考和借鉴；第5章列出了一些主要林业政策文件，以方便读者查阅。

本书具有如下特点：

1) 新颖独特。本书采用问答的写作方式，以通俗易懂的语言尽快让农民读者熟知林业政策，更好地运用林业政策。

2) 针对性强。本书梳理出林业政策方面的热点问题，有针对性地解答读者对林业政策的疑惑。

3) 系统全面。本书对现行的林业政策进行归纳，能够帮助读者系统、全面地学习林业政策。

4) 实用方便。本书收集了不同区域、地域的操作案例，更能贴近政策实践，有较好的示范引领作用。

本书为"农民林业知识读本"系列出版物，在编写过程中参考并收录了部分学者的研究成果，在此向相关作者及同仁致以敬意和感谢！

鉴于编者水平所限，加之时间仓促，书中难免有遗漏不足之处，诚请广大读者批评指正，以期完善提高。

目 录

第1章　林业知识　　1

1.1 林业基础知识　　2
 1.1.1 关于林业　　2
 1.1.2 关于森林　　3
 1.1.3 关于林种　　5
 1.1.4 关于林分　　6
 1.1.5 关于林地　　9
 1.1.6 关于森林采伐　　11
 1.1.7 关于森林更新　　12
 1.1.8 关于森林经营　　13
 1.1.9 关于林业经济　　16

1.2 林业政策知识　　17
 1.2.1 政策常识　　17
 1.2.2 林业政策　　22

第2章　林业经营政策　　29

2.1 林业扶持政策　　30
 2.1.1 税费减免优惠政策　　30
 2.1.2 重点龙头企业扶持政策　　30
 2.1.3 速生丰产、珍稀树种用材林基地建设　　30
 2.1.4 符合林业特点的金融服务　　31

2.2 林业补贴政策　　31
 2.2.1 退耕还林（草）补助政策　　31
 2.2.2 林业种苗补贴政策　　33
 2.2.3 森林抚育补贴政策　　34

2.3 森林采伐限额政策　　34

2.4 非木质林产品采收政策　　41

2.5 林业许可经营政策　41

2.6 林业经营税费优惠政策　42

2.7 林业合作社优惠政策　43

2.8 森林保险政策　45

2.9 林权抵押贷款政策　46

2.10 林业贴息贷款政策　47

2.11 产品认证政策　48

2.12 林产品贸易政策　50

2.13 林权登记政策　50

2.14 林权流转政策　52

2.15 林权争议及调处政策　53

2.16 林业基础设施建设政策　56

2.17 森林（林地）保护政策　56

2.18 林地征占用政策　57

2.19 森林生态效益补偿政策　61

2.20 家庭林场经营政策　63

2.21 林家乐政策　64

2.22 林业产业发展扶持政策　64

2.23 经济林种植（油茶）政策　68

2.24 野生动植物驯养繁殖政策　68

第3章　林权改革政策与操作　73

3.1 林权改革政策问答　74

　　3.1.1 改革综述　74

　　3.1.2 主体改革　80

　　3.1.3 配套措施　93

　　3.1.4 保障机制　98

3.2 林权改革操作　101

　　3.2.1 明晰产权　101

　　3.2.2 林权登记　102

　　3.2.3 争议调处　107

3.2.4 承包流转　　108
　　3.2.5 合同样本　　113

第4章　林权改革政策与操作　　123

4.1 林权改革　　124
　　4.1.1 集体林权流转　　124
　　4.1.2 承包土地经营权　　125
　　4.1.3 农户林权抵押贷款　　126

4.2 林业合作组织　　131

4.3 林下经济　　141

4.4 新型林业经营主体（家庭农场、多种资本经营）　　148

4.5 退耕还林、还草　　157

4.6 贴息贷款、政策补贴、森林保险　　167

4.7 农民权益保护　　174

第5章　主要林业政策文件　　177

5.1 主要法律法规文件　　178
　　5.1.1 中华人民共和国宪法　　178
　　5.1.2 中华人民共和国民法通则　　178
　　5.1.3 中华人民共和国物权法　　179
　　5.1.4 中华人民共和国刑法　　180
　　5.1.5 中华人民共和国农民专业合作社法　　182
　　5.1.6 中华人民共和国森林法　　190
　　5.1.7 中华人民共和国森林法实施条例　　197
　　5.1.8 退耕还林条例　　204

5.2 主要规章和规范性文件　　213
　　5.2.1 关于加快林业发展的决定　　213
　　5.2.2 国家级公益林区划界定办法、国家级公益林管理办法　　220
　　5.2.3 中央财政林业补助资金管理办法　　228
　　5.2.4 农村土地承包经营纠纷仲裁规则　　235

5.2.5 关于全面推进集体林权制度改革的意见	244
5.2.6 关于完善集体林权制度的意见	248
5.2.7 林木和林地权属登记管理办法	251
5.2.8 建设项目使用林地审核审批管理办法	253
5.2.9 关于切实加强集体林权流转管理工作的意见	258
5.2.10 关于进一步改革和完善集体林采伐管理的意见	262
5.2.11 关于做好集体林权制度改革与林业发展金融服务工作的指导意见	264
5.2.12 关于林权抵押贷款的实施意见	268
5.2.13 森林资源资产抵押登记办法	272
5.2.14 林业贷款中央财政贴息资金管理办法	275
5.2.15 关于取消、停征和整合部分政府性基金项目等有关问题的通知	278
5.2.16 森林资源资产评估管理暂行规定	279
5.2.17 关于加快林业专业合作组织发展的通知	283
5.2.18 国家农民专业合作社示范社评定及监测暂行办法	286
5.2.19 关于做好森林保险试点工作有关事项的通知	291
5.2.20 关于做好政策性森林保险体系建设促进林业可持续发展的通知	293
5.2.21 森林经营方案编制与实施纲要	296
5.2.22 突发林业有害生物事件处置办法	305
5.2.23 林业产业政策要点	308
5.2.24 关于加快发展森林旅游的意见	315
5.2.25 关于加快林下经济发展的意见	319
5.2.26 关于加快特色经济林产业发展的意见	322
5.2.27 关于加快木本油料产业发展的意见	327
5.2.28 关于完善退耕还林政策的通知	330
5.2.29 关于扩大新一轮退耕还林还草规模的通知	332
主要参考文献	335

第 1 章 林业知识

第 1 章　林业知识

1.1 林业基础知识

1.1.1 关于林业

1.什么是林业？

林业是国民经济的重要组成部分，是培育、经营、保护和开发利用森林的事业。林业既是以取得木材、竹材及多种林产品，为国家建设和人民生活提供各种原材料的生产建设事业，又是维护陆地生态平衡的环境保护工程，是一项长期、复杂的社会公益事业。林业是为了人类的利益经营利用森林以及和森林共生的自然资源的科学和实践。

2.什么是社会林业？

社会林业指围绕人民群众生活所需而要解决与其自身的生存及发展相关的林业活动。发展社会林业，对解决乡村贫困、促进乡村经济发展、减轻毁林压力、稳定生态环境都具有重要意义。联合国粮农组织认为，社会林业是以发展乡村经济为目的，由当地人民参与并从中直接受益的林业生产经营活动。亚洲一些国家在发展社会林业方面一直居世界领先地位，印度、泰国、菲律宾、韩国等国家已取得显著成效。我国也是发展社会林业最早的国家之一。

3.什么是农用林业？

农用林业也称混农林业，是一种土地利用技术和制度的总称，即有目的地把多年生木本植物（乔木、灌木、竹子等）与农作物或动物相结合在同一土地上经营，按一定的空间结构和时间序列进行组合、管理，使农林复合系统在不同组合之间起到生态和经济一体化的相互作用。发展农用林业，能在单位面积土地获得更好的生态和经济效益，因而受到世界各国，尤其是发展中国家的重视，并被作为一种国土治理的重要方式。我国在发展农用林业方面已积累了丰富的经验。

1.1.2 关于森林

1.什么是森林？

森林是陆地上的主要植被类型之一，是以乔木树种为主体，包括灌木、草本以及其他生物在内并占有较大空间、密集生长、能显著影响周围环境的生物群落。森林与环境是一个对立统一且不可分割的总体，森林受环境因子的制约并在一定程度上影响着周围环境，在地球表面的生态平衡中起重要作用。在生态学中，森林被看成是一个以树木为主体的生态系统。森林可为人类提供大量林木、竹材、能源及其他林产品，并改善和美化人类的活动、居住环境。森林又是天然的基因库，是大量野生动植物的生存、繁育栖居地。我国国土辽阔，气候、土壤、地形条件复杂，森林类型十分丰富。

2.什么是森林资源？

森林资源是林地及其所生长的森林有机体的总称。这里以林木资源为主，还包括林中和林下植物、野生动物、土壤微生物及其他自然环境因子等资源。林地包括乔木林地、疏林地、灌木林地、林中空地、采伐迹地、火烧迹地、苗圃地和国家规划宜林地。

《中华人民共和国森林法实施条例》(中华人民共和国国务院令第278号)(以下简称《森林法实施条例》)第二条规定，森林资源包括森林、林木、林地，以及依托森林、林木、林地生存的野生动物、植物和微生物。森林，包括乔木林和竹林。林木，包括树木和竹子。林地，包括郁闭度0.2以上的乔木林地以及竹林地、灌木林地、疏林地、采伐迹地、火烧迹地、未成林造林地、苗圃地和县级以上人民政府规划的宜林地。

3.什么是森林覆盖率？

森林覆盖率亦称森林覆被率，一个国家或地区的森林面积占土地总面积的百分率。联合国粮农组织在计算世界森林覆盖率时，是以世界陆地面积为分母，包括陆地上的江、湖水面在内，不包括南极及北极地区的陆地。根据《森林法实施条例》第二十四条规定："森林法所指森林覆盖率，是指以行政区域为单位森林面积与土地面积的百分比。森林面积，包括郁闭度0.2以上的乔木林地面积和竹林面积、国家特别规定的灌木林地面积、农田林网以及村旁、路旁、水旁、宅旁林木的覆盖面积。"

4.什么是森林效益？

森林效益是森林在人类生活、生产和生存中的有益作用或影响，主要有三个方面：① 森林的经济效益，包括木材、竹材、薪柴、木本油料、工业原料等林产品，生产干鲜果品、食用菌类、药用植物等林副产品，及栖息繁衍野生动物、树木的根、茎、叶、花、果实、汁液和树皮等经济用途；② 森林的生态效益，包括涵养水源、保持水土、防风固沙、调节气候、减少自然灾害、保障农牧业生产和人类生活生存的安全。森林是整个陆地生态系统的主体，在维护陆地生态平衡、促进生态良性循环中起主导作用，这是森林作用于自然、造福于人类的最大功能；③森林还具有吸收二氧化碳、制造氧气、吸附灰尘、消除毒气、净化空气、降低噪声、美化环境、促进人类身体健康等社会公益效益。林区、森林公园是广大人民旅游、疗养、休闲、保健的胜地。

5.什么是森林生产率？

森林生产率指通过人的劳动和自然力的作用，在单位面积林地上生成的活立木的生长量、蓄积量以及其他林产品的数量。反映森林生产率的主要指标有：①林地单位面积木材年生长量；②林地单位面积木材蓄积量；③其他林副产品单位面积产量等。

6.森林是如何分类的？

《中华人民共和国森林法》（中华人民共和国主席令第17号）（以下简称《森林法》）第四条规定，森林分为以下五类。①防护林：以防护为主要目的的森林、林木和灌木丛，包括水源涵养林，水土保持林，防风固沙林，农田、牧场防护林，护岸林，护路林；②用材林：以生产木材为主要目的的森林和林木，包括以生产竹材为主要目的的竹林；③经济林：以生产果品，食用油料、饮料、调料，工业原料和药材等为主要目的的林木；④薪炭林：以生产燃料为主要目的的林木；⑤特种用途林：以国防、环境保护、科学实验等为主要目的的森林和林木，包括国防林、实验林、母树林、环境保护林、风景林，名胜古迹和革命纪念地的林木，自然保护区的森林。

7.什么是森林起源？

森林起源是森林生成的方式，可分为天然林和人工林两种。天然林又分为实生林和萌生林，人工林则分为直播造林、植苗造林和插条造林等方式。确定森林起源时，对人工林可以查对造林记录。对于天然林，如混交林，则以优势树种的起源为准：针叶林绝大多数为种子更新，少数可能是萌芽更新，如杉木等；阔叶林则由种子起源或萌芽起源都有可能。明确森林起源，是确定经营目的和制定经营措施的重要根据之一。

8.什么是天然林？

天然林是由天然更新或演替过程形成的森林。根据其受人为干扰的程度不同可分为原始林、次生林。原始林是未经任何破坏的原生植被。次生林是原始林经采伐或多次破坏后自然恢复起来的森林。我国现有森林大多数为天然的次生林（也称"天然次生林"），其特征是多为幼壮林，较不稳定，阔叶树种常占优势，生物种类组成复杂，具有良好的生态效益，但林地生产率较低。

9.什么是人工林？

人工林是用人工营造的森林。人工林的经营目的明确，树种选择、空间配置及造林技术措施都是按人们的要求来安排的。其主要有以下特点：①所用的种子、苗木或其他繁殖材料一般是经过人为选择和培育的，遗传品质良好，适应性强；②树木个体一般是同龄的，在林地上树木个体分布均匀，能及时、划一地进入郁闭状态；③可以用较少的树木个体数量形成森林，群体结构合理；④郁闭后个体分化程度相对较小，个体与群体之间矛盾比较突出，较易引发林病虫害；⑤林地从造林之初就处于人为控制之下，能适应林木生长的需要。因此人工林往往要比天然林获得更好的速生、丰产、优质的效果，林地生产率较高。但经营人工林必须建立在深入掌握林地环境和林木生长发育等自然规律的基础上，因地制宜地采取正确的营造林技术措施。

10.什么是混交林？

混交林是两类以上树种所构成的林分，任一树种的组成均不足65%。混交林如果树种搭配适当，林木能充分利用光能及土壤中的水分和养分，可以提高林分生产率和稳定性，减少病虫害的发生与火灾的蔓延，还能提供多种木材和其他林产品，防护作用也较强。

11.什么是纯林？

纯林是由单一树种构成的森林。当存在多个树种时，其中一个树种（即优势树种）占65%以上。

12.什么是复层林？

复层林是具有两个以上林层的林分。混交林中的上层林木常由阳性树种组成，阴性树种多居下层。复层林可充分利用生长空间和光、热、水、养分条件，防护作用和抗自然灾害的能力较强，在适合条件下培育各种复层林，是提高森林生产率、充分发挥森林效益的有效途径。

1.1.3 关于林种

1.什么是林种？

林种是为科学地经营利用森林而划定的森林类别。《森林法》将森林分为防护林、用材林、经济林、薪炭林、特种用途林五类。根据有关规定，各省、自治区、直辖市的林业主管部门负责组织本地区的林种划定工作，其中重点的防护林和特种用途林须经省级人民政府或国务院批准公布。

2.什么是防护林？

防护林是以抗御自然灾害、改善生态环境为目的的有林地、疏林地和灌木林地，根据不同的防护对象和效益，可分为水源涵养林、水土保持林、防风固沙林、农田防护林、护岸林、护路林及其他防护林。

3.什么是用材林？

用材林是以生产木材或竹材为主要经营目的的有林地、疏林地，包括短轮伐期工业原料林、速生丰产用材林及一般用材林等。

4.什么是经济林？

经济林是以生产干鲜果品、食用油料、调料、工业原料、药材等及其他林副特产品为主要目的的有林地和灌木林地。

5.什么是薪炭林？

薪炭林是以生产热能燃料（薪材、木炭原料等）为主要经营目的的有林地、疏林地和灌木林地。

6.什么是特种用途林？

特种用途林是以保存种质资源、保护生态环境，用于国防建设、森林旅游、环境保护、科学试验等为主要经营目的的有林地、疏林地和灌木林地，包括国防林、试验林、母树林、环境保护林、风景林、名胜古迹和革命纪念地的林木以及自然保护区的森林。

7.什么是生态公益林？

生态公益林是指以维护和改善生态环境、保持生态平衡、保护生物多样性等满足人类社会的生态需求和可持续发展为主体功能，主要提供公益性和社会性产品或服务的森林、林木，包括防护林和特种用途林。

8.什么是商品林？

商品林是指以生产木材、薪材、干鲜品和其他工业原料等为主要经营目的的森林、林木，包括用材林、经济林和薪炭林（自留山个人所有的薪材除外）。

1.1.4 关于林分

1.什么是林分？

林分是林木内部结构特征基本相同而与周围相邻森林群落有明显区别的一片具体的森林群落。林木内部结构特征包括林木起源、林相、树种组成、林龄、郁闭度、疏密度、出材级、地位级或地位指数等因子。由于林地所处的土壤、坡度、坡向、水文条件及气候因子等立地条件影响着林木的生长和发育，林分是森林群落和立地条件的有机统一体，因而常作为确定森林经营措施的依据。在森林经理工作中林分是区划小班的基础。

2.什么是林分改造？

林分改造又称低产低效林改造，指通过全面或局部的人为措施，将低效益林分改造为符合经营目的林分的过程。其中低效益林分包括密度过稀、多代萌生、木材质量差、树种不当、生产力较低等而达不到经营要求的林分。林分改造目的是调整林分组成，增大林分密度，提高质量，充分发挥林地生产潜力和增强林分的各种防护效能。根据林分的不同特点，可采用全面改造、带状改造、块状改造和林下造林等不同的改造方式。林分改造是提高林分质量的重要经营措施之一。

3.什么是林分调查因子？

林分调查因子是林分的内部结构特征，其特征有林木起源、林相、树种组成、年龄、地位级、疏密度、平均胸径、平均高、蓄积量、出材级及林型等因子，这些也是测定林分的最基本的调查因子。且所测定的每个调查因子都是确定森林的数量与质量时所不可缺少的。

4.什么是郁闭度？

郁闭度是林分中林木林冠的投影面积与相应林地总面积的比值，用十分法表示。郁闭度通常小于1，因为林冠之间透光空隙一般占整个林分总面积的15%~20%。郁闭度有水平郁闭度和垂直郁闭度之分：前者指一个林层的郁闭度，同龄林或单层林常构成水平郁闭，形成水平郁闭度；后者指两个或两个以上林层在垂直方向上产生的郁闭度，它只存在于复层林中。郁闭度常作为控制抚育采伐强度和择伐、间伐强度的指标，也是反映林分质量，区分有林地、疏林地、未成林造林地的主要指标。

5.什么是林分疏密度？

林分疏密度简称疏密度，是鉴定林分立木蓄积量的一个重要因子，说明林木对其所占空间利用程度指标，对林木结构、生长发育有很大的影响。林分疏密度用单位面积（一般为1公顷）上林木实有蓄积量，或胸高总断面积对在相同条件下的标准林分（或称模式林分）的每公顷蓄积量，或胸高总断面积的十分比表示。一般规定最大的疏密度为1.0，其次为0.9、0.8等。林分疏密度为1.0的林分称为标准林分，是衡量疏密度的标准。因此，在实际工作中，只要测得林分的每公顷胸高总断面积同标准林分相比，所得的比值即为所测林分的疏密度。而标准林分的每公顷总断面积则可从当地相应树种的生长过程表或标准表查得。在目测调查时，根据郁闭度可以测定疏密度的近似值。

6.什么是标准林分?

标准林分亦称模式林分,即某一树种的林木,在一定年龄和一定立地条件下最完善和最大限度地利用其所占的空间,也就是最大限度地利用自然力。在单位面积中它具有最大的蓄积量。可以认为在标准林分中,一株树也不应再多、一株树也不应再少,即疏密度处于最大。一般把标准林分的疏密度定为1.0,对森林的经营管理具有指导意义,通常作为衡量一般林分好坏的标准之一。

7.什么是生境?

林学中生境也常称为立地,指生物个体、群体、群落所在的具体环境,森林生态学上常用来说明与树木、林木及野生动物、植物周围密切联系并能为其所利用的气候、土壤等条件的总和。它直接影响树木、林内其他生物的生长发育和生存繁育。构成生境的各个因子称为立地条件。培育森林时应采取各种不同的措施改善林木的生境,开发利用森林时应注意防止破坏林木的生境。林业生产中应根据生境条件制定相应的营林技术措施。

8.什么是地位级?

地位级是反映一定树种立地条件优劣和林分生长能力的指标之一。它以主林层优势树种的平均年龄和平均高作为划分的依据。由于主林层的优势树种具有最大的蓄积量,经营利用价值也最高,在某一年龄阶段,林分平均高是反映生境条件优劣和林分生长能力高低的最好指标。一般将林分分为五个地位级(Ⅰ~Ⅴ),Ⅰ地位级表示林分具有最高的生产能力,Ⅴ地位级表示生产能力最低。其级数并不是绝对的,主要根据林木生长情况和经营要求而定。在实际工作中,要确定地位级,应先测定优势树种的平均年龄和平均高,然后根据地位级表查出该林分所属的地位级。

9.什么是树种组成?

树种组成或称林分组成,是划分小班的主要因子之一,一般用组成树种的材积在林分总蓄积量中所占的比重来描述。由一个树种组成的林分称为纯林,由两个或两个以上树种组成的林分称为混交林。在混交林中,为了说明林分组成,特采用组成式来表示,由树种名称及各树种在林层中所占的成数(树种组成系数)构成。树种组成系数用十分法表示。林分中占有最大比重的树种称为优势树种,应把优势树种放在林分组成式的最前面。树种组成不同,林分的经营利用价值亦不同,其组成式最能说明各树种的经营意义和森林利用的适用程度。

10.什么是林龄?

林龄是林分的年龄。有两种表示方法:一种是林分中占优势部分林木的平均年龄,称为林分优势年龄;另一种是全部林木的平均年龄,称为林分平均年龄。

11. 什么是龄级?

龄级是对林木年龄的分级。根据不同树种林木主伐年龄的长短和起源的不同划分龄级,是经营上计算林龄的单位,各龄级所包括的年数称为龄级期限。

12. 什么是龄组?

为便于开展不同经营措施和规划设计的需要,把各个龄级归纳为更大范围的阶段。通常乔木树种由幼到老分为幼龄林、中龄林、近熟林、成熟林和过熟林五个龄组。经济林根据产品的生产特点和生产过程,划分为产前期、初产期、盛产期和衰产期四个林组。对于不同龄级的林分,应采取不同的经营措施。

1.1.5 关于林地

1. 什么是农村土地?

《中华人民共和国农村土地承包法》(以下简称《农村土地承包法》)第二条规定,农村土地是指农民集体所有和国家所有依法由农民集体使用的耕地、林地、草地,以及依法用于林业的土地。

2. 什么是林地?

林地也称林业用地,是专供林业生产或规划出作为培养林木的土地。根据《森林法实施条例》第二条规定,林地包括郁闭度 0.2 以上的乔木林地以及竹林地、灌木林地、疏林地、采伐迹地、火烧迹地、未成林造林地、苗圃地和县级人民政府规划的宜林地。

3. 什么是有林地?

有林地是林业用地中有森林覆盖的土地。根据我国现有森林资源调查的有关规定,有林地是指附着有郁闭度大于或等于 0.2 森林植被的林地,包括 ① 乔木林:郁闭度 ≥ 0.2,由乔木(含因人工栽培而矮化的)树种组成的林分,或郁闭度虽达不到 0.2,但生长稳定(人工造林 3~5 年后或飞播 5~7 年后),保存率达到 80% 以上人工起源的林分;② 红树林:生长在沿海陆地、海岸潮间带或海潮能够达到的河流入海口,附着有红树科植物或其他在形态上和生态上具有相似群落特性科属植物的林地;③ 竹林:附着有胸径 2cm 以上竹类植物(含毛竹林、杂竹林)的林地。

4. 什么是灌木林地?

灌木林地是附着有灌木树种(含灌木经济林),或因生境恶劣矮化成灌木型的乔木树种以及胸径小于 2cm 的小杂竹丛，以经营灌木林为主要目的或专为防护用途，覆盖度在 30% 以上的林地。根据我国现行森林资源分类规定，灌木林地又分为国家特别规定灌木林、其他灌木林两类。

5.什么是疏林地？

疏林地是树木稀疏的林地，是介于有林地和无林地之间的一种地类。根据我国森林资源调查的有关规定，疏林地是附着有乔木树种，郁闭度为 0.10 ~ 0.19 的林地。郁闭前幼林一般不划作疏林地。疏林地是不能充分利用地力的低产林，除了划作风景林或放牧林外，一般应列为林分改造的对象。

6.什么是未成林地？

未成林地指人工造林、飞播造林及封山育林不足成林年限，未达到有林地标准但有成林希望的林地，包括①人工造林当年成活率 85% 以上或保存率 80% 以上，分布均匀；②飞播造林后成苗调查苗木达到每公顷 3000 株以上，且分布均匀；③采取封育措施而未达到成林年限，尚未郁闭但有成林希望的林地。

7.什么是苗圃地？

苗圃地是经过有关部门规划，设施配套且固定的林木、木本花卉育苗用地，但不包括母树林、种子园、采穗圃、种质基地等种子、种条生产用地以及种子加工、储藏等设施用地。

8.什么是无林地？

无林地是尚未绿化的林业用地，包括采伐迹地、火烧迹地、宜林荒山荒地、林中空地等。无林地上也可能有些零星树木，但其郁闭度小于 0.1。当郁闭度超过 0.1 时就不是无林地，应划为其他地类。

9.什么是占用林地？

占用林地是指因国家建设需要，依法使用国家所有的林地。国家建设占用林地后，林地的使用权发生改变，而林地的所有权仍为国家所有。

10.什么是征用林地？

征用林地是指国家建设需要，依法使用集体所有的林地。国家建设征用林地后，林地的使用权由集体或个人转给国家建设单位，林地所有权由集体所有变成国家所有。

1.1.6 关于森林采伐

1.什么是森林主伐？

森林主伐简称主伐，是对成熟林分进行的采伐。其任务除生产木材外，更重要的是保证森林获得良好的更新，使森林资源得以永续利用。防护林中的主伐，要把重点放在维护森林的防护作用、促进森林的更新生长和改善森林的卫生环境等方面。根据《森林法》规定，我国森林采伐实现限额采伐与凭证采伐制度，应本着可持续发展的原则，有利于森林更新、水土保持的基础上顺利进行木材生产，因地制宜地确定主伐方式。

2.什么是皆伐？

皆伐是主伐的方式之一，是将伐区上所有林木一次全部伐完或几乎全部伐完的采伐方式。大面积的森林皆伐容易引起水土流失及周边环境恶化，也不利于生物多样性保护，因此在审批森林皆伐过程中，必须按现行规定进行严格控制。

3.什么是择伐？

择伐是主伐的方式之一，是在林内每隔一定时期选择一部分合乎一定经济要求的成熟林木所进行的采伐，其特点是林地上始终保持有不同龄级的林木，形成的森林是异龄林。此采伐方式特别适用于阴性树种和防护林，其优点主要是能保持森林的防护作用和良好的森林环境，幼树有上层林木保护，可免受或减轻不良的气象灾害，天然更新能不间断地进行。

4.什么是抚育间伐？

抚育间伐又称森林抚育采伐，简称间伐，是在森林成熟以前，为了培育好林木，每隔一定时期伐去部分林木或灌木的森林采伐方式。通过抚育间伐可以调节林分的组成、疏密度和层次结构，淘汰不良的树木个体，改善林木的生长环境和卫生状况，调节树木之间的相互关系，促进林木生长发育，增强林分对不良自然因素的抵抗力，从而提高林分的生产量、各种防护作用及其他有益作用，同时还能取得一定数量的木材，增加中间收入。抚育间伐是培育森林的重要经营措施。根据抚育目的的不同，可分为透光伐、疏伐和卫生伐等。

5.什么是盗伐林木？

盗伐林木是指违反《森林法》及其他保护森林的法规，未经林业行政主管部门及法律规定的其他主管部门批准，以非法占有为目的，擅自砍伐国家、集体、本单位、他人所有或者本人承包、他人承包经营管理的森林或者其他林木，或者在林木采伐许可证规定的地点以外，采伐国家、集体、他人所有或者他人承包经营管理的森林或者其他林木的行为。

1.1.7 关于森林更新

1.什么是森林更新?

森林更新是林冠下或迹地上形成新一代森林的过程。通常分为天然更新和人工更新两类,或按起源分为森林的有性更新和无性更新,还可按更新时间分为伐前更新和伐后更新。及时保证良好的森林更新,是巩固和发展现有森林、保证森林长期不断生产、促进森林土壤肥力的发展和维持森林环境免受破坏的重要条件。我国当前森林更新的方针是"以人工更新为主,人工更新和天然更新相结合"。

2.什么是人工更新?

人工更新是在林区各类迹地上用人工植苗、插条或直播方法形成新一代森林的过程,是我国恢复森林的主要措施。只要经营合理,人工更新通常都比天然更新的效果好,形成幼林快、质量高,并可根据不同的要求来选择树种,贯彻"适地适树"的原则。因此,人工更新也是改造森林的一种手段,但人工更新比天然更新的成本高。

3.什么是天然更新?

天然更新是没有人力的参与,完全利用自然的力量重新形成新一代森林的过程,是森林的重要特性之一。依靠天然更新恢复森林,需要时间较长,或更新幼林质量不高,因此,常需要辅以人工促进天然更新,或用人工更新代替。

4.什么是迹地更新?

迹地更新是在采伐迹地或火烧迹地上的森林更新。采伐迹地的更新要及时,要求采伐当年就应选行造林更新。火烧迹地也应及时更新造林,迹地越老,杂草灌木越繁茂,更新越困难。

5.什么是封山育林?

封山育林是利用树木的自然繁殖能力来恢复森林的措施。在有条件的山区,划界封禁,定期封山,禁止开荒、砍柴、放牧,禁止刀耕火种,利用森林天然更新的能力恢复森林,同时在封山区域开展育林活动。荒山荒地造林后封山,或封山后再造林,能提高造林成活率和保存率,促进早日成林。封山育林简便易行,经济有效,是迅速恢复森林的重要方法之一,多用于气候适宜,山势陡峭或深山、远山交通不便及劳动力缺乏的地区。

1.1.8 关于森林经营

1.什么是森林经营？

森林经营是对现有森林进行科学培育以提高森林产量和质量的生产活动的总称，主要包括森林抚育、林分改造、主伐更新、护林防火及副产利用等。广义的森林经营还包括林木病虫害防治、林场管理、产品调拨、狩猎等。农林业生产中森林经营工作范围广，持续时间长，要在生态学基础上，妥善解决森林中的种种矛盾，及时恢复森林，扩大森林资源，保护森林环境，促进森林生长，提高森林质量和各种有益效能，缩短培育林木时间，合理控制采伐量，逐步实现越采越多、越采越好，青山常在，永续利用。

2.哪些财产属于国家所有？

《中华人民共合国物权法》第四十五至第五十五条规定：①法律规定属于国家所有的财产，属于国家所有即全民所有。国有财产由国务院代表国家行使所有权；法律另有规定的，依照其规定；②矿藏、水流、海域属于国家所有；③城市的土地，属于国家所有。法律规定属于国家所有的农村和城市郊区的土地，属于国家所有；④森林、山岭、草原、荒地、滩涂等自然资源，属于国家所有，但法律规定属于集体所有的除外；⑤法律规定属于国家所有的野生动植物资源，属于国家所有；⑥无线电频谱资源属于国家所有；⑦法律规定属于国家所有的文物，属于国家所有；⑧国防资产属于国家所有；⑨铁路、公路、电力设施、电信设施和油气管道等基础设施，依照法律规定为国家所有的，属于国家所有。

3.什么是林权？什么是集体林权？

林权广义指森林、林木、林地的所有权和使用权，也称山林权，指森林、林木、林地的所有者或使用者，依法对森林、林木、林地享有占有、使用、收益和处分的权利；狭义指林木的所有权，即林木所有者对林木的占有、使用、收益和处分的权利。《森林法》规定：国家所有的和集体所有的森林、林木和林地，个人所有的林木和使用的林地，由县级以上地方人民政府登记造册，发放证书，确认所有权或者使用权。森林、林木、林地的所有者和使用者的合法权益，受法律保护，任何单位和个人不得侵犯。现阶段，我国的森林、林木和林地主要属于全民所有和集体所有；此外，农村居民在房前屋后、自留地、自留山种植的林木，归个人所有。

林权是以森林、林木和林地为客体的一项权利，凡是有关森林、林木和林地的占有、使用、收益或者处分的权利都可以归入林权这一范畴中。

集体林权是指集体所有制的经济组织或单位对森林、林木和林地所享有的占有、使用、收益、处分的权利。法律规定属于集体所有的森林、林木和林地，集体所有制的经济组织或单位享有林权。

4.什么是森林经理?

森林经理又称森林经营规划、林业调查规划、林业调查设计等,是通过林业区划和森林调查,从林学、生态学和经济学的观点进行论证,研究确定森林经营利用措施,编制森林经营方案(施业案),并通过不断地检查、修订和调整,以达到森林经营目的的一系列技术经济工作的总称。森林经理也是计划与组织森林经营的活动,基本内容为① 预业,包括林业经济条件和自然条件的调查研究;查清各类林地的面积;评定林地的质量;清查森林的面积和蓄积;调查森林副产和特产品的种类、数量和质量;森林生态效益的评价;调查森林的生长、更新、病虫害情况;进行林地区划等;② 主业,包括组织经营单位;确定目的树种、作业法、经营周期;计算和确定合理的年伐量;确定采伐方式和更新方式;拟订各种营林技术措施;划林道网和其他基建项目;编成森林经营方案;③ 后业,包括森林经营方案的实施、检查、修订和森林经营效果的分析评定等。

5.什么是森林资源管理?

森林资源管理是为控制森林资源消耗和合理经营森林而实施的一系列行政、经济和技术工作的总称。按照我国有关法规,其业务范围包括组织和实施森林资源调查、森林区划、林业规划、作业设计及其成果的审批;编制森林经营方案并监督其实施;管理林业用地,制定林地利用规划;编制森林采伐限额;核发采伐许可证,监督采伐限额的执行;管理伐区拨交验收;管理新成林的检查验收;管理森林资源档案,组织森林资源数据的审计。

6.什么是森林资源遥感?

森林资源遥感是由各类空间和空中平台携带的传感器收集的遥感信息,经由光学或电子计算机系统处理和分析后,产生出为林业专业人员能够识别和判读的图像和数据,用于森林资源清查、管理和动态监测工作。它是获取为制定林业发展计划、监督森林作业计划实施所需森林资源信息的最有效的手段,尤其是在定期地收集大地域范围内的资源动态信息时,遥感技术更加有效。目前在森林火灾监测中已得到广泛应用,在森林资源调查中已经起步,随着科技发展将被迅速地推广应用。

7.什么是森林健康?

森林健康指通过对森林的科学营造和经营,实现森林生态系的稳定性、生物多样性,增强森林自身抵抗各种自然灾害的能力,满足现在和将来人类所期望的多目标、多价值、多用途、多产品和多服务的需要。对于如何实现森林健康,应该从两方面入手:一是从规划入手,营造健康森林;二是对现有森林进行改造,保障林分健康成长。

8.什么是森林资源调查?

森林资源调查又称森林调查,是森林经营管理的一项基础工作。其目的是为国家或各级行政单位制定林业森林资源调查规划、计划、指导林业生产提供基础资料;实现森林资源合理经营、科学管理、永续利用,以及发挥森林多种功能为社会经济建设服务。其任务是查清森林资源(包括宜林土地)数量、质量,摸清其变化规律,客观反映自身经济条件,进行综合评价,提出全面的、准确的森林资源调查材料、图面材料、统计报表调查报告。森林资源调查的主要对象是林木、林地和野生植物、动物以及其他自然因素。根据1982年林业部颁发的《森林资源调查主要技术规定》,将全国森林资源调查分为三类:① 全国森林资源清查(简称一类调查),一般以省(市、区)大林区为单位进行,为制定全国林业方针政策,编制全国、各省(市、区)大林区的各种中、长期林业计划、规划和预测趋势提供依据;② 规划设计调查(简称二类调查),以县、区、国有林场或其他部门所属林场为单项进行,以满足编制森林经营方案、总体设计和县级林业区划、规划、基地造林规划等项需要;③ 作业设计调查(简称三类调查),针对某项工作的施工设计而进行的调查,或林业基层单位为满足伐区设计、造林设计、抚育采伐设计等而进行的专项调查。

9.什么是立木材积表?

立木材积表是森林调查用表,指按一定程序编制的,说明各树种、不同胸径、不同树高和不同形数的树木平均材积的数量指标的数表。材积表的种类很多,按其所反映的树种和测定材积的三因子(树高、胸径和形数)不同,可分为三种类型:① 根据胸径一个因子与材积的相关关系编制的,称为一元材积表;② 根据胸径和树高两个因子与材积关系编制的,称为二元材积表;③ 根据胸径、树高和形数编制的,过去也有分别按地位级或龄级,再接胸径和树高编制的,皆称为三元材积表或多元材积表。由于搜集和选择编表资料的地区不同以及表的应用范围不同,所以又有一般材积表和地方材积表之分。其使用范围广的,称为一般材积表;其编表材料来源于某一小范围的局部地区,其使用范围仅限于该局部地区的,称为地方材积表。用材积表测定蓄积量时,须经过每木调查,以各径阶平均指标为依据,从表上查出相应的材积,乘以相应株数得径阶的总材积,然后是累加,即得林木总蓄积量。

10.什么是森林碳汇?

森林碳汇主要是指森林吸收并储存二氧化碳的多少,或者说是森林吸收并储存二氧化碳的能力。根据有关资料,森林面积虽然只占陆地总面积的1/3,但森林植被区的碳储量几乎占到了陆地碳库总量的一半。所以,森林之所以重要,是因为它与气候变化有着直接的联系。

11.什么是造林再造林碳汇?

清洁发展机制下（CDM）的造林再造林碳汇项目是《京都议定书》框架下发达国家和发展中国家之间在林业领域内的惟一合作机制，是指通过森林起到固碳作用，从而来冲抵减排二氧化碳量的义务，通过市场机制实现森林生态效益价值补偿的一种重要途径。根据规定，可由发达国家提供资金或技术给发展中国家用于温室气体减排，发展中国家通过发达国家提供的投资和技术来促进本国的可持续发展，而发达国家可以得到二氧化碳减排量，来满足其减排承诺。

12.什么是造林成活率?

造林成活率是造林后一年内成活的株数占造林总株数的百分比。造林成活不等于成林，所以造林成活率只反映造林后的短期效果，一般作为衡量造林工程质量的尺度之一。

13.什么是造林保存率?

造林保存率是造林后郁闭成林的面积占造林累计面积的百分比，一般要在造林第二年起才能计算。它是反映较长期间造林投资经济效果的指标之一。

1.1.9 关于林业经济

1.什么是林业经济?

林业经济是林业部门物质资料生产和再生产的活动，是研究社会主义一般经济规律在林业部门的表现和运用，研究林业经济管理理论和方法的学科，即说明森林资源的培育、保护管理、加工利用和再生产等问题。随着林业生产的发展和科学技术的进步，林业经济的研究在社会主义建设中越来越重要。林业经济学、林业经济管理学、林业技术经济学以及作为工具的林业会计学、林业统计学、林业经济史等学科对子林业经济的研究有密切联系。

2.什么是林业经济结构?

林业中各经济要素的构成情况，既包括生产关系的构成，也包括生产力的构成。林业经济结构主要包括：①经济组织结构，如所有制不同的经济组织的构成情况，所有制相同而具体形式不同或规模不同的构成情况；②生产结构，如林业中营林、采运、加工等生产部门构成情况，同一生产部门内各类生产的构成情况；③技术结构，如不同所有制流通渠道的构成情况，不同流通方式的构成情况；④分配结构，如木材在社会、经济建设、农村、生产单位之间分配的构成情况；⑤消费结构，如木材在生产消费和生活消费中各方面的构成情况。形成林业经济结构的决定因素是社会生产方式，同时也受森林资源状况、经济水平和社会需要等因素的制约。合理的林业经济结构，有利于合理利用自然资源和经济资源，有利于提高林地生产率、劳动生产率和资金利用率，促进林业协调发展。

3.什么是林业项目可行性研究？

可行性研究是对拟建的林业项目，在投资决策以前，运用技术经济分析方法，对该项目实现的可能性、经济性，以及对不同的方案进行可行性研究、评价和选优，为项目投资者提供科学的决策依据，保证所建项目技术上先进可行，经济上合理得利。我国明确规定，建设前期的工作内容包括：项目的可行性研究报告、设计任务书和初步设计。可行性研究的主要内容有：①市场研究；②资源研究；③生产规模研究；④工艺方案研究；⑤厂（场）址选择；⑥经济分析。

4.什么是林业技术经济效果？

林业技术经济效果是在林业生产中，采用某种技术措施、技术方案、技术手段等所取得的劳动成果与投入的劳动消耗之间的比较，具有相关性、综合性、不稳定性、持续性等特点。由于林业技术经济因素复杂，任何一个单一的指标都难以全面、客观地反映林业技术经济效果，必须建立一组能从各方面反映技术经济效果的指标体系。常用的指标有三类：①反映劳动成果的指标，如产品数量、品种、质量等；②反映劳动消耗的指标，如成本指标，投资指标等；③反映技术经济效果的综合指标，如劳动生产率、利润率、投资回收期、流动资金周转次数等。

5.什么是林业现代化？

现代林业是充分利用现代科学技术和手段，全社会广泛参与保护和培育森林资源，高效发挥森林的多种功能和多重价值，以满足人类日益增长的生态、经济和社会需要。即用现代工业装备林业，用现代科技支撑林业，用现代信息管理林业，用现代市场引导林业，用现代制度保障林业。

1.2 林业政策知识

1.2.1 政策常识

1.什么是政策？

政策是人类社会的一种社会政治现象，自国家出现以来，它就成为历代统治阶级对社会实施统治和指导经济、政治和文化发展的一个重要工具。政策是政治实体为了实现特定目标而规定的，用来调控社会行为和发展方向的规范和准则。

2.政策的具体内容是什么？

政策就是一个国家或政党在一定时期为实现一定的政治、经济等任务而规定的行为准则。其中，当某一政党成为执政党时，其政策便可以成为国家政策，通过一定的立法程序，又可能上升为国家的法律，即法律化的政策。此外，政策也有广义和狭义之分。广义的政策，是指党和国家制定的全部的行动准则、包括总的方针政策和具体的政治、经济等方面的政策。狭义上的政策是指比较具体的规定和行动准则。

3.政策的意义是什么？

1）政策是一种约束人们行为的规范和准则。作为具有一定目标和纲领、拥有国家机器的政治实体，其意志总要通过一定形式表现出来。政策是较为重要的一种形式。在同一社会里，制约着人们行为的规范和准则大体有三种：伦理道德、政策和法律。伦理道德是软规范，法律是硬规范，政策则是一种中性规范。

2）政策主要是通过引导来发挥作用的，它鼓励人们在其规定的范围内充分发挥积极性和主动性，创造性地工作。它规定人们应该怎样，不应该怎样。政策的引导，主要体现在宏观上、方向上和性质上，尤其是对于一些较为重大的政策，更是体现了根本性的引导原则。

3）政策又是一种手段和策略。任何政治实体要想达到自己的目的，就必须采取一定的政策。

4.政策的基本特征是什么？

（1）现实性与有效性的统一

1）政策的现实性，亦称客观性或实践性，是指政策的目的、动机、方案是在特定的历史条件下产生的，政策行为受客观条件的制约，政策活动受客观规律支配。

2）政策有效性在政策内部表现为功能性，一般说来，不同性质的政策会呈现出正作用或负作用（积极作用或消极作用）。因此，政策主体要瞻前顾后，统筹兼顾，通盘考虑，在利弊得失中作出权衡。

（2）稳定性与变动性的统一

1）政策的稳定性。政策受客观规律制约，事物的客观规律一般具有稳定性。政策是建立在客观规律之上的社会规范，也具有相应的稳定性。

2）政策的变动性。政策之所以有变动性，这是由于：第一，人们对外界事物的认识需要有一个深化过程；第二，客观事物是不断发展变化的；第三，政策时效性的内在规定，包括政策有自己的生命周期，政策自身有明确变化的规定和政策对象的变化规定。

(3) 原则性与灵活性的统一

1) 政策原则性直接表现在它毫不动摇地体现阶级、国家的指挥意志和政治倾向,毫不动摇地为本阶级的利益服务,毫不动摇地迫使人们服从它、遵从它。

2) 政策的灵活性也叫弹性,俗称变通。这种变通,有的是根据不同的条件变通,有的是根据不同的对象变通,有的是根据某种需要而变通,有的则是根据不同的时间变通,等等。这种灵活性是政策自身的内在要求。

(4) 层次性与相关性的统一

1) 政策的层次性。从纵向来看,政策体系是多层次的、立体的,政策的各个层次之间不是孤立的,而是上下结合有着内在必然联系的,呈现出层次性。

2) 政策的相关性。政策相关性是指政策相互之间、内外之间等的相互制约、配合、联系的各种关系。从横向来看,政策又是多侧面、多角度的,整个政策是由多侧面构成的复杂体系。

5. 政策学的含义是什么?

政策学,是指以政策及其运动规律为研究对象,对政策的基本原理、基本方法、运动形态、发展规律、主要范畴等一般理论的科学抽象和理论概括,是关于政策理论、发展过程、基本规律相范畴的系统化、理论化的科学系列知识,是一门纵、横向学科交织的综合性、实践性、应用性的大科学理论,是现代自然科学、技术科学和社会科学交叉发展而逐渐形成的一组具有高度综合性的新兴学科。

6. 政策学的基本性质是什么?

(1) 政策学是规模空前的科学

政策,尤其是当代的政策,具有规模庞大、涉及面广、层次复杂、功能综合、因素众多等特征。因此,必须借助于将广博性、多结构性、多分支性和综合性融于一体的政策学为指导,并将相应的许多社会部门组成系统网络,才能制定出科学、正确的政策,才能正确地执行政策。由此可见,政策学无论从学科体系上,研究对象规模上,制定实施政策牵涉人力、物力的数量上,都是规模空前的。

(2) 政策学是政策与科学技术高度综合的科学

政策与现代科学技术高度综合,形成了大系统、大网络。科学技术的发展离不开政策的指导和促进,政策学也必须借助于一系列的科学理论和技术知识,并把它们加以融化,综合在自己的学科体系内,形成一体化知识,用以指导不同领域的政策运行,从而促进科学技术的发展。由此可见,政策学同其他科学理论和技术知识达到了高度的综合化、一体化境界，因此，运用政策学指导政策的制定与实施，离开科学技术的配合是难以成功的。

（3）政策学是科技、经济与社会高度协同的科学

政策是科技、经济和社会大系统发展的重要因素。离开政策的指导和规范，科技、经济和社会的发展不能取得整体效应。此外，政策学必须运用各种理论知识和系统综合方法解决日益复杂的科技、经济与社会领域的各种政策问题，并在科技、经济和社会的总发展和总设计中协同地走上有目的、有要求的自觉发展的道路。由此可见，政策学的存在和发展必须同科技、经济、社会的发展协调一致，相互配合，相得益彰，协同发展。

（4）政策学是自然科学、技术科学和社会科学汇流的科学

政策自身众多因素的高度综合，决定了政策学必须是在科学高度分化基础上的系统综合，成为自然科学、技术科学与社会科学汇流的产物。在政策学内，一方面自然科学和社会科学的基本概念互相共用，基本方法互相移植；另一方面为解决某一政策问题，往往需要自然科学家、技术工作者与社会科学家结成联盟，共同制定或实施该项政策。

（5）政策学自身已成为一个有机的大系统理论

政策是一个庞大的社会系统工程，决定着政策学也成为相应的有机大系统理论。政策学的分支学科构成了严密庞大的学科体系，即已形成一个有机的纵向系统整体学科。因此，政策学已成为政策领域内的全方位的科学。

（6）政策学是自觉规划和系统管理的科学

政策学在指导研究制定政策时，能够自觉、全面地进行规划，统筹安排；同时，在指导实施执行政策时也能够系统、有效地进行协调管理，保证政策的正常运行。即是说，政策学不但能指导制定正确的政策，保证政策质量，而且能指导正确地执行实施政策，提高政策实施效率。

7.政策学的基本特征是什么？

由于政策学的研究对象往往是一个客观存在的规模巨大、变化迅速、影响广泛的大系统，因而决定了政策学必须运用系统综合的多学科知识来研究和解决政策问题。政策学既是实践性、应用性很强的中介学科，又是综合性、多元性交叉的新兴学科，还是阶级性和科学性高度统一的社会政治科学。

（1）阶级性和科学性相统一的科学

这一特点是由政策的阶级性和科学性所决定的。政策是统治阶级的施政手段，集中地体现和反映了统治者的利益与意志，具有鲜明的阶级性。同样，统治者为了达到一定的主观目的，实现自己的意志和利益，必然运用或借用一定的科学理论和方法，使政策符合客观

实际，符合社会发展规律。这就形成了阶级性和科学性在政策学中的有机统一。

（2）实践性很强的科学

政策问题的客观性和普遍性，决定了政策学的实践性的特点。无论是剥削阶级政策还是无产阶级政策，都必须依据于客观实际，即根据政策实践来制定、实施、调整、终止各种不同的政策，实现本阶级的利益和意志。政策如果离开实践将成为无源之水、无本之木，这就决定了政策学是一门实践性很强的科学。

（3）应用性很强的科学

政策是理论与实践的中介，理论指导实践一般要借助于政策。政策的这种特性，决定了政策学是一门介于理论与实践之间的中介科学和应用科学。它的职能不在于对人们行为规律的揭示，而在于对人们行为界限的规范，允许什么，制止什么，提倡什么，反对什么，应该怎样做，不该怎样做；不在于对社会现象得出某种规律性的认识，而在于对社会现象进行有效的协调与控制。与此相应的政策学也是以运用各种科学理论和方法解决实际政策问题为己任的。政策学的应用性特点为应用政策学提供了必要的指导思想和基本依据。

（4）跨学科的综合性科学

政策学的综合性是因为政策本身就是一个多层次、多侧面的综合体。政策学既然以政策这一复杂的社会现象为研究对象，就决定了它的研究内容具有明显的跨学科特点。因而，研究政策学绝不是仅仅具备某一学科知识就能胜任的，必须横跨几个学科，综合运用多学科的理论知识；其研究方法有许多也是几个学科共同的方法。

8.政策学的基本任务是什么？

政策学的基本目的是运用各种科学理论和方法，指导和保证政策的正确制定与实施，使其功能得到充分发挥，从而有效地控制和调节社会各阶级、阶层间的相互关系，规范人们的行为，把握社会政治生活和国民经济的发展，使政策主体的利益和意志在其主观愿望所要求的范围内得到贯彻和实现。

（1）研究改造客观世界的主观指导规律

从施政的角度来看，政策学任务之一是研究改造客观世界的主观指导规律。由于政策是主观见诸客观的中间环节，政策学具有中介性特点，决定了政策学必须把研究、改造客观世界的主观指导规律作为自己的基本任务。

（2）研究实现纲领任务的施政手段和措施

从作用的角度来看，政策学的任务之一是研究实现纲领路线、任务目标的施政手段和措施。政策作为实现纲领、路线和方针，完成一定历史时期任务和目标的手段和措施而存在。这个施政手段、措施的科学性和正确性，是纲领、路线和方针、任务和目标能否实现的关键。

(3) 研究提高主体政策水平的途径和方法

从认识的角度来看，政策学任务之一是研究如何提高政策主体的政策水平的途径和方法。政策学具有不可忽视的重要的认识作用，政策学源于政策实践，反过来又为政策实践服务：一方面它指导政策主体更加自觉地保证政策的科学性和合理性，提高政策水平；另一方面它又指导政策客体更加明确自己在政策运行中所处的地位和作用，更加自觉地贯彻、执行党和国家的各项方针政策。

9.政策学的基本作用是什么？

政策是政党、国家实现其领导和管理的根本性环节，是政党的一切实际行动的出发点和归宿，也是国家实现其职能的决定性手段。政党和国家就是通过政策的制定与实施，把自己的意志传向各条战线、各个部门、各个行业以至各个人，从而推动政党和国家机制的运转，控制整个社会发展。

(1) 人类社会活动的指导理论

政策学作为一门独立的科学理论，对客观实际具有特定的指导作用，因而成为人类社会活动的指导理论。政策学在基本理论方面，其任务是探索人类、社会、自然领域的政策及其规律，以指导正确政策的制定与实施，实现对人类社会活动作出科学的预测、谋划与规范。因此，政策学作为研究特定复杂事物政策现象的科学认识过程和提供实施政策方案的精神过程，明显地表现出特殊的认识指导职能，即将精神变为物质、理论变为实践的认识指导职能。

(2) 政策主体生活的必备工具

政策学作为实践性和应用性的科学，是为各级政策主体服务的。它通过对经济、社会、科技、文化各个领域和国家、地区、部门及企业不同层次的政策研究、制定、实施的一般指导，为政策主体提供政策服务，有力地促进了政策的科学化和民主化。

(3) 理论指导实践的中介理论

政策学由于其研究对象涉及人类活动的各个领域，在哲学指导下，兼有"软科学"和"硬科学"两个特征，因此，它同整个知识领域都有着密切的内在联系。

1.2.2 林业政策

1.什么是林业政策？

林业政策学是研究林业政策、林业法规的基本原理和具体内容以及林业行政管理活动在林业生产经营过程中的具体应用，以引导和规范林业生产经营活动，调节各种林业生产关系，推动林业生产力的发展，促进林业可持续发展的一门综合性学科。

2.林业政策学的研究对象是什么？

林业政策学是研究林业政策方面一般规律的科学，研究如何将政策活动的一般规律同林业的特点相结合，研究林业政策的发生和发展规律，研究其制定和实施的规律，内容涉及林业政策制定和实施的基本理论、原则、程序和方法。它是林业软科学中的新兴学科。

林业政策学的研究对象决定了林业政策学的具体研究范畴可以集中在以下几个方面：

1）林业政策学要研究林业政策的特点。林业政策学发展成一门独立的学科是因为一般政策科学不能将其研究重点放在像林业这样的特殊产业上来。

2）林业政策是以党和国家指导和规范林业发展的行动准则的形式出现的。在制定和实施每一项林业政策时，都要涉及各种复杂的因素。

3）林业政策是随着林业的发展而产生和发展起来的。林业政策学为了指导林业政策实践，就必须善于从林业政策的历史沿革中总结其运行的规律，总结历史经验和教训。

4）林业政策学以林业政策为研究对象，其研究领域涉及林业政策发挥作用的各个林业生产领域。凡是需要政策指导的整个林业生产及其各个环节都有其一般矛盾和特殊矛盾，都有需要解决的问题，都有其自身发展变化的规律，都需要制定相应的政策，都有其政策发展的历史与现实，都有政策制定和实施的相关规律，都需要开展相应的研究。

5）林业政策系统是由林业建设方针、总政策、基本政策和具体政策组成的有机整体，有的以宏观领域为主，有的以微观领域为主。

6）林业政策活动是林业政策理论赖以产生的实践基础，又是林业政策理论指导的领域。政策作用的对象是客观的，政策本身的内容规定是主观的。林业政策学的研究领域又不能不带有自己的特殊性。政策体现着统治阶级的意志，体现着国家的意志，属于意识形态的范畴。林业政策学研究的领域，属于指导林业发展的主观方面。

3.林业政策学的研究任务是什么？

林业政策学的最根本任务是研究林业如何发展才能满足人类社会发展的需要，通过林政管理来达到创造有利于人类社会生存和发展的生态平衡的理想环境，同时解决木材、林产品和其他森林开发产品的生产问题。这是林业政策学研究的根本目的。

4.林业政策学的学科特征有哪些？

（1）综合性

林业政策学是行政学、政策学、林学及有关科学相融合成的一门科学，因此具有高度的综合性，它贯穿林业科技、经济原则、法律规范、行政措施之间，糅合各门科学的知识于一身。

（2）阶级性

研究上层建筑领域的学科都具有阶级性，林业政策学也不例外。不同性质的国家的林业政策学，其知识体系有些共同之处，但具体内容都带有鲜明的阶级性。

（3）专业性

林业政策学是政策科学体系中专门研究林业政策的科学，具有较强的专业性。林业政策学的研究领域并不局限于林业部门内的活动，它涉及与林业生产经营活动相关的所有部门或地区，甚至国与国之间的活动。

（4）实践性

林业政策学是务实的，它所面向的是现实的林业行政管理系统，林业生产经营者以及林业的发展状况都具有很强的实践性。因而，它又是一门应用科学。林业政策学的实践性还在于它的知识体系本身来自林业工作实践，是林业活动知识经验的理论概括与总结。

5.林业政策的目标是什么？

（1）社会目标

它是从林业与人类社会关系来认识林业政策的目标。森林是国家的宝贵资源，社会的各个部门和人民生活离不开森林和林业。

（2）生态目标

它是从森林在整个生态系统中的地位的角度来认识林业政策的目标。森林是一种多成分的、复杂的、多样化的植物群体，它对周围环境有重要的保护作用。

（3）经济目标

它是从森林与整个国民经济的关系考虑林业政策的目标。要实现社会、生态及经济三大效益的目标，就必须充分发挥林业政策的作用，引导林业生产者和经营者走上科学造林、育林的轨道。

6.林业政策的作用有哪些？

（1）指导作用

它是指林业政策对林业生产与经营具有指导作用。林业的发展本身需要投入大量的人力、物力和财力，除此之外，还需要全社会的支持，因此，统一思想对于林业的发展起着非常重要的作用。党和国家就通过制定林业政策的途径教育群众，组织群众，因势利导，统一组织，从而实现林业政策的预期目标。

（2）管理作用

林业政策既然是指导人们行动的行为规范，那么，它也就是党和国家对林业的一种管理措施。它通过激励、调节等手段实现其管理作用。

（3）控制作用

与指导、管理功能相配套，作为一种行为准则，林业政策还具有监督与惩罚的作用，以此维持林业经济运行的正常秩序与稳定。

7.林业政策实施的方法有哪些？

（1）行政方法

林业政策与法律不同，它主要依靠国家林业行政机构（即林业政策的实施机构）运用一系列的行政手段（命令、决定、指令性计划等）强制、直接地要求人们按政策要求行事。因此，行政方法是实施林业政策过程中最常见、最有效的方法。

（2）经济方法

林业政策是国家经济政策系统中的一个子系统。在社会主义市场经济条件下，林业系统内的森工企业、国有林场都是实行独立经济核算、自负盈亏、自主经营的经济组织，经济效益成为林业政策的一个重要目标。因而，运用各种经济手段是贯彻林业政策的有效措施。其中包括财政金融手段、价格手段、经济管制手段等。

（3）法律方法

市场经济就是法制经济。在现代社会中，各项工作离不开法律手段。林业政策的实施也是如此。首先，在林业政策中，有些政策不仅是政策，同时还具有法律的性质（如《森林法》及其他林业法规），这些政策是法律化的林业政策，通过法律的条文化、强制性与普遍性，使林业政策得以真正贯彻、实现。

8.林业政策与林业法规的关系？

林业政策是党和国家在一定的时期内，根据该历史时期的政治、经济，特别是林业经济状况，制定的林业发展目标和行为准则。这种目标和行为准则相对来说比较抽象和原则，而要贯彻和执行党和国家林业政策必须通过各种途径和方法，其中一个最具有强制力、最有效的方法就是使林业政策上升为林业法律或法规。因为，法律具有其他任何行为规则不可能具备的两大特征：普遍约束力和国家强制性。可见，要切实贯彻林业政策离不开林业法规的作用。然而，林业政策也有林业法规所不具备的特点：鲜明的针对性和灵活性。因此，处理好二者的关系，发挥林业政策与林业法规各自应有的作用，才能真正实现林业建设总的方针和目标。

9. 林业政策与林业法规的区别？

（1）林业政策与林业法规具有相同的本质

林业政策和林业法规都是在党和政府统一领导下制定的，都是党和国家及其领导下的广大人民群众意志的集中体现，都是由社会主义的经济基础所决定并为该经济基础服务的林业上层建筑的组成部分，都是党和国家进行社会主义林业建设的重要工具。

（2）林业政策与林业法规关系密切

林业政策与林业法规本质一致，但它们并非简单等同，而是相辅相成。林业政策与林业法规在本质上相同，关系上密切，但这不足以说明两者可以互相替代，两者在许多方面有不同之处。

1）制定的机关不同。林业政策由中共中央、国务院或各级林业主管机关制定的；而林业法规则由宪法确定的国家权力机关制定的。由于制定机关的不同，导致了林业政策与林业法规的性质不同。

2）表现形式不同。林业法规是以条文的形式，具体明确地规定人们在林业经济运行中的权利和义务，并以法律特有的表现形式——明确肯定的规范语言表达；而党的政策虽然也是一种行为规则，但往往是带有原则性、指导性的方针和口号，而且表现形式也灵活多样，如决议、纲领、声明、口号、纲要等。

3）实施的方法不同。林业政策的贯彻执行主要通过宣传号召、说服教育，靠各级组织的行政约束；而林业法规的实施则以国家强制力为后盾，即任何人违反林业法规，都要受到国家法律的制裁，即通过民事的、经济的、直至刑事的方法强迫其履行自己的义务，因此具有国家强制性。

4）稳定程度不同。无论是林业政策还是林业法规都不能随意更改、变动，变动频繁无疑会阻碍林业的发展，这已为我国的历史教训所证实。然而，相比而言，林业政策是根据不同时期政治、经济形势的变化而制定的行为准则，而林业法规则是由国家机关在总结执行党的政策的经验基础上制定的，是将经过实践检验行之有效、比较成熟的党的政策加以法律化、定型化。因此与法律化、定型化的政策相比，法规具有更为完善和相对稳定的性质。

10. 林业政策的特点是什么？

林业政策作为是党和国家组织、领导和管理林业经济活动所采取的重要措施，它既是一种策略和手段，又是一种行为的规范和准则，同时还是一个时期林业经营的指导思想的体现。由于林业的特殊性，林业政策有以下几个明显的特点。

（1）有鲜明的针对性

林业政策总是为解决一定时空条件下某种林业问题或倾向而制定的。没有林业问题、不解决问题就不需要林业政策，因此，林业政策的针对性与目的性是统一的。林业政策有鲜明的针对性，最突出的表现在林业政策是针对林业这一特殊行业的行业政策。由于林业既不同于农业，也不同于工业，林业是有自身特点和运行规律的特殊行业。林业政策不是农业政策和工业政策的延伸或组合，而是运用政策一般原理解决林业问题的。

(2) 有坚定的原则性和较大的伸缩性

林业政策必须有坚定的原则性。在林业发展的重大问题上尤应如此。同时，由于林业生产经营活动在时间、空间、效用、结构等方面有明显的多样性和经营弹性，林业政策又具有一定的灵活性(伸缩性)。

(3) 有相对的稳定性和连续性

政策从其具有规范性和行动准则来看，它需要有相对的稳定性和连续性，所以政策一经制定并发布执行，就要管用一段时间，不能"朝令夕改"，并且要与前后的同类政策保持相对的一致性。如果政策多变，缺乏相对的稳定性和连续性，就会丧失它的权威。

(4) 有一定的层次性和相关性

按照系统理论，任何事物无不处在一定的层次之中，任何事物也无不包含许多层次。从林业社会这个大系统看，林业政策呈多层次多侧面的结构状态，而且政策的各层次、各侧面向不是孤立的，是有着内在的必然联系，呈现出层次性和相关性相结合的特点。

(5) 有明显的阶段性

林业政策阶段性是指，它在不同的历史时期有不同的内容。由于在不同的历史时期内，林业实践的具体内容不同，林业发展过程中包含的矛盾不同，各种林业经济关系的变化趋势不同，如此等等，便构成了林业政策阶段性的客观基础。政策制定者总是根据林业发展规律的要求，经常调整、修订、完善自己的政策，以维护林业经济增长，适应社会对林业的需要。

第 2 章 林业经营政策

第 2 章 林业经营政策

2.1 林业扶持政策

林业扶持政策主要包括财政、金融、税收三个方面。在财政政策上明确鼓励有条件的林业企业"走出去",并在资金、信贷等方面给予支持;对符合国家中小企业国际市场开拓资金使用方向和使用条件的林业企业予以积极支持;探索研究建立林业信托基金制度;建立多种形式的林业担保机制;建立政府扶持性林业保险机制。在金融政策上,国家开发银行延长了对林业产业发展的贷款期限和宽限期,并增加对珍贵树种培育给予扶持;农业发展银行首次明确对林业龙头企业予以贷款扶持;配合林权制度改革,建立面向林农和林业职工个人的小额贷款扶持机制。在税收政策方面,将原来各自分散、独立的相关税收政策进行全面整合,使国家对林业产业的税费扶持政策更加明确。

2.1.1 税费减免优惠政策

严格执行国家出台的各类林业税费减免优惠政策。对企业从事农、林项目的所得,免征、减征企业所得税;对以"三剩物"及次小薪材为原料生产加工的综合利用产品实行增值税即征即退;对进口种子(苗)、种畜(禽)、鱼种(苗)和种用野生动植物种源免征进口环节增值税;免征天然林资源保护工程实施企业和单位房产税和城镇土地使用税;对国家鼓励投资项目的进口自用设备,除《国内投资项目不予免税的进口商品目录》所列商品外,免征进口关税和进口环节增值税;鼓励有条件的林业企业"走出去",并在资金、信贷等方面给予支持。

2.1.2 重点龙头企业扶持政策

凡符合国家中小企业国际市场开拓资金使用方向和使用条件的林业企业予以积极支持,鼓励国家林业重点龙头企业利用资本市场筹集扩大再生产资金,支持符合条件的重点龙头企业在国内资本市场上市。

2.1.3 速生丰产、珍稀树种用材林基地建设

对用于国内建设的速生丰产用材林、珍稀树种用材林等基地建设,及其森林防火、生物灾害防治和林木种质资源保存利用、林木良种选育、繁殖、推广、使用,都给予积极扶持。

2.1.4 符合林业特点的金融服务

政策性银行将积极提供符合林业特点的金融服务,延长林业贷款期限。

国家开发银行对速生丰产用材林和工业原料林基地建设项目,根据南北方林木生长周期不同,贷款年限为 12~20 年;珍贵树种培育根据实际情况而定;经济林和其他种植业、养殖业和加工业项目,贷款年限为 10~15 年。

中国农业发展银行对林业产业化龙头企业贷款期限一般为 1~5 年,最长为 8 年;对速生丰产用材林、工业原料林、经济林和其他种植业、养殖业和加工项目贷款一般为 5 年,最长为 10 年,具体贷款期限还可根据项目实际情况与企业协商确定。

考虑到林木生产周期长,贷款宽限期可适当延长,具体由银行和企业根据实际情况确定。商业银行林业贷款具体贷款期限根据项目实际情况与企业协商确定。研究建立面向林农和林业职工个人的小额贷款和林业小企业贷款扶持机制。适当放宽贷款条件,简化贷款手续,积极开展包括林权抵押贷款在内的符合林业产业特点的多种信贷模式融资业务。

2.2 林业补贴政策

2.2.1 退耕还林(草)补助政策

1.什么叫退耕还林(草)补助政策?

退耕还林(草)补助政策是国家 1999 年启动、2000 年开始试点、2002 年全面铺开的,以防治水土流失、改善生态环境而实施的将原来毁林开荒而成的耕地改为继续种林植草,财政给予土地经营权承包人粮食、种苗、生活等补助政策。

2.退耕还林(草)补助标准是多少?

根据财政部、国家林业局《关于印发〈完善退耕还林政策补助资金管理办法〉的通知》(财农[2007]339 号)文件精神,并且按照实际面积给予补助。

1)向土地经营权承包人提供粮食、种苗和生活补助的标准为:①粮食补助标准为黄河上中游地区每亩退耕地每年 200 斤,长江上游地区每亩退耕地每年 300 斤,一般为小麦原粮,个别地区确需调整粮食品种的,由省级人民政府确定;②种苗造林费补助标准为每亩 50 元;③生活补助标准为每亩退耕地每年 20 元。

2)尚未承包到户和休耕的坡耕地退耕还林的,以及纳入退耕还林规划的宜林荒山造林,只享受一次性种苗造林补助费,标准为每亩 50 元,不能享受粮食和生活补助。

3)补助年限:还生态林补助 8 年,还经济林补助 5 年,还草补助 2 年。

3.退耕还林的粮食和生活费补助期满后,国家对退耕农户还继续补助吗?

根据《国务院关于完善退耕还林政策的通知》(国发[2007]25号)对现行退耕还林粮食和生活费补助期满后,中央财政安排资金,继续对退耕农户给予适当的现金补助,解决退耕农户当前生活困难状况。补助标准为长江流域及南方地区每亩退耕地每年补助现金105元,黄河流域及北方地区每亩退耕地每年补助现金70元。原每亩退耕地每年20元生活补助费,继续直接补助给退耕农户,并与管护任务挂钩。补助期为还生态林补助8年,还经济林补助5年,还草补助2年。根据验收结果,兑现补助资金。各地可结合本地实际,在国家规定的补助标准基础上,再适当提高补助标准。凡2006年年底前退耕还林粮食和生活费补助政策已经期满的,要从2007年起发放补助;2007年以后到期的,从次年起发放补助。

4.基本口粮田"退耕还林"后,有特殊补助政策吗?

建设基本口粮田是解决退耕农户长远生计、巩固退耕还林成果的关键。国家力争用5年时间,实现具备条件的西南地区退耕农户人均不低于0.5亩、西北地区人均不低于2亩高产稳产基本口粮田的目标。对基本口粮田建设,中央安排预算内基本建设投资和巩固退耕还林成果专项资金给予补助,西南地区每亩补助600元,西北地区每亩补助400元。

5.国家建立了巩固"退耕还林"成果专项资金,主要用于哪些方面的补助?

为集中力量解决影响退耕农户长远生计的突出问题,中央财政按照退耕地还林面积核定各省(区、市)巩固退耕还林成果专项资金总量,并从2008年起按8年集中安排,逐年下达,包干到省。作为巩固退耕还林成果专项资金,主要用于西部地区、京津风沙源治理区和享受西部地区政策的中部地区退耕农户的基本口粮田建设、农村能源建设、生态移民以及补植补造,并向特殊困难地区倾斜。专项资金要实行专户管理,专款专用,并与原有国家各项扶持资金统筹使用。巩固退耕还林成果专项资金的使用按以下先后次序安排:①有条件的退耕农户建设基本口粮田;②有条件的退耕农户开展沼气、节柴灶、太阳灶等农村能源建设;③对有条件的退耕农户实行生态移民;④退耕还林补植补造、发展地方特色优势产业基地建设、开展退耕农民就业创业技能培训等;⑤高寒少数民族地区退耕农户直接补助。

6.新一轮退耕还林还草规模的主要政策有哪些?

将确需退耕还林还草的陡坡耕地基本农田调整为非基本农田。对陡坡耕地划为基本农田且确需退耕还林还草的,各有关省可在充分调查并解决好当地群众生计的基础上,研究拟定区域内扩大退耕还林还草的范围,并提出省级耕地保有量和基本农田保护指标的调整方案。省级调整方案请于2016年3月底前按法定程序上报国务院，并抄送财政部、国家发展改革委、国家林业局、国土资源部、农业部、水利部、国务院扶贫办。

加快贫困地区新一轮退耕还林还草进度。从2016年起，国家有关部门在安排新一轮退耕还林还草任务时，重点向扶贫开发任务重、贫困人口较多的省倾斜。各有关省在具体落实时，要进一步向贫困地区集中，向建档立卡贫困村、贫困人口倾斜，充分发挥退耕还林还草政策的扶贫作用，加快贫困地区脱贫致富。

及时拨付新一轮退耕还林还草补助资金。国家按退耕还林每亩补助1500元（其中中央财政专项资金安排现金补助1200元、国家发展改革委安排种苗造林费300元）、退耕还草每亩补助1000元（其中中央财政专项资金安排现金补助850元、国家发展改革委安排种苗种草费150元）。中央安排的退耕还林补助资金分三次下达给省级人民政府，每亩第一年800元（其中种苗造林费300元）、第三年300元、第五年400元；退耕还草补助资金分两次下达，每亩第一年600元（其中种苗种草费150元）、第三年400元。各地要及时拨付中央下达的新一轮退耕还林还草补助资金。

认真研究在陡坡耕地梯田、重要水源地15-25度坡耕地以及严重污染耕地退耕还林还草的需求。一是关于陡坡耕地梯田。各有关省可在充分调查并解决好当地群众生计的基础上，兼顾保护历史文化遗产的需要，在尊重农民意愿的前提下提出退耕还林还草的需求。二是关于重要水源地15-25度坡耕地。各有关省可根据国务院批准的全国重要江河湖泊一级水功能区划中规定的保护区、保留区迎水面的15-25度非基本农田坡耕地情况，提出退耕还林还草的需求。三是关于严重污染耕地。对于严重污染耕地确需退耕还林还草的，各有关省可按照国家有关土壤污染防治要求，在充分调查认定的基础上提出退耕还林还草的需求。上述三项退耕还林还草需求，请于2017年4月底前，分别报送财政部、国家发展改革委、国家林业局、国土资源部、农业部、环境保护部、水利部、国务院扶贫办。

2.2.2 林业种苗补贴政策

林木种苗是林业最基本的生产资料，是具有生命力的特殊商品，也是林业科技进步的重要体现。林木种苗的质量、余缺不仅直接影响林木的品质和产量，也关系到造林质量和生态环境安全、林木种苗事业的健康发展，对维护农民利益、提高农业水平、促进农业现代化具有重要意义。

从2010年起，中央财政启动了林木良种补贴试点工作，2013年林木良种补贴政策正式实施。根据2014年4月30日财政部、国家林业局以财农〔2014〕9号印发的《中央财政林业补助资金管理办法》，林木良种培育补贴包括良种繁育补贴和林木良种苗木培育补贴。

良种繁育补贴主要用于对良种生产、采集、处理、检验、贮藏等方面的人工费、材料费、简易设施设备购置和维护费，以及调查设计、技术支撑、档案管理、人员培训等管理费用和必要的设备购置费用的补贴。补贴对象为国家重点林木良种基地和国家林木种质资源库。补贴标准为种子园、种质资源库每亩补贴 600 元，采穗圃每亩补贴 300 元，母树林、试验林每亩补贴 100 元。

林木良种苗木培育补贴主要用于对因使用良种，采用组织培养、轻型基质、无纺布和穴盘容器育苗、幼化处理等先进技术培育的良种苗木所增加成本的补贴。补贴对象为国有育苗单位。补贴标准为，除有特殊要求的良种苗木外，每株良种苗木平均补贴 0.2 元，各地可根据实际情况，确定不同树种苗木的补贴标准。

2015 年 11 月 4 日，全国人大常委会第十七次会议修订通过了《中华人民共和国种子法》，于 2016 年 1 月 1 日正式实施。修订通过的《种子法》为"扶持政策"单独新增了一章七条，将近年来有关扶持林木种苗发展的政策措施上升为法律层面，进一步加大扶持力度。

在财政政策方面，对品种选育、生产、示范推广、种质资源保护、种子储备以及制种大县给予扶持；将先进适用的制采种机械纳入农机具购置补贴范围；在良种繁育基地建设方面，国家加强种业公益性基础设施建设。

在信贷扶持政策方面，鼓励和引导金融机构为林木种子生产经营和收储提供信贷支持。

在保险政策方面，支持保险机构开展林木种子生产保险。省级以上人民政府可以采取保险费补贴等措施，支持发展种业生产保险。

2.2.3 森林抚育补贴政策

根据 2014 年 4 月 30 日财政部、国家林业局印发的《中央财政林业补助资金管理办法》（财农 [2014]9 号）对承担森林抚育任务的国有森工企业、国有林场、农民专业合作社以及林业职工和农民等给予适当的补贴。森林抚育对象为国有林中的幼龄林和中龄林，集体和个人所有的公益林中的幼龄林和中龄林。一级国家级公益林不纳入森林抚育范围。

森林抚育补贴标准为平均每亩 100 元。根据国务院批准的《长江上游、黄河上中游地区天然林资源保护工程二期实施方案》和《东北、内蒙古等重点国有林区天然林资源保护工程二期实施方案》，天然林资源保护工程二期实施范围内的国有林森林抚育补贴标准为平均每亩 120 元。森林抚育补贴用于森林抚育有关费用支出，包括直接支出和间接支出。直接支出主要用于间伐、补植、人工促进天然更新、修枝、除草、割灌、清理运输采伐剩余物、修建简易作业道路等生产作业的劳务用工和机械燃油等。间接支出主要用于作业设计、技术指导等。

2.3 森林采伐限额政策

根据 1987 年 8 月 25 日国务院批准、1987 年 9 月 10 日原林业部发布施行的《森林采伐更新管理办法》，以及《国家林业局关于印发〈商品林采伐限额结转管理办法〉的通知》（林资发[2011]267号）、《国家林业局关于完善人工商品林采伐管理的意见》（林资发[2003]244号）、《国家林业局关于改革和完善集体林采伐管理的意见》（林资发[2009]166号）、《国家林业局关于进一步改革和完善集体林采伐管理的意见》、（林资发[2014]61号）、《国家林业局关于严格天然林采伐管理的意见》（林资发[2003]223号），国家对森林采伐实行采伐限额政策。

森林采伐限额是采伐管理制度的核心，是主管部门依据法定程序和方法制定、经国家行政主管部门批准、具有法律效力的特定行政区域或经营单位每年以各种方式采伐消耗的森林资源蓄积最大限额，是国家对森林和林木采伐限定的最大控制指标。森林采伐限额制度通过编制各采伐类型和消耗结构的森林采伐指标，确定一定时期内（通常为5年）某地区或某单位采伐立木蓄积（包括毛竹）的最大限量，同时制定相应的管理办法，包括组织机构人员、实施细则、审批执行程序、检查监督措施等，确保这一制度的实行。

《森林法》规定："对森林实行限额采伐……国家根据用材林的消耗量低于生长量的原则，严格控制森林年采伐量。"采伐林木必须申请采伐许可证，按许可证的规定进行采伐，对包括超限额采伐在内的滥伐林木的行为，如果以立木材积计算不足$2m^3$或者幼树不足50株的，由县级以上人民政府林业主管部门责令补种滥伐株数5倍的树木，并处滥伐林木价值2～3倍的罚款；如果以立木材积计算$2m^3$以上或者幼树50株以上的，由县级以上人民政府林业主管部门责令补种滥伐株数5倍的树木，并处滥伐林木价值3～5倍的罚款。滥伐林木构成犯罪的，依法追究刑事责任。

1.什么是林木采伐许可证制度？

《森林法》第三十二条规定，采伐林木必须申请采伐许可证，按许可证的规定进行采伐；农村居民采伐自留地和房前屋后个人所有的零星林木除外。林木采伐许可证制度，就是采伐林木必须向法律规定的机关申请采伐许可证，凭证采伐林木，林木采伐许可证是采伐林木的法律凭证。凭证采伐是执行森林采伐限额，制止乱砍滥伐，保护、发展和合理利用森林资源的有效措施。

2.怎样申请林木采伐许可证？

《森林法实施条例》第三十条规定，申请林木采伐许可证的单位和个人，应分别情况提交下列文件：①林业局、国有林场应提交伐区调查设计文件和上年度更新验收证明；②其他单位应提交有采伐的目的、地点、林种林况、面积、方式和更新措施等的文件，部队还应提交师级以上领导机关同意采伐的文件；③个人应提交包括采伐的地点、面积、树种、株数、蓄积、更新时间等内容的文件。

3.林木采伐许可证由哪些机关审核发放？

《森林法》第三十二条规定，国有林业企业事业单位、机关、团体、部队、学校和其他国有企业事业单位采伐林木，由所在地县级以上林业主管部门依照有关规定审核发放采伐许可证。铁路、公路的护路林和城镇林木的更新采伐，由有关主管部门依照有关规定审核发放采伐许可证。农村集体经济组织采伐林木，由县级林业主管部门依照有关规定审核发放采伐许可证。农村居民采伐自留山和个人承包集体的林木，由县级林业主管部门或者其委托的乡、镇人民政府依照有关规定审核发放采伐许可证。

采伐以生产竹材为主要目的竹林，适用林木采伐的各项规定。

根据《森林法实施条例》第三十二条规定，林木采伐许可证按照下列规定权限核发：① 县属国有林场和机关、团体、学校，由所在地的县林业主管部门核发；② 省、自治区、直辖市和设区的市、自治州所属的国有林业企业事业单位、其他国有企业事业单位，由所在地的省、自治区、直辖市人民政府林业主管部门核发；③ 重点林区的国有林业企业事业单位，由国务院林业主管部门核发。

4.申请林木采伐许可证需要提交什么文件？

《森林法实施条例》第三十条规定，申请林木采伐许可证，除应当提交申请采伐林木的所有权证书或者使用权证书外，还应当按照下列规定提交其他有关证明文件：① 国有林业企业事业单位还应当提交采伐区调查设计文件和上年度采伐更新验收证明；② 其他单位还应当提交包括采伐林木的目的、地点、林种、林况、面积、蓄积量、方式和更新措施等内容的文件；③ 个人还应当提交包括采伐林木的地点、面积、树种、株数、蓄积量、更新时间等内容的文件。

因扑救森林火灾、防洪抢险等紧急情况需要采伐林木的，组织抢险的单位或者部门应当自紧急情况结束之日起 30 日内，将采伐林木的情况报告当地县级以上人民政府林业主管部门。

5.有哪些情况不得核发林木采伐许可证？

《森林法实施条例》第三十一条规定，有下列情形之一的，不得核发林木采伐许可证：① 防护林和特种用途林进行非抚育或者非更新性质的采伐的，或者采伐封山育林期、封山育林区内的林木的；② 上年度采伐后未完成更新造林任务的；③ 上年度发生重大滥伐案件、森林火灾或者大面积严重森林病虫害，未采取预防和改进措施的。

林木采伐许可证的式样由国务院林业主管部门规定，由省、自治区、直辖市人民政府林业主管部门印制。

6.森林和林木的采伐计划如何制定?

《森林法实施条例》第二十八条规定,国家所有的森林和林木以国有林业企业事业单位、农场、厂矿为单位,集体所有的森林和林木、个人所有的林木以县为单位,制定年森林采伐限额,由省、自治区、直辖市人民政府林业主管部门汇总、平衡,经本级人民政府审核后,报国务院批准;其中,重点林区的年森林采伐限额,由国务院林业主管部门审核后,报国务院批准。国务院批准的年森林采伐限额,每5年核定一次。

7.我国重点国有林区的木材采伐量如何确定?

《国务院批转年森林采伐限额审核意见的通知》第二条指出:抓紧调整完善天然林保护工程实施方案,按照森林可持续经营和林区可持续发展的要求,尽快将东北、内蒙古重点国有林区的木材产量由现在每年的1058.0万立方米,调减到合理定产水平的618.4万立方米;为确保林区经济正常运转和社会稳定,在天然林保护工程实施方案的调整经国务院批准之前,中国内蒙古森林工业集团有限责任公司、中国吉林森林工业(集团)总公司、中国龙江森林工业(集团)总公司和大兴安岭林业集团公司的木材产量,暂按现行天然林保护工程实施方案确定的木材产量执行。长江上游、黄河上中游天然林保护工程区,要在继续禁止天然林商品性采伐的同时,积极采取改燃改灶和木材代用等措施,严格控制农民烧材和自用材的消耗。

8.哪种林木可以不纳入年度木材生产计划?

《国家林业局关于完善人工商品林采伐管理的意见》(林资发[2003]244号)(以下简称《关于完善人工商品林采伐管理的意见》)第十一条规定,凡按照技术规程要求对人工商品林进行抚育采伐,采伐林木胸径在10cm以下的,可不纳入年度木材生产计划。对生产以竹材为主要目的的竹林的采伐管理,国家不纳入年度木材生产计划,由各省按国务院批准的年森林采伐限额执行。

《森林法实施条例》第三十二条规定,农村居民采伐自留山上个人所有的薪炭林和自留地、房前屋后个人所有的零星林木除外。

9.省级林业主管部门可以预留采伐限额指标吗?

《国务院批转年森林采伐限额审核意见的通知》第八条规定,省级林业主管部门和重点国有林区森工(林业)主管部门可根据本地实际,在国务院批准的年采伐限额内预留一定比例的限额指标,并报国家林业局审定,以解决因自然灾害、征占林地等临时增加采伐限额的需要;其他采伐限额指标必须分解落实到具体的编制单位,不得层层截留。对因特大自然灾害或特大型国家工程建设需要采伐林木且省内预留指标无法解决的,由省级人民政府上报国务院，国务院授权国家林业局审批；重点国有林区由有关森工（林业）主管部门上报国家林业局审批。交通、铁路、水利、煤炭、城建等部门或单位经营的森林，是国家森林资源的重要组成部分，必须统一纳入采伐限额管理。

10. 人工商品林采伐应考虑哪些生态因素？

《关于完善人工商品林采伐管理的意见》第十四条规定，人工商品林的采伐要考虑对生态环境和水土保持的影响，对采伐后容易发生水土流失或造成生态破坏的地区，应当采取水土保持措施，坡度15°以上的定向培育的工业原料用材林和一般人工用材林的皆伐面积不得超过5公顷。

11. 采伐森林和林木的特殊规定是什么？

《森林法》第三十一条规定，采伐森林和林木必须遵守下列规定：①成熟的用材林应当根据不同情况，分别采取择伐、皆伐和渐伐方式，皆伐应当严格控制，并在采伐的当年或者次年内完成更新造林；②防护林和特种用途林中的国防林、母树林、环境保护林、风景林，只准进行抚育和更新性质的采伐；③特种用途林中的名胜古迹和革命纪念地的林木、自然保护区的森林，严禁采伐。

12. 非林地上营造的商品林如何采伐？

《关于完善人工商品林采伐管理的意见》第十条规定，在非林地上营造的商品林，森林经营者要求采伐的，县级以上林业主管部门应当保证其年森林采伐限额和年度木材生产计划，依法发放林木采伐许可证。

13. 盗伐森林或者其他林木的行政法律责任是什么？

《森林法实施条例》第三十八条规定，盗伐森林或者其他林木，以立方木材体积计算不足 $0.5m^3$ 或者幼树不足20株的，由县级以上人民政府林业主管部门责令补种盗伐株数10倍的树木，没收盗伐的林木或者变卖所得，并处盗伐林木价值3～5倍的罚款。

盗伐森林或者其他林木，以立木材体积计算 $0.5m^3$ 以上或者幼树20株以上的，由县级以上人民政府林业主管部门责令补种盗伐株数10倍的树木，没收盗伐的林木或者变卖所得，并处盗伐林木价值5～10倍的罚款。

14. 盗伐、滥伐林木应担负什么法律责任？

按照《森林法》第三十九条规定，盗伐森林或者其他林木的，依法赔偿损失；由林业主管部门责令补种盗伐株数10倍的树木，没收盗伐的林木或变卖所得，并处盗伐林木价值3倍以上10倍以下的罚款。

滥伐森林或者其他林木，由林业主管部门责令补种滥伐株数5倍的树木，并处滥伐林木价值2倍以上5倍以下的罚款。

拒不补种树木或补种不符合国家有关规定的，由林业主管部门代为补种，所需费用由违法者支付。

盗伐、滥伐森林或其他林木构成犯罪的，依法追究刑事责任。

15. 哪些类型的森林只准进行抚育和更新采伐？

《森林采伐更新管理办法》第九条规定，以下类型森林只准进行抚育和更新采伐：

1）大型水库、湖泊周围山脊以内和平地150m以内的森林，干渠的护岸林。

2）大江、大河两岸150m以内，以及大江、大河主要支流两岸50m以内的森林；在此范围内有山脊的，以第一层山脊为界。

3）铁路两侧各100m、公路干线两侧各50m以内的森林；在此范围内有山脊的，以第一层山脊为界。

4）高山森林分布上限以下150~200m以内的森林。

5）生长在坡陡和岩石裸露地方的森林。

16. 森林更新的要求是什么？

《森林采伐更新管理办法》第十五条规定，森林更新标准是：

1）人工更新，当年成活率应当不低于85%，三年后保存率不低于80%。

2）人工促进天然更新，补植、补播后当年成活率应当不低于85%，三年后保存率不低于80%。

3）天然更新，天然下种前整地和天然更新的，每公顷皆伐迹地应当保留健壮目的树种幼树不少于3000株或者幼苗不少于6000株，更新均匀度应当不低于60%。

17. 如何掌握择伐强度？

《森林采伐更新管理办法》第八条规定，中幼龄树木多的复层异龄林，应当实行择伐。择伐强度不得大于伐前林木蓄积量的40%，伐后林分郁闭度应当保留在0.5以上。伐后容易引起林木风倒、自然枯死的林分，择伐强度应当适当降低。两次择伐的间隔期不得少于一个龄级期。

18. 如何掌握渐伐强度？

《森林采伐更新管理办法》第八条规定，天然更新能力强的成过熟单层林，应当实行渐伐。全部采伐更新过程不得超过一个龄级期。上层林木郁闭度较小，林内幼苗、幼树株数已经达到更新标准的，可进行二次渐伐，第一次采伐林木蓄积量的50%；上层林木郁闭度较大，林内幼苗、幼树株数达不到更新标准的，可进行三次渐伐，第一次采伐林木蓄积量的30%，第二次采伐保留林木蓄积的50%，第三次采伐应当在林内更新起来的幼树接近或者达到郁闭状态时进行。

19.如何确定农田防护林更新方式？

《农田防护林采伐更新管理的通知》第四条规定，对农田防护林实施更新采伐，应科学确定采伐方式，合理控制采伐强度。风沙、干旱地区的农田防护林的更新采伐应采取隔株、隔行等渐伐方式，第一次采伐的株数强度不应大于50%，采伐间隔期南方一般不小于2年、北方一般不小于3年（伐前更新已达到成林标准的例外）。其他地区的农田防护林的更新采伐可采取隔行、带状等采伐方式，采伐强度可根据林分状况、采伐方式等确定，但相邻的同向林带不得在同一年实施更新采伐。

20.如何申请农田防护林采伐？

《农田防护林采伐更新管理的通知》第九条规定，采伐农田防护林应当向有林木采伐许可证发证权限的主管部门或单位提交申请采伐林木的所有权证书、使用权证书以及《森林法实施条例》第三十条规定的其他有关证明文件：① 国有林业企业事业单位还应当提交采伐区调查设计文件和上年度采伐更新验收证明；② 其他单位还应当提交包括采伐林木的目的、地点、林种、林况、面积、蓄积量、方式和更新措施等内容的文件；③ 个人还应当提交包括采伐林木的地点、面积、树种、株数、蓄积量、更新时间等内容的文件。

21.哪些情况不能核发农田防护林采伐许可证？

《农田防护林采伐更新管理的通知》第九条规定，有下列情形之一的，不得核发林木采伐许可证：

1）林木权属不清或存有争议的；
2）未按规定提交有关证明文件或提交的证明文件不符合要求的；
3）采伐作业设计违反有关技术规程和采伐管理规定的；
4）征用、占用林地未经批准的；
5）上年度采伐验收不合格或采伐后未在规定期限完成更新造林任务的。

22.木材运输证由谁颁发？

《森林法实施条例》第三十五条规定，重点林区的木材运输证，由国务院林业主管部门核发；其他木材运输证，由县级以上地方人民政府林业主管部门核发。

23.木材运输证的使用规定是什么？

《森林法实施条例》第三十五条规定，木材运输证自木材起运点到终点全程有效，必须随货同行。没有木材运输证的,承运单位和个人不得承运。

2.4 非木质林产品采收政策

根据《国家林业局关于印发〈林木种子采收管理规定〉的通知《(林场发 [2007]142 号)、《国务院办公厅关于加快木本油料产业发展的意见》(国办发 [2014]68 号)、国家林业局编制的《全国主要木本油料产业发展规划(2008—2020)》和《国务院办公厅关于加快林下经济发展的意见》,我国从 20 世纪 70 年代末至 80 年代初提出林业必须大力发展多种经营,变森林生态优势和资源优势为经济优势。这一时期,从广义和狭义两方面对森林资源利用的概念加深了理解。从广义的概念理解,森林资源的利用至少包括木材、非木质林产品和森林的生态效益。森林是各种生物的综合体,它的生产物不仅限于木材一项,与林木相互联系、相互依存、相互制约的各种植物、动物、微生物等,均有各自的经济利用价值。从狭义的概念理解,森林资源的利用主要指木材(林木)、非木质林产品资源中的植物、动物和微生物等生物资源。这类非木质林产品资源中的生物资源有许多在我国具有悠久的开发史和广泛的传播。近年来,我国开发利用非木质林产品资源取得了迅猛发展,许多全国性的规模化产业,如竹产业、藤产业、花卉产业、水果产业、山野菜产业、食用菌产业、酒产业、保健品产业、饮料产业、药产业等,形成了"产加销"一体化的资源开发利用经济链。由此,大大地提高了森林经济植物、动物和微生物资源的利用率。

2.5 林业许可经营政策

《国家林业局行政许可事项公示内容》(国家林业局公告 2004 年第 3 号)规定,公民、法人进行下列林业活动,需要向林业主管部门申请行政许可:①松材线虫病疫区板材定点加工企业审批;②普及型国外引种试种苗圃资格;③国务院有关部门所属在京单位从国外引进林木种子、种苗检疫审批;④建设工程征占用林地的审核;⑤重点国有林区、其他地区防护林或特种用途林 2 公顷及其他林地 20 公顷以上的林地临时占用审批;⑥重点国有林区森林经营单位修筑直接为林业生产服务工程设施占用林地审批;⑦重点国有林区林木采伐证的核发;⑧重点国有林区木材运输证核发;⑨重点国有林区设立木材经营(加工)单位审批;⑩国家一级保护陆生野生动物特许猎捕证核发;⑪出售、收购、利用国家一级保护陆生野生动物或其产品审批;⑫出口国家重点保护陆生野生动物或其产品审批;⑬《进出口国际公约》限制进出口的陆生野生动物或其产品审批;⑭外国人对国家重点保护进行野外考察、标本采集或在野外拍摄电影、录像审批;⑮国家一级保护野生动物驯养繁殖许可证核发；⑯外来陆生野生动物特种野外放生审批；⑰科研教学单位对国家一级保护野生动物进行野外考察、科学研究审批；⑱采集国家一级保护野生植物审批；⑲进出口中国参加的国际公约限制进出口野生植物审批；⑳出口国家重点保护野生植物审批；㉑出口珍贵树木或其制品、衍生物审批；㉒引进陆生野生动物外来物种类及数量审批；㉓在林业系统国家级自然保护区实验区开展生态旅游方案审批；㉔在林业系统国家级自然保护区建立机构和修筑设施审批；㉕国家林业局质量检查机构设立审批；㉖林木种子经营许可证核发；㉗向境外提供或从境外引进林木种质资源审批；㉘采集或采伐国家重点保护种质资源审批；㉙国家级森林公园设立、撤销、合并、改变经营范围或改变隶属关系审批；㉚林木种子种苗进口审批；㉛国家林木种子质量检验机构资质考核；㉜在沙化土地封禁保护区范围内进行修铁路、公路等建设活动考核；㉝开展林木转基因工程活动审批；㉞向外国人转让植物新品种申请权或植物新品种权审批。

1.林木运输许可政策

根据《中华人民共和国森林法实施条例》和《国家林业局〈关于规范木材运输检查监督管理有关问题的通知〉》（林资发〔2013〕96号）的规定，从林区运出非国家统一调拨的木材，必须持有县级以上人民政府林业主管部门核发的木材运输证。重点林区的木材运输证，由国务院林业主管部门核发；其他木材运输证，由县级以上地方人民政府林业主管部门核发。木材运输证自木材起运点到终点全程有效，必须随货同行。没有木材运输证的，承运单位和个人不得承运。木材运输证的式样由国务院林业主管部门规定。

2.林木种子生产、经营许可证

林业种子生产、经营许可证按《林木种子生产、经营许可证管理办法》（国家林业局令第5号）执行。该办法分总则、申请、审核和发放、监督管理、附则，共5章21条，自2002年12月15日起施行。

3.占用征收征用林地审核审批

占用、征用、征用林地的审核、审批按《占用征用林地审核审批管理办法》执行。该办法于2000年11月2日国家林业局第3次局务会议审议通过，自发布之日起施行。

2.6 林业经营税费优惠政策

1.所得税税率降低，出现减免所得税情况

对各类型的内资企业的所得税，从1994年1月1日起，统一按33%的比例征收，体现了简化税制。公平税负的原则。自2007年起这一比例又降低至25%。2008年1月1日起，《关

于发布享受企业所得税优惠政策的农产品初加工范围（试行）通知》（财税 [2008]149 号），部分范围林业企业可享受所得税优惠政策。《财政部、国家税务总局关于国有农口企事业单位征收企业所得税问题的通知》规定，边境贫困的国有林场区的生产经营所得和其他所得暂免征收企业所得税。

2.增值税降低

现行林业增值税同国家其他行业的生产所征收税率一致。林木产品初级加工，流通环节主要征收 13% 的销项税和进项税，但是用以生产加工产品的征收 17% 的增值销售税。

根据 2006 年财政部和国家税务总局联合发布的《关于以三剩物和次小薪材为原料生产加工的综合利用产品增值税即征即退政策的通知》（财税 [2006]102 号）文件规定：国有森工企业以"三剩物"和次小薪材为原料生产加工的综合利用产品都享有增值税即征即退的优惠政策。根据国家 2008 年发布的《关于发布享受企业所得税的优惠政策农产品初级加工范围（试行）的通知》（财税 [2008]149 号）以及《增值税暂行条例》第十五条第一款规定，自产自销的增值税，给予免征税率的优惠政策。

3.育林基金减少

2009 年财政部和国家林业局联合修订的《育林基金征收使用管理办法》规定，从 2009 年 7月1日起，育林基金由 20% 下调到 10%，具备条件的地区可以将育林基金征收标准确定为零。

4.林业建设保护费

1994 年经国务院批准，原国家计委、财政部联合发布《国家计委、财政部关于林业保护建设类收费标准的通知》，规定对木材征收林业保护建设费的标准为 5 元 $/m^3$，在木材销售环节一次性征收。林业建设保护费主要用于林政管理、林区中幼林抚育、森林防火以及林区道路建设。

5.其他费用

上述税费中是林业税费的主要组成部分，其他费用还包括更新造林预留费、森林病虫害防治专项费、自然保护区管理费、护林防火费、公路维修基金等。

2.7 林业合作社优惠政策

为深入贯彻落实中央林业工作会议和《中共中央、国务院关于全面推进集体林权制度改革的意见》（中发 [2008]10 号）精神，促进农民林业合作组织发展，规范农民林业合作组织及其行为，维护农民林业合作组织及其成员的合法权益，加快现代林业发展，依据《中华人民共和国农民专业合作社法》及有关法律法规,结合林业实际,国家林业局于2009年8月18日以林改发[2009]190号文印发《关于促进农民林业专业合作社发展的指导意见》。2011年12月23日,国家林业局发出了《关于确定首批创建全国农民林业专业合作社示范县活动的通知》(林改发[2011]249号),确定了北京昌平区等200个县(市、区)为首批创建农民林业专业合作社示范县。2012年2月,农业部、发改委等12个部门联合下发通知,发布首批农民专业合作社示范社名录,6663家合作社示范社榜上有名,其中林业类专业合作社有132家。

1. 补助扶持政策

对于国家而言,对林业合作组织提供的最直接、最有效的补助扶持政策,主要集中在资金方面。资金、管理和社会资本的需求促使股份合作林场快速发展。以木竹原料为例,林权改革后木竹原料供应的利润空间增长很快,许多有眼光、有资金的林农希望投资购买山场和林木。对于小规模的林农来说,将精力花费在林业生产上的机会成本很高,加上小规模林木的采伐指标很难申请,所以一些林农会索性卖掉林地或林木。而林权改革后林地可流转使得两者的交易变成可能。然而,单个大户在这一交易的过程中首先遇到了资金缺乏的问题,产生了资金合作的需求。对此,政府通过对林业合作组织的经济援助和政策扶持,使林场规模扩大,种植、采伐等生产行为更合理,保证了资金流转顺畅和股东收入稳定。

2. 财政激励政策

林业长期以来都因其比较效益低下和作为仅仅提供原材料的基础产业的特殊性而无法有效地参与市场竞争,无法适应市场机制的变化要求。近年来,全国各重要林区都展开了大规模的林权改革,林业产业越来越受到国家的重视,如何有效地保障林农的权益和提高林农的收入成为讨论的焦点,而林业合作组织则因其所具备的独特的社会稳定器的作用而逐步被引入到林权改革的实践中。但是,林业合作组织的存在和发展所面临的挑战也是巨大的,尽管现阶段,国家及政府给予其较多的政策支持,但仍然无法实现较大的效益和满意的效果,其首要问题是如何生存,即资金引入的困难性。

与农业合作组织相比,林业合作组织筹集资金的困难性更大,原因在于林业生产经营的特性。林业生产经营是一个周期长、地域广,连续多次投入、分阶段产出,周转慢、有滞后效应的过程。同时,现有的林业管理体系十分复杂,林地是林业生产不可替代的、有限的自然资源,对林地自然资源的开发和利用不仅是林地所有权人对自己权利的行使,而且还关系到其他社会成员经济效益的实现及整个林业的生态和社会效益的实现。由于必须在追求经济利益的同时,兼顾森林的生态效应和社会效应,因此,国家对林木的砍伐量控制十分严格。就经济角度而言,资源管制成为林业资金循环有效利用的一大障碍。为此,国家和政府出台了相应的财政激励措施和政策,把林业合作组织建设融入财政支农项目计划,促进了林业合作组织的经营、建设与管理。

3.经济扶持政策

政府在经济方面对林业合作组织的扶持政策主要是以林业合作组织为载体，推进林业设施建设，提高林业生产技术装备，扎实实施科学营林措施。主要有：一是促进技术装备流向森林资源培植业，购置林业机械、滴喷灌设施、森林管护设施、开设林道等营林生产设备，林产品加工、整理、储存、保鲜、运销或产品检验检测仪器设备，添置基本办公设施；二是促进产业发展，引进优良林木种苗品种，推广实用技术、森林资源培育林木种苗补助、贷款贴息补助、森林保险补助；三是实施标准化生产，制定生产技术规程，建设标准化生产与示范基地，实施生产技术规程和产品质量标准，建立生产记录、产品质量追溯、检测监督等制度；四是创建知名品牌，开展林产品商标注册、品牌创建、质量标准与认证、森林可持续经营认证活动，进行无公害林产品、绿色食品、有机食品的生产经营；五是拓展产品市场，支持林业合作组织参与市场竞争，举办或参与产品推介、展示和交易洽谈等市场营销活动。

4.法律规范政策

政府依据各林业局、林业区的合作组织发展现状，在认真分析现存林业合作组织模式的基础上，依据法律划分林业合作组织类型，即根据《农民专业合作社法》组建的农民林业专业合作社，根据《公司法》组建的股份合作企业，根据《合伙企业法》组建的合伙林业企业，根据《社会团体登记管理条例》组建的实体性协会，并促进依法组建、依法注册登记、依法规范管理。根据《森林法》《合同法》《农村土地承包法》《村民组织法》，结合合作经济组织自身产业发展方向和特点，制定适合自身发展需要的合作社章程、股份合作协议、合伙合作协议、联户合作协议、协会合作规则等，逐步形成健全的林业合作组织管理制度，规范经营行为，提升经管理水平，促进林农增收并带动行业发展。

5.服务指导政策

所谓服务指导政策，即各林业局、林业厅在政府的指导下，开展调研，调查民意，从而出台相应的合作组织工作手册，以帮助林农更好地参与林业合作组织，开展相应的一系列服务。

2.8 森林保险政策

森林保险制度应该是公益性、政策性补助的一项保险制度。只有通过建立政策性森林保险机制，才能有效降低林业生产风险，减轻林农损失。要深入贯彻《中共中央、国务院关于2009年促进农业稳定发展农民持续增收的若干意见》（中发[2009]1号），积极推进集体林权制度改革。

2009年在部分省份开展了中央财政森林保险保费补贴试点工作。开展森林保险试点工作的具体事项,按照《财政部关于印发〈中央财政种植业保险保费补贴管理办法〉的通知》(财金[2008]26号)和《财政部关于中央财政森林保险保费补贴试点工作有关事项的通知》(财金[2009]25号)的有关规定和程序执行。此外,为进一步做好森林保险工作,2009年12月15日,财政部、国家林业局、保监会下发了《关于做好森林保险试点工作有关事项的通知》,逐步建立和完善森林保险制度。

2.9 林权抵押贷款政策

下列单位或个人从各类银行(含农村信用社)取得符合以下规定项目的贷款,可以享受财政贴息政策:①林业龙头企业以公司带基地、基地连农户的经营形式,立足于当地林业资源开发,带动林区、沙区经济发展的种植业、养殖业以及林产品加工业贷款项目;②各类经济实体营造的具有一定规模、集中连片的工业原料林贷款项目;③国有林场(苗圃)、集体林场(苗圃)、森工企业为保护森林资源,缓解经济压力开展的多种经营贷款项目;④林农和林业职工个人从事的林业资源开发和林产品加工贷款项目。

林权抵押贷款政策的实施,打破了长期以来银行贷款抵押以房地产为主的单一格局,引入了林地使用权和林木所有权这一新型抵押物,使"沉睡"的森林资源变成了可以抵押变现的资产,具有划时代的意义。首先,随着林权抵押贷款政策的逐步实施,有效缓解了林农长期遇到的抵押难、融资难的问题。农村的经济近几年呈现出快速发展的趋势,传统的小额贷款早已经不能满足林农的需求,林农业的发展受到制约。在这种情况下,国家林业局等相关部门,因时而变、因需而变,适时促进推出了林权抵押贷款这一划时代的政策,有效地解决了林农融资难的问题。其次,促进了林农致富,调动起了造林育林护林的积极性以及投资林业的热情。一直以来,由于种种原因,金融机构对林业的贷款比率就很低,严重制约了林区农民的投资和扩大生产的能力,林农充分挖掘林地生产力脱贫致富的梦想难以实现。开展林权抵押贷款,盘活了森林资源资产,促进了林农的收入。最后,林权抵押贷款政策的实施,实现了信贷产品的创新,极大地拓宽了银行资金运用的渠道,也提高了信贷资产质量和经营效益。

目前实施林权抵押业务可参照的法律法规主要有《森林资源资产抵押登记办法(试行)》《物权法》等。根据《森林资源资产抵押登记办法(试行)》,可设置抵押权的森林资源资产可归纳为用材林、经济林、薪炭林;用材林、经济林、薪炭林的采伐迹地、火烧迹地的林地使用权;国务院规定的其他森林、林木和林地使用权。林木所有权抵押时,其林地使用权须同时抵押,但不改变林地的属性和用途。从林权的法律含义及实践来看,林权抵押贷款应是林权所有人将其拥有的森林、林木的所有权或使用权和林地的使用权作为抵押物，向银行、农村信用社等金融机构借款，或为第三方借款提供担保的行为。

2003年6月，国务院下发了《关于加快林业发展的决定》，指出要"加快推进森林、林木和林地使用权的合理流转，调动经营者投资开发的积极性。加强对林业发展的金融支持，对林业实行长期限、低利息的信贷扶持政策，并视情况给予一定的财政贴息。有关金融机构对个人造林育林，也要适当放宽贷款条件，扩大面向农户和林业职工的小额贷款和联保贷款。林业经营者可依法对林木抵押申请银行贷款。"

2004年5月25日，国家林业局颁布的《森林资源资产抵押登记办法》第二条定义"森林资源资产抵押是指森林资源资产权利人不转移对森林资源资产的占有，将该资产作为债权担保的行为"；第三条规定"可用于抵押的森林资源资产为商品林中的森林、林木和林地使用权"；第八条明确"可作为抵押物的森林资源资产为：(1)用材林、经济林、薪炭林；(2)用材林、经济林、薪炭林的林地使用权；(3)用材林、经济林、薪炭林的采伐迹地、火烧迹地的林地使用权；(4)国务院规定的其他森林、林木和林地使用权；森林或林木资产抵押时，其林地使用权须同时抵押，但不得改变林地的属性和用途。"该办法为林权抵押贷款提供了直接法律依据。

2008年6月8日，国务院颁发了《关于全面推进集体林权制度改革的意见》，要求进一步明晰产权、放活经营权、落实处置权、保障收益权。改革给予了林农真正意义上的物权，林权证的发放给农村金融创新带来了契机。2009年，根据《中国人民银行、财政部、银监会、保监会、国家林业局关于做好集体林权制度改革与林业发展金融服务工作的指导意见》(银发[2009]170号)，林农小额贷款期限可延长到10年，速生林、油茶、竹林、能源林基地建设等及后续产业发展可达15~20年。截至2013年，全国有27个省(自治区、直辖市)开展了林权抵押贷款工作。抵押贷款面积7015.09万亩，贷款金额1166.00亿元，平均每亩贷款1662.13元，其中农民抵押贷款面积3500.64万亩，抵押贷款金额517.68亿元，贷款农户数440.22万户，农户贷款余额239.67亿元，户均贷款1.18万元。

2.10 林业贴息贷款政策

2009年5月，中国人民银行、财政部、银监会、保监会、国家林业局联合出台了《关于做好集体林权制度改革和林业发展金融服务工作的指导意见》。该意见要求在已实行集体林权制度改革的地区，各银行业金融机构要积极开办林权抵押贷款业务、林农小额信用贷款和林农联保贷款等业务同时，支持有条件的林业重点县加快推进组建村镇银行、农村资金互助社和贷款公司等新型农村金融机构,促进林区形成多种金融机构参与的贷款市场体系,合理确定林业贷款的期限,林业贷款期限最长可为 10 年,明确小额林农贷款的实际利率负担原则上不超过基准利率的 1.3 倍。改进信贷服务,合理扩大林业信贷管理权限,优化审贷程序,简化审批手续,推广金融超市"一站式"服务。国家加大了对林业信贷政策的扶持力度,对推进集体林权制度改革,现代林业的建设和发展,农民增收和农村经济发展均具有十分重要的意义。

2009 年 10 月 1 日财政部、国家林业局出台了新的《林业贷款中央财政贴息资金管理办法》。与旧政策相比,除继续保留过去已有的各项优惠政策外,新办法着眼于服务林改和现代林业建设,在进一步扩大贴息范围、提高贴息率、延长贴息期限、简化申报程序、保证贴息政策的连续性等方面有了新的突破。具体体现在三个方面。

1)继续扩大贴息对象。新办法规定,除继续对林业龙头企业和林农个人种植业、养殖业和林产品加工贷款以及林场苗圃、森工企业多种经营贷款贴息以外,将各类经济实体营造的木本油料经济林和沙区、石漠化地区的种植业贷款也纳入贴息范围;为大力发展森林旅游新兴产业,新办法还将自然保护区和森林公园开展的森林生态旅游项目纳入贴息范围。

2)鼓励金融机构发放林业贷款。新办法规定除继续对各类银行和农村信用社发放的林业贷款予以贴息以外,首次将非银行业金融机构——小额贷款公司发放的林业贷款纳入贴息范围,以便广大林农在林改后积极利用小额贷款从事林业生产经营。

3)增加中央财政贴息率,提高贴息期限。新办法将林业贷款贴息率由原来的 2% 提高到了 3%,是目前财政部规定的贴息率最高限。同时,明确要求地方财政建立相应的贴息政策,纳入当地财政预算,为各地争取配套贴息资金创造了有利条件。

过去财政部农业司管理的各项贷款(包括扶贫贷款)贴息期限,除林业贷款以外均为 1 年。新办法除继续对造林等种植业林业贷款给予最长贴息 3 年以外,对林业龙头企业加工、养殖项目和林场苗圃、森工企业多种经营项目贷款的贴息期限由原来规定最长 2 年提高到了 3 年。同时,为大力扶持林改后林农积极利用贴息贷款开展造林,新办法将林农和林业职工个人造林贷款的贴息期限最长延长到了 5 年。

此外,为充分调动地方林业和财政部门管好用好林业贴息贷款的积极性,本着从实际出发和责权统一的原则,新办法将具体林业贷款项目的选择权和财政贴息资金的审核管理权下放到省级林业和财政部门,同时,进一步简化了林业小额贴息贷款项目申报管理程序。

2.11 产品认证政策

2002 年 11 月国务院发布了《关于加强认证认可工作的通知》。2003 年 6 月《中共中央、国务院关于加快林业发展的决定》明确提出了"积极开展森林认证工作，尽快与国际接轨"。在这种政策要求下，需要研究国际标准要求，找出我国森林经营现状与其的差距，分析森林认证对我国森林经营的影响，改善、提高林业经营管理水平，推动森林认证的发展。2003 年 9 月发布实施《中华人民共和国认证认可条例》。2004 年 9 月，我国森林认证体系建设方案编制完成，并相继把建立和完善森林认证制度纳入《林业发展"十一五"和中长期规划》和《林业科学与技术"十一五"发展规划》，森林认证列入了财政专项计划。各方面的工作也逐步展开，森林认证标准体系建设步伐加快。2005 年 1 月，《中国东北内蒙古林区 FSC 森林认证标准（草案）》制定完成。

2006 年年初，FSC 森林认证的认证机构 SGS 在中国的分支机构正式成立。SGS 是世界领先的森林认证管理机构，也是 FSC 体系中认证最广泛的认证机构，这标志着 FSC 森林认证开始了中国本土化的进程。2006 年 3 月 28 日，FSC 国家倡议在北京启动，并于 3 月 29 日在北京召开 FSC 中国森林认证工作组理事会第一会议。FSC 中国工作组现有 107 名会员，来自全国 20 多个省（自治区、直辖市）。他们来自于政府部门、研究机构、高等院校、森林经营单位、木材加工企业、社会组织团体、非政府组织和新闻媒体等组织和机构，具有广泛的代表性。2006 年，为了探索我国森林可持续经营的原则、模式和标准指标，测试《中国森林认证标准》，确定在吉林、黑龙江、浙江、福建、广东、四川 6 省开展森林认证试点，2007 年又确定在内蒙古（大兴安岭）、广西、云南、海南、安徽、河北 6 省开展第二批试点。同时，为了探索与 FSC 体系的合作，增加黑龙江穆棱林业局为试点单位。2007 年 3 月，国家林业局科技发展中心在京召开了"森林认证试点工作会议"，对试点工作进行了总结，对下一步工作进行了部署，并进一步明确了森林认证要从我国国情出发，遵循客观规律，有重点、按步骤、分阶段向前推进，为现代林业建设做贡献的指导思想。2009 年成立了中国森林可持续经营与森林认证标准化技术委员会。2009 年 1 月，国家认监委正式批准成立我国首家森林认证机构——中林天合（北京）森林认证中心（简称 ZTFC）。ZTFC 由国家林业局委托中国林业产业联合会筹建，是目前我国唯一从事森林认证的机构，经国家林业局与国家认监委授权从事森林认证—森林经营认证与森林认证—产销监管链认证业务。2009 年注册了中国森林认证网站，2010 年正式成立国家林业局森林认证工作领导小组和中国森林认证管理委员会。2011 年 11 月 7 日，在联合国粮农组织第二届亚太林业周及第二十四届亚太林委会举办的"森林认证国际研讨会"上，国家林业局宣布，中国国家森林认证体系正式运转，中国森林认证体系网站同时正式开通。森林认证工作开展近几年来，得到了国务院、国家林业局党组及各部门的有力支持，取得了长足进展，科技发展中心将在此基础上，切实加大工作力度，力争使森林认证工作取得大的突破。

目前我国所有的森林经营认证(FM)和绝大部分产销监管链认证(COC)都是由 FSC 授权的认证机构来开展的。FSC 体系强调环境、社会和经济三方的利益平衡和决策共享，旨在促进对环境负责、对社会有益和在经济上可行的森林经营活动。

2.12 林产品贸易政策

林产品贸易进一步趋向自由化，进口关税大幅度降低，几乎没有非关税措施。从 1998 年 12 月 1 日起取消了原定的"只有经过国家审核确定的专营单位才有权从事国际林产品贸易"的管理办法，按新规定，凡具有外贸经营权的公司、企业均可在自负盈亏的基础上自主进口。这意味着凡具有一定经济实力的民营或个体公司，都可申请林产品进口经营权。从 1999 年 1 月 1 日起，为了鼓励木材进口实行木材进口零关税政策，原木、锯材、薪材、木片、纸浆和废纸等的进口税调减到 0，胶合板的进口税亦由原来的 20% 调减到 15%。2001 年 1 月 1 日起，中国林产品平均关税为 12.3%。加入 WTO 后，中国严格按照"入世"承诺，对 249 种林产品降低关税，并逐步取消非关税措施，向世界开放林产品市场。2002 年中国木材、纸及其制品平均关税已降至 8.9%，同时，取消部分非关税壁垒，如取消胶合板进口限量、放宽外汇管制等。2003 年中国木材、纸及其制品平均关税仅为 7%，2005 年又将家具进口关税降为 0，纸及制品的关税由 7.5% 降至 4.6%。在这一时期，林产品贸易飞速发展，一方面，市场对进口林产品的需求极度膨胀，进口数量和品种增多。另一方面，胶合板、纤维板、家具等林产品出口量额齐增，各类进出口贸易公司经营竞争激烈、利润缩小、风险趋增。

从中国林产品贸易体制及政策演变来看，林产工业不属于保护性产业，中国对其早已实行开放性政策，但也可以看出，中国对高附加值林产品进口关税的调减还是有步骤的，如胶合板、木家具、纸产品等。1998 年中国全面启动"天然林保护工程"后，中国一直实行鼓励木材进口的政策，以弥补国内木材供应缺口。随着开放性政策的不断实施，中国现行的林产品进口税率已接近世界平均水平，甚至部分林产品关税还低于发达国家水平，林产品关税降低的余地已经不大。除了禁止软木类、枕木类、木粉类、木制一次性筷子进口等一些小的措施以外，现在中国进口林产品没有非关税措施。在自由贸易方面，除了开发利用濒危物种，中国对外商投资林业部门也没有其他具体限制。

2.13 林权登记政策

按照《森林法实施条例》第四条的规定，使用国家所有的林地的单位和个人应当申请林地权属登记，林地使用者不得自行选择。但根据《森林法实施条例》第五条的规定，集体所有的林地是否申请登记，由林地所有者自愿选择。

1. 我国森林资源有哪几种权属形式？

我国森林资源属于国家、集体和个人所有。《森林法》第三条规定，森林资源属于国家所有，由法律规定属于集体所有的除外。国家所有的和集体所有的森林、林木和林地，个人所有的林木和使用的林地，由县级以上地方人民政府登记造册，发放证书，确认所有权或者使用权。

2. 我国森林、林木和林地的使用权有哪些形式？

根据《宪法》《中华人民共和国民法通则》《中华人民共和国土地管理法》和《森林法》的规定，我国森林、林木和林地的使用权形式多种多样，主要有以下几种：

1）国有森林、林木和林地由国有单位使用。该单位不拥有森林、林木和林地的所有权，但依法享有占有、使用、收益和部分处分权，拥有限制的使用权。

2）国有森林、林木和林地由集体以合法形式取得使用权，如采取联营、承包、租赁等形式获得森林、林木和林地的使用权。

3）集体的林地由国有林业单位使用。经营林业的国有单位没有所有权，但依法拥有使用权。

4）公民、法人或其他经济组织依法使用国有的或集体所有的林地，比如采取承包、租赁、转让等形式依法取得使用权，而不拥有所有权。可以按照合同约定拥有森林、林木的所有权。

3. 什么是林权证？林权证的法律地位是什么？

《森林法》第三条规定，国家所有和集体所有的森林、林木和土地，个人所有的林木和使用的林地，由县级以上地方人民政府登记造册，发放证书，确认所有权和使用权。政府发的林权证是确认森林、林木和林地所有权、使用权的法律凭证。

4. 哪些部门负责核发林权证？

《森林法实施条例》第四条规定，依法使用国家所有的森林、林木和林地，按照下列规定登记：

1）使用国务院确定的国家所有的重点林区的森林、林木和林地的单位，应当向国务院林业主管部门提出登记申请，由国务院林业主管部门登记造册，核发证书，确认森林、林木和林地使用权以及由使用者所有的林木所有权；

2）使用国家所有的跨行政区域的森林、林木和林地的单位和个人，应当向共同的上一级人民政府林业主管部门提出登记申请，由该人民政府登记造册，核发证书，确认森林、林木和林地使用权以及由使用者所有的林木所有权；

3）使用国家所有的其他森林、林木和林地的单位和个人，应当向县级以上地方人民政府林业主管部门提出登记申请，由县级以上地方人民政府登记造册，核发证书，确认森林、林木和林地使用权以及由使用者所有的林木所有权。

4）未确定使用权的国家所有的森林、林木和林地，由县级以上人民政府登记造册，负责保护管理。

5.申领林权证需要提交哪些材料?

《林木和林地权属登记管理办法》第三条、第四条、第五条、第九条规定，林权权利人为个人的，由本人或者其法定代理人、委托的代理人提出林权登记申请；林权权利人为法人或者其他组织的，由其法定代表人、负责人或者委托的代理人提出林权登记申请。

林权权利人应当根据《森林法》及其实施条例的规定提出登记申请，并提交以下文件：① 林权登记申请表；② 个人身份证明、法人或者其他组织的资格证明、法定代表人或者负责人的身份证明、法定代理人或者委托代理人的身份证明和载明委托事项和委托权限的委托书；③ 申请登记的森林、林木和林地权属证明文件；④ 省、自治区、直辖市人民政府林业主管部门规定要求提交的其他有关文件。

登记机关认为林权权利人提交的申请材料符合《森林法》及其实施条例以及本办法规定的，应当予以受理；认为不符合规定的，应当说明不受理的理由或者要求林权权利人补充材料。

6.森林、林木和林地的所有权或者使用权的登记工作由哪些部门进行?

《林木和林地权属登记管理办法》第二条规定，森林、林木和林地的所有权或者使用权登记工作，由县级以上林业主管部门依法履行林权登记职责。林权登记包括初始、变更和注销登记。

2.14 林权流转政策

1981年"林业三定"之后，我国真正明确了"集体林地使用权流转"概念，开始了专门针对林地流转改革的初步尝试。当时国家制订的一些政策和法律法规，对于林地使用权的流转起到了一定作用。《中共中央关于1984年农村工作的通知》首次提出改革开放以来第一个关于流转的政策。1998年4月修订出台的《中华人民共和国森林法》第十五条中规定了"在不改变林地用途的情况下，用材林、经济林、薪炭林的林地使用权；用材林、经济林、薪炭林的采伐迹地、火烧迹地的林地使用权；国务院规定的其他森林、林木和其他林地使用权可以依法转让，也可以依法作价入股或者作为合资、合作造林、经营林木的出资、合作条件"。这标志着林地使用权流转这一制度得以正式确立。

2003年6月，中央9号文件《中共中央、国务院关于加快林业发展的决定》提出："在明确权属的基础上，国家鼓励森林、林木和林地使用权的合理流转。"2008年6月8日中央10号文件《中共中央、国务院关于全面推进集体林权制度改革的意见》做出了"加快推进森林、林木和林地使用权的合理流转"的规定。为依法管理和规范流转行为，国家林业局于2009年10月15日出台《关于切实加强集体林权流转管理工作的意见》。当前林地使用权流转行为既要受到《中华人民共和国民法通则》和《中华人民共和国合同法》等的约束，也要受到《森林法》《中华人民共和国农村土地承包法》和《中华人民共和国土地管理法》等相关流转法规和政策的规范。由此可见，随着相关政策和法规的不断调整和完善，林地使用权流转经历了由无序流转，到加快流转，再到目前的逐步稳定规范流转的发展轨迹。

2.15 林权争议及调处政策

1.林权争议调处的法律依据有哪些？

林权争议调处的法律依据主要包括《森林法》、1996年原林业部发布的《林木林地权属争议处理办法》、2000年国家林业局发布的《林木和林地权属登记管理办法》，以及《物权法》《土地管理法》和《农村土地承包法》中的有关规定等。此外，还可以参考《中共中央国务院关于全国推进集体林权制度改革的意见》《中共中央、国务院关于加快林业发展的决定》中有关林权的政策性规定等。

1)《森林法》第十七条规定，单位之间发生的林木、林地所有权和使用权争议，由县级以上人民政府依法处理。个人之间、个人与单位之间发生的林木所有权和林地使用权争议，由当地县级或者乡级人民政府依法处理。当事人对人民政府的处理不服的，可以在接到通知之日起一个月内向人民法院起诉。在林木、林地权属争议解决以前，任何一方不得砍伐有争议的林木。

2)《行政复议法》第三十条规定，公民、法人或者其他组织认为行政机关的具体行政行为侵犯其已经依法取得的土地、矿藏、水流、森林、山岭、草原、荒地、滩涂、海域等自然资源的所有权或者使用权的，应当先申请行政复议；对行政复议决定不服的，可以依法向人民法院提起行政诉讼。根据国务院或者省、自治区、直辖市人民政府对行政区划的勘定、调整或者征用土地的决定，省、自治区、直辖市人民政府确认土地、矿藏、水流、森林、山岭、草原、荒地、滩涂、海域等自然资源的所有权或者使用权的行政复议决定为最终裁决。

2.我国林权调处工作的基本政策有哪些?

1）建章立制，努力实现林权调处工作程序化、规范化。林权调处工作的客观性和依法性，决定了林权调处工作必然要向规范化和法制化方向发展。为使林权工作程序化、制度化、规范化，各级林业主管部门要从建章立制入手，依据《森林法》及原林业部《林木林地权属争议处理办法》等法律法规，建立一整套行之有效的工作机制。

2）进一步完善和制定林权纠纷调处责任制，根据《森林法》实行依法分级调处管理。建立村组、镇、县（市）三道林权调处网络和防线，做到有分有合、上下联动、层层有领导、层层有接待、层层能处理，实现组里纠纷不出村、村里纠纷不出镇、镇里纠纷不出县、县里纠纷不出市。各级林业主管部门要有专人管理林权纠纷调处工作。专管人员要精通业务，掌握政策，勇于吃苦，具有一定的协调综合能力。各种林权纠纷信息资料要由专管人员一手登记造册，保证纠纷案件上访有登记，查处有人办，结果有反馈。

3）建立健全林权纠纷调处工作畅通的信息反馈及档案管理制度。林权纠纷信息报送工作十分重要。村组这一层面既是林权纠纷发源地，也是林权纠纷信息的报告地，如何将第一信息在第一时间按照规定程序反馈到有关领导面前，对有效地化解矛盾、调处纠纷尤为重要。各级林业主管部门要有专人负责信息接收、汇总上报工作，并按日期登记造册，分卷归档。办理结果要立卷存档，做到不丢不毁。对全年的林权纠纷调处案件存入微机管理，实行动态管理，重点调处。

4）对林权纠纷调处案件要做到每月一清理，半年一小结，年终一总结。对各级政府调处的林权纠纷案件，要做到按规定时间查处，按规定程序查处。每月清理一次办结工作，未能处理的案件，要及时写出阶段性工作报告并提出下一步处理意见，报上一级主管部门。

5）建立健全领导干部包案工作责任制。对重点林权纠纷案件实行领导包案制度，切实做到包案领导亲自上手，亲自调研，亲自与上访人见面，亲自参加调处。实行谁包案，谁负责，谁主管，谁负责。按级管理，按级负责，将矛盾发现在基层，调处在基层，使林权纠纷矛盾化解在萌芽之中。

6）林权调处工作既是一项法规性和政策性强的工作，也是一项十分艰辛细致的思想政治工作。各林业主管部门要在牢牢把握法律和政策的前提下，发挥主观能动性作用，对社会影响较大的林权纠纷案件和大宗群体上访案件，坚持做到耐心接访，不把上访群众拒之门外。变上访为下访，把主要当事人请进门来，动之以情，晓之以理，冷静处理；对情况复杂，涉及大多数当事人切身利益的林权纠纷问题，要坚持政策上和工作上的细心。政策上的细心就是要切实掌握调处纠纷所涉及的法律法规和有关政策，做到法律法规政策要清。工作上细心就是要深入实地，现场勘察，掌握案情，做到情况要明。

7）林权纠纷调处工作既关系到国家、集体和个人三者之间的利益，也关系到社会稳定。

抓队伍建设、群防群治，实现三级联防调处是做好林权调处工作的基础；抓依法调处，坚持调处原则是做好调处工作的关键；抓领导包案，加强领导，正确处理各种关系是做好林权调处工作的基本保证。

3.林地承包人在承包期内有哪些权利？

《物权法》第一百二十五条规定，土地承包经营权人依法对其承包经营的耕地、林地、草地等享有占有、使用和收益的权利，有权从事种植业、林业、畜牧业等农业生产。第一百二十七条规定，土地承包经营权自土地承包经营权合同生效时设立。

《森林法实施条例》第十五条规定，国家依法保护森林、林木、林地经营者的合法权益。任何单位和个人不得侵犯经营者依法所有的林木和使用的林地。用材林、经济林、薪炭林的经营者，依法享有经营权、收益权和其他合法权益。防护林和特种用途林的经营者，有获得森林生态效益补偿的权利。

《农村土地承包法》第二十三条规定，县级以上地方人民政府应当向土地承包经营权人发土地承包经营权证、林权证、草原使用权证，并登记造册，确认土地承包经营。

4.哪些资料可以作为调处林木林地权属争议的依据？

《林木林地权属争议处理办法》第六条规定，县级以上人民政府或者国务院授权林业部依法颁发的森林、林木、林地的所有权或者使用权证书（林权证），是处理林权争议的依据。

《林木林地权属争议处理办法》第七条规定，尚未取得林权证的，下列证据作为处理林权争议的依据：①土地改革时期，人民政府依法颁发的土地证；②土地改革时期，《中华人民共和国土地改革法》规定不发证的林木、林地的土地清册；③当事人之间依法达成的林权争议处理协议、赠送凭证及附图；④人民政府作出的林权争议处理决定；⑤对同一起林权争议有数次处理协议或者决定的，以上一级人民政府作出的最终决定或者所在地人民政府作出的最后一次决定为依据；⑥人民法院作出的裁定、判决。

《林木林地权属争议处理办法》第八条规定，自土地改革后至林权争议发生时，下列证据可以作为处理林权争议的参考依据：①国有林业事业企业单位设立时，该单位的总体设计书所确定的经营管理范围及附图；②土地改革、合作化时期有关林木、林地权属的其他凭证；③能够准确反映林木、林地经营管理状况的有关凭证；④依照法律、法规和有关政策规定，能够确定林木、林地权属的其他凭证。

5.林木林地权属争议不能达成协议的，如何申请处理林权争议？

《林木林地权属争议处理办法》第十五条规定，申请处理林权争议，申请人应当向林权争议处理机构提交《林木林地权属争议处理申请书》，申请书应当填写：①当事人的姓名、地址及其法定代表人的姓名、职务；②争议的现状，包括争议面积、林木蓄积，争议地所在的行政区域位置、四至和附图；③争议的事由，包括发生争议的时间、原因；④当事人的协商意见。

2.16 林业基础设施建设政策

  林业基础设施是基础设施范畴的一个组成部分，是指向林业生产生活提供公共产品和公共服务并保证林业产业发展和生态建设顺利进行的各种物质技术条件总和。林业基础设施包括经济基础设施和社会基础设施两大类，主要有林区道路交通、供水、供电、通信、水利、能源、林区教育文化、医疗卫生、社会福利等一般性基础设施项目，此外还包括种苗工程、森林防火、森林病虫害防治、林业工作站、森林公安、森林公园、野生动植物保护及自然保护区、湿地恢复与保护、林政及木材检查站、林业调查规划设计、林业科技、重点实验室，以及林业特有的基础设施项目。由此可以看出，林业基础设施具有公共产品性质，外部性强，是林业生产生活的基础所在。

  林业基础设施是林业经济发展的重要物质技术基础，具有明显的外部性，对林业生态效益和经济效益的发挥具有重要作用。目前我国林业基础设施投入不足，林业基础设施建设滞后于林业发展的需要，直接影响到林业经济增长和传统林业向现代林业的转变。

  理论和实践表明，政府财政支持对于基础设施建设和林业发展有着极为重要的作用，财政投入作为市场经济条件下政府进行宏观经济调控的主要渠道，是国家调控林业生产和林业生态建设的一个基本因素。而且可以利用其导向作用，发挥乘数效应，引导社会资本投向林业，以增加林业投入总量，缓解林业发展的资金约束。

2.17 森林（林地）保护政策

  当前中国林地资源保护管理形势十分严峻，必须采取最为严格的措施，加强对林地的保护管理，形成"总量控制、定额管理、合理供地、节约用地、占补平衡"的林地管理机制。根据第七次全国森林资源清查，林地保护管理压力依然很大。按照中央确定的到 2050 年森林覆盖率达到并稳定在 26% 以上的发展目标，届时全国林地最低保有量要达到 46.5 亿亩，这是中国林地资源的"红线"。为了更好地保护林地资源，国家出台了一系列政策文件，如《关于保护森林资源制止毁林开垦和乱占林地的通知》《林地管理暂行办法》《占用征用林地审核审批管理办法》《关于违反森林资源管理规定造成森林资源破坏的责任追究制度的规定》等，做出了一些有关林地资源保护的政策规定。

1）林地用途管制政策。所谓林地用途管制政策，是指在社会经济发展过程中，对于林地用于其他的用途进行严格限制，非经依法许可，不能转为他用（禁止林地所有权交易、毁林开垦和乱占林地、禁止改变土地利用总体规划及林地利用规划等），但如确实需要转用（如转为非林地及建设用地或转为其他农业用途等），必须依法经有批准权的政府批准方可转用。为此我国设置了林地转用审批制度。《森林法》第十八条规定，进行勘察、开采矿藏和各项工程建设应当不占或少占林地；必须占用或征用林地的，经县级以上人民政府林业主管部门审核同意后，依照有关土地管理的法律、行政法规办理建设用地审批手续，并由用地单位依法缴纳森林植被恢复费。

2）森林植被恢复费征收政策。森林植被恢复费的实质意义为：一是通过设置成本壁垒，达到不占或少占林地的目的；二是利用森林植被恢复费植树造林，保持林地总量的平衡和稳定增加；三是在国有资产和集体资产管理存有漏洞的情况下，有防止公有资产流失的作用。《森林法》第十八条规定，森林植被恢复费专款专用，由林业部门依照有关规定统一安排植树造林，恢复森林植被，植树造林面积不得少于因占用征用林地而减少的森林植被面积。

3）林地使用保护政策。根据《森林法》第十九条规定，禁止毁林开垦和毁林采石、采砂、采土以及其他毁林行为；禁止在幼林地和特种用途林内砍柴、放牧。此外，原林业部1993年发布的《林地管理暂行办法》第十四条也做了一些相应的规定。

2.18 林地征占用政策

1.征用林地的补偿标准如何确定？

征用林地，与征用耕地一样，同样也要支付补偿。那么补偿的标准如何确定呢？具体而言，征用林地的土地补偿费和安置补助费标准，由省、自治区、直辖市参照征用耕地的土地补偿费和安置补助费的标准规定。而耕地征收补偿标准为：征用耕地的补偿费用包括土地补偿费、安置补助费以及地上附着物和青苗的补偿费。征用耕地的土地补偿费，为该耕地被征用前三年平均年产值的6～10倍。至于具体为多少倍，由各省、自治区、直辖市人民政府在该法定范围内根据当地情况予以确定。征用耕地的安置补助费，按照需要安置的农业人口数计算。需要安置的农业人口数，按照被征用的耕地数除以征地前被征用单位平均每人占有耕地的数量计算。每一个需要安置的农业人口的安置补助费标准，为该耕地被征用前三年平均年产值的4～6倍。但是，每公顷被征用耕地的安置补助费最高不得超过被征用前三年平均年产值的15倍。被征用土地上的附着物和青苗的补偿标准，由省、自治区、直辖市规定。除了上述原则的规定外，《土地管理法》赋予农民对征地补偿方案提出意见的权利，但并没有明确规定必须超过一定的比例数方可通过。因此，征地补偿的低标准仍可能在一定范围内存在。对此可以参见《中华人民共和国村民委员会组织法》等相关法律规定，同时还要看各地的地方法规具体如何规定，如果规定健全、细致，那么集体的权益将得到更好的保护。另外，被征林地的林农有权要求农村集体经济组织将征用土地的补偿费用的收支状况向本集体经济组织的成员公布，接受监督。禁止任何单位侵占、挪用被征用土地单位的征地补偿费用和其他有关费用。在程序上还有一个要求，就是国家征用土地的，依照法定程序批准后，由县级以上地方人民政府予以公告并组织实施。被征用土地的所有权人、使用权人应当在公告规定期限内，持土地权属证书到当地人民政府土地行政主管部门办理征地补偿登记。

2. 承包人在承包的林地被征用后，在被征地上种植的林木能否获得相应的补偿？

承包人可以获得补偿。根据《土地管理法》第四十七条的规定，征收土地的，按照被征收土地的原用途给予补偿。征收耕地的补偿费用包括土地补偿费、安置补助费以及地上附着物和青苗的补偿费。被征收土地上的附着物和青苗的补偿标准，由省、自治区、直辖市规定。

3. 地上附着物和林木的补偿费如何计算？

地上附着物补偿费是指地上的各种建筑物、构筑物，如房屋、水井、道路、管线、水渠等物的拆迁费用和恢复费用，以及被征收土地上林木的补偿费用或砍伐费用等费用的综合。计算地上附着物补偿费，以拆什么补偿什么，拆多少补偿多少，并且不低于原有水平为原则。根据《土地管理法》的规定，地上附着物补偿费的具体标准由各省、自治区、直辖市规定，因此，各省、自治区、直辖市根据当地建筑材料、劳动力和运输等费用，按各类建筑物和构筑物的等级和结构进行测算，相应地制定符合当地物价水平的地上附着物补偿标准。所以，对于地上附着物补偿费，各地规定不尽相同。林木补偿费按树木的大小进行补偿，如已成材的，可以由原所有者砍伐，但不再支付林木补偿费而发给砍伐费。果树、经济林等则根据投入情况予以补偿。

青苗补偿费是指农作物正处于生长期未能收获，因征收土地需要及时让出土地，致使农作物不能收获而使农民造成损失，给予土地承包经营或者土地使用者的经济补偿费用。根据《土地管理法》的规定，青苗补偿费的标准也是由各省、自治区、直辖市规定。因此，各地的补偿标准可能存在一定的差异，具体补偿多少应依照各省、自治区、直辖市制定的地方性法规或者规章。通常，一般农作物的青苗补偿费的标准最高按一季产值计算，如果是播种不久或投入较少，也可以按一季产值的一定比例计算。

直接为林业生产服务的工程设施用地的审批应遵循《森林法实施条例》第十八条规定，森林经营单位在所经营的林地范围内修筑直接为林业生产服务的基础设施，需要占用林地的，由县级以上林业主管部门审批。需要临时占用林地的，应当经县级以上人民政府林业主管部门批准。

根据原林业部《关于加强国有林地权属管理几个问题的通知》规定，"占有国有林地必须依据国家有关法律规定，严格履行审批手续，并向国营林业单位支付林地、林木补偿经费和植被恢复费。"《森林法实施条例》规定，"用材林、经济林和薪炭林的经营者，依法享有经营权、收益权和其他合法权益。防护林和特种用途林的经营者，有获得森林生态效益补偿的权利"。

4.如何办理林地的征占用手续？

根据 2015 年 2 月 15 日国家林业局局务会议审议通过的《建设项目使用林地审核审批管理办法》，占用林地和临时占用林地的用地单位或者个人提出使用林地申请，应当填写《使用林地申请表》，同时提供下列材料。

1）用地单位的资质证明或者个人的身份证明。

2）建设项目有关批准文件，包括可行性研究报告批复、核准批复、备案确认文件、勘查许可证、采矿许可证、项目初步设计等批准文件；属于批次用地项目，提供经有关人民政府同意的批次用地说明书并附规划图。

3）拟使用林地的有关材料，包括林地权属证书、林地权属证书明细表或者林地证明；属于临时占用林地的，提供用地单位与被使用林地的单位、农村集体经济组织或者个人签订的使用林地补偿协议或者其他补偿证明材料；涉及使用国有林场等国有林业企事业单位经营的国有林地，提供其所属主管部门的意见材料及用地单位与其签订的使用林地补偿协议；属于符合自然保护区、森林公园、湿地公园、风景名胜区等规划的建设项目，提供相关规划或者相关管理部门出具的符合规划的证明材料，其中，涉及自然保护区和森林公园的林地，提供其主管部门或者机构的意见材料。

4）具有相应资质的单位作出的建设项目使用林地可行性报告或者林地现状调查表。

在办理审批手续时，应遵循如下规定。

1）建设项目需要使用林地的，用地单位或者个人应当一次申请。严禁化整为零、规避林地使用审核审批。

2）建设项目批准文件中已经明确分期或者分段建设的项目，可以根据分期或者分段实施安排，按照规定权限分次申请办理使用林地手续。

3）采矿项目总体占地范围确定，采取滚动方式开发的，可以根据开发计划分阶段按照规定权限申请办理使用林地手续。

4）公路、铁路、水利水电等建设项目配套的移民安置和专项设施迁建工程，可以分别具体建设项目，按照规定权限申请办理使用林地手续。

5)需要国务院或者国务院有关部门批准的公路、铁路、油气管线、水利水电等建设项目中的桥梁、隧道、围堰、导流（渠）洞、进场道路和输电设施等控制性单体工程和配套工程，根据有关开展前期工作的批文，可以由省级林业主管部门办理控制性单体工程和配套工程先行使用林地审核手续。整体项目申请时，应当附具单体工程和配套工程先行使用林地的批文及其申请材料，按照规定权限一次申请办理使用林地手续。

5.违反规定改变林地用途应受何种处罚？

《森林法实施条例》第四十三条规定，未经县级以上人民政府林业主管部门审核同意，擅自改变林地用途的，由县级以上人民政府林业主管部门责令限期恢复原状，并处非法改变用途林地每平方米10～30元的罚款。临时占用林地不归还的，依照前款规定处罚。

《农村土地承包法》第六十条规定，承包方违法将承包地用于非农建设的，由县级以上人民政府有关主管部门依法予以处罚。承包方给承包地造成永久性损害的，发包方有权制止，并有权要求承包方赔偿由此造成的损失。

6.对违法征占用林地如何处罚？

《国家林业局关于依法加强征占用林地审核审批管理的通知》（林资发[2005]76号）（以下简称《加强征占用林地审核审批管理的通知》）第二部分指出：坚决纠正对违法占用林地不依法处罚就补办手续的做法。对已经发生的违法占用林地建设项目，一经发现，应立即责令建设单位停工，依法追究有关责任者的责任，各级林业主管部门不能也无权做出"不做违规用地对待"的决定。

7.对征占用林地中造成数量较大林地破坏的行为如何处罚？

最高人民法院关于《审理破坏林地资源刑事案件具体应用法律若干问题的解释》（最高人民法院法释[2005]15号）（以下简称《审理破坏林地资源刑事案件具体应用解释》）第一条规定，违反土地管理法规，非法占用林地，改变被占用林地用途，在非法占用的林地上实施建窑、建坟、建房、挖沙、采石、采矿、取土、种植农作物、堆放或排泄废弃物等行为或者进行其他非林业生产、建设，造成林地的原有植被或林业种植条件严重毁坏或者严重污染，并具有下列情形之一的，属于《中华人民共和国刑法修正案（二）》规定的"数量较大，造成林地大量毁坏"，应当以非法占用农用地罪判处五年以下有期徒刑或者拘役，并处或者单处罚金：①非法占用并毁坏防护林地、特种用途林地数量分别或者合计达到五亩以上；②非法占用并毁坏其他林地数量达到十亩以上；③非法占用并毁坏本条第（一）项、第（二）项规定的林地，数量分别达到相应规定的数量标准的百分之五十以上；④非法占用并毁坏本条第（一）项、第（二）项规定的林地，其中一项数量达到相应规定的数量标准的百分五十以上，且两项数量合计达到该项规定的数量标准。

8.对国家机关工作人员滥用职权、非法批准征占用林地如何处罚？

《审理破坏林地资源刑事案件具体应用解释》第二条规定，国家机关工作人员徇私舞弊、违反土地管理法规，滥用职权，非法批准征用、占用林地，具有下列情形之一的，属于刑法第四百一十条规定的"情节严重"，应当以非法批准征用、占用土地罪判处三年以下有期徒刑或者拘役：①非法批准征用、占用防护林地、特殊用途林地数量分别或者合计达到10亩以上；②非法批准征用、占用其他林地数量达到二十亩以上；③非法批准征用、占用林地造成直接经济损失数额达三十万元以上，或者造成本条第（一）项规定的林地数量分别或者合计达到五亩以上或者本条第（二）项规定的林地数量达到十亩以上毁坏。

9.对于国家机关工作人员非法低价出让国有林地应如何处罚？

《审理破坏林地资源刑事案件具体应用解释》第四条规定，国家机关工作人员徇私舞弊，违反土地管理法规，非法低价出让国有林地使用权，具有下列情形之一的，属于刑法第四百一十条规定的"情节严重"，应当以非法低价出让国有土地使用权罪判处三年以下有期徒刑或者拘役：①林地数量合计达到三十亩以上，并且出让价格低于国家规定的最低价格标准的百分之六十以上；②造成国有资产流失价额三十万元以上。

2.19 森林生态效益补偿政策

1.森林生态效益补偿基金用于哪些方面开支？

中央财政设立森林生态效益补偿基金用于公益林的营造、抚育、保护和管理。公益林是指国家林业局会同财政部，按照国家林业局、财政部印发的《重点公益林区划界定办法》（林策发[2004]94号）核查认定的，生态区位极为重要或生态状况极其脆弱的公益林林地。

2.公益林补助标准是多少？

公益林中央财政补偿基金的补偿标准为每年每亩5元，其中4.75元用于国有林业单位、集体和个人的管护等开支；0.25元由省级财政部门（含新疆生产建设兵团财务局）列支，用于省级林业主管部门（含新疆生产建设兵团林业局）组织开展的重点公益林管护情况检查验收、跨重点公益林区域开设防火隔离带等森林火灾预防，以及维护林区道路的开支。

3.哪些单位和个人可以享受公益林补偿基金的补助？

承担重点公益林管护责任的国有林业单位或村集体、集体林场、个人，可以享受公益林补偿基金的补助。除林业主管部门与承担管护任务的国有林业单位和集体签订重点公益林管护合同，国有林业单位应与管护人员、集体应与个人签订管护合同。国有林业单位、集体和个人按照合同规定履行管护义务，承担管护责任，再根据管护合同履行情况领取中央财政补偿基金。① 承担重点公益林管护责任的所有者或经营者的个人，中央财政补偿基金支付给个人，由个人按照合同规定承担森林防火、林业有害生物防治、补植、抚育等管护责任。② 重点公益林所有者或经营者为林场、苗圃、自然保护区等国有林业单位或村集体林场的，中央财政补偿基金的开支范围是对重点公益林管护人员购买劳务、建立森林资源档案、森林防火、林业有害生物防治、补植、抚育以及其他相关支出。

2000 年，国务院颁布的《森林法实施条例》规定，防护林、特种用途林的经营者有获得森林生态效益补偿的权利。2001 年，国家林业局会同中央财政部设立"森林生态效益补助资金"，国家每年拨付资金 10 亿元作为森林生态效益补助资金，选择了 11 个省（自治区）的 685 个县和 24 个国家级自然保护区作为森林生态效益补偿基金的先行试点单位，补助标准为每年 75 元/公顷，主要用于国家重点公益林的营造、抚育、保护和管理。2004 年 12 月，《中央财政森林生态效益补偿基金管理办法》正式制定并在全国范围内全面实施，重点对公益林管护者发生的营造、抚育、保护和管理支出给予一定补助；这项制度的实施结束了中国长期无偿使用森林生态效益的历史，进入有偿使用阶段。2004 年 12 月 10 日国家林业局召开的森林生态效益补偿基金制度电视电话会议宣布，正式建立中央森林生态效益补偿基金。中央森林生态效益补偿基金的建立，标志着森林生态效益补偿基金制度的实质性确立，是我国林业发展史上具有里程碑意义的大事。

2007 年对此办法进行了修改，出台了新的《中央财政森林生态效益补偿基金管理办法》。由此可见，森林生态效益补偿有许多相关的法律法规和政策可依，这些法律法规和政策在不断地健全和完善，为森林生态效益补偿的实现奠定了制度基础。2009 年的中央一号文件也进一步提出了要提高中央财政森林生态效益补偿标准。自 2011 年开始对属集体林的国家级公益林，中央财政补偿标准由每年每亩 5 元提高到 10 元。2011 年林业发展的"十二五"规划中提出建立健全生态补偿和林业补贴制度，完善森林生态效益补偿基金制度，建立健全中央财政造林、森林抚育、湿地保护补助、林木良种、林业机具购置等财政补贴制度。中央财政森林生态效益补偿政策的实施，也带动了地方公益林建设和地方森林生态效益补偿基金制度的建立。各个省份也非常重视森林生态效益补偿法律制度的实施工作，根据 2004 年的国家公益林界定标准，在森林资源调查和规划的基础上，进行了森林分类区划界定工作。各省相继建立了补助资金运行模式和管理机制，制定补助资金管理实施细则，明确补助标准，采用科学合理的资金拨付方式，实行报账制和政府采购办法，建立资金监督管理机制。各地在认真贯彻国家颁布的《森林生态效益补助资金管理办法》的基础上，制定了地方相应的资金管理办法。

2.20 家庭林场经营政策

家庭林场是以家庭为基本经营单位，进行以林业为主的商品生产的经济主体，是在林业承包责任制的基础上发展起来的一种林业生产经营形式。

家庭林场与林业专业户的区别在于，家庭林场有固定的生产基地，达到一定的经济规模，有较高的经营管理水平，趋向科学化、集约化、丰产化、林工商一体化经营，而且贯穿于营林的全过程。它包括生产与经营两个部分。家庭林场包括自营和承包两种经济成分，属于社会主义的个体经济和个体为主的合作经济。

随着集体林权制度改革的不断深入，各种林业经营主体应运而生，以家庭单户或联户为单位发展林业生产，成为林业发展建设中极其重要的力量。为了规范并支持其发展，使其在林业发展中发挥更重要的作用，需要各级林业主管部门高度重视家庭林场的建设和发展，对家庭林场的认定条件、工作指导要求、管理服务制度、支持政策等都需作出规定。

2013年，中央一号文件提出引导农村土地承包经营权有序流转，鼓励和支持承包土地向专业大户、家庭农场、农民合作社流转，发展多种形式的适度规模经营。2014年《国家林业局关于印发〈国家林业局2014年工作要点〉的通知》提出积极培育家庭林场、林业专业合作社、龙头企业等新型经营主体，推动林业混合所有制经济发展。2014年，中国人民银行发布《中国人民银行关于做好家庭农场等新型农业经营主体金融服务的指导意见》，将加大对家庭农场等信贷支持，重点支持购置农机具、受让土地承包经营权等用途。对于从事林木、果业、茶叶及林下经济等生长周期较长作物种植的，适当延长贷款期限，满足农业生产周期实际需求，贷款期限最长可为10年。

要积极支持家庭林场承担林业工程项目、大力扶持家庭林场发展林地经济。对家庭林场在退耕还林、天然林保护、三北工程、防沙治沙、沿海防护林、中央及省级财政造林补贴、中幼林抚育等国家重点工程项目规划区内，其营造林符合项目标准和要求的，可列入国家林业重点工程实施和管理，享受政策扶持，尤其鼓励家庭林场营造珍稀树种。

林业部门要积极为家庭林场提供科技支撑，要支持家庭林场开展森林可持续经营活动。林业科研和技术推广机构，要选择技术成熟、先进、经济效益高的科研成果和实用技术，到家庭林场中推广应用。开展技术指导、技术咨询、技术示范，为家庭林场发展提供科技支撑。

2.21 林家乐政策

休闲农业是利用农业景观资源和农业生产条件，发展观光、休闲、旅游的一种新型农业生产经营形态，也是深度开发农业资源潜力，调整农业结构，改善农业环境，增加农民收入的新途径。在综合性的休闲农业区，游客不仅可观光、采果、体验农作、了解农民生活、享受乡土情趣，而且可住宿、度假、游乐。

森林休闲服务业就是充分挖掘利用自然景观、森林环境、民俗风情、休闲养生、林业种植养殖、生物多样性等资源，形成依托森林、湿地、荒漠等多种林业自然资源为基础，利用所形成的生态景观、各类资源产品，形成以养生、疗养、游憩、保健、养老、娱乐为主要服务产品，集合林下种植养殖及其产品加工，生物医药等现代制造业等多种产业形态融合交叉的多元化、多层次综合产业体系。

林区农民、林业职工可以以此为契机开办林家乐，形成现代服务业的重要增长点，一方面脱贫致富，另一方面解决林区及林业职工转岗就业问题。在加快集体林权制度改革以来，又全面启动了国有林场和国有林区改革，使林家乐的发展提供良好机遇。

2.22 林业产业发展扶持政策

1.目前扶持林业产业项目的目标是什么？

以维护粮食主产区生态安全为核心，以发展特色经济林产业为亮点，围绕保障国家木材战略安全和维护国家粮油供给安全，建设国家储备林和木本油料示范样板；围绕生态脆弱区综合治理，建设防沙治沙示范样板；围绕促进农民增收，建设优势特色经济林产业示范样板。

2.目前扶持林地经济项目的范围有哪些？

1）林业生态示范项目包括国家储备林项目和防沙治沙项目。国家储备林项目区为安徽、福建、河南、湖北、湖南、云南等省（区、市）。防沙治沙项目区为河北、山西、内蒙古、辽宁、吉林、黑龙江、西藏、陕西、甘肃、青海、宁夏、新疆等省（区、市）及新疆兵团。

2）名优经济林等示范项目。主要内容包括木本油料、林下经济、干鲜果品等名特优经济林示范建设。

3.木本油料示范项目具体有哪些？

重点加强油茶、核桃、油橄榄、油用牡丹、长柄扁桃等示范基地建设，项目区相对集中连片，突出高标准示范，营造林必须采用省级以上审定认定的两年生以上良种壮苗，并应用配套丰产栽培技术,加强抚育管理。油茶基地建设要参照《国家林业局办公室关于印发〈油茶高产栽培示范园建设指南〉和〈油茶低产林改造示范园建设指南〉的通知》(办规字[2012]226号),其他木本油料要参考执行。

4.林下资源开发利用和区域特色优势经济林基地建设包括什么内容?

在不影响林木正常生长情况下,充分利用林地资源和林荫空间,发展林参、林药、林菌等林下种植业,提高林地综合效益;在适宜地区,发展具有区域特色的榛子、香榧、枸杞、红枣等干鲜果品以及竹笋等森林食品,建设高产高效示范基地。

5.林业生态示范项目扶持的对象及条件是什么?

国家储备林项目扶持对象为国有林场,防沙治沙项目扶持对象为县级林业局或林场。国家储备林单个项目中央投资400万~600万元,防沙治沙单个项目中央投资不低于200万元。国家储备林项目自筹资金不低于财政资金总额的30%。

6.名优经济林等示范项目扶持对象是什么?

扶持对象为林(农)业产业化龙头企业、农业合作社、国有林场,以及经有关部门认定或登记的专业大户、家庭林(农)场等新型农业经营主体。

7.名优经济林项目单位为农业合作社、国有林场的具体条件是什么?

应在2014年12月31日前在工商部门注册,取得法人资格,法人具有良好的社会形象和诚信记录,具备相应的承建能力和经营管理能力,符合《农业专业合作社法》,管理规范、制度健全,盈余返还机制科学可行,经营状况良好,社员数量不低于30人。单个项目中央投资不低于200万元,自筹资金不低于财政资金总额的50%。

8.名优经济林项目单位为专业大户、家庭林(农)场的家庭条件是什么?

应经县级政府有关部门等有权部门登记或备案,诚信记录良好。单个项目中央投资不低于200万元,自筹资金不低于财政资金总额的50%。

9.项目申报的程序是什么?

项目由县级林业部门会同同级财政部门逐级向上申报,各级林业部门要会同同级财政部门(农发办设在财政部门的为农发办,下同)对上报项目可行性研究报告(或项目申报书、规划)进行认真汇总、评审、筛选,形成备选项目。项目申报单位对项目的真实性和可行性负责,省级林业部门组织对项目的技术可行性、经济合理性等进行评估、审查、论证,要建立项目评审责任制,明确评审人员的责任。

10.项目申报后财政资金使用方向和范围？

1）林业生态示范项目：营造林及低效林改造所需的种子、苗木、整地、定植、补植、封育、低效林改造，规划或项目申报书编制费，作业便道、灌溉（蓄水池、引水渠、保水剂等）、防火设施、沙障、围栏、工程监理等。

2）名优经济林等示范项目：必需的基础设施建设及设备购置，包括温室大棚、工作室、土地平整、土壤改良、灌排及10kV以内输变电设施、田间道路、种苗补助、检验检测设备等；技术推广、技术培训及新品种、新技术引进补助等费用。

2007年9月，国家林业局、国家发改委、财政部、商务部、国家税务总局、银监会、证监会七部委联合印发了《林业产业政策要点》（林计发[2007]173号），公布了林业产业发展重点领域及相关鼓励扶持政策。这是我国发布的第一个林业产业政策要点，目的是加强宏观调控和政策引导，建立公平合理、竞争有序、发展协调的市场环境，引领、规范和扶持林业产业的发展，加快现代林业建设步伐，推动林业生态建设，增加农民收入。

2009年10月，国家林业局、发改委、财政部、商务部、国家税务总局联合下发《林业产业振兴规划（2010—2012年）》，作为指导林业产业应对金融危机的行动计划方案。2009年11月9日，发改委、财政部、国家林业局联合发布《全国油茶产业发展规划（2009—2020年）》。2011年3月11日，财政部印发《关于整合和统筹资金支持木本油料产业发展的意见》（财农[2011]119号），决定从2011年起整合和统筹资金支持木本油料产业发展，当年实施范围包括21个省（自治区、直辖市）。目前，在一系列林业产业政策的激励下，我国的林业产业呈现蓬勃发展的态势。

《林业产业政策要点》是在市场经济条件下，第一次全面、系统地明确了在财政、金融、税收等方面扶持林业产业发展的政策。

1）严格执行国家已出台的各类林业税费减免优惠政策。根据国家有关税收法律法规的规定，对企业从事农林项目的所得免征、减征企业所得税。对以"三剩物"及次小薪材为原料生产加工的综合利用产品实行增值税即征即退。对进口种子（苗）、种畜（禽）、鱼种（苗）和种用野生动植物种源免征进口环节增值税。免征天然林资源保护工程实施企业和单位房产税以及城镇土地使用税。对于国家鼓励投资项目的进口自用设备，除《国内投资项目不予免税的进口商品目录》所列商品外，免征进口关税和进口环节增值税。鼓励有条件的林业企业"走出去"，并在资金、信贷等方面给予支持。

2）完善并实施国家林业重点龙头企业扶持政策。鼓励林业企业提高开拓国际市场能力，凡符合国家中小企业国际市场开拓资金使用方向和使用条件的林业企业予以积极支持。鼓励国家林业重点龙头企业利用资本市场筹集扩大再生产资金。支持符合条件的重点龙头企业在国内资本市场上市。

3）国家对用于国内建设的速生丰产用材林、珍稀树种用材林等基地建设及其森林防火、生物灾害防治和林木种质资源保存利用，林木良种选育、繁殖、推广、使用，给予积极扶持。

4）改革育林基金管理办法，合理制定育林基金的征收标准，逐步将其返还给林业生产经营者用于发展林业生产，基层林业管理单位因此出现的经费缺口纳入财政预算。探索研究建立林业信托基金制度。

5）政策性银行将积极提供符合林业特点的金融服务，适当延长林业贷款期限。国家开发银行对速生丰产用材林和工业原料林基地建设项目，根据南北方林木生长周期不同，贷款年限为12～20年；珍贵树种培育根据实际情况而定；经济林和其他种植业、养殖业和加工业项目，贷款年限为10～15年。中国农业发展银行对林业产业化龙头企业贷款期限一般为1～5年，最长为8年；对速生丰产用材林、工业原料林、经济林和其他种植业、养殖业和加工项目贷款一般为5年，最长为10年，具体贷款期限也可根据项目实际情况与企业协商确定。考虑到林木生产周期长，贷款宽限期可适当延长，具体由银行和企业根据实际情况确定。商业银行林业贷款具体贷款期限根据项目实际情况与企业协商确定。

6）研究建立面向林农和林业职工个人的小额贷款和林业小企业贷款扶持机制。适当放宽贷款条件，简化贷款手续，积极开展包括林权抵押贷款在内的符合林业产业特点的多种信贷模式融资业务。

7）加大贴息扶持力度。中央财政对林业龙头企业的种植业、养殖业以及林产品加工业贷款项目，各类经济实体营造的工业原料林贷款项目，山区综合开发贷款项目，林场（苗圃）和森工企业多种经营贷款项目，林农和林业职工林业资源开发贷款项目按照有关规定给予贴息。基本建设贷款中央财政贴息资金对总投资5000万元以上的速生丰产用材林基地建设和总投资3000万元以上的天然林资源保护工程转产项目给予适当支持。地方应根据实际情况，给予适当支持。

8）积极发挥信用担保机构作用，探索建立多种形式的林业信贷担保机制，各级政府应因地制宜支持开展林业担保工作。

9）探索建立政府扶持的林业保险机制，以降低林业保险成本，增强林业产业项目抗风险能力。

10）其他方面。如推进森林、林木和林地使用权流转，鼓励林业贷款借款人以森林、林木和林地使用权作为抵押物向银行申请贷款，并落实森林资源资产抵押登记办法；完善森林资源采伐管理制度，对人工商品林特别是工业原料林采伐限额和采伐年龄依据经营者依法编制的森林经营方案确定；扶持新兴产业发展的科学研究、技术开发、成果转化和中试、推广等。

2.23 经济林种植（油茶）政策

近年来，党中央、国务院十分重视我国木本油料产业发展，2007年发布了《国务院办公厅关于促进油料生产发展的意见》，并下发《国务院关于促进食用植物油产业健康保障供给安全的意见》。发改委、财政部等部门对油茶的发展给予高度关注，在国家有关规划、政策性文件中纳入了油茶方面的内容，政策、资金支持力度不断加大。2006年国家林业局相继出台了《关于发展油茶产业的意见》等有关文件，并在规划编制、资金争取、造林准备、种苗生产、贷款贴息、宣传发动、科技服务等方面，全方位、多层次地推动了油茶产业发展。2009年，国家林业局编制了《全国主要木本油料产业发展规划（2008—2020）》和《全国油茶产业发展规划（2009—2020）》，并起草了《关于加快油茶产业发展促进山区综合开发的意见》，有力地保障了我国油茶产业的快速发展。截至2011年，参与油茶产业发展的企业已达1300多家，带动200多万农户增收致富，仅2011年油茶产业产值就达到245亿元。2012年，国务院下发了《关于加快林下经济发展的意见》，指出要强化政策扶持。对符合小型微型企业条件的农民林业专业合作社、合作林场等，可享受国家相关扶持政策；符合税收相关规定的农民生产林下经济产品，应依法享受有关税收优惠政策；支持符合条件的龙头企业申请国家相关扶持资金。

2.24 野生动植物驯养繁殖政策

1.野生动物保护的相关政策

根据《中华人民共和国野生动物保护法》，有关野生动物保护的相关政策规定如下：

1）资源产权政策。野生动物所有权制度是野生动物产权法律制度的核心内容，野生动物产权就是由以野生动物所有权为主体的一系列财产权利所组成的权利束。该法第三条第一款规定："野生动物资源属于国家所有。"由此确立了野生动物资源的国家所有制。

2）生境保护政策。该法第八条规定："国家保护野生动物及其生存环境，禁止任何单位和个人非法猎捕或者破坏。"这项政策主要包括：其一，自然保护区政策，该法第十条规定："对于国家和地方重点保护野生动物划定自然保护区进行管理"；其二，禁猎区政策，该法第二十条规定："在自然保护区、禁猎区、禁猎期内，禁止猎捕和其他妨碍野生动物生息繁衍的活动"；其三，环境监测政策，该法第十一条规定："各级野生动物行政主管部门应当监视、监测环境对野生动物的影响"；其四，环境影响评价政策，该法第十二条规定："建设项目对国家或者地方重点保护野生动物的生存环境产生不利影响的，建设单位应当提交环境影响报告书；环境保护部门在审批时，应当征求同级野生动物行政主管部门的意见"。

3）对野生动物实行分层次分级别管理政策。重点保护野生动物分为国家重点保护和地方重点保护两个层次。国家对珍贵、濒危野生动物实行重点保护。这类野生动物又分为一级和二级两个级别。其名录及调整，由国务院野生动物行政主管部门制定，报国务院批准公布。地方重点保护的野生动物是指国家重点保护野生动物以外，由省、自治区、直辖市重点保护的野生动物。其名录由省、自治区、直辖市政府制定并公布，报国务院备案。同时，有益的或者有重要经济、科学研究价值的陆生野生动物也受到国家保护，其名录及调整由国务院野生动物行政主管部门制定并公布。

4）野生动物致人损害补偿政策。该法第十四条规定："因保护国家和地方重点保护野生动物，造成农作物或者其他损失的，由当地政府给予补偿。补偿办法由省、自治区、直辖市政府制定。"

5）行政许可政策。该法在第三章对于野生动物的驯养繁殖、猎捕、出售、收购、利用、运输、携带、进出口、野外科学考察、摄影、录像等都规定了行政许可（行政审批）制度。

6）资源保护管理费收费政策。该法第二十七条规定："经营利用野生动物或者其产品的，应依法缴纳野生动物资源保护管理费。"

2.野生植物保护的相关政策

关于植物保护，我国先后出台过一系列相关政策。1965年，国务院发布《森林保护条例》。1984年国家环境保护委员会公布了第一批《中国珍稀濒危植物名录》。1987年国家中医药管理局公布了《药用动植物资源保护名录》。1999年，国家林业局发布了《中华人民共和国植物新品种保护条例实施细则（林业分）》。1989~1991年中科院植物研究所、国家环境保护局分别出版了专著《中国珍稀濒危植物》《中国植物红皮书》。1992年原林业部公布了第一批《国家珍贵树种名录》。1996年发布了《中华人民共和国野生植物保护条例》（1997年开始实施）。1997年发布实施了《中华人民共和国植物新品种保护条例》。2006年又出台了《中华人民共和国濒危野生动植物进出口管理条例》。其中，1997年1月1日起施行的《中华人民共和国野生植物保护条例》针对野生植物保护制定了一系列政策。

1）野生植物及生境保护政策。主要体现在三个方面。①《中华人民共和国野生植物保护条例》第三条规定，国家对野生植物资源实行加强保护、积极发展、合理利用的方针。②该条例第九条规定，国家保护野生植物及其生长环境。禁止任何单位和个人非法采集野生植物或者破坏其生长环境。③此外,在国家重点保护野生植物物种和地方重点保护野生植物物种的天然集中分布区域,应当依照有关法律、行政法规的规定,建立自然保护区;在其他区域,应当依照有关法律、行政法规的规定,建立自然保护区;县级以上人民政府野生植物行政主管部门可以根据实际情况建立国家重点保护野生植物和地方重点保护野生植物的保护点或者设立保护标志。禁止破坏国家重点保护野生植物和地方重点保护野生植物的保护点的保护设施和保护标志。

2)野生植物总体与分级管理政策。主要体现在:①根据《中华人民共和国野生植物保护条例》的规定,国务院林业行政主管部门主管全国林业野生植物和林区外珍贵野生树木的监督管理工作;国务院农业行政主管部门主管全国其他野生植物和林区外珍贵野生树木的监督管理工作;国务院环境保护部门负责对全国野生植物环境保护工作的协调和监督;国务院其他有关部门依照职责分工负责有关的野生植物保护工作。②《中华人民共和国野生植物保护条例》第十条规定,野生植物分为国家重点保护野生植物和地方重点保护野生植物。国家重点保护野生植物分为国家一级保护野生植物和国家二级保护野生植物。国家重点保护野生植物名录,由国务院林业行政主管部门、农业行政主管部门(以下简称国务院野生植物行政主管部门)、国务院环境保护、建设等有关部门制定,报国务院批准公布。地方重点保护野生植物,是指国家重点保护野生植物以外,由省、自治区、直辖市保护的野生植物。地方重点保护野生植物名录,由省、自治区、直辖市人民政府制定并公布,报国务院备案。

3)对重点保护野生植物施行采集证管理政策。主要体现在:①禁止采集国家一级保护野生植物。因特殊需要采集国家一级保护野生植物的,必须经采集地的省、自治区、直辖市人民政府野生植物行政主管部门签署意见后,向国务院野生植物行政主管部门或者授权的机构申请采集证。②采集国家二级野生植物的,必须经采集地的县级人民政府野生植物行政主管部门签署意见后,向省、自治区、直辖市人民政府野生植物行政主管部门或者授权的机构申请采集证。③采集城市园林或者风景名胜区的国家一级或二级保护野生植物的,须先征得城市园林或风景名胜区管理机构同意,在分别按规定申请采集证。④对于采集珍贵野生树木或者林区内、草原上的野生植物的,应当按照有关《森林法》或《草原法》的规定执行。采集国家重点保护野生植物的单位和个人,必须按照采集证规定的种类、数量、地点、期限和方法进行采集。⑤县级人民政府野生植物行政主管部门,对本行政区域内采集国家重点保护野生植物的活动,应当进行监督检查,并及时报告批准采集的野生植物行政主管部门或者授权的机构。

4)控制野生植物经营利用的相关政策规定。主要体现在:①禁止出售、收购国家一级保护野生植物。出售、收购国家二级保护野生植物的,必须经省、自治区、直辖市人民政府野生植物行政主管部门或者其授权的机构批准。②野生植物行政主管部门应当对经营利用国家二级保护野生植物的活动进行监督检查。③出口国家重点保护野生植物或者进出口中国参加的国家公约所限制进出的野生植物的，必须经进出口地所在的省、自治区、直辖市人民政府野生植物行政主管部门审核，报国务院野生植物行政主管部门批准，并取得国家濒危物种进出口管理机构合法的允许进出口证明书者标签。海关凭进出口证明书或者标签查验放行。禁止出口未定名的或者新发现的具有重要价值的野生植物。

5）野生植物监测政策。《中华人民共和国野生植物保护条例》第十二条规定，野生植物行政主管部门及其他有关部门应当监视、监测环境对国家重点保护野生植物生长和地方重点保护野生植物生长的影响，并采取措施，维护和改善国家重点保护野生植物和地方重点保护野生植物的生长条件。由于环境影响对国家重点保护野生植物和地方重点保护野生植物的生长造成危害时，野生植物行政主管部门应当会同其他有关部门调查并依法处理。

6）野生植物环境影响评价政策。《中华人民共和国野生植物保护条例》第十三条规定，建设项目对国家重点保护野生植物和地方重点保护野生植物的生长环境产生不利影响的，建设单位提交的环境影响报告书中必须对此作出评价；环境保护部门在审批环境影响报告书时，应当征求野生植物行政主管部门的意见。

7）野生植物救护政策。《中华人民共和国野生植物保护条例》第十四条规定，野生植物行政主管部门和有关单位对生长受到威胁的国家重点保护野生植物和地方重点保护野生植物应当采取拯救措施，保护或者恢复其生长环境，必要时应当建立繁育基地、种质资源库或者采取迁地保护措施。

第 3 章 林权改革政策与操作

第 3 章 林权改革政策与操作

3.1 林权改革政策问答

3.1.1 改革综述

1. 当前开展集体林权制度改革的重大现实意义是什么？

在 2009 年 6 月召开的中央林业工作会议上，时任总理温家宝同志在讲话中指出，林业正在进行一场史无前例的集体林权制度改革，它的意义同土地家庭承包经营一样重要。时任副总理回良玉同志也在讲话中指出，全面推进集体林权制度改革，是农村经营制度的又一重大变革，是一项惠及亿万农民的民心工程，是发展现代林业的强大动力，是应对国际金融危机的重要举措，是促进农村和谐稳定的有力保障。

时任国家林业局局长贾治邦同志在 2009 年 7 月 15 日接受中国政府网与国家林业局政府网联合专访，就"贯彻落实中央林业工作会议精神，积极推进集体林权制度改革"进行现场解读并回答网友提问时，归纳出当前开展集体林权制度改革的重大现实意义。

贾治邦同志指出，集体林权制度改革的重大现实意义主要体现在四个方面。一是这场改革是深化农村经营制度的一项重大变革。二是它为 30 年来的农村改革赋予了新的内涵，对农村改革又是一个新的发展和丰富。这次集体林权制度改革通过家庭承包的形式把林地的经营权和林木的所有权承包落实到户，确定农民是林地的经营主体。"两权"主要是林地经营权和林木所有权，具有物权性，既有独立性又有排他性，既明确了经营权，还保证了农民的处置权和收益权。还有就是长期性，这次改革确定林地承包权是 70 年。三是它有流转性。《中共中央、国务院关于全面推进集体林权制度改革的意见》（中发 [2008]10 号）明确规定，林地的承包经营权可以租赁、抵押、转让，可以入股甚至可以以合作的名义进行经营。四是和当年的土地承包不一样，就是林地的经营权承包后，林地上面的林木所有权也同时落实到位了。

2. 集体林权制度改革的主要任务是什么？

根据《中共中央、国务院关于全面推进集体林权制度改革的意见》（中发 [2008]10 号）（以下简称《关于全面推进集体林权制度改革的意见》）第三部分，集体林权制度改革的主要任务包括以下几项。一是明晰产权。以均山、均股、均利等方式，把林地使用权和林木所有权落实到农户，林地的承包期为70年。二是勘界发证。在实地勘界"四至"的基础上，核发全国统一式样的林权证，做到图、表、册一致，人、地、证相符。三是放活经营权。实行商品林、公益林分类管理。对商品林，农民可依法自主决定经营方向和经营模式，生产的木材自主销售。对公益林，在不破坏生态功能的前提下，可依法合理利用林地资源，开发林下种养业，利用森林景观开发森林旅游业等。四是落实处置权。在不改变集体林地所有权和林地用途的前提下，允许林木所有权和林地使用权依法出租、入股、抵押、转让等。五是保障收益权。承包的收益除按国家规定和合同约定交纳的费用外，归农户所有；通过降低税费和调整收入分配关系，让利、还利于民。六是落实责任。通过签订承包合同，明确规定双方的造林育林、保护管理、森林防火、病虫害防治等责任，促进森林资源可持续经营。

3.集体林权制度改革的内容是什么？

改革的主要内容是将林地的使用权和林地上林木的所有权、使用权明晰到户，放活经营权，扩大自主权，落实处置权，确保收益权。①明确林木林地所有权或使用权。在稳定完善林业"三定"的基础上，通过承包经营、折股量化、股权到户(联户)等形式，把集体林木所有权和林木林地使用权明晰到户(联户)或其他经营主体，进行林权登记、换发、核发林权证，切实维护林权证的法律效力。②放活林地经营权。遵循林地所有权和使用权相分离的原则，在集体林地所有权性质、林地用途不变的前提下，按照"依法、自愿、有偿、规范"的原则，鼓励林木所有权、林地使用权有序流转，通过承包、租赁、转让、拍卖、股份合作等多种形式，建立以林农为主的多元化市场经营主体，开展多种经营，推进林业生产的规模化。③落实林木处置权。对已明晰权属的自留山、责任山及外资、民营企业等单位和个人营造的林木及附着物、林下资源，依法落实业主处置权益。对集体、个人、企业经营林木的采伐许可证，由业主申请，县级林业主管部门对符合条件的即报即批。全面实行采伐指标分配公示制，把木材采伐指标的分配纳入政务公开、村务公开的主要内容，接受群众监督。林地和林木使用权可依法继承、抵押、担保、入股，可作为合资、合作的出资或合作条件。④保障业主收益权。依法保护林权所有者的林地使用权、林木所有权、林木采伐处置权、林地林木流转权、森林景观经营权、林下资源开发利用权和林产品收益权等合法权益。鼓励林产品产销直接见面，减少中间环节，打破垄断经营和地区封锁。严格执行国家和省的各项林业税费优惠政策，取消对林农和其他林木经营者的各种不合理收费，切实减轻经营者负担。

4.集体林权制度改革的范围是什么？

改革的范围主要是县级以上人民政府区划界定的集体商品林，包括林地使用权、林木所有权尚未明晰的集体商品林木、林地及宜林荒山、荒地等。对权属明晰的自留山、实行家庭承包经营的经济林及民营企事业等组织和个人依据合同租赁集体林地营造的林木应予以稳定，经过确权核实，予以登记并换发全国统一式样的林权证书。对已区划界定的国家级生态公益林和省级公益林、水源林、风景林，给予核发林权证，不列入此次改革范围。对权属不清或有争议的林地和林木，要抓紧明晰和调处，明晰权属，确权发证；在纠纷未得到调处和产权不明晰前不予核发林权证。

5.集体林权制度改革要解决好哪些问题？

主要解决四大问题。一是解决林业产权不明晰、经营主体不落实、经营机制不灵活、利益分配不合理等问题。二是解决我国的生态问题。通过调动农民发展林业的积极性，加快森林资源培育，提高森林质量，增加森林资源总量，不断改善生态状况。三是解决我国的木材需求问题。集体林业用地占我国林地总面积的60%，大多是商品林，通过林权制度的变革，把"要我造林"变成"我要造林"，把粗放经营变为集约经营，不仅可以解决好生态问题，同时也可以解决好我国的木材需求问题。四是解决亿万农民特别是山区农民的就业增收问题。集体林权制度改革是农村分配关系的重大调整，其实质是真正做到"还山于民""还权于民""还利于民"。

6.集体林权制度改革目的是明确"四权"，但"四权"中的处置权很难落实，问题出在哪？

集体林权制度改革主要包括六项重要任务，而不仅是"四权"。这六项任务是明晰产权、勘界发证、放活经营权、落实处置权、保障收益权、落实责任。其中，落实处置权的关键是要在不改变集体林地所有权和林地用途的前提和框架下，合理合法进行，一切有损林地所有权和林地用途的经营行为都将被禁止。

7.集体林权制度改革须遵循的原则有哪些？

要遵循以下原则。①坚持依法依规原则。集体林权制度改革要符合《中华人民共和国农村土地承包法》《中华人民共和国村民委员会组织法》两部法律。②坚持稳定性、连续性原则。这次林权制度改革既要尊重历史又要照顾现实，保持林业政策的稳定性和连续性，对已明确的林木所有权、经营权和林地使用权，并经实践证明是行之有效的经营方式，且大部分群众满意的应予维持现状，不得打散重来或借机无偿平调。③坚持有利于"增量、增收、增效"原则。即坚持有利于森林资源总量增长和林分质量提高，有利于农民增加收入，有利于森林的生态效益、经济效益和社会效益的协调发展。④坚持"务林有其山、权利平等"原则。此次改革中的集体山林属集体经济组织内部成员共同所有，每个村民均平等享有承包经营本村、组集体山林的权利，对有承包经营集体山林能力的村民，应在同等条件下优先予以保证，确保"务林有其山"。⑤坚持因地制宜、分类指导原则。尊重群众意愿，根据各乡（镇）、村、组的集体商品林状况和经济发展水平等实际情况，因地制宜，引导群众自主选择改革的具体形式和方法，允许经营和管理形式多样化，坚持一村一方案、一组一策，不搞一刀切。⑥坚持公开、公平、公正原则。在集体林权制度改革工作过程中要实行阳光操作，按照《村民委员会组织法》有关规定，做到程序、方法、内容、结果四公开。确保村民知情权、参与权、决策权和监督权，真正实现公平、公正。具体问题处理等，交由群众讨论解决，使林农群众真正成为自己利益的决定者，同时按规定程序进行审批，严禁暗箱操作，以权谋私，真正体现公开、公平、公正。

8. 集体林权制度改革的政策措施主要包括哪些方面？

中央林业工作会议在优化林业改革发展的政策环境方面取得了重大突破，提出建立健全林业支持保护制度、林业金融支撑制度、林木采伐管理制度、集体林权流转制度、林业社会化服务体系，从财政、金融、管理、服务等多方面提供了支持林业改革发展的政策措施。

在林业投入保障方面，要求各级政府将林业部门行政事业经费纳入财政预算，将森林防火、病虫害防治以及林业行政执法体系等方面的基础设施建设纳入各级政府基本建设规划，将林区道路、供水、供电、通信等基础设施建设纳入相关行业的发展规划，继续加大对重点生态工程建设投入。

在生态效益补偿方面，要求各级政府尽快建立健全森林生态效益补偿基金制度，从2010年起对属集体林的国家级公益林，中央财政补偿标准由每年每亩5元提高到10元，并随着财力的增长逐步提高补偿标准，地方财政也要根据实际加大补偿力度。

在林业补贴方面，建立造林、抚育、保护、管理投入补贴制度，从2009年起开展造林苗木、森林抚育补贴试点，并逐步扩大试点范围。按照新修订的育林基金征收使用管理办法，从2009年7月1日起，将育林基金征收标准由林木产品销售收入的20%降至10%以下。育林基金减少后，林业部门行政事业经费，由同级财政通过部门预算予以核拨。

在税费扶持方面，国家继续对以林区"三剩物"（采伐、造材、加工剩余物）、次小薪材（次加工材、小径材、薪材）为原料生产加工的综合利用产品实行增值税即征即退政策。

9.《中共中央、国务院关于全面推进集体林权制度改革的意见》有哪些内容？

集体林权制度改革分为主体改革和配套改革（也称作深化改革）。主体改革的内容是分山到户，确定林农对于林地的使用权、经营权和林木的所有权。配套改革的内容则要复杂得多，包括林权抵押贷款、林业保险、林业合作组织建立和发展等。这次改革的实质是将集体所有的林地分配到林农个人，让林农获得林地的经营自主权，目前在全国已产生了较好的作用。由于此次改革和家庭联产承包责任制在内容上颇有相似之处，因而又被誉为林业上的"家庭联产承包责任制"改革。

2008年中共中央第10号文件的出台标志着集体林权制度改革作为一种政府行为已扩展到全国。目前，主体改革已经基本完成，配套改革还在进行中。

1)《中共中央、国务院关于全面推进集体林权制度改革的意见》指出，① 充分认识集体林权制度改革的重大意义，集体林权制度改革的指导思想、基本原则和总体目标；明确集体林权制度改革的主要任务；完善集体林权制度改革的政策措施；加强对集体林权制度改革的组织领导。② 将用5年左右时间基本完成明晰产权、承包到户的改革任务。在此基础上，通过深化改革，完善政策，形成集体林业的良性发展机制，实现资源增长、农民增收、生态良好、林区和谐的目标。在坚持集体林地所有权不变的前提下，依法将林地承包经营权和林木所有权通过家庭承包方式落实到本集体经济组织的农户，确立农民作为林地承包经营权人的主体地位。林地的承包期为70年，承包期满，可以按照国家有关规定继续承包。

2) 完善集体林权制度改革的政策措施。

① 完善林木采伐管理机制。编制森林经营方案，改革商品林采伐限额管理，实行林木采伐审批公示制度，简化审批程序，提供便捷服务。严格控制公益林采伐，依法进行抚育和更新性质的采伐，合理控制采伐方式和强度。

② 规范林地、林木流转。在依法、自愿、有偿的前提下，林地承包经营权人可采取多种方式流转林地经营权和林木所有权。流转期限不得超过承包期的剩余期限，流转后不得改变林地用途。集体统一经营管理的林地经营权和林木所有权的流转，要在本集体经济组织内提前公示，依法经本集体经济组织成员同意，收益应纳入农村集体财务管理，用于本集体经济组织内部成员分配和公益事业。加快林地、林木流转制度建设，建立健全产权交易平台，加强流转管理，依法规范流转，保障公平交易，防止农民失山失地。加强森林资源资产评估管理，加快建立森林资源资产评估师制度和评估制度，规范评估行为，维护交易各方合法权益。

③ 建立支持集体林业发展的公共财政制度。各级政府要建立和完善森林生态效益补偿基金制度，按照"谁开发谁保护、谁受益谁补偿"的原则，多渠道筹集公益林补偿基金，逐步提高中央和地方财政对森林生态效益的补偿标准。建立造林、抚育、保护、管理投入补贴制度，对森林防火、病虫害防治、林木良种、沼气建设给予补贴，对森林抚育、木本粮油、生物质能源林、珍贵树种及大径材培育给予扶持。改革育林基金管理办法，逐步降低育林基金征收比例，规范用途，各级政府要将林业部门行政事业经费纳入财政预算。森林防火、

病虫害防治以及林业行政执法体系等方面的基础设施建设要纳入各级政府基本建设规划，林区的交通、供水、供电、通信等基础设施建设要依法纳入相关行业的发展规划，特别是要加大对偏远山区、沙区和少数民族地区林业基础设施的投入。集体林权制度改革工作经费，主要由地方财政承担，中央财政给予适当补助。对财政困难的县乡，中央和省级财政要加大转移支付力度。

④推进林业投融资改革。金融机构要开发适合林业特点的信贷产品，拓宽林业融资渠道。加大林业信贷投放，完善林业贷款财政贴息政策，大力发展对林业的小额贷款。完善林业信贷担保方式，健全林权抵押贷款制度。加快建立政策性森林保险制度，提高农户抵御自然灾害的能力。妥善处理农村林业债务。

⑤加强林业社会化服务。扶持发展林业专业合作组织，培育一批辐射面广、带动力强的龙头企业，促进林业规模化、标准化、集约化经营。发展林业专业协会，充分发挥政策咨询、信息服务、科技推广、行业自律等作用。引导和规范森林资源资产评估、森林经营方案编制等中介服务健康发展。

10.村委会的林改实施方案应包含哪些内容？

村委会的林改实施方案应包含本村基本情况、村集体林场和宜林荒山的面积、被占用的村民小组、改革方式、被乡村林场占用面积、确定纳入林改的地块、林改方式等内容，土地所有权属于哪一个村民小组，改革方式由该村民小组民主表决（开会须有会议通知、签到册、会议记录、无记名投票记录）。方案通过后，各个村民小组的改革方式综合写在全村委会的实施方案上，报乡镇人民政府审批后实施。

11.各乡（镇）、村的林改方案怎样审批？

各乡（镇）改革方案报县（市）集体林权制度改革领导小组审批；各村及村民小组的改革方案经村民大会或村民代表会议讨论通过后，报乡（镇）集体林权制度改革领导小组审批，报县（市）集体林权制度改革领导小组备案。

12.村级林改工作要遵循哪些工作程序？

1）宣传发动。召开村委会、村民大会或村民代表大会，传达林改政策，尽可能地利用一切宣传手段进行宣传、动员。

2）摸底调查，制定实施方案。在摸清林业"三定"山林权属基本情况、登记林权流转、变更等的基础上，由工作组指导村委会具体制定实施方案。

3）村民代表大会通过实施方案，一榜公示7天。

4）调处有关的林权纠纷。

5）签订、补充完善合同。

6）申请登记、审核。

7）实地勘查、构图。

8）二榜公示 30 天。

9）内业材料汇总乡政府审核，报县林改办备案。

3.1.2 主体改革

1.明晰产权主要有哪几种形式？明晰所有权、放活经营权、落实处置权、确保收益权的含义是什么？

明晰产权有以下形式。①自留山稳定不变。继续实行"生不补、死不收"、长期无偿使用、允许继承的政策。被集体以行政手段收归统一经营的自留山，大部分群众强烈要求归还的，应当归还农户经营；自留山、承包山已"两山并一山"的，若多数群众有要求，允许按原状予以区分；林业"三定"时未划定自留山，大多数群众要求划定自留山且集体山场条件允许的，可按当时政策补划自留山。②已分包到户的责任山稳定不变。承包限期为 30～70 年，山上林木归责任山山主所有，承包期内允许继承；面积、"四至"不清楚的，在进一步明晰的基础上，完善承包合同；被集体以行政手段收归统一经营、群众要求以责任山形式承包经营的，应当恢复原状。③落实"谁造谁有"。自留山和责任山抛荒后，由集体收回统一组织造林的，要落实"谁造谁有"政策，在稳定自留山和责任山使用权不变的前提下，所造林木可由集体与农户协商确定分成比例，集体分成比例应不低于 70%。林木采伐后，林地的使用权归还农户。④家庭承包经营。对集体统一经营的山林，可按人口折算人均山林面积，以户为单位划片承包经营，或自由组合联合承包经营。⑤"分股不分山，分利不分林"。对集体统一经营群众比较满意的山林，经村民会议或村民代表会议讨论通过，可以继续实行集体统一经营，但要将现有林地、林木折股分配给集体内部成员均等持有，明确经营主体，财务单独核算，收益 70%以上按股分配。⑥有偿转让经营。可将现有山林评估作价，通过公开招标租赁、拍卖等方式转让给集体经济组织内部成员，或内部自由组合，联合承包，或其他社会经营主体承包。转让费按年计收，70%以上由集体内部成员平均分配，30%以下用于林业发展和公益事业。⑦稳妥处理已经流转的集体山林。对已经流转的集体山林，凡程序合法、合同规范的，要予以维护；对群众意见较大的，要本着尊重历史、依法办事的原则，妥善处理。集体山林流转收益 70%以上应平均分配给本集体经济组织内部成员，30%以下用于发展集体公益事业。无论采取何种形式，都要召开村民会议或村民代表会议，经村民会议 2/3 以上成员或村民代表会议 2/3 以上代表同意，并依法完善或补签林地承包（流转）合同，换发林权证书。

明晰所有权：就是把集体商品林的林地使用权、林木所有权落实到户、联户或其他经济实体，并确权发证。

放活经营权：是指在《森林法》和有关法律、法规及相关技术规程的规范下，适当放活、放宽对林地和林木的经营权。

落实处置权：是指林权所有者对森林、林木和林地依法进行处置的权利，主要是指对林木依法流转和对生产的木材及其产品的处分权，包括继承权、流转权、担保抵押权。

确保收益权：是指确保林权所有者在经营林木或林地过程中获得收益的权利。

2. 森林、林木、林地所有权的主要形式有哪些？

森林、林木、林地所有权主要有以下三种形式。① 国家所有权：森林资源原则上属于国家所有（法律规定属于集体所有的除外）。② 集体所有权：集体所有的森林、林木、林地所有者，是该集体经济组织，而不是该组织的成员。只有集体经济组织才有权依照法律的规定及集体经济组织全体成员的决定来行使对集体所有的森林、林木、林地的占有、使用、收益和处分的权利。③ 个人所有的林木：根据《森林法》的规定，公民个人不享有森林和林地的所有权，享有林木的所有权和林地的使用权。公民个人所有的林木，主要是指农村居民在房前屋后、自留地、自留山和农村集体经济组织指定的其他地方种植的林木；在承包或者以其他合法方式取得使用权的林地上种植的林木以及在承包的荒山、荒地、荒滩上种植的林木，按合同约定归个人所有的部分；城镇居民在自有房屋庭院内种植的林木。自留山造林和承包荒山造林的林木权属以家庭形式出现的归全家人所有，以个人形式出现的归个人所有。承包荒山造林合同如果规定发包方也享有部分林木个人的林木所有权和林地使用权，受法律保护。这种保护不仅是对公民个人财产和其他合法权益的保护，而且是对广大农民植树造林积极性的保护。

3. 林木所有权主要包括哪些内容？

林木所有权是指对森林、林木和林地的占有、使用、收益和处分权。"中华人民共和国林权证"是确认森林、林木和林地所有权或者使用权的法律凭证，也是林地使用权和林木所有权及使用权流转经营的法律依据。使用权是指根据合同或有关规定，使用他人的森林、林木和林地的权利；使用权不是所有权，也不是所有权中的使用权能，而是从所有权中分离出来的由非所有人行使的权能。林权权利人可以是个人，也可以是法人或者其他组织。

4. 集体林权是指集体林地还是集体林木？

集体林权是指集体所有制的经济组织或单位对森林、林木和林地所享有的占有、使用、收益、处分的权利。法律规定属于集体所有的森林、林木和林地，集体所有制的经济组织或单位享有林权。

5.林权证的使用期是多少年？林权证到期限了以后怎么办？

《关于全面推进集体林权制度改革的意见》第八条规定，林地的承包期为70年。承包期届满，可以按照国家有关规定继续承包。已经承包到户或流转的集体林地，符合法律规定、承包或流转合同规范的，要予以维护；承包或流转合同不规范的，要予以完善；不符合法律规定的，要依法纠正。对权属有争议的林地、林木，要依法调处，纠纷解决后再落实经营主体。自留山由农户长期无偿使用，不得强行收回，不得随意调整。承包方案必须依法经本集体经济组织成员同意。

6.林业"三定"时核发的自留山林权证"四至"界址明确，且与实地相符，但实际面积与林权证载明面积相差较大，如何解决？

凡自留山林权证上所载"四至"界线明确清楚的，且与实地相符，多数群众对此无异议，应以"四至"为准，确定实际面积，并在此次林改中按实际面积重新核发林权证。若"四至"界线清楚，但实际面积与林业"三定"时林权证上的面积相差较大，应以这次实际面积为准，核发林权证；若"四至"界线清楚，这次林权证上所载面积与实际面积相差较大，由技术员查明原因，纠正处理。

7.未经集体和个人同意，私自在集体荒山或他人自留山、责任山上造林的如何确权？

对在集体荒山上造林的，应落实"谁造谁有"政策。对于在集体荒山上造林的，大多数群众认可的，林地所有权应核发村民小组，林地的使用权和林木的所有权、使用权核发给造林者，林木采伐后林地使用权原则上归还相应的村民小组。

对在他人自留山、责任山上造林的，由自留山主和责任山主按照尊重历史、实事求是、相互协商、达成共识的原则，由双方进行协商解决，按协商一致的结果核发林权证，或依调处林权争议的办法进行调处，按调处结果核发林权证。

8.自留山经村民代表会议是否可由集体统一收回管理？

只要"三定"时分配是合理的，按照法律和政策规定，应当予以维护，不允许重新进行调整，不得收回其自留山。但有以下情况之一的可以收回重新发包：①死亡缺户，原自留山或责任山主没有法定继承人的，其经营的山林可由集体收回重新发包；②承包者举家迁入城镇转为非农业户口，自己提出将承包的山林退回集体另行处置的，其经营的山林可由集体收回重新发包。

另外，自留山被集体已经收归统一造林的，在这次改革中，可按以下办法进行处理：①落实"谁造谁有"政策。在稳定自留山林地使用权不变的前提下，所造林木可由集体与农户协商确定分成比例。②进行重新调整。集体向农户收取一定的营林费用后，将自留山归还个人，或重新划定自留山、责任山。③维持承包合同。如果自留山抛荒后，被集体收回又重新发包给本集体经济组织内农户承包经营，且手续齐全、程序合法的，继续执行承包合同。

9.群众占用集体林地和他人自留山、责任山开地的，如何处理？

如果群众连续占用集体林地和他人自留山、责任山开地已满20年的，应视为现使用者使用；连续使用不满20年，根据具体情况归还林权所有者。对于在近两年内占用集体林地后擅自改变林地用途，用于非林业生产的，限期恢复林地，并按林地管理有关法律法规进行处理。

10.一山有两证问题如何处理？

1）山林权属证明出现重证的，应本着实事求是、区别对待、相互协商、达成共识、有错必纠的原则，重新审查、核实其颁发林权证的依据，证据确凿的可以登记发证；若由于山主错报、错登或工作失误，造成错发山林权证的，则应本着实事求是的原则予以纠正后登记发证；一时无法查清的，暂缓登记发证。

2）一山两证的，要查实发证时间，只要持有人民政府颁发的有效证件，在确定权属时，原则上以先发的为准。

11.部分农户的自留山、责任山划为地方公益林如何处理？

按归属进行确权发证。

12.群众不愿将自留山、责任山划归公益林如何协调？

①集体有公山的，群众代表大会表决通过的可以补划，原农户的自留山、责任山统一确权给集体经济组织；②从公益林政策、原则等方面做好农户思想工作。

13.集体商品林被开地，集体可否收回？

集体商品林被开地，属于非林业生产，改变了林地的用途，应限期恢复林地，并按林地管理有关法律法规进行处理。可召开村民大会公决，只要2/3的群众同意集体收回，集体可收回并重新发包组织造林。

14.自留山成为自开地，在小班因子图上已标识为农地的，如何确权？

按照一地不能有两种证的原则，如果小班因子表上已标识为农地，且农户手中有土地承包证的，就不再进行林权确证。

15. 异地开荒现象普遍，原有山林成为自开荒地且已种植数年，应如何处理？

根据2006年森林资源二类调查及森林经营分类区划成果，如没有归划为林地的，不再核发林权证，如规划为林业用地的，应限期恢复林地，并按林地管理有关法律法规进行处理，落实林权权利人，并核发林权证。

16. 农户承包经营的责任山与自留山有何区别？

自留山与承包经营的责任山是性质不同的两个概念。自留山虽然林地所有权仍属集体，但农户享有无偿使用权且长期不变，并对其种植的林木享有所有权；而农户承包经营的责任山，其林地所有权属集体，农户只享有承包经营管理权，双方的责权利以合同形式确立。

自留山所有权属集体，使用权归个人，实行的是"生不增、死不减"、长期无偿使用、允许继承的政策。自留山上的林木归个人所有，其经营不需要签订承包合同，自留山主一般持有自留山证；农户承包经营的责任山，实行的是承包经营的政策，承包者必须与发包方签订承包合同，明确双方的责权利，其林地所有权属集体，个人享有承包经营管理权，在承包期内林地使用权和林木所有权归责任山主所有，承包期内允许继承。

17. 什么是林权争议？

林权争议是森林、林木、林地的所有者或使用者就如何占有、使用、收益和处分森林、林木、林地问题所发生的争执或纠纷。林权争议有广义和狭义之分。广义的林权争议不但包括林木所有权或使用权的争议，还包括林地所有权或使用权的争议。广义的林权争议在有些地方又被称为"山林权纠纷"。狭义的林权争议仅指林木所有权或使用权的争议。一般所说的林权争议是指广义的林权争议。

18. 谁是林权权利人？林权权利人有哪些权利？

林权权利人是指森林、林木和林地所有权或使用权的拥有者。它包括林地所有权权利人、林地使用权权利人、森林或林木所有权权利人、森林或林木使用权权利人。

林权权利人享有的权利主要有以下几个方面。

1) 依法享有采伐利用权。对于用材林林权权利人在采伐限额内享有采伐权，对于生态公益林按林业主管部门批准的更新、抚育面积和强度拥有采伐利用权。对于农村居民采伐自留地和屋前房后个人所有的零星林木拥有完全自主的采伐利用权。

2) 采果、采脂等林中林下资源的采集利用权。除法律、法规禁止性、限制性规定外，林权权利人享有采集利用权。

3) 补偿权。依照《森林法》，林权权利人依法拥有生态公益林的补偿权，林地、林木被征占应获取的补偿权以及依照《防沙治沙法》和《野生动物保护法》因林权权利人利益受损害而获取的补偿权。

4）继承权、流转权、担保抵押权。主要是指《森林法》《担保法》《农村土地承包法》《防沙治沙法》所规定的森林资源处置权。

其他的还有森林景观的开发利用权和品种权。除上述权利之外，法律还规定了许多其他行业经营所不具有的权利，也就是经常讲的优惠政策。

19. 已划定给农户的自留山被集体规划采伐或者转让的怎么办？

自留山划给农户后，应保持长期不变，归农户无偿使用。也就是说自留山的使用权及自留山上林木所有权归农户所有，无论是集体还是个人擅自占用，即属侵权行为。因此，集体把自留山上林木规划砍伐或转让的，集体应照价赔偿损失，并归还或补划自留山。

20. 自留山被他人开发经营的如何处理？

自留山被他人开发经营，应根据实际情况区别处理：凡属集体统一安排给非原自留山主开发经营管理的，可按集体收回统一造林绿化情况处理；凡属双方同意，由本人将自留山转由他人开发经营管理的，可视为合作经营处理；凡擅自开发他人自留山的，自留山主可收回自留山，其开发管护费用由双方商议解决。

21. 重新划给自留山或原划定自留山现有变化的，其林权证由谁制发？

在林业"三定"中发给的自留山林权证，一律有效。凡自留山调整变更的和新划定的自留山，应重新发给林权证书。林权证书由全国统一印制，由县级人民政府核发。

22. 自留山林权证"四至"界线、面积与实地不符的如何解决？

由于林业"三定"时期工作粗放，致使已发给的自留山林权证的"四至"界线、面积与实地不符的，应实事求是地给予核实调整；凡自留山已开发经营的，自留山林权证上"四至"界线清楚的，应以"四至"为准；"四至"载明的地物标不明确的，按"四至"载明的最近地物标确定"四至"界址；"四至"界址不清的，以林权证记载的面积为准；凡自留山尚未开发的，原发自留山证收回作废，经实地核对后重新发证。

23. 农户在自留山"四至"以外扩大营造的林木，其权属归谁？

农户在自留山"四至"以外扩大营造的林木，其林地使用权属不能定为自留山（即仍属原林地所有者或使用者），其林权归属，根据在"林业三定"中划定的自留山已开发经营的应保护稳定和鼓励在荒山造林实行"谁造谁有"的政策，农户确有开垦营造、抚育管护的，应承认其劳动成果，保护其合法权益。处理方法：可定为责任山，按当地承包经营的做法，由该农户承包经营；也可对该林木合理作价，由林地所有者或使用者赎买；也可进行公开招标承包，并将林木价款付给该农户。

24. 有的地方按"土地证"和"祖宗山"划定自留山是否可行？

划定自留山不能以"土地证"划定，更不能按"祖宗山"来划分。但在林业"三定"时已按"土地证"或"祖宗山"划分的，且农户已经开发经营，若群众没有意见，可不作调整。

25. 林业"三定"时未划定自留山，这次群众要求划定的如何处理？

林业"三定"时未划定自留山的村，本次改革经村民大会或村民代表大会讨论，18周岁以上村民的过半数或者2/3以上村民代表要求划定自留山，且集体山场条件允许的，可按林业"三定"时的政策补划自留山。

26. 已到户的自留山被村集体流转的如何处理？

按照国家有关自留山政策规定，依法划定的自留山，其林地使用权和林木所有权归自留山主所有，未经自留山主同意，村集体流转已划定给农户的，属侵权行为，应停止侵害。尚未造成损失的，要依法恢复原状，归还自留山；造成损失的，村集体要依法照价赔偿，并签订书面合同约定归还日期或重新划给自留山。对侵权行为，根据《民法通则》，自留山主应在诉讼时效内向人民法院请求保护。但如在该流转合同的履行过程中，自留山主从该山的经营收益中得到了分成，根据《合同法》的有关规定，该合同视为有效。合同到期后，如果农户要求将山划回自己经营的，应当划回；愿意继续给他人经营的，应当由农户直接与经营者签订合同。

27. 有自留山但无证的该如何处理？

有山无证的，要查看"三定"时的档案。如当时已经过县级政府登记造册的，应认定为自留山，并及时发放林权证。如未经登记造册，但大多数村民认可或经村民会议（村民代表会议）同意，可以确认为自留山。

28. 林改前农户全家外迁（外县、外省），村组通过会议，把他的自留山分给了其他农户，现外迁农户（有证）回来要回山林，应如何处理？

如果当时是群众自愿交回集体的，不应要回已交出的山林。如果不是自愿交回而属集体强行收回的，农户个人知道且两年内未提出要求，或者即使不知道但时效已超过20年，视同农户个人放弃自留山的经营。

29. 自留山被工程建设征用，但国家给的补偿全部被村集体用于公益事业，老百姓提出要回自留山的如何处理？

村集体有机动山的，应重新划给自留山；没有机动山的，由村集体对原自留山给予经济补偿，具体补偿标准和办法由双方协商确定。

30.户与户的自留山合在一起共同经营，没有分清各自界线，如何登记发证？

联户经营的自留山，本次登记发证时，如农户要求单独发证的，应分清各自界线后再登记发证；无法分清界线的，应举荐其共同代表人提出申请，出具联户所有人委托书、原自留山证、联户经营协议，进行联户登记换发证，并在林权证上注明"自留山联户"。

31.自留山证记载的"林班小班"与土名不符的，如何登记换证？

如果原自留山证记载的"林班小班"与土名不相符，且不涉及第三人权属的，以自留山证记载的"林班小班"作为确认自留山位置的主要依据；如果涉及第三人权属的应协商解决。

32.林业"三定"时或之后由公社管委会盖章发放的自留山证是否合法有效？能否换证？

由公社管委会盖章发放自留山证属主体不合法，不具备法律效力。但在林业"三定"时或之后已经发给农户，且农户也以此开发经营，当地群众没有异议，也不存在重复发证的，村集体组织出具证明，本次登记发证可将其原证收回，并依法重新确权登记换发林权证。

33.林业"三定"时自留山证与自留山清册不符，以何种证据作为自留山换证的依据？

根据《森林法》等有关规定，依法核发的林权证是森林、林木、林地所有权和使用权的法律凭证。自留山证与自留山清册不符的，以原自留山证作为本次登记换证的权源依据（错发的除外）。证册遗失的，应由村集体组织出具证明，经县级林业主管部门重新核实后才能申请登记发证。

34.已划定的自留山，后又被村集体收回统一按人口划分为各户责任山，又没有重新划给自留山，自留山户主要求恢复原自留山，并申请登记发证的，如何办理？

若将自留山直接转为责任山的，要结合本次集体林权制度改革予以恢复自留山性质；若将自留山打乱划为责任山，但当时已经村集体统一研究通过或大部分村民无意见的，本次集体林权制度改革中可依法予以重新确认为自留山；若当时未经村集体统一研究或大部分村民有意见的，本次必须经过本村集体经济组织成员的民主决策，决定保留或调整，但都必须严格依据法律、法规落实自留山政策，并依法予以办理确权登记发证。

35.原自留山户主因造林失败，后被其他农户造林种果经营的，应如何确权登记发证？

应根据实际情况区别处理：凡属双方同意，由自留山主将自留山转由他人造林种果的，可按合作或合资经营处理，有合同（协议）的按其约定，申请确权登记，林权证注明自留山及收益比例；没有合同（协议）的，必须依法补签合同（协议）后，再申请确权登记，在林权证上注明自留山及双方主要权利,也可按转让处理。凡擅自在他人自留山造林种果的,自留山主可依法收回自留山,其开发管护费用由双方商定,并依法确权登记发证。

36.已划定的自留山被村集体转让的,本次自留山主要求换证的,如何办理?

按照国家有关自留山政策规定,依法划定的自留山,其林地使用权和林木所有权归自留山主所有,村集体转让已划定给农户的自留山的,属侵权行为,应停止侵害。尚未造成损失的,要依法恢复原状,归还自留山,由自留山主申请登记换证;造成损失的,村集体要依法照价赔偿,并签订书面合同约定归还日期或重新划给自留山后,进行确权登记发(换)证。

37.自留山、责任山到户后,群众对林权意识不强,出现了你造我的山,我又造你的山的情况,如何调处比较稳妥?

由自留山主和责任山主按照尊重历史、实事求是、相互协商、达成共识的原则协商解决,并按协商一致的结果核发林权证;或依照调处林权争议的办法进行调处,按调处结果核发林权证。

38.对"五保户"的自留山、责任山如何处理?

"五保户"应与其他村民同等对待,不得收回其自留山和责任山,且应享受集体林权的分配。"五保户"去世后,其自留山和责任山应当由村集体经济组织按照最高人民法院《关于贯彻执行〈继承法〉若干问题的意见》第55条规定"集体组织对'五保户'实行'五保'时,双方有扶养协议的,按协议处理;没有抚养协议,死者有遗嘱继承人或法定继承人要求继承的,按遗嘱继承或法定继承处理,但集体组织有权要求扣回'五保'费用"处理。

39.本次林改户与户之间自留山、责任山面积差异过大,是否可以重新调整?

林业"三定"后经过20多年的人口变化,户与户之间所占山林面积差异过大,甚至出现"无山户"和"无山主"的现象是正常的。只要"三定"时分配是合理的,按照法律和政策规定,应当予以维护,不允许重新进行调整。但有以下情况可以进行调整:一是死亡缺户,原自留山或责任山主没有子女和其他法定继承人的,其经营的山林可由集体收回重新发包;二是承包者举家迁入城镇转为非农业户口,自己提出将承包的山林退回集体另行处置的,可以收回集体重新发包。

40.林业"三定"时所发林权证存在重证或错证的如何处理?

山林权属证明出现重证、错证的,应本着实事求是、区别对待、相互协商、达成共识、有错必纠的原则,重新审查、核实其颁发林权证的依据。若由于山主错报错登或政府工作人员失误,造成错发山林权证的,则应本着实事求是的原则予以纠正;一时无法查清的,暂缓登记发证。

41.如何处理"三定"时的遗留问题？

这次林改是对林业"三定"的进一步规范和完善，因此必须坚持尊重历史，保持林业政策的连续性，绝不能借机"推倒重来"。这里有两层含义：一是"三定"确定的权属基础必须稳定；二是"三定"时遗留的问题必须妥善处理好。从试点反映出的情况看，主要有以下五个方面的问题。

1）林业"三定"时未划分自留山或责任山。没有划自留山的地方，如果现在大多数群众要求划，并且集体山场条件又允许的，可以按当时的政策（不超过15%）补划自留山。没有划责任山的，本次原则上都要将集体统一经营的山林落实到户。如果本集体经济组织成员对山林的依赖性不强，不愿意承包经营的，可以采取有偿方式流转给企业或有经营能力的大户经营，也可以由集体统一组织经营，但所得收入70%以上应当以货币的形式按股分配给本集体经济组织内部成员。

2）林业"三定"时划分的自留山、责任山，户与户之间不均衡，或者出现地证不符。这种情况各地都有反映，处理起来应当具体问题具体分析。"三定"时划分的自留山、责任山在面积上有些差异是正常的，只要多数群众认可，就应当维持不变，不能重新调整。这里有三种情况：一是山林权证上载明的"四至"是清楚的，本次林改应当以其"四至"为准，并按实际核实面积确权发证；二是若"四至"不符，则按照不少于林权证上所载面积的原则重新确定其"四至"；三是如果户与户之间的面积相差悬殊，或者林权证上所载面积与实际面积相差太大，多数群众有异议的，就应查对"三定"时的发证依据，确有错误的应当予以纠正。

3）林业"三定"时划分的自留山或责任山基本合理，但经过20多年的人口变化，户与户之间所占山林面积差异较大，甚至出现"无山户"和"无主山"。首先应当承认，由于20多年的人口变化造成户与户之间山林面积相差悬殊的现象是完全正常的，只要"三定"时分配是合理的，就应当予以维护。有的地方提出，可否重新进行调整，这是不符合法律和政策规定的。但有三种特殊情况可以进行调整：一是死亡缺户，原自留山或责任山主没有子女和其他法定继承人的，其经营的山林可由集体经济组织收回重新分配；二是承包期届满的责任山，可以由集体收回重新发包，若原承包者愿意继续承包的，享有优先承包权；三是承包者举家迁入城镇转为非农业户口，自愿将承包的山林退回集体另行处置的，可以收回集体重新发包。

4）"三定"时划了自留山和责任山，但没有发证。这种现象不在少数，处理这类问题有三个办法：一是由农户提出发证申请和理由，并提供相关证据资料（如当时签订的责任山承包合同等），然后进行分户登记和公示，如果大多数群众没有意见，即可据此确权发证；二是设法查找"三定"时的登记簿册，只要能够找到，就可以作为本次林改确权发证的依据；三是看这20多年来的经营事实，如果农户一直在当时所划的自留山或责任山上经营且当地群众认可的，本次林改就可以以此为依据，按其实际经营面积确权发证。

5）由于错证、重证、漏证等原因引发山林纠纷。这种情况非常普遍，解决起来难度也不小。此次林改规定，有纠纷的山林暂不列入改革范围。但这并不是说，只要有纠纷就将其搁置一旁，而是要求各地结合林改工作积极调处，调处一起就确权发证一起，一时难以调处的才能暂时搁置起来。什么时候调处好了，就什么时候发证。从试点情况看，这既是一项政策，更是调处山林纠纷的法宝。

42.承包的林地被他人经营的应如何处理？

对未经承包方同意经营他人所承包林地的行为应及时制止，切实维护承包者的承包经营权。对以前经承包方口头同意但未形成书面协议，或承包林地被他人利用已造林多年的，在保护森林资源、稳定承包林地使用权不变的前提下，所造林木可以由当事人双方运用经济手段协商确定分成比例和经营期限，也可以由村集体或乡镇组织出面帮助协商解决。以上方法无效时，还可以依法向所在地人民法院起诉，通过诉讼渠道解决。

43.退耕户获得了退耕地经营权，在参加集体的其他林权分配时，是否应先抵扣其退耕地面积？

按照国家退耕还林的有关政策，退耕户的合法权益应予保护，其承包的退耕地不应在分配山林时抵扣。

44.发包方能否重新调整已承包的山林？

为保护承包关系的稳定，提高林农在林地上投入的积极性，《农村土地承包法》第二十七条明确规定"承包期内，发包方不得调整承包地"，即发包方不得以其他任何理由调整承包的林地。例如，已经签订的承包合同约定每隔几年进行一次调整的，在《农村土地承包法》实施后，该约定无效，发包方不得再依此约定进行调整。

45.林业"三定"时已确权归村民小组所有的林地、林木，未经该村民小组同意，被乡镇或村委会以转让、租赁、承包等形式流转给其他单位或个人经营的应如何办理？

林业"三定"时依法确权归村小组所有的林地、林木，其权属仍归该村民小组所有，合法权益受法律保护。对于未经村民小组同意，乡镇或村委会擅自将属村民小组所有的林木、林地通过转让、租赁、承包等形式流转给其他单位或个人经营的，属侵权行为，应停止侵害。尚未造成损失的，要依法恢复原状，归还山林；造成损失的，要依法照价赔偿，并签订书面合同约定归还日期。对流转超过一年，或者虽超过一年，但已实际做了大量投入，可根据实际情况，由乡镇、村委会与村民小组妥善协商解决。协商解决不成的，通过司法途径解决。

46. 对于本集体经济组织农户不愿承包经营的远山、高山、立地条件差的林地应如何处理？

对此种情况，由村民会议或村民代表会议讨论决定，可以采取招标、拍卖、公开协商等方式向本集体经济组织之外的单位或个人发包，明确林木林地的经营主体，所获收益 70% 以上应当在本集体经济组织内部成员间分配。

47. 同一宗地内林地、林木"四权"分离的，以哪个权属作为发证的依据，林权证发给哪个权属的所有者？

可按以下情况掌握：① 由农户提出发证申请和理由、提供有关证据资料后，进行分户登记和公示，大多数群众有意见的，由县级林业主管部门重新登记发证；② 如农户无法提供证据资料，但其有造林、抚育等经营活动事实且群众认可的，可按其实际经营面积核发林权证；③ 既无法提供证据资料，又无经营事实，并且大多数群众不予认可的，可视同集体山林；④ 山林权属有纠纷的，按山林纠纷调处办法进行调处后再进行改革。

48. 承包的林地未到期的，是等到期后再换发林权证还是现在就换发林权证？

由承包者与村集体经济组织按法定程序进行协商，并按协商同意后签订的承包合同发证。

49. 两相邻自然村因历史原因共同管护山场，规划公益林时补偿资金的分配已确定，但现在林改中其一方要求进行山场清分，或者公益林补偿金按现有人口进行分配，否则不进行此次林改，这该如何处理？

对已区划界定的国家级生态公益林和省级公益林、水源林、风景林，给予核发林权证，不列入此次改革范围。

"其一方要求进行山场清分，或者公益林补偿金按现有人口进行分配，否则不进行此次林改"属无理要求，与此次改革无关，应向双方干部群众说明清楚，再做思想工作，确保改革顺利进行。对此片公益林确权发证的问题，由所属村民委出面组织双方村小组干部、群众代表、工作组参与，本着"互让互谅、促进管理"的原则，将共同管护的林地林木划清界限，不能划清界限的也要明确所占面积（或效益）比例，待形成书面协议后核发林权证。公益林补偿金的分配，双方村小组按照上述确定下来的协议或林权证上所载明的林地林木面积或所占面积（或效益）比例分配公益林补偿金。

50.个人之间、单位之间或个人与单位之间合作，合资造林的，本次应如何申请登记发证？

本次申请林权登记时共有林权权利人应共同举荐一个共同代表人，并出具所有共同有林权权利人同意的委托书、合同书（协议书）等权源证明材料，依法向林权登记机关申请登记发证，林权证注明"合作"或"合资"。

51.林地承包经营权和林木所有权通过什么方式落实？

《关于全面推进集体林权制度改革的意见》第八条规定，在坚持集体林地所有权不变的前提下，依法将林地承包经营权和林木所有权，通过家庭承包方式落实到本集体经济组织的农户，确立农民作为林地承包经营权人的主体地位。对不宜实行家庭承包经营的林地，依法经本集体经济组织成员同意，可以通过均股、均利等其他方式落实产权。村集体经济组织可保留少量的集体林地，由本集体经济组织依法实行民主经营管理。

52.林地承包期满后如何处理？

《关于全面推进集体林权制度改革的意见》第八条规定，林地的承包期为70年。承包期届满，可以按照国家有关规定继续承包。已经承包到户或流转的集体林地，符合法律规定、承包或流转合同规范的，要予以维护；承包或流转合同不规范的，要予以完善；不符合法律规定的，要依法纠正。对权属有争议的林地、林木，要依法调处，纠纷解决后再落实经营主体。自留山由农户长期无偿使用，不得强行收回，不得随意调整。承包方案必须依法经本集体经济组织成员同意。

53.农民对经营承包的商品林和公益林享有哪些经营权利？

《关于全面推进集体林权制度改革的意见》第十条规定，实行商品林、公益林分类经营管理。依法把立地条件好、采伐和经营利用不会对生态平衡和生物多样性造成危害区域的森林和林木划定为商品林；把生态区位重要或生态脆弱区域的森林和林木划定为公益林。

对商品林，农民可依法自主决定经营方向和经营模式，生产的木材自主销售。对公益林，在不破坏生态功能的前提下，可依法合理利用林地资源，开发林下种养业，利用森林景观发展森林旅游业等。

54.如何保障林地承包林农的收益？

《关于全面推进集体林权制度改革的意见》第十一条规定，在不改变林地用途的前提下，林地承包经营权人可依法对拥有的林地承包经营权和林木所有权进行转包、出租、转让、入股、抵押或作为出资、合作条件，对其承包的林地、林木可依法开发利用。

《关于全面推进集体林权制度改革的意见》第十二条规定，农户承包经营林地的收益归农户所有。征收集体所有的林地，要依法足额支付林地补偿费、安置补助费、地上附着物和林木的补偿费等费用，安排被征林地农民的社会保障费用。经政府划定的公益林，已承包到农户的，森林生态效益补偿要落实到户；未承包到农户的，要确定管护主体，明确管护责任，森林生态效益补偿要落实到本集体经济组织的农户。

55.承包地流转的流转期限有何限定？

《关于全面推进集体林权制度改革的意见》第十五条规定，在依法、自愿、有偿的前提下，林地承包经营权人可采取多种方式流转林地经营权和林木所有权。流转期限不得超过承包期的剩余期限，流转后不得改变林地用途。

56.林农对集体统一经营的林地流转中的收益有哪些权利？

《关于全面推进集体林权制度改革的意见》第十五条规定，集体统一经营管理的林地经营权和林木所有权的流转，要在本集体经济组织内提前公示，依法经本集体经济组织成员同意，收益应纳入农村集体财务管理，用于本集体经济组织内部成员分配和公益事业。

3.1.3 配套措施

1.农户对林地的承包权是否会像土地承包经营权那样实现长久不变？可能性有多大？

《农村土地承包法》第二十条规定，当前我国耕地的承包期为30年；草地的承包期为30～50年；林地的承包期为30～70年；特殊林木的林地承包期，经国务院林业行政主管部门批准可以延长。此次林改明确了林地承包的长期性，即林地承包权为70年，对农村改革而言，是新的发展和丰富。

2.转包和转让该如何区别对待？林地在什么条件下才可以卖呢？

农村土地不能转让。我国土地管理法规定，农村集体所有者不能买卖土地产权，只能依法在一定期限内有偿出租或让渡土地使用权；也不能随意改变所属耕地的用途，因特殊情况确需征占自己所有耕地时，也必须经国家有关部门批准。既然不能转让，土地转让和土地承包的区别也就无从说起。

农村土地转包是法律所允许的。《农村土地承包法》第十条规定，"国家保护承包方依法、自愿、有偿进行土地承包经营权流转。"《农村土地承包法》第三十二条规定，"通过家庭承包取得的土地承包经营权可以依法采取转包、出租、互换、转让或者其他方式流转。"

此外，《农村土地承包法》第三十七条规定，"土地承包经营权采取转包、出租、互换、转让，或者其他方式流转，当事人双方应当签订书面合同。采取转让方式流转的，应当经发包方同意。"可见，土地承包经营权可以作为特殊民事权利进行处分，但承包人的流转土地承包经营权的行为需符合一定的条件。对于转包行为，需要双方签订书面合同，并经发包方备案；对于转让行为，需经双方签订书面合同，并经发包方同意。因此，通常人们口头所说的农村土地转让，应当是指土地承包经营权的转让。

《关于加快林业发展决定》第十四条指出，加快推进森林、林木和林地使用权的合理流转。在明确权属的基础上，国家鼓励森林、林木和林地使用权的合理流转，各种社会主体都可通过承包、租赁、转让、拍卖、协商、划拨等形式参与流转。

3.如何放活商品林经营？

放活商品林经营主要是落实好四项政策。一是农民可依法自主决定经营方向和经营模式，种什么、怎么种，由农民自己说了算。二是要改革和完善集体林采伐管理机制，落实农民对林木的处置权。三是农民生产的木材实行自主销售。四是减轻税费负担。从 2009 年 7 月 1 日起，将育林基金征收标准由林木产品销售收入的 20% 降至 10% 以下。继续对以林区"三剩物"和次小薪材为原料生产加工的综合利用产品实行增值税即征即退政策。

4.林权制度改革能否妥善解决收益权问题？森林所有者的采伐权或处置权是否还受制于"采伐限额"体制？

此次林改的重要任务之一就是保障农民收益权，承包后的收益除了按国家规定和合同约定交纳的费用外，其余全部归农户所有。对林木采伐机制的改善也是林改重头戏，国家计划通过 5 年时间，逐步实现非林业用地林木不纳入采伐限额管理，由经营者自主采伐，商品林采伐指标 5 年内可结转使用。

5.集体林权制度改革对木材采伐制度是否有新的变化？

一是改革采伐管理服务方式，简化审批程序，推行采伐限额公示制，建立健全简便易行、公开透明的管理服务新模式。二是创新采伐管理方式，实行林木采伐分类管理，非林业用地林木不纳入采伐限额管理，由经营者自主采伐，商品林采伐指标 5 年内可结转使用。三是完善采伐限额管理制度，逐步实现由限额指标管理向采伐备案管理的转变，建立以森林经营方案为基础的森林可持续经营的新体制。

6.林改后的采伐政策具体是什么？

集体林采伐管理改革的重点内容是：坚持以放活经营、富裕林农、服务林农为出发点，分类指导、分区施策、分步推进，从九个方面改革和完善集体林采伐管理。

一是非林业用地林木采伐不纳入限额管理。非林业用地上的林木不纳入采伐限额管理，由经营者自主经营、自主采伐，解决了农民因为调整种植结构在农田等非林业用地上造林采伐难的问题，有利于调动社会各界和广大农民，利用"四旁"、荒滩等空闲地植树造林、"身边植绿"，提高农民收入，改善和美化人居环境，促进新农村建设。特别是对河南、河北、山东、江苏等地发展起来的平原林业是一次大解放。由于林业用地(指县级以上人民政府规划用于发展林业的土地)上的森林是保障国家生态安全和木材安全的基础资源，必须实行森林采伐限额管理制度。

二是突出了森林经营方案的地位。森林经营方案是森林经营者为了科学经营森林，发挥森林的多功能、多效益，根据森林资源状况和社会经济、自然条件编制的关于森林培育、保护和利用的中长期规划，以及对生产秩序和经营利用措施的规划设计。《关于全面推进集体林权制度改革的意见》明确了依据森林经营方案核定年森林采伐限额，鼓励森林经营者按照森林可持续经营原则编制森林经营方案，对森林采伐做到"五年、十年早知道"，对森林经营有收益预期，调动其培育森林资源的积极性。

三是简化了森林采伐的类型。根据分类经营的要求，《关于全面推进集体林权制度改革的意见》规定，商品林采伐类型简化为主伐、抚育采伐和其他采伐；公益林采伐类型简化为抚育采伐、更新采伐和其他采伐；将低产(低效)林改造、灾害性采伐及征占林地等非常规性采伐分别纳入其他采伐。改革后，减少了采伐指标分项，避免了因单项指标需求不平衡造成的采伐指标结构性矛盾，既放活了商品林的经营，又拓展了公益林的保护利用。

四是简化了森林采伐管理环节。《关于全面推进集体林权制度改革的意见》要求基层林业工作站协助经营者办理林木采伐许可证，要求林业部门提供"一站式"服务，对伐区设计、林权审核、采伐申请、审核发证等环节进行内部协调，逐步建立便捷高效的审批机制，方便林农、服务林农，彻底改变"申请指标难、采伐批复难"的状况。

五是改变了森林采伐管理方式。针对集体林权制度改革后，经营主体多元化的现实，《关于全面推进集体林权制度改革的意见》提出，实行伐区简易设计，将林业主管部门以往对森林采伐实行"伐前设计、伐中检查、伐后验收"的全过程管理，调整为"森林经营者伐前、伐中和伐后自主管理，林业主管部门提供指导服务和监督管理"，落实了农民经营自主权，化解了林业基层工作人员的责任风险。

六是推行了森林采伐公示制度。《关于全面推进集体林权制度改革的意见》要求各级林业主管部门要推行森林采伐公示制度，对森林采伐指标分配实行"阳光操作"。通过社会监督、纪律监督和部门监督，保障采伐指标分配科学、公平、公开、公正，以此制约采伐审批和采伐指标分配中的自由裁量权，避免"权力寻租"，保障资源管理队伍依法行政、公正廉明。

七是实行了采伐限额"蓄积量"单项控制。《关于全面推进集体林权制度改革的意见》将采伐限额由"蓄积量、材积量"双项控制调整为蓄积量单向控制，解决了长期以来森林采伐管理中的"两难"问题，便于森林经营者实际操作、管理者科学管理，有利于提高单位面积林木出材率。

八是允许经营期内采伐指标结转。《关于全面推进集体林权制度改革的意见》规定,商品林各项指标可以在"五年"采伐限额执行期内,向后各年度结转使用。既尊重了森林经营者的自主权,又防止了森林资源的提前消耗,目的是避免出现森林资源断档,造成生态破坏和经营者收益的损失。

九是实行了年度木材生产计划备案制。考虑到全国年度木材生产计划,原则上按照年商品材采伐限额等额确定,以及《森林法》对木材生产计划有明确的规定,《关于全面推进集体林权制度改革的意见》针对集体林提出,将年度木材生产计划由原来的审核审批制改为备案制,满足了森林经营者在采伐限额内自主安排木材生产的需要。

7.是否可以用林权抵押贷款发展林特产业?

目前,我国把立地条件好、采伐和经营利用不会对生态平衡和生物多样性造成危害区域的森林和林木划定为商品林,农民经营承包后可以依法自主决定经营方向和经营模式,生产的木材自主销售;把生态区位重要或生态脆弱区域的森林和林木划定为公益林,在不破坏生态功能的前提下,可依法合理利用林地资源,开发林下种养业,利用森林景观发展森林旅游业等。

在融资方面,遇到林权抵押贷款受阻(林权抵押贷款利率低于信用贷款利率),可尝试小额林农贷款,借款人实际承担利率不超过基准利率的1.3倍。

8.集体所有的国家级生态公益林承包给农民,农民可以随意采伐吗?

不可以。根据《关于全面推进集体林权制度改革的意见》,对于公益林,农民在不破坏生态功能的前提下,可依法合理利用林地资源,开发林下种养业,利用森林景观发展森林旅游业等。

9.如何保证收益周期相对较长的荒山承包经营权人真正得到足额的专项资金支持呢?

按照新的政策,林业贷款期限最长可为10年;林权抵押贷款利率低于信用贷款利率;小额林农贷款,借款人实际承担利率不超过基准利率的1.3倍;适当延长林业贷款贴息期限,提高林业贷款贴息率。

10.对列入公益林、防护林的林地,群众不能采伐,怎样保障这部分林农的收益?

《关于全面推进集体林权制度改革的意见》第十二条规定,经政府划定的公益林,已经承包到农户的,森林生态效益补偿要落实到户;未承包到农户的,要确定管护主体,明确管护责任,森林生态效益补偿要落实到本集体经济组织的农户。

11. 如何理解"公益林不列入本次改革范围"的规定？

这一政策是指，在本次林改中公益林应保持原权属关系不变，即原来经营权属于集体的，仍由集体经营管理；原来属于承包到户的，仍然维持分户经营管理，本次林改只是换发林权证。

12. 生态公益林的范围在这次林改时能不能调整？

划定生态公益林是国家保护生态环境、维护国土生态安全、促进经济社会可持续发展的战略需要，是一件大事，各地对此要有足够的认识。但是，在国家目前财力还不是很宽裕，难以拿出大量的资金对生态公益林给予补偿的情况下，公益林面积划得太大也不行。因此，对群众提出的"退出生态公益林"的要求，要本着既积极又稳妥的原则来处理：一方面，要跟群众讲清道理，使他们相信国家随着财力的增长还会逐步扩大公益林的补偿范围，提高补偿标准，因此不要随意退出；另一方面，要根据当地的实际情况，实事求是地考虑大多数群众的意见，在确保重点公益林和纳入国家试点范围的公益林不变的前提下，按程序报经原审批机关同意，可以对公益林的范围作适当调整。

13. 已划为公益林的集体林在本次改革中如何处理？

已划为国家重点公益林的集体林，原签订的管护责任和形式不变。承包到户管理的生态公益林，按照国家生态公益林的有关法律、法规和政策进行管理、经营。村民不愿承包管护的，也可不承包到户，但要落实管护措施。

14. 集体林木采伐的政策有何调整？

国家林业局已经对改革和完善集体林采伐管理进行了深入研究，初步形成了关于改革和完善集体林采伐管理的指导意见，有望近期下发。总的设想是，经过认真试点，争取用5年左右时间，基本完成改革和完善集体林采伐管理机制的任务。分三步逐步推行：第一步，改革采伐管理服务方式，简化审批程序，推行采伐限额公示制，建立健全简便易行、公开透明的管理服务新模式；第二步，创新采伐管理方式，实行林木采伐分类管理，非林业用地林木不纳入采伐限额管理，由经营者自主采伐，商品林采伐指标5年内可结转使用；第三步，完善采伐限额管理制度，逐步实现由限额指标管理向采伐备案管理的转变，建立以森林经营方案为基础的森林可持续经营的新体制。

15. 集体林权制度改革中的金融支撑作用是如何发挥的？

中国人民银行、财政部、银监会、保监会、国家林业局已对加大林业信贷投放、开发林业信贷产品、拓宽林业融资渠道、完善财政贴息政策、健全林权抵押贷款制度、建立政策性森林保险制度作出了明确规定。按照新的政策规定，林业贷款期限最长可为10年；林权抵押贷款利率低于信用贷款利率；小额林农贷款，借款人实际承担利率不超过基准利率的1.3倍。完善林业贷款中央财政贴息政策，适当延长林业贷款贴息期限，提高林业贷款贴息率。

3.1.4 保障机制

1. 非法占用林地应受到哪些处罚？

非法占用林地应受到以下处罚：①对森林、林木未造成毁坏或者被开垦的林地上没有森林、林木的，限期恢复原状，可以处非法开垦林地每平方米10元以下的罚款；②对森林、林木造成毁坏和擅自改变林地用途的，限期恢复原状，并处非法改变用途林地每平方米10~30元的罚款；③非法占用并毁坏防护林地、特种用途林地数量分别或者合计达到5亩以上、其他林地数量达到10亩以上的，判处5年以下有期徒刑或者拘役，并处或者单处罚金。

2. 滥伐林木应受到哪些处罚？

滥伐林木应受到以下处罚：①滥伐森林或者其他林木以立木材积计算不足 $2m^3$ 或者幼树不足50株的，责令补种盗伐株数5倍的树木，并处滥伐林木价值2~3倍的罚款；②滥伐森林或者其他林木以立木材积计算 $2m^3$ 以上或者幼树50株以上的，由责令补种盗伐株数5倍的树木，并处滥伐林木价值3~5倍的罚款；③滥伐林木10~ $20m^3$ 以上或者幼树500~1000株以上的，必须追究刑事责任。

3. 民主决策应当如何操作？

民主决策的主要形式是，召开村民会议或者村民代表会议进行讨论和表决。这里有三点需要把握：一是会前必须做好充分的酝酿，可以搞一些家访，召开一些小范围的党员会议、村干部会议等，也可以开展与村民对话，让大家事先了解"方案"的原则和主要内容，为会议讨论通过打好基础；二是严格把握"两个三分之二"，即参加村民会议或村民代表会议的人数必须超过应到会人数的2/3，表决通过的票数必须达到参加会议人数的2/3以上，否则表决结果无效；三是村民会议或村民代表会议必须集中召开，且当场投票表决，一人一票，当场验票并宣布投票结果，村民所填的表决票应当场封存，并移交作为林权档案管理。要坚决防止一些乡村干部违背群众意愿搞违规操作的错误做法。

4. 哪些事项需要通过民主决策？

以下三个方面的内容必须经过本集体组织成员民主决策：一是村级改革方案的制定，包括改革的原则、形式、范围、程序、参与林改的对象、公示内容、确权发证等，都应当纳入改革方案，进行事前民主决策；二是流转山林的招投标方案，包括拟流转山林的评估作价、流转方式、流转年限、流转价格或分成比例等，都应事先经过村民民主决策；三是收入分配方案，包括流转山林和集体统一经营山林的收入如何分配等，必须经过村民民主讨论决策。

5.制定和通过村级林改方案环节应重点做好哪些事情?

这个环节主要做好五件事：一是村林改工作组成员对农户进行家访，宣传林改政策，了解群众对林改的真实意愿；二是根据林地现状，按照林改政策和原则，以村民小组或村为单位起草林改实施方案，落实山林权属；三是拟定承包合同内容；四是在充分酝酿的基础上，召开村民会议或村民代表会议，对林改实施方案进行讨论、完善后，再进行表决；五是将表决通过的村小组林改方案逐级上报村委会、乡（镇）林改办、县驻乡镇工作队审核，然后报县林改办审核后报县政府审批。

6.县、乡、村的改革方案需要经过哪一级批准?

县级改革实施方案，报州人民政府批准，同时报省林权制度改革领导小组办公室备案；各乡镇改革方案报县人民政府批准；各村民委员会改革方案经村民代表大会讨论通过后，报乡镇人民政府批准，报县人民政府备案；各村民小组的改革方案经村民大会讨论通过后，经村民委员会审核，报乡镇人民政府批准，并报县人民政府备案。

7.村民会议和村民代表会议由哪些人组成?

村民会议由本村18周岁以上村民组成。按照《村民委员会组织法》和《农村土地承包法》，召开研究承包方案的村民会议可以有两种形式，一种是由本集体经济组织18周岁以上村民的过半数参加，另一种是由本集体经济组织2/3以上的村民代表参加。村民代表会议是指根据《村民委员会组织法》，对人数较多或者居住分散的村，可以推选产生村民代表，讨论决定村民会议授权的事项。根据我国农村林地大部分属村民小组所有的实际，研究承包方案的会议一般应为村民会议。

8.《集体林权制度改革实施方案》中提出的村级选择改革模式要严格遵循"两个三分之二"的规定有何政策依据?

1)《中华人民共和国土地法》第四条规定："林地是土地的一种。"

2)《中华人民共和国土地法》第十四条规定："在土地承包经营期限内，对个别承包经营者之间承包的土地进行适当调整的，必须经村民会议三分之二以上成员或者三分之二以上村民代表的同意，并报乡镇人民政府和县级人民政府农业行政主管部门批准。"

3)《中华人民共和国土地法》第十五条规定："农民集体所有的土地由本集体经济组织以外的单位或者个人承包经营的，必须经村民会议三分之二以上成员或者三分之二以上村民代表的同意,并报乡镇人民政府批准。"

4)《中华人民共和国农村土地承包法》第十八条第三项规定:"承包方案应当按照本法第十二条的规定,依法经本集体经济组织成员的村民会议三分之二以上成员或者三分之二以上村民代表的同意。"

5)《中华人民共和国农村土地承包法》第二十七条规定:"承包期内,发包方不得调整承包地。承包期内,因自然灾害严重毁损承包地等特殊情形对个别农户之间承包的耕地和草地需要适当调整的,必须经本集体经济组织成员的村民会议三分之二以上成员或者三分之二以上村民代表的同意,并报乡(镇)人民政府和县级人民政府农业等行政主管部门批准。承包合同中约定不得调整的,按照其约定。"

6)《中华人民共和国农村土地承包法》第四十八条规定:"发包方将农村土地发包给本集体经济组织以外的单位或者个人承包,应当事先经本集体经济组织成员的村民会议三分之二以上成员或者三分之二以上村民代表的同意,并报乡(镇)人民政府批准。"

7)《中华人民共和国村民委员会组织法》第十七条规定:"村民会议由本村十八周岁以上的村民组成。召开村民会议,应当有本村十八周岁以上村民的过半数参加,或者有本村三分之二以上的户的代表参加,所作决定应当经到会人员的过半数通过。必要的时候,可以邀请驻在本村的企业、事业单位和群众组织派代表列席村民会议。"

8)《中华人民共和国村民委员会组织法》第二十一条规定:"人数较多或者居住分散的村,可以推选产生村民代表,由村民委员会召集村民代表开会,讨论决定村民会议授权的事项。村民代表由村民按每五户至十五户推选一人,或者由各村民小组推选若干人。"

9.一村小组中有 1/3 以上农户外出打工,现无法联系,又无人代票,致使群众代表大会和林改实施方案难以达到 2/3 通过,该如何处理?

根据本次林改必须坚持依法依规的原则,按照《中华人民共和国村民委员会组织法》的规定,确保改革重大事项严格按程序经村民会议 2/3 以上成员或 2/3 以上村民代表同意,确保村民的知情权、参与权和决策权,做到公平、公正、公开的要求,村民小组群众代表大会和林改实施方案等重大事项的讨论决定必须按原则办理。应由村民小组尽量通过向其在家的亲属、朋友、人事劳务管理部门等多渠道询问联系,尽可能联系到外出打工的农户回来参与林改。户在人不在的,由其亲友负责通知回家参加林改。确实联系不上的,自然村召开村民会议决定解决办法,如果村民会议同意也可由其亲属代为申请办证。同时,林改工作队应全力给予支持配合,确保林改过程中各项议程均能按照"两个三分之二"的要求进行。

10.如何转变林业管理职能?

转变林业管理职能,更好地为广大林农服务,是确保林业产权改革取得成效的重要内容。因此，必须转变职能，提高服务质量和办事效率。要强化林业社会化服务管理，将森林防火、森林病虫害防治、造林规划指导、林权登记、市场信息化服务等纳入公共事业管理，提高服务水平。要减少审批环节和手续，改进工作作风，提高服务质量和办事效率。对符合即申即批条件的采伐申请，应即时办理采伐许可证，其他林木采伐申请原则上应在15个工作日内办结。要向林农公布举报电话，畅通林农反映问题的渠道，凡林农举报经核实无误的，要按照有关规定对责任人进行处理。

11.各级党政组织在集体林权制度改革应发挥什么作用？

《关于全面推进集体林权制度改革的意见》第十九条规定，各级党委、政府要把集体林权制度改革作为一件大事来抓，摆上重要位置，精心组织，周密安排，因势利导，确保改革扎实推进。要实行主要领导负责制，层层落实领导责任。建立县（市）直接领导、乡镇组织实施、村组具体操作、部门搞好服务的工作机制，充分发挥农村基层党组织的作用。

要加强对领导干部、林改工作人员包括农村基层干部的培训，强化调度、统计、检查、督导和档案管理工作。

要严肃工作纪律，党员干部特别是各级领导干部，要以身作则，绝不允许借改革之机，为本人和亲友谋取私利。要健全纠纷调处工作机制，妥善解决林权纠纷，及时化解矛盾，维护农村稳定。

3.2 林权改革操作

3.2.1 明晰产权

1.集体林权有哪些产权形式？

1）自留山："三定"时划给农户使用的自留山，林地所有权属集体，但农户享有无偿使用权，且长期不变，并对其种植的林木享有所有权。

2）责任山："三定"时分包到户的责任山，其林地所有权属集体，农户只享有承包经营管理权，双方的责权利以合同形式确定。

3）集体统一经营林地："三定"时未划分，仍由集体经济组织管护经营的林地。

4）其他方式承包林地：由集体经济组织通过招标、拍卖、协商等方式发包，由个人、联户和经济组织承包的林地。

5）其他方式流转林地：由承包者向第三方转让的林地。

6）"均山"形式：指本次林改中集体统一经营的林地按本组人口平均分配为基础，以家庭为单位承包的林地。

7）"分股""分利"形式：指本次林改中将集体林地林木折股（按利）分配给集体内部成员平均持有，改进集体统一经营模式，明确经营主体，财务独立，实行"分股不分山，分利不分林"的形式。

2.集体林权制度改革中明晰产权的形式主要有哪几种？

1）家庭承包经营：对集体统一经营的山林，可按现有人口折算人均山林面积，以户为单位划片承包经营。

2）集体统一经营：对集体统一经营且群众比较满意的山林，经村民会议或村民代表会议讨论通过，可以继续实行集体统一经营。

3）有偿转让经营：将现有山林评估作价，通过公开招标租赁、拍卖等方式转让给集体经济组织内部成员，或内部成员自由组合联户承包，或其他社会经营主体承包经营。转让费可采取一次清缴、分期缴付、按年计收等形式。

4）股份合作制经营:按照"分股不分山，分利不分林"的原则，对集体统一经营的山林，将现有林地、林木折股分配给集体内部成员均等持有，明确经营主体，林木由持股者共同经营管理或委托管理，财务单独核算，收益70%以上按股分配，30%以下用于林业发展和公益事业。股权持有者享有相应部分的林木所有权、使用权，允许继承或流转。

3.山林权属落实到户有哪些程序？

第一，核实山林面积、"四至"界线及权属，张榜公布。

第二，按照本次林改"明晰产权"要求，制定林改方案，召开村民会议或村民代表会议讨论通过，落实山林权属，二榜定案。

第三，由集体经济组织与林农完善或补签林地承包合同。

第四，将权属落实情况造册，连同与林农签订的合同一并报乡镇政府审核。

第五，乡镇政府汇总后报县政府登记，核发林权证书。

3.2.2 林权登记

1.林业"三定"时颁发的林权证，在本次登记发换证发现有错发、重发的，应如何处理？

要坚持实事求是的原则。一旦发现有错发、重发现象，要及时通知相关利害当事人提供有关权源依据，按林木林地权属争议处理，查清真相，予以纠正。一时无法查清的，暂缓登记发证。

1）山林权属证明出现重证、错证的，应本着实事求是、区别对待、相互协商、达成共识、有错必纠的原则，重新审查、核实其颁发林权证的依据，证据确凿的可以登记发证；若由于山主错报、错登或工作失误，造成错发山林权证的，则应本着实事求是的原则予以纠正后登记发证，一时无法查清的，暂缓登记发证。

2）有证无山的，集体有机动地的可按持证面积划定，集体没有机动地的可以不划给。

3）一山多证的，要查实发证时间，只要持有人民政府颁发的有效证件，在确定权属时，原则上以先发的为准。

2.承包耕地上种植的林木是否确权发证？

持有农业土地承包证，在承包证范围内种植的林木不核发林权证；属退耕还林的按照退耕还林政策规定办理。

3.林权证"四至"界线、面积与实地不符的如何解决？

林权证的"四至"界线、面积与实地不符的，应实事求是地给予核实调整，图证不符或图证与实地不符的，参照原发证时间所确认的人均面积，家庭总人口分配的总面积，在其所属林地上确定"四至"界线予以核定。

4.采取"分股不分山，分利不分林"改革形式的，是按照现在林改时核定的人口分，还是每年分利时都按当时的人口分？

原则上按照本次林改时确定的人口进行分股或分利，今后不再变动。若有变动，必须通过召开村民会议或村民代表会议，经本村18周岁以上村民的过半数参加或村民代表会2/3以上代表参加并经到会人员过半数同意。

5."三定"后农户的自留山、责任山林权或承包合同、档案资料等遗失的如何处理？

可按以下情况掌握：①由农户提出发证申请和理由、提供有关证据资料后，进行分户登记和公示，大多数群众无意见的，由县级林业主管部门重新登记发证；②如农户无法提供证据资料，但其有造林、抚育等经营活动事实且群众认可的，可按其实际经营面积核发林权证；③既无法提供证据资料，又无经营事实，并且大多数群众不予认可的，可视同集体山林；④山林权属有纠纷的，按山林纠纷调处办法调处后再进行改革。

6.同一宗地内林地、林木"四权"分离的，林权证发给哪个权属的所有者？

1）对林地所有权的发证：林地所有权为国有的不需发证；林地所有权为集体的，林地所有权证发给归属的集体经济组织。

2）对林地使用权和林木所有权、使用权，在集体所有林地范围内的发证，视具体情况分别作如下处理：一是自留山、责任山（含家庭承包山、下同），林地使用权和林木所有权、使用权证发给自留山、责任山所归属的农户；二是单位（含国乡联营）和个人依法经营的集体山林，按合同约定林地使用权和林木所有权、使用权归属发证；三是采取"分股不分山，分利不分林"形式经营的，根据通过的村组林改实施方案或协议，林地使用权和林木所有权、使用权为村组集体的，林权证发给集体经济组织；为股份公司或单位的，发给该股份公司或单位；为各户共有的，林权证发给共有农户；四是本次林改仍保留为集体经济组织经营的集体山林，林地使用权和林木所有权、使用权证发给集体经济组织；五是本次林改前，农户将自留山、责任山转包、出租给其他单位、个人，林地使用权和林木所有权、使用权按合同约定，但受让方要求登记发证的，只登记发放林木所有权、使用权证，林地使用权证发给原农户；六是本次林改前，经发包方同意，农户将责任山转让给其他农户的，由该农户同发包方确立新的承包关系，原承包方与发包方的承包关系即行终止，林地使用权和林木所有权、使用权按新的承包合同的约定，林权证还发给受让方；七是本次林改前，经乡村组织同意，在他人抛荒的自留山、责任山造林，形成"谁造谁有"的，当事人双方应按政策规定，补充和完善合同，明确林地使用权、期限和林木所有权、使用权，但造林者要求登记的，林木所有权、使用权证登记发给造林者，林地使用权证登记发给自留山、责任山归属农户。

7.承包的林地未到期的，如何换发林权证？

承包林地未到期的，林权证原则上应发给林地所有者；但只要依照法律规定，经双方协商同意的，在承包期内，也可以发给林地承包者。

8.森林、林木和林地使用权多次流转如何登记发（换）林权证？

森林、林木所有权和林地使用权依法多次流转的，应以最后一次流转合同约定事项确权登记，核发（换）林权证。以前各次依法流转的协议书、合同书、原林权证、有关部门的批准书、林地所有者的证明书，以及林业"三定"以来林权变更材料等权利依据，均作为本次林权登记发（换）证的权源依据。已核发新林权证后依法流转的，现有林权权利人应按新林权证、合同（协议）等相关权利依据申请办理林权变更登记。

9.核发新林权证后依法进行林权流转的，怎样办理变更登记？

现有林权权利人应持新林权证、合同（协议）等相关权利依据申请办理林权转移变更登记。

10.本次林改对非林地上的林木是否登记发证？

本次林改对非林地上的林木暂不发证，但已纳入退耕还林的非林地必须发证。

11.由谁提出林权登记申请?

林权权利人为个人的,由本人或者其法定代理人、委托代理人提出林权登记申请;林权权利人为法人或者其他组织的,由法定代表人、负责人或者委托代理人提出林权登记申请。

12. 申请林权登记必须具备的条件是什么?

1)申请林权登记的森林、林木和林地位置、"四至"界线、林种、面积或者株数等数据准确。

2)林权证明材料合法有效。

3)无权属争议。

4)附图中标明的界桩、明显地物标志与实地相符合。

13.申请办理林权证有哪些程序?

1)申请。由林权权利人向林木所在地县级林业主管部门提出林权登记申请,在林权颁证工作人员的指导下,填写林权登记申请表,并按林权登记申请表的要求提供相关的林权登记申请证明材料。

2)受理。县级林业主管部门林权颁证工作人员,依照有关林权颁证法律法规和政策,对林权权利人提出的林权登记申请及证明材料进行审查,对符合颁证条件的,填写林权登记申请受理登记表。

3)现场勘验。受理登记后,由林权登记工作人员组织权利申请人和与该申请权利有关的利害关系人到现场落实申请林权的具体位置和"四至"界限,设置界限标志、测量面积,填写《林权登记现场勘验表》,绘制林地位置范围图,有关各方现场签字确认,勘验人员签名,再由组、村、乡(镇)审查并签注意见后,报县级林业主管部门审查。

4)公告。经审查符合登记条件的林权登记申请,县级林权登记颁证办公室在林权所在地进行张榜公告,公告期为30天。

5)登记。申请登记林权经公告无异议的,准予登记,并由县级林权登记机关加盖准予登记专用章。

6)填证。林权登记颁证办公室对于准予登记的林权申请,按照国家林业局准予启用的林权证计算机打印程序进行微机打印全国统一规定使用的林权证。

7)发证。对打印好的林权证核对无错后,加盖"发证机关"(县级人民政府)和"填证机关"(县林业局)印章后发放给林权申请人,并填写《林权证发放登记表》,林权权利人签收。

14.申请办理林权证需提交什么材料？

1）林权登记申请表。

2）个人身份证明、法人或者其他组织的资格证明、法定代表人或者负责人的身份证明、法定代理人或者委托代理人的身份证明和载明委托事项和委托权限的委托书。

3）申请登记的森林、林木和林地权属证明文件。

4）省、自治区、直辖市人民政府林业主管部门规定要求提交的其他有关文件。

15.申请办理权属变更登记需提交什么材料？

1）林权证书或其他林权证明材料。

2）流转合同或协议书。

3）国有林的流转应提供商品林资产评估报告。

4）流转方案公示材料。

5）其他应当提交的材料。

16.在什么情况下应当办理林权注销登记？

林地被依法征用、占用或者由于其他原因造成林地灭失的，原林权权利人应到初始登记机关申请办理林权注销登记。

17.哪些林改资料需要建档？

1）县、乡（镇）、村、自然村（社、组）有关林改的文件、方案等。

2）村民小组林改方案票决结果。

3）有关表格，包括林权现状登记表、林权登记台账、林权证发放登记表等。

4）清绘发证用图。

5）计算机档案（含林权管理数据库）。

6）经批准生效并附图的林权登记申请表及权源依据证明。

7）涉及的异议材料和登记机关的调查材料和审查意见。

8）其他应归档的有关图表、数据资料等文件。

18.林改前应做哪些准备工作？

1）认真学习国家、省、州的有关文件精神及相关法律法规。

2）开展县（市）级二类森林资源调查，并通过审批验收。

3）开展林业分类经营区划，并报经县（市）人民政府文件批准。

4）开展业务技术骨干培训。

5）做好林权纠纷的排查工作。

6）收集林改相关材料（包括退耕还林、天保工程、林业"三定"时"两山"等材料）。

19. 林改技术步骤有哪些？

1）收集材料，这其中包括近期的森林资源二类调查材料（含调查报告、基本图等相关材料），县级两类林区划材料（含国家重点公益林、地方公益林区划说明书、规划图、面积等相关材料），退耕还林作业设计图、说明书、面积等相关材料，县域内 1∶25000 以上比例尺地形图（或成影像图），配备相关仪器，印制林改所需各种表格等。

2）转绘图纸，即将县级以上批准的自然保护区、公益林，退耕还林图及乡（镇）、行政村界线转绘在工作手图上。

3）开展外业：技术人员上山后，将行政村范围内还未上图的村环境保护林、风景林、水源林（龙树林）、自然村（社、组）界线勾绘在工作手图上；区划好小组宗地和农户宗地。

4）做好内业，包括计算宗地面积、转绘图纸、编制宗地内业号、表格填写、归档整理等。

3.2.3 争议调处

1. 林改中怎样调处林权争议？

调处林权争议应当坚持逐级负责、分级调处、主动协商、着重调解的原则。在调处争议过程中，各方必须做到实事求是、顾全大局、互谅互让、依法办事。林木、林地有争议的，首先由争议双方协商解决。协商解决不了的，原则上实行分级负责制，即个人之间的争议由村小组调处，村小组之间的争议由村委会调处，村委会之间的争议由乡镇调处，乡镇之间的争议由县市调处，县市之间的争议由州级调处，地市之间的争议由省级调处。

2. 调处林权争议的原则是什么？

要遵循以下原则：① 要有利于保护资源，发展林业；② 要有利于安定团结，维护双方合法权益；③ 要依靠当地党委、政府的领导，做深入细致的思想工作，使双方互谅互让；④ 要尊重历史，注重现实。

3. 争议当事人如何协商解决？

当事人之间协商解决林权争议，一般有以下几个工作步骤：当事人一方向对方提出解决争议的建议；当事人之间进行协商或实地调查；签订协议。一般情况下，无论争议是否得到解决，都应签订有关协议，以便备案；如果争议的实质问题在协商中已经解决，则可将协议上报县级以上人民政府办理确认权属的登记手续。

4.处理林权争议的依据有哪些?

县级以上人民政府或者国务院授权林业部依法颁发的森林、林木、林地的所有权或者使用权证书(以下简称林权证)是处理林权争议的依据。

1)尚未取得林权证的,下列证据作为处理林权争议的依据:①土地改革时期,人民政府依法颁发的土地证;②土地改革时期,《中华人民共和国土地改革法》规定不发证的林木、林地的土地清册;③当事人之间依法达成的林权争议处理协议、赠送凭证及附图;④人民政府作出的林权争议处理决定;⑤对同一起林权争议有数次处理协议或者决定的,以上一级人民政府作出的最终决定或者所在地人民政府作出的最后一次决定为依据;⑥人民法院作出的裁定、判决。

2)土地改革后至林权争议发生时,下列证据可以作为处理林权争议的参考依据:①国有林业企业事业单位设立时,该单位的总体设计书所确定的经营管理范围及附图;②土地改革、合作化时期有关林木、林地权属的其他凭证;③能够准确反映林木、林地经营管理状况的有关凭证;④依照法律、法规和有关政策规定,能够确定林木、林地权属的其他凭证。

3.2.4 承包流转

1.林木承包合同"四至"范围不明确的如何通过法律途径解决?

根据《中华人民共和国民法通则》第五十九条和最高人民法院关于《贯彻执行〈中华人民共和国民法通则〉若干问题的意见(试行)》第七十三条等有关规定:"可变更或者可撤销的民事行为,自行为成立时超过1年当事人才请示变更或者撤销的,人民法院不予保护"。林地、林木承包者实际经营、管护面积与合同不符的,自行为成立起超过1年的,应以实际经营、管护面积为准,未超过1年的可以请示变更或撤销该民事行为。

2.承包的林地被他人经营的应如何处理?

对未经承包方同意经营他人所承包林地的行为应及时制止,切实维护承包者的承包经营权。对以前经承包方口头同意但未形成书面协议,或承包林地被他人利用已造林多年的,在保护森林资源、稳定承包林地使用权不变的前提下,所造林木可以由当事人双方运用经济手段协商确定分成比例和经营期限,也可以由村集体或乡镇组织出面帮助协商解决。以上方法无效时,还可以依法向所在地人民法院起诉,通过诉讼渠道解决。

3.退耕户获得了退耕地经营权,在参加集体的其他林权分配时,是否应先抵扣其退耕地面积?

按照国家退耕还林的有关政策,退耕户的合法权益应予保护,其承包的退耕地不应在分配山林时抵扣。

4.个人承包的林地是否可以用于非林业建设?

个人承包的林地,应当按照法律、法规的规定进行开发、经营和利用。未经依法批准,不得改变林地用途,不得将承包的林地用于非林业建设。国家鼓励承包者增加对林地的投入,培肥地力,提高生产力。

5.发包方有什么权利和义务?

集体所有的林木、林地依法属于村农民集体所有的,由村民体经济组织、村民委员会或者村民小组发包。发包方享有下列权利:①发包本集体所有或国家所有依法由集体使用的林木、林地;②监督承包方依照承包合同约定的用途合理利用和保护林木林地;③制止承包方损害承包林地和森林资源的行为;④法律、行政法规规定的其他权利。

发包方承担下列义务:①维护承包方的林木、林地承包经营权,不得非法变更、解除承包合同;②尊重承包方的生产经营自主权,不得干涉承包方依法进行正常的生产经营活动;③依照承包合同约定为承包方提供生产、技术、信息等服务;④执行县、乡(镇)林业总体规划,组织和加强本集体经济组织内部的林业基础设施建设;⑤法律、行政法规规定的其他义务。

6.承包方有什么权利和义务?

承包方原则上是本村集体经济组织的农户,也可以是外村集体经济组织或个人。承包方享有下列权利:①依法享有承包林地的使用权、收益权和承包经营权,有权自主组织生产经营和处置产品;②承包的林地被依法征用、占用的,有权依法获得相应的补偿;③法律、行政法规规定的其他权利。

承包方承担下列义务:①维护林地的林业用途,不得用于非林业生产建设;②依法保护和合理利用林业用地,不得给林地造成永久性损害;③法律、行政法规规定的其他义务。

7.承包林木林地应当遵循什么原则?

林木林地承包应当遵循以下原则:①本集体经济组织成员依法平等地行使承包林木林地的权利,也可以自愿放弃承包林木林地的权利;②民主协商,合法合理,做到公开、公平、公正,实施"阳光作业",防止暗箱操作和以权谋私;③承包方案应当依法经本集体经济组织成员的村民会议 2/3 以上成员或者 2/3 以上村民代表同意;④不得改变林地所有权性质和林地用途；⑤承包程序要合法。

8.林木林地承包的程序是什么？

林木林地承包应当按照以下程序进行：①本集体经济组织成员的村民会议选举产生承包工作小组；②承包工作小组依照依法召开本集体经济法律、法规的规定拟订并公布承包方案；③依法召开本集体经济组织成员的村民会议或村民代表会议讨论通过承包方案；④公开组织实施承包方案；⑤发包方与承包方签订承包合同。

9.承包合同包括哪些内容？

承包合同一般包括以下条款：①发包方、承包方的名称，发包方负责人和承包方代表的姓名、住所；②承包林地的名称、坐落、面积等；③承包期限起止日期；④承包林地用途；⑤发包方和承包方的权利和义务；⑥违约责任。

10. 承包合同签订后何时生效？

承包合同自成立之日起生效。承包方自承包合同生效时取得林地承包经营权。县以上人民政府应当向承包方颁发林权证，并登记造册，确认林地承包经营权。

11.如何保护林木、林地的承包经营权？

承包合同生效后，在承包期内，发包方不得因承办人或负责人变动而变更或者解除，也不得因集体经济组织的分立或者合并而变更或者解除。承包期内，承包方全家迁入城镇落户的，应当按照承包方的意愿保留其承包经营权，或者允许其依法进行承包经营权流转。承包期内，承包方因各种原因不愿意承包，可以自愿将承包的林木、林地交回发包方。承包期内，承包人死亡，其继承人可在承包期内继续承包。

12.承包经营的林地被他人非法占用的应如何处理？

发现非法占用他人所承包经营林地的行为，应及时制止，切实维护承包者的承包经营权。对承包林地被他人非法占用并已造林的，当事人双方要以保护森林资源为前提，可以由当事人双方运用经济手段协商解决，也可以由村集体或国有单位出面协调解决。以上方法无效时，还可以依法向所在地人民法院起诉，通过诉讼渠道解决。

13.对已经流转的集体山林如何处理？

要稳妥处理已经流转的集体山林。对已经流转的集体山林，凡程序合法、合同规范的，要予以维护；对群众意见较大的，要本着尊重历史、依法办事的原则，妥善处理。集体山林流转收益70%以上应平均分配给本集体经济组织内部成员。

14.如何确定参加集体林承包人口？

集体林权改革中各村组参加山林或收益分配人口原则按现有人口数进行分配，具体分配人口基准时间由村民会议决定。以下人口应参加分配：

1）与本村（村民小组，下同）村民结婚（嫁入、入赘）且在本村生活的人员。

2）本村村民依法收养且户口迁入本村的子女。

3）原户口在本村的在校大中专学生、服兵役的义务兵和士官。

4）原户口在本村的服刑人员。

5）超生人口已履行"计划生育法"有关规定的人员。

6）承包期内，妇女结婚，在新居住地未取得承包地的，发包方不得收回其原承包地；妇女离婚或者丧偶，仍在原居住地生活或者不在原居住地生活但在新居住地未取得承包地的，发包方不得收回其原承包地。

15.林木林地承包经营权如何流转？应遵循什么原则？

取得林木、林地承包经营权后可以依法采取转包、出租、互换、转让或者其他形式流转。林木、林地承包经营权流转应当遵循下列原则：①平等协商、自愿、有偿，任何组织和个人不得强迫和阻碍承包经营权的流转；②不得改变林地所有权的性质和林地的林业用途；③流转的期限不得超过承包期的剩余期限；④受让方必须有林业经营能力；⑤在同等条件下，本集体经济组织成员享有优先权。

16.森林、林木、林地的流转程序有哪些？

森林、林木、林地的流转应按以下程序进行。①国有森林、林木、林地的流转，由具有林业调查规划设计资质的单位和评估机构进行资产评估，并由林木所在地县级林业行政主管部门组织，采取拍卖、招标方式进行，但不得以协议方式转让。国有商品林的流转应当经有关主管部门批准，并依法进行监督管理。②集体森林、林木、林地的流转，应当经本集体经济组织成员的村民2/3以上成员或者2/3以上村民代表同意，并应当报经县级林业行政主管部门批准。流转方案应当公示，同等条件下该集体经济组织成员享有优先权，有条件的要通过招标、拍卖等公开竞价形式进行流转。③个人所有的森林、林木、林地的流转是否进行资产评估，由其自主决定。

17. 森林、林木、林地流转合同应具备哪些内容？

森林、林木、林地的流转合同应具备以下内容：①流转双方名称或姓名、法定代表人姓名、所在单位和住址；②商品林所在地（标明"四至"界线）、面积、林种、树种、林龄、蓄积量或产量；③流转的商品林"四至"界线平面图和流转时的资源现状分布图；

④流转的期限；⑤流转的价款、付款方式及时间；⑥流转双方的权利、义务和责任；⑦违约责任；⑧流转双方认为应当约定的其他内容。

18.哪些森林资源可以转让,哪些不可以转让?

下列森林资源可以转让：①用材林、经济林、薪炭林的所有权和使用权；②用材林、经济林、薪炭林的林地使用权；③用材林、经济林、薪炭林的采伐迹地、火烧迹地的林地使用权；④国务院规定的其他森林、林木和其他林地使用权。

下列森林资源不可以转让：①森林、林木、林地权属有争议的；②法律法规另有规定不得转让的。

19.森林、林木、林地使用权的流转有哪些限制条件?

对森林、林木、林地使用权的有偿转让,《森林法》规定了两种限制：①用途限制,即转让森林、林木、林地使用权后不得改变林地的用途,不得将林地改为非林地,防止森林资源因转让而减少；②经营限制,即转让双方都必须遵守关于森林、林木采伐和更新造林的规定,防止在转让过程中森林资源受到破坏。

3.2.5 合同样本

1. 集体林地承包合同

合同编号：_____

集体林地承包合同

_____县（市、区）

发包方：____乡（镇）_____村_____组　　承包方：_____
法定代表人（负责人）：_____　　法定代表人（负责人）：_____
身份证号码：_____　　　　　　身份证号码：_____
联系方式：_____　　　　　　　联系方式：_____
住　　所：_____　　　　　　　住　　所：_____

为维护林地承包双方当事人的合法权益，促进林业发展，根据《中华人民共和国农村土地承包法》《中华人民共和国森林法》《中华人民共和国合同法》《中华人民共和国物权法》等有关法律法规，按照本集体经济组织成员会议三分之二以上成员或者三分之二以上村民代表同意的林地承包方案，在公开、平等、自愿的原则下，经双方（发包方、承包方）协商同意，订立本合同。

第一条　承包林地情况

发包方将坐落在_____的林地，宗地序号：_____宗地编号：_____，树种：_____，面积共_____亩的林地（具体见下表及附图）林地承包经营权和林木所有权以（家庭承包形式为协商一致；"四荒地"非家庭承包形式为招标、拍卖、公开协商等其他形式）的方式发包给承包方，承包期限自____年____月____日起至____年____月____日止共____年。

上述林地、林木交付现状：_____

序号	地块名称	面积/亩	"四至"界线			
			东	南	西	北
1						
2						
3						
4						
5						
6						

第二条 承包林地的用途

本承包林地必须用于林业生产，未经依法批准不得用于非林业建设或者其他建设。

第三条 承包价款及支付方式、期限

（一）承包价款

本合同约定林地承包价款总计为____元人民币（大写：____人民币）。

1. 林地承包价格为____元/（亩·年），承包____年合计____元人民币。

2. 林地上附属建筑及设施承包价款为_____元人民币。

3. 林地上林木承包款为_____元人民币。

（二）价款支付方式及支付时间

承包方采取下列第__种方式支付：

1. 现金方式一次性支付：

_____

_____

2. 分期付款支付：

_____

_____

3. 其他方式支付：

_____

_____

第四条 双方的权利和义务

（一）发包方的权利和义务

1. 权利

（1）发包方有权监督承包方依照本合同约定的用途合理利用和保护林地。

（2）发包方有权制止承包方损害承包林地和其他森林资源的行为。

（3）承包方对承包林地造成永久性损害的，发包方有权向承包方要求损害赔偿。

（4）发包方有基于承包林地所有权获得收益的权利。

（5）发包方有权要求承包方按规划完成造林任务。

2. 义务

（1）确认前述承包的林地、林木产权清晰，没有权属纠纷和经济纠纷；没有作为抵押或担保物。

（2）维护承包方的林地承包经营权，不得擅自变更、解除承包合同。

（3）尊重承包方的生产经营自主权，不得干涉承包方依法经合同约定进行正常的生产经营活动。

（4）协助承包方申领林权证。

（5）协助承包方做好护林防火、林业有害生物防治等工作。

（6）依照本合同约定为承包方提供生产、技术、信息等服务。

（二）承包方的权利和义务

1. 权利

（1）依法享有承包林地使用、收益权；有权自主组织生产经营和依法处置林木及产品；有权依法自主决定承包林地是否流转和流转的方式。

（2）享受国家优惠政策和扶持。

（3）以家庭承包方式承包林地的，在承包期内，承包方家庭内部成员分户需要对承包林地进行分割经营的，可经家庭成员协商一致后，以原承包合同为依据，各分立的家庭分别与发包方签订承包合同，并依法申办林权证变更登记手续。

（4）林地承包的承包人死亡，其继承人可以在承包期内依法继续承包。

（5）承包期内承包林地被依法征用、占用的，有权依法获得相应的补偿。

2. 义务

（1）维持承包林地的林业用途，不得用于非林建设或者使之闲置荒芜。属生态公益林的，不得改变公益林性质。

（2）落实造林和管护措施。荒山应自承包合同生效之日起＿＿＿年内参照国家有关造林标准造林。林木采伐后应在当年或次年更新。

（3）依法保护和合理利用林地，不得自行或准许他人在承包林地内实施毁林开垦、采石、挖沙、取土等给林地造成永久性损害的行为。在承包林地内发生毁林和乱占滥用林地行为时，应积极采取措施予以制止，并及时向有关部门报告。

（4）保护好野生动物、植物资源，依法做好森林防火和林业有害生物防治工作。

（5）在承包期内转让林地承包经营权的，应经发包方同意，否则转让无效；转包（仅家庭承包方式适用）、出租、互换（仅家庭承包方式适用）或者以其他方式流转林地承包经营权的，应当报发包方备案。

（6）及时、足额支付承包费。如遇国家征用、占用林地，配合林业等有关部门办理相关手续。

（7）配合发包方执行县（市、区）、乡（镇、办事处）林业总体规划、重点工程实施方案，组织本集体经济组织内部的林业基础设施建设。

第五条 特别约定

（一）发包方通过招标、拍卖、公开协商等方式发包"四荒地"林地经营权的，应提供：

1. 发包方《林权证》复印件；

2. 依法经本集体经济组织成员的村民会议三分之二以上成员或者村民代表会议三分之二以上村民代表同意承包的票决记录复印件；

3. 乡（镇）政府批准意见书。

（二）其他：

_____

_____

_____

第六条 合同的变更、解除和终止

（一）本合同法律效力不受双方（发包方、承包方）负责人变动影响，也不因集体经济组织的分立或合并而变更或解除，任何一方不得擅自终止合同。

（二）合同有效期间，如因政府依法征占用该承包林地，或者因不可抗力因素致使合同全部不能履行时，本合同自动终止。

（三）承包合同期满后，承包方在____日内将原承包的林地交还给发包方。未采伐林木的处理方式约定为_____。

（四）合同终止或解除后，原由承包方修建的道路、灌溉渠等设施，处置方式为_____。修建的房屋及其他可拆卸设施，处置方式为_____。

（五）合同期满后，如承包方继续承包经营该林地，在同等条件下，承包方拥有优先承包经营权，但需与发包方重新协商签订合同。

第七条 违约责任

（一）本合同签订后，如因发包方发包地手续不合法或因发包地权属不清产生纠纷，致使合同全部或部分不能履行的，视为发包方违约，由发包方负责协调处理，由此给承包方造成经济损失的，由发包方负责全额赔偿。

（二）承包期内，发包方擅自收回承包林地，或者干预承包方正常的生产经营活动，使承包方遭受损失的，应承担赔偿责任。

（三）承包期内，承包方未按规定用途使用承包地、改变林地用途，未按合同约定落实造林营林等经营及管护责任，或者造成林地永久性损害的，经劝阻无效发包方可依法解除合同，并由承包方承担林地恢复费用。

（四）承包方不按约定缴纳林地承包费用，按日承担应缴资金____‰的滞纳金；逾期超过30日不缴纳的，发包方可解除合同收回承包林地。

（五）承包方在承包的林地上非法建筑、开矿等改变林地用途的，发包方有权终止合同，并视情节交由相关部门处理。

第八条 合同争议的解决方式

本合同在履行过程中发生的合同争议，由双方协商解决；协商不成的，由村民委员会、乡（镇）政府等进行调解；协商、调解不成的，可采取以下第_____种方式解决：

（一）向_____仲裁委员会申请仲裁；

（二）向_____人民法院申请诉讼。

第九条 其他约定

_____

第十条 其他事项

（一）本合同履行期间，如有未尽事宜，应由双方共同协商，作出补充规定，补充规定与本合同具有同等效力。

（二）本合同一式____份，由发包方、承包方、乡镇林业工作站、____、各执一份。

（三）本合同自签订之日起生效。

发包方（盖章）：_____负责人（签字）：_____签约日期：____年____月____日

承包方（盖章）：_____负责人（签字）：_____签约日期：____年____月____日

鉴证方（盖章）：_____负责人（签字）：_____

附件：1. 承包林地四至范围附图（图幅比例）；

2. 其他。

2.集体林权流转合同

合同编号：_____

集体林权流转合同

甲方（出让方）：_____ 证件类型及编号：_____
联系地址：_____ 联系电话：_____
经营主体类型：□农村居民　　□城镇居民　　□村集体经济组织
　　　　　　　□企业法人　　□农民合作社　□其他 _____
乙方（受让方）：_____ 证件类型及编号：_____
联系地址：_____ 联系电话：_____
经营主体类型：□农村居民　　□城镇居民　　□村集体经济组织
　　　　　　　□企业法人　　□农民合作社　□其他 _____

为规范集体林权流转行为，维护流转当事人的合法权益，根据《中华人民共和国合同法》《中华人民共和国农村土地承包法》《中华人民共和国森林法》等相关规定，经甲乙双方共同协商，在平等自愿的基础上，订立本合同。

第一条　特定术语和规范

（一）本合同所称的集体林权流转是指在不改变集体林地所有权及林地用途和公益林性质的前提下，林权权利人将其依法取得的林木所有权、使用权和林地承包经营权或者林地经营权，依法全部或部分转移给其他公民、法人及其他组织的行为。

（二）集体林权流转应当遵循依法自愿、公平公正和诚实守信原则，任何组织和个人不得强迫或者阻碍进行林地承包经营权流转，流转的期限不得超过承包期的剩余期限。

（三）通过家庭承包取得的林权，采取转让方式流转的，应当经发包方同意；采取转包、出租、互换或者其他方式流转的，应当报发包方备案。

（四）集体统一经营管理的林权流转给本集体经济组织以外的单位或者个人的，应当在本集体经济组织内提前公示，经本集体经济组织成员会议三分之二以上成员或者三分之二以上村民代表同意后报乡（镇）人民政府批准。村集体经济组织应当对受让方的资信情况和经营能力进行审查后，再签订合同。

（五）林权采取互换、转让方式流转，当事人要求权属变更登记的，应当向县级以上地方人民政府申请登记。

第二条 流转标的物及流转

（一）预定流转林权的林权证书号（可另附件）：_____，以林权证登记面积为准，共计____亩，其中公益林____亩，商品林____亩。

（二）甲方现通过 □转包 □出租 □互换 □转让 □入股 □作为出资、合作条件 □其他方式流转给乙方，乙方对其受让的林地、林木应当依法开发利用。

（三）甲方将 □林地经营权 □林木所有权 □林木使用权流转给乙方。

（四）流转林地上的附属建筑和资产情况及处置方式（可另附件）：_____。

（五）林权流转期限从____年____月____日起至____年____月____日止，共计____年。甲方应于____年____月____日之前将林地林木交付乙方。

第三条 流转价款及支付方式

（一）以资金进行计价：

1. 一次性付款方式。林地经营权流转价款按每年每亩为____元，面积____亩，共计为____元，如林地上的林木一并转让的，按每年每亩____元，共计____元，支付时间为____年____月____日。

2. 分期付款方式。共分为____期，每期____年，每期林地流转价款递增____%。合同生效后____日内由乙方向甲方一次性支付第一期的流转价款____元，以及林地上的林木转让款____元，共____元。以后每____年于当年____月____日前由乙方向甲方支付下一期的林地流转价款。

（二）以实物或者实物折资进行计价或者其他方式：_____
_____。

（三）公益林流转的，森林生态效益补偿资金由□甲方□乙方受偿，或者_____。

（四）本合同生效后____日内，乙方向甲方支付____元作为合同定金。采取一次性付款的，定金在流转合同期满后____日内一次性返还。分期付款的，定金在最后一期的流转价款中抵扣。

第四条 甲方的权利和义务

（一）有权依法获得流转收益，有权要求乙方按合同规定缴交林权流转价款。监督乙方依照合同约定的用途合理利用和保护林地。

（二）有权在本合同约定的流转林地期限届满后收回流转林地经营权或使用权。

（三）所提供的林地林木权属应清晰、合法，无权属纠纷和经济纠纷。如在流转后发现原转出的林地林木存在权属纠纷或经济纠纷的，由甲方负责处理并承担相应责任。

（四）提供所流转林地范围的全国统一式样的林权证、原转出方合法的集体决议记录或与集体经济组织签订的原承包、流转经营合同等证明材料。

（五）不干涉和破坏乙方的生产经营活动。协助乙方做好护林防火和林区治安管理工作。协助乙方申办林地林木权属登记或变更登记、林木采伐手续，有关费用由乙方承担。

第五条 乙方的权利和义务

（一）依法享有受让林地使用、收益的权利，有权自主组织生产经营和处置产品。

（二）按合同约定及时支付流转价款。如该流转林地被依法征占用的，有权依法按规定获得相应的补偿。

（三）依法按规定申办林地林木权属登记或变更登记、林木采伐审批手续，不得非法砍伐林木。

（四）应当做好造林培育，其采伐迹地应在当年或者次年内完成造林更新，不得闲置丢荒，并保护好生态环境和水资源。

（五）依法做好护林防火、林业有害生物防治责任，保护野生动植物资源工作。

（六）应当严格按照国家和本地林业管理规定开发利用，不得擅自改变林地用途和公益林性质，不得破坏林业综合生产能力。

第六条 合同的变更、解除和终止

（一）在流转期内，乙方不得擅自将林地再次流转，如乙方确实需要再次流转的，必须经甲方同意，并依法办理相关手续。

（二）合同有效期间，因不可抗力因素致使合同全部不能履行时，本合同自动终止，甲方将合同终止日至流转到期日的期限内已收取的林权流转款退还给乙方；致使合同部分不能履行的，其他部分继续履行，流转价款作相应调整。

（三）合同期满后，如乙方继续经营该流转林地，必须在合同期满前 90 日内书面向甲方提出申请。如乙方不再继续流转经营，在合同期满后_____日内将原流转的林地交还给甲方，乙方必须将原流转经营林地的林木妥善处理。未采伐林木的处理约定为_____。

（四）合同终止或解除后，原由乙方修建的道路、灌溉渠等设施，处置方式为____；修建的房屋及其他可拆卸设施，处置方式为_____。

第七条 违约责任

（一）如甲方违约致使合同不能履行，须向乙方双倍返还定金；如乙方违约致使合同不能履行，所交付定金不予退还。因违约给对方造成损失的，违约方还应承担赔偿责任。

（二）甲方应按合同规定按时向乙方交付林地，逾期一日应向乙方支付应缴纳的流转价款的___‰作为滞纳金。逾期____日，乙方有权解除合同，甲方承担违约责任。

（三）甲方流转的林地手续不合法，或林地林木权属不清产生纠纷，致使合同全部或部分不能履行，甲方应承担违约责任。甲方违反合同约定擅自干涉和破坏乙方的生产经营，致使乙方无法进行正常的生产经营活动的，乙方有权单方解除合同，甲方应承担违约责任。

（四）乙方应按照合同规定按时足额向甲方支付林地林木流转价款，逾期一日乙方应向甲方支付本期（年）应付流转价款的____‰作为滞纳金。逾期____日，甲方有权单方解除合同，乙方应承担违约责任。

（五）自宜林地造林绿化约定期满_____日后，乙方不履行造林绿化约定的，甲方有权无偿收回未造林绿化的林地。

（六）乙方给流转林地造成永久性损害，或者擅自改变林地用途或者造成森林资源严重破坏，经县级以上林业主管部门确认后，甲方有权要求乙方赔偿违约损失、有权单方解除合同，收回该林地经营使用权，所收取的定金不予退还。

第八条 合同争议的解决方式

因本合同的订立、效力、履行、变更及终止等发生争议时，双方当事人可以通过协商解决，也可以请求村民委员会、乡（镇）人民政府等调解解决。当事人不愿协商、调解或者协商、调解不成的，约定采用如下方式解决：

☐提请当地农村土地仲裁机构仲裁。　☐向有权管辖的人民法院提起诉讼。

第九条 附则

（一）本合同未尽事宜，经出让方、受让方协商一致后可签订补充协议。补充协议与本合同具有同等法律效力。

补充条款（可另附件）：_____。

（二）本合同自当事人签字盖章起生效。本合同一式____份，由出让方、受让方、林地所有权的集体经济组织、县级林业主管部门、____、____各执一份。

甲方盖章（签字）：　　　　　　　　　乙方盖章（签字）：

法定代表（委托代理人）签字：　　　　法定代表（委托代理人）签字：

鉴证单位：（签章）　　　　　　　　　鉴证人：（签章）

附件：

1. 甲、乙双方（负责人）身份证明复印件；
2. 流转林地"四至"范围附图；
3. 流转林权基本情况信息；

4.甲方《林权证》复印件；

5.属集体统一经营林地对本村、组外承包的应提供：依法经本集体经济组织成员的村民会议三分之二以上成员或者村民代表会议三分之二以上村民代表同意对外承包的票决记录复印件和镇（乡）政府批准意见书；

6.属再次流转的，出让方应提供原出让方同意流转的书面意见的相关证明材料；

7.其他：

流转林权基本情况信息

预定流转林地、林木交付现状：_____

_____

_____

_____

序号	地块名称	林权证编号	面积/亩	"四至"界线				GPS拐点坐标
				东	南	西	北	
1								
2								
3								
4								
5								
6								

预定流转林地上的建筑及附着物现状：_____

_____

_____

第 4 章 林业政策案例

第 4 章 林业政策案例

4.1 林权改革

4.1.1 集体林权流转

襄阳：林权交易富林农①

"交易中心就像说媒的红娘，不仅帮我娶了媳妇生了娃，还教我怎么把孩子养大。"8月1日下午，在湖北省襄阳市牛首镇李洼村，林农魏军对鄂西北林权交易中心的"撮合"赞不绝口。

魏军是造林大户。两年前，他想流转 1300 亩荒地做苗木花卉基地，但苦于没有启动资金，就一直耽搁下来。2014 年，襄阳市成立鄂西北林权交易中心，在林农林企之间架起信息平台方便交易，还为林农林企提供金融服务。在中心的帮助下，魏军成功贷款 1500 万元建设基地；此外，中心还帮助他对基地做了发展规划。现在，魏军的绿化树木销售额已达上百万元。

襄阳是林业资源大市，现有林地面积 1398 万亩，占国土面积的 47%。其中集体林地面积 1128 万亩，确权率达 99.2%。俗话说，靠山吃山，但以前，受制于信息不对称等因素，许多林农靠着山却只能守着山。

鄂西北林权交易中心在襄阳揭牌

当地坚持把促进林权流转作为深化集体林业改革的突破口，构建林权交易有形市场，全

---

① 农村林业改革发展司，http://lgs.forestry.gov.cn，2015 年 8 月 6 日。

力促进林业生产要素合理配置、高效流动。2014年10月,襄阳正式成立鄂西北林权交易中心,为林农提供林权流转交易、林权抵押贷款代理等服务。襄阳市林业局局长余涛说,林权交易中心严格工作流程,从初始登记、验证到最后公示,每一个环节都置于阳光之下,最大限度地保护农民的利益。

"林权交易中心阳光运行,有效促进了林权规范流转,最大限度盘活了森林资源资产,林权证成为林农手中的绿色'信用卡'。"余涛表示,截至目前,交易中心已经办理508宗林权交易流转交易,流转山林100多万亩,涉及1500多户林农,预计增收5000余万元。

4.1.2 承包土地经营权

林地变个种法 林农换个活法 [①]

"你们想到的这个办法好,林地承包权和经营权分离,保障了林农权益,方便了经营大户,值得继续探索下去。"2014年3月,在全国"两会"的政协经济界、农业界联组讨论会上,李克强总理评价道。

著名经济学家厉以宁率全国政协经济委员会专题调研组在龙泉调研后认为,此举符合当前林权流转的实际,应该进一步总结完善并在全国推广。

到底是一种什么办法,让总理和经济学家如此赞赏?

这正是浙江省龙泉市正在推行的林地流转证制度。通过这一张证,龙泉实现了林地承包权和经营权的分离,实现了林地的规模经营,释放出林权改革的活力、潜力。如今,龙泉林地流转已成气候,林地换了一个种法,林农也因此换了一种活法。

"三个一"服务一张证

龙泉是浙江省最大的林区市(县),林业经济占农业66%,林业收入占农民人均纯收入61%。围绕林农"钱袋子",龙泉用"三个一"做好一张证的服务与支撑。

- 出台一项政策。在龙泉,如果这一片山林属于毛竹、香榧、油茶等林业主导产业,且流转时间在25年以上、集中连片面积100亩以上的,流转主体都可接受政府一次性每亩地50元的补助;对开展整村(自然村)林地流转试点,完成整村(自然村)林地流转面积达3000亩(含)以上的,给予实施单位一次性工作经费补助不少于5万元。

- 制定一个办法。龙泉市出台了《龙泉市林地经营权流转证登记管理办法(试行)》,将林地承包权和经营权分离,对符合条件的经营主体赋予林权流入债权凭证——《林地经营权流转证》。

[①] 农村林业改革发展司,http://lgs.forestry.gov.cn,2015年12月8日。

- 建立一套机制。建立政府牵头、部门协作的机制，林业局、法制办、人民银行、银监办等部门合力推进试点工作。建立信息化管理制度，发证的程序在林权管理系统中操作。

目前，龙泉累计流转林地 102 万亩，流转率 25%，占全省的 7%；发展家庭林场、林业合作社等新型经营主体 1373 家，参与农户达 2 万余户，占全市农户的 36%。

一张证破解五难题

一张林地流转证的作用到底有多大？在龙泉市副市长何登新看来，原本只是想促进林地产出效益，没想到，通过林地经营权的流转，破解了林权改革以来一直存在的五大普遍性难题。

- 经营主体安心了！林地经营周期长，投资大，很多经营主体有各种顾虑。《林地经营权流转证》通过市政府确认，创造性地实现了受让方经营权证办理，消除了林业生产经营者的后顾之忧。经营主体对长期投入收益有了更稳定的预期。

- 贷款容易了！由于《林地经营权流转证》得到银行的认可，是经营主体最好的贷款担保，解决了工商企业、经营大户生产融资难的问题，提高了企业和个人投资林业的积极性。龙泉有一位林业经营大户流转林地 1980 亩建设香榧精品园，以《林地经营权流转证》作为抵押，贷款 268 万元。

- 生产力提高了！通过林地流转，在山区实现了适度的规模经营，提高了经营水平。目前，全市已形成毛竹、油茶、香榧、珍贵树种、石蛙特色养殖和竹木加工 6 个林业主导产业。

- 山区和谐了！《林地经营权流转证》制度为林农与工商资本、经营实体进行林地流转提供了规范和程序，办证时需由双方共同申请，市林业局审核，使得林农对林地流转更加慎重，双方的权益关系更加明确，林地流转运行也更加规范，山区因此而少了很多纠纷和矛盾。

- 收入提高了！林农在获得流转收益的同时，可以在流入方处就业获得劳务收入，也可以外出就业或创业。据统计，全市办理《林地经营权流转证》的林农（流出方）比没有办理的收益高出 20% 左右。

带着李克强总理的肯定和万千林农的期待，龙泉的"一张证"还将继续探索深化。

4.1.3 农户林权抵押贷款

福建：让林子成为林农的"绿色银行"[①]

福建是林业大省，森林资源丰富，林业用地面积达 1.39 亿亩，占国土面积的 75.3%，森林覆盖率居全国首位。作为全国首批集体林权制度改革试点省份，福建积极创新探索林权抵

[①] 农村林业改革发展司，http://lgs.forestry.gov.cn，2015 年 9 月 16 日。

押贷款模式，盘活林木资源。以国家开发银行、农业银行、邮政储蓄银行、兴业银行等为代表，福建银行业紧跟林权改革步伐，通过产品创新、模式突破，让林子成为林农的"绿色银行"。

林权抵押贷款盘活林木资产

十年林权改革探索之路，福建省银行业先行先试，助力福建集体林权制度主体改革。银行业致力于林权抵押贷款业务的实践和创新，实现了农村信贷史上以林权为抵押物的突破和林业发展史上盘活林木资产的突破。

国家开发银行福建分行曾率先在福建省开展林权抵押贷款，特别是在支持福建永安集体林权改革过程中，创新了"四台一会"（即组织平台、统贷平台、担保平台、公示平台和中小企业信用协会）的"永安模式"。

农信系统同样积极参与林权改革，不断投放涉林贷款。尤其是永安联社致力于林权抵押贷款业务的实践和创新，推动了广大林农走上致富之路。2014年10月，永安联社作为金融机构代表之一在"全国林权抵押贷款工作会议"中向全国介绍经验。

此外，多家银行也纷纷助力深化林权改革。邮政储蓄银行、汇丰村镇银行也都在永安市开办林权抵押贷款试点，农业银行在永安市成立全国首家林产业服务中心，建设银行在永安市开展林业企业"e贷通"试点。

林权抵押贷款激活了林木的融资功能，使活的资源变成了活的资本，破解了林农贷款难、金融部门放贷难的"两难"问题。林权证可以像房产证一样抵押贷款，成为贷款的"通行证"，让林农靠林致富之路越走越宽。

创新产品，破解林业贷款难题

林权改革新阶段，面对着林业贷款中出现的新难题，诸如林权抵押贷款期限不匹配、林权抵押贷款处置等，福建省银监局与辖内银行选取三明市为突破口，创新林权抵押按揭贷款，积极解决林权改革发展中的新问题。

依托三明市林业产业升级改造的发展契机，借鉴房屋抵押按揭贷款业务，兴业银行于2014年11月在三明地区创新林权抵押中长期按揭贷款产品。林权抵押按揭贷款具有贷款期限长、融资成本低、办理流程快、还款方式活等特点。其中个人类贷款最长30年，公司类贷款最长15年，足以覆盖绝大多数树种的养殖周期。该产品允许借款人根据自身现金流情况采取按月付息分期还本或分期还本付息，缓解了贷款到期集中还贷的压力。

数据显示，截至2015年6月末，三明辖区兴业银行、邮储银行、农信系统累计共发放贷款余额2.96亿元，比年初增长了近22倍，有效化解林权抵押贷款期限与林业的回报周期不匹配问题。

"银政"协力，完善林权抵押贷款体系

在支持林业产业发展的过程中，福建省银行业积极与各级政府沟通和交流。在推动和配

合政府建立林业发展相关配套机构的同时，与政府形成合力，使得林权流转更为顺畅，林地、林木价值得到体现，市场活力凸显。

3月，福建省林木收储中心在福州挂牌成立，这对解决林农林木处置权、收益权之间的矛盾至关重要，为推动福建商业银行林权抵押融资起到了至关重要的作用。

挂牌之日，国家开发行福建分行与福建林木收储有限公司签订战略合作协议。2015~2018年，双方意向合作融资总量为 20 亿元。邮储银行福建省分行也与福建省林木收储中心合作，承诺在 2015 年度单列涉林专项贷款 5 亿元，支持林农抵押融资。

此前，省农信系统积极推动和配合永安市政府建立了全国首家林业要素市场、林业金融服务中心、全省首家林业信用协会等。目前，农信社全省 67 家法人行社中已有 51 家开办林权抵押贷款业务。通过政银合作，截至 2015 年 6 月末，全省农信社系统累计投放涉林贷款 39.57 亿元，仅 2015 年上半年就已累计发放林权抵押贷款 5.22 亿元。

另外一个林权改革重镇将乐县通过政府、担保机构、银行通力协作，形成完善的林权抵押贷款体系。如今，将乐县林业类贷款余额全市最高，县内 7 家银行林业类贷款余额高达 12.8 亿元。

浙江：农房田地山林变"票子"①

农房、田地、山林，田园生活让许多城里人神往。不过和城里不一样，由于农村的土地集体所有制，加上这些不动产缺乏相关权证，难以用作抵押品，导致农民贷款难，长期以来一直制约"三农"发展。

为了唤醒沉睡资产，破解贷款难题，国务院日前正式发布了《国务院关于开展农村承包土地的经营权和农民住房财产权抵押贷款试点的指导意见》（以下简称《意见》），要求试点地区稳妥有序开展"两权"抵押贷款业务，有效盘活农村资源、资金、资产，增加农业生产中长期和规模化经营的资金投入，为稳步推进农村土地制度改革提供经验。

作为改革开放排头兵、创新发展先行者，浙江省近年来先行先试，

永安市上坪乡荆坪村林农在茂密的天然林下管理金线莲

---

① 农村林业改革发展司，http://lgs.forestry.gov.cn，2015 年 9 月 8 日。

从"三权"（林权、土地承包经营权、农村住房产权）确权、流转和抵押贷款着手，进行了探索。农民贷款难的壁垒正在慢慢打开。截至2015年6月末，全省林权、农地经营权、农房抵押贷款余额分别为81.51亿元、5.67亿元、116.98亿元，有效支持了农业经营主体发展。

可以交易，才有价值

如何让手上的农房、田地、山林等资产变"票子"？"关键是要让这些资产流动起来，可以交易，才有价值。"农业银行浙江省分行农户金融部经理孙烈勇说，这就要具备有效的权证、评估机制和交易平台，缺一不可。

权证是首要的一步。和城里不同，在农村，农房没有市场认可的房产证，田地、山林也缺少市场认可的相关权证。缺乏有效权证，就难以界定产权，难以估价和转让。21世纪初，浙江省就推出林权抵押贷款首批试点县，对村民林地重新进行确权、登记、颁证。之后，浙江省对土地、农房等也进行了相关试点。2014年，省委省政府进一步提出"三权到人（户）、权随人（户）走"的改革目标。

最新数据显示，至2015年6月底，全省282个乡镇、7334个行政村开展土地权属调查、登记簿完善等工作，其余的也将用3年时间基本完成土地承包经营权确权登记颁证工作；全省符合条件的宅基地累计登记发证率达到85.8%。全省林权确权、登记、颁证工作已经完成。

此外，按照"产权明晰、权责明确、股份量化、流转顺畅"的要求，全省经济合作社股份制改造也迅速推进。截至2015年6月底，全省26951个村经济合作社完成股份合作制改革，占总村社数的91.85%。同时，选择嘉兴、舟山、德清、云和等地开展股权权能流转试点，赋予村集体经济股权继承、赠予和转让等权能，探索建立股权抵押制度和农村集体经济市场化发展道路。

拿到了各种相关权证，农户心里踏实很多。海盐县百步镇的农户缪建星说，现在农民也可以像城里人一样申请抵押贷款，如果有资金需求，就拿出手头的各种权证向当地信用社申请贷款。

产权流转，走向市场

"和其他商品一样，要走向市场，必须有价格，还要有买卖双方。"省农信联社相关负责人说，有了相关权证之后，接下来就是建立评估和流通机制。农村产权抵押贷款形成不良，"三权"资产处置变现将面临诸多的困难。其中未办理抵押登记手续，无"他项权证"，导致抵押担保合同无效，即使办了抵押登记手续，但由于没有流转平台，也难变现。因此，建立顺畅的评估及流通制度，是推动农村产权抵押贷款的重要条件。

2014年年初，省委、省政府提出："力争到2015年年底前县级农村产权流转交易服务中心基本建成，2017年各县（市、区）基本建立较为完善的农村产权交易流转制度。"

实际上，从林权抵押贷款开始，浙江省安吉、开化等地就探索了森林、林木、林地流转交易体系创新，出台了《森林、林木、林地流转管理办法》《林权抵押管理办法》，并成立了县级林权管理中心、林权交易中心、森林资源评估中心、林权抵押贷款服务中心，具备了林权登记、评估、交易等机制。

目前，农村产权交易市场（平台）基本形成。省农办提供的数据显示，目前全省已建成市县农村产权流转交易市场73个，覆盖面达80%以上，其中杭州、温州、嘉兴、金华、台州、丽水等市已实现市、县（市、区）全覆盖。

从市场功能来看，全省农村产权流转交易市场大都具备了提供发布交易信息、受理交易咨询和申请、协助产权查询、组织交易、出具产权流转交易鉴证书、协助办理产权变更登记和资金结算手续等基本服务的能力，较好地发挥了信息传递、交易中介的功能，为农村产权的流转交易提供了便利和制度保障。

为适应农村产权交易主体、目的和方式多样化的需求，浙江省的华东林权交易所实现了森林资源资产评估、信用评级、融资担保、小额贷款、林木资产收储管理、拍卖交易、政策信息发布等一站式服务。

抵押融资，正在提速

农房田地山林变"票子"

"有了这笔土地流转经营权抵押贷款，我们第二期秀珍菇种植的钱就有着落了。"近日，海宁市神农岗食用菌专业合作社张国仁在海宁农商银行以50多亩土地的流转合同成功办理了土地流转经营权抵押贷款，贷到了50万元。

2014年以来，海宁农商银行协同有关部门相继推出了农村土地流转经营权抵押贷款、农民住房抵押贷款、村经济合作社股权质押贷款，满足"三农"融资需求。截至目前，发放农村土地流转经营权抵押贷款15户，金额555万元；农村住房抵押贷款2户，金额50万元。

从全省来看，农村产权抵押融资也在提速。省级层面制定出台了《关于开展农村土地经营权抵押贷款工作的意见》（杭银发[2014]165号），温州、嘉兴、台州等地分别出台了农村住房抵押、农村集体资产股权质押、农村土地流转经营权抵押贷款实施办法或农村综合产权抵押办法，全省有44个县（市、区）开展了农房抵押贷款业务，29个县（市、区）开展了农村土地经营权抵押贷款业务，48个县（市、区）开展林权抵押贷款业务。

截至 2015 年 6 月末，全省林权、农地经营权、农房抵押贷款余额分别为 81.51 亿元、5.67 亿元、116.98 亿元，其中嘉兴海盐的农地经营权抵押贷款、温州乐清的农房抵押贷款业务都走在全国前列。目前，农房抵押贷款主要集中在温州、台州、义乌，林权抵押贷款集中在湖州、丽水、衢州，土地承包经营权抵押贷款主要集中在湖州、嘉兴。

4.2 林业合作组织

绥宁楠竹合作社 林下掘金有妙招[①]

一个合作社，激活一大产业

湖南绥宁素有"三湘林业第一县"的称号，却面临大资源、低效益的林业产业窘况。绥宁县白玉乡楠竹生产加工合作社正在着手改变。

合作社自 2009 年成立以来，依托本县丰富的林地资源，以科技为支撑，探索林下养殖、种植等立体经营新模式，带动多户林农致富，并推动当地林业产业转型发展。

竹子好东西，加工可赚钱

绥宁县竹子遍布，合作社充分利用资源，进行精细加工，产生了可观的效益。合作社成立 5 年来，带动全乡近 10 户农民发展竹子生产与加工，年均销售收入 2000 余万元，增加竹子销售利润 500 余万元。

依赖竹子但不局限于它

合作社同时推出的天麻种植产业也备受林农青睐。2009 年春，合作社开始与绥宁绿洲药用菌种厂携手合作从事杂交天麻生产和制种，他们利用全县山林间空地发展了三大天麻基地。三大基地分别是关峡乡茶江村，林下种植面积 3000 多亩；长铺乡曹子山村，林下种植面积 1700 多亩；联民乡兰家村，林下种植面积 1200 亩。现在全县几乎每个乡镇都有农民或种植大户到合作社购买杂交天麻种子，合作社无偿提供种植技术，并回收产品，年销售收入达 800 万元。

合作社的天麻种植技术已申请专利。此前，湖南农业大学食用菌专家夏志兰和湖南中医药大学教授周日宝带领两名研究生到关峡乡茶江村天麻基地考察，经测验，该基地产量为每平方米 25 公斤。按每公斤 30 元的市场价销售，每平方米可获 750 元的产值，而且种一次可以收获两年。除销售有性杂交天麻种子外，合作社还与 200 多农户合作种植天麻。目前，合作社已有固定的天麻基地近 4000 亩，每年可以对外提供 2.5 万公斤有性杂交种子、200 万袋

[①] 农村林业改革发展司，http://lgs.forestry.gov.cn，2014 年 12 月 19 日。

以上密环菌。

应合作社成员和当地农户要求,合作社对 300 余户农户的冬笋、春笋的零星生产加工进行了市场调查,并统一回收销售,收入超过 40 万元。

财富总是属于勇于开拓进取的人

合作社最近又有新动作,正在规划创建一个占地 1160 亩、集苗木花卉和林下生态种养于一体的现代化绿化苗木花卉基地。

绥宁有"植物王国"美誉和"神奇绿洲"称号,境内的植物资源和气候条件独特。这为合作社打造现代化苗木花卉基地提供了先天优势。

2014 年上半年,合作社申请采伐指标,对山场现有残余林木采伐后,整理了圃地,建设了管理用房。按照规划,他们将发展特色乡土苗木、引种国内外名优苗木、培育时令花卉,在保障城市绿化美化苗木花卉供给的同时,还将进行全生态蔬菜种植、林下禽类养殖以及中药材种植。

绥宁枫木团乡:竹林当田耕,楠竹当菜种

装满竹子的"爬山王"开往县城竹木加工企业

该项目将整合带动周边村落资源联动开发，提升全县生态旅游与山乡绿色休闲旅游度假区的品质；同时推动分散经营向专业化、规模化集约经营的转变，在投资预算内尽可能地保证高质量、高投入、高集约化和高科技含量，充分激发农村生产要素潜能。

四季常绿常花，沿途水波荡漾，风光移步换景。一艘集高端绿化苗木花卉、山乡体验、生态度假、森林养生于一体的林业产业旗舰正在向绥宁驶来。

铁岭野生贡榛送你"榛心榛意"[①]

铁岭榛子好，全国都知道。

这里是中国榛子产业第一县，全县种植榛子35万亩，年经销榛子1000万公斤，产品销往全国各地，饱了四面八方人的口福。

在众多的种植户、经销者中，辽宁省铁岭县野生贡榛专业合作社与众不同。合作社有榛子园5万多亩，占了全县榛子种植面积的1/7；合作社年经销榛子210多万公斤，超过全县的1/5。

合作社的名字加了"野生贡榛"，强调的就是特色、品质。合作社榛子注册商标为"榛心榛意"，透着东北人的热情、实在。

铁岭野生贡榛合作社成立时间不长，刚刚过了4年。合作社现有社员150多人，注册资本828万元，规模也不算大，可发展速度够快。合作社现有榛子晾晒场地2000平方米、厂房550平方米、收购场地1500平方米，工作人员25人，每年榛子销售额6000多万元。

社员自己算账，入社前后，人均榛子年收入相差6.8万元。经销商也有反馈，合作社卖出的"榛心榛意"，从没有因质量问题发生过纠纷。

铁岭野生贡榛合作社的成长路径值得探究。

合作社成立之初，和别人大同小异，有章程、有制度，选举了理事会和监事会。但是，他们坚持农户入社自愿、退社自由、地位平等、民主管理、风险共担、利益共享。章程和制度也不是一成不变，合作社定期召开例会，随时听取社员意见，不断充实完善。

小农户和大市场要对接。

合作社出面，对上争取优惠政策，还明确提出要自觉为农户服务。渐渐地，农户对合作社有了认识，多了信任，积极申请加入，分散的资金、劳力、土地和市场被有效组织起来。

个体经营管理病虫难防，榛子品质和产量也无法大幅提高。合作社聘请了榛子种植专家授课，统一指导种植，统一测土配方，统一施肥方法，统一肥料品种和数量。合作社还设立了专业打药服务队，大力推广先进技术，小小榛子也突出科技含量。结果，合作社成员的榛

[①] 农村林业发展改革司，http://lgs.forestry.gov.cn，2014年12月5日。

铁岭榛子林

子产量提高了30%，品质也上了一个新台阶，还带动了周边。

抱团发展贯穿产业全过程。合作社先后与多家经销商签订了购销合同，开拓了沈阳、北京等外地市场，建立起稳定的销售渠道，产品行销全国。社员通过合作社销售榛子，价格平均提高10%，收入增加30%，提高了种植效益，加快了产业发展和农民致富步伐。

4年时间，"榛心榛意"斩获众多荣耀，先后荣获"榛子品鉴大赛一等奖""首届中国森林食品交易博览会金奖""第三届中国榛子节金奖""第四届中国榛子节金奖""无公害农产品标志""铁岭榛子原产地标志"；合作社的榛园成为"榛子园艺化栽培示范基地"和"市级先进示范基地"；合作社则成了"农业科技致富能手合作社""优秀青年农民专业合作社"和"国家级示范社"。

品质和规模，品牌和效益，形成了良性互动。

榛子在铁岭已经成为拉动经济增长、促进农民增收的特色产业、支柱产业和朝阳产业。农民开始规模种植，基地规模逐步扩大，榛子市场不断拓展，加工企业崭露头角，产业集聚效应凸显。

在这种形势下，合作社未来怎么走？他们希望自己能不断创新发展模式，站得更高、看得更远、发展得更好。

宏泉让博山猕猴桃增产提质[①]

南方主产的水果，如何在北方地区茁壮成长，并发展成为当地特色经济林产业？专业合作社模式当是备选答案之一。

山东省淄博市博山宏泉猕猴桃专业合作社自2008年成立以来，不仅实现了猕猴桃在当地的规模化种植，而且保证品质、形成品牌，带动了社员致富增收。

宏泉猕猴桃专业合作社目前有社员367户，猕猴桃种植面积5000亩。合作社成立以来，不断完善管理制度，规范成员入社程序；细化内部工作机构，成立了成员大会、理事会、执

[①] 农村林业改革发展司，http://lgs.forestry.gov.cn，2014年12月8日。

行监事。各部门职能明确,各尽其责。同时,合作社不断探索运行机制的创新和管理水平的提高,形成了合作社与社员利益共享、风险共担的内部管理运作机制。

管理机制、机构的完善为合作社发展提供了制度和组织保障,而合作社推出的"四统一"服务模式又解决了社员们诸多发展难题。

为适应市场需求,解决社员生产资料难买、产品难卖和科技服务难、市场开拓难等问题,合作社采取了"合作社+基地+农户"的运行模式和统一苗木供应、统一科技栽培管理标准、统一生产资料、统一收购销售猕猴桃产品的"四统一"服务模式。合作社为让社员用上放心优质纯正的苗木,建设了自己的苗木基地,低价让利卖给社员;实行统一培训,每人免费发放科技光盘一盘、科技书刊一本、有机猕猴桃标准化生产技术操作规程手册一本、农事记录一本,以统一栽培管理标准;同时,按照成本价发放有机肥发酵菌种,让社员统一用上放心优质生物有机肥,并统一收购销售猕猴桃产品,扩大销售渠道。目前,合作社已和北京光远魏农业发展公司和潍坊禹田农业公司签订长期销售合作合同,保证了产品销路。

为保证猕猴桃的质量,合作社建立了一套全方位的监督保障机制。首先结合有机品牌认证,建立了各项质量管理制度,成立了科技服务小组和质量管理监督小组。之后又建立了质量安全生产追溯制度,保证每一个猕猴桃从生产到餐桌都是有机规范、质量可靠。

宏泉猕猴桃林

好产品理应卖出好价钱。

如何让猕猴桃增值、社员增收？合作社在销售上煞费苦心，一方面充分利用品牌优势，大打有机猕猴桃品牌，在互联网建立合作社网站，并通过新闻媒体扩大产品知名度；另一方面，坚持以社员增收和增加积累为主、合作社微利服务的原则，为社员补助或提供生产启动资金。同时，合作社坚持"走出去、请进来"，组织社员到泰安和陕西、江苏等地参观学习，并进行科技培训，为生产高品质、高产量的猕猴桃提供了科技保障。

走有机标准化生产之路，创有机品牌。合作社坚持有机猕猴桃标准化生产、产业化经营，还注册了"珍珠泉"商标，取得了绿色认证和有机转换认证。目前，合作社总资产达5000万元，年销售收入突破2000万元，先后被评为林业专业合作社省级示范社、省级林业龙头企业、省级经济林示范园区，"博山猕猴桃"还荣获国家地理标志证明商标。

"民办、民管、民受益"。宏泉猕猴桃专业合作社走出了符合自己特色的发展道路。

绿成林果，梦想升起的地方[①]

2014 年，对于山西省泽州县绿成林果专业合作社来说，是一个值得记忆的年份。

合作社不仅荣获国家级"农业专业合作社示范社"和"全国十佳林业专业合作社"称号，而且张跃进作为祥鑫元农林开发有限公司董事长兼合作社理事长，荣获了山西省"劳动模范"称号。

绿成林果专业合作社，梦想升起的地方。

强人掌舵 引领发展

绿成林果发展壮大，离不开领路人张跃进。

以前做煤炭生意的张跃进，在山西省实施"国家资源型经济转型综合配套改革试验区"的改革实践中，主动放弃煤炭行业这一"金饭碗"，开始从事特色农林业，实现了从"黑"到"绿"的华丽转身。

张跃进说："煤炭是不可再生资源，总有枯竭的时候，迟早会被新的能源所替代。而农林业则可以生生不息，吸纳更多人就业，是既有益于自身发展、又能帮助父老乡亲致富的朝阳产业。"

2009 年，张跃进积极响应泽州县委、县政府的号召，走"一村一品"的富民发展路子。他经过充分论证，多方考察，决定参与农业产业结构调整，投资农林产业项目，组建泽州县祥鑫元农林开发有限公司，培植区域新兴产业，为农民增收造福。

祥鑫元公司下设绿成林果专业合作社、中兴农机专业合作社、清香核桃示范园区、无公

[①] 农村林业改革发展司，http://lgs.forestry.gov.cn，2014 年 12 月 5 日。

害露地蔬菜生产基地、养殖薯类加工厂、农技培训中心等，注册资金达 5000 万元。目前，公司已投资 2016 万元，建成核桃示范园区 2500 亩、露地蔬菜 800 亩、中药材 500 亩、薯类加工厂 5 万吨，养猪 200 头，吸纳专业合作社社员 279 人，规模不断发展壮大。

如今的祥鑫元已发展成为当地现代农林业的标杆企业；如今的绿成林果已打造成为国家级"农业专业合作社示范社"和"全国十佳林业专业合作社"。

阳光培训 夯实基础

在张跃进的心中，一直装着家乡父老，绿成林果专业合作社依托阳光培训工程，大力培养地方新型农民就是一个很好的例证。

近两年来，绿成林果专业合作社按照国家实施农村劳动力培训阳光工程的总体部署，结合当地农林业生产实际，积极探索，扎实推进，累计完成农村劳动力培训 800 人、各类专业合作社成员培训 100 人、新型农民培训 100 人。农村劳动力转移培训阳光工程取得显著成效。

首先，提高了农民就业和增收致富的能力。农民通过短时间的技能培训后，提高了劳动技能，具备了转移就业的能力。

其次，涌现了一批农村劳动力致富创业能手。通过开展阳光工程培训，帮助农民拓宽了视野，掌握了本领，提高了劳动技能，增强了创业的勇气，不少农民成了农村致富能手和农村致富的"领头雁"。绿成林果专业合作社采取"公司＋合作社＋农户"的经营模式，参加培训的农民看到广阔发展前景，纷纷提出加入合作社的意愿，目前很多人已成为合作社的技术骨干。

此外，阳光培训工程时间短、针对性强、效益明显，充分调动了农民参与培训的积极性。

张跃进说："农民通过参加技能培训，极大地提高了劳动技能，具备了在自己的土地上致富增收的能力，使一大批新型农民在泽州大地上脱颖而出，成为当地农林业生产技术能手。"

培训推广，成为绿成林果实现兴林富民梦想的重要抓手。

多措并举 兴林富民

打铁还须自身硬。

张跃进说："绿成林果专业合作社获得国家级'农业专业合作社示范社'和'全国十佳林业专业合作社'称号，是公司全体员工共同努力挣来的，是一步一个脚印闯出来的。"

• 以转型发展为契机，坚持以工补农，发展现代农林业示范园。

2010 年市、县党委政府响亮提出了发展农民专业合作社，增加农民收入，推进"一村一品""一县一业"的发展战略。合作社抓住难得发展机遇，开始着手流转土地、吸纳社员、组织培训、建章立制、规划设计、引进种苗等园区筹备工作。通过上规模、强科技、活机制、抓管理等措施，做大做强现代农林业示范园区。为解决建设资金问题，他们从经营多年的品高源洗煤厂拿出部分资金，作为园区建设资金后盾，并采取以工补农的形式，保证园区的资金投入。目前，园区已投入建设资金1300多万元，实现了产业成功转型和良性发展。

- 以土地流转为基础，不断完善专业合作社的经营机制。

合作社选择"公司+专业合作社+农户"的经营模式，坚持"依法、有偿、自愿"的原则，不断完善经营机制，解除了农民的后顾之忧，提高了他们入社的热情和参与园区建设的积极性，实现了"民办、民管、民受益"、共享发展成果的目的。

- 以专业技术为支撑，坚持科技引领，提高园区经济和管理效益。

为把园区建设好，合作社专门成立了技术培训中心，采取"走出去、请进来"的办法，聘请高等院校、科技公司等方面的专家，达成核桃技术支持协议，从核桃苗木的选种、栽培、管理以及产业链的延伸发展等方面采取跟踪式技术支持和服务；同市县相关部门专家达成合作意向，不定期登门开展技术讲座、指导和服务；组织社员和园区业务骨干外出参观学习，培养了一大批技术管理人才。此外，实施统一种苗供应、统一耕作管理、统一技术服务、统一储藏加工、统一销售产品的"五统一"管理模式，极大地提升了合作社的管理水平，为提高园区经济和管理效益奠定了坚实的基础。

经过两年多的努力，合作社已迈入良性发展轨道。园区全部建成后，不仅提升合作社的发展潜能和市场竞争力，而且可转移农村剩余劳动力1000多个，每个劳动力可实现年收入1.8万元，绿成林果成为兴林富民的重要载体。

"不谋万世者，不足谋一时；不谋全局者，不足谋一域。"这是张跃进的座右铭。在他的带领下，一个秉承"搭建发展平台，提供科技服务，促进产业发展，增加农民收入，推动新农村建设"宗旨的现代农林企业正在三晋大地上崛起。

绿成林果专业合作社，农民合作社的典范，林业专业合作社的骄傲。

股份合作让"碧螺春"更香更浓①

江苏省苏州市吴中区，依托中国名茶——"洞庭山碧螺春"的原产地优势，建立起茶叶股份合作社和合作联社，整合林地、技术、资金等资源，实行集约化生产、专业化加工、市场化运作，将小生产与大市场对接起来，充分挖掘碧螺春的品牌效益，将碧螺春茶变成了持续增收致富的"聚宝盆"。

股份合作社蓬勃兴起

20世纪80年代，吴中区落实林业"三定"政策，将茶树和果树搭配承包到户，形成了"一山多主、一主多山"的现象，林地使用权高度分散，影响了林地经营水平和经济效益提

---

① 农村林业改革发展司，http://lgs.forestry.gov.cn，2009年6月19日。

高。为了适应市场经济发展的要求,必须健全林业社会化服务体系,把广大茶农组织起来共闯市场。2004年1月,吴中区成立了全省第一家茶叶股份合作社——金庭镇衙甪里碧螺春茶业股份合作社。合作社把林农茶园承包经营权折价入股,以茶叶销售收入作为林农的直接收入,对合作社年底的利润按股分红。合作社统一确定品牌、统一宣传策划、统一质量标准、统一销售窗口、统一指导服务、统一开发三产,解决了农民一家一户办不了也办不好的事情。此后,茶叶合作社如雨后春笋发展起来,目前已经发展到36家。在此基础上,2008年年初,又组建了洞庭东山、洞庭西山两个碧螺春茶叶专业合作联社,联社成员单位已覆盖两镇80%的行政村、8000户茶农和万亩茶园。

股份合作社发展有道

政府搭台,政策扶持,是股份合作社发展的有力保障。有关部门在充分研究合作社特点的基础上,率先建立了"股份合作社"登记注册制度,《农民专业合作社法》出台后,又依法办理了专业合作社工商执照变更登记手续。截至目前,吴中区工商局先后为122家农民合作社办理了工商登记手续,辖区农民合作社组建率列苏州市、江苏省第一。

管理民主,运行规范,是股份合作社生存的根本所在。入社以自愿为原则,社员可以以货币或土地承包经营权入股。合作社社员在平等、自愿、民主的原则下制订章程,建立社员代表大会、董事会和监事会制度,并按照章程规定履行各自权利和义务。

打造品牌,树立形象,是股份合作社立足的特色之路。在踊跃闯市场的过程中,合作社纷纷打造属于自己的品牌,围绕品牌做文章。日前,"洞庭山碧螺春"地理标志证明商标被国家认定为中国驰名商标。吴中区采取切实措施,加强产品检测,加强防伪标志管理,严厉打击假冒伪劣,净化茶叶市场,保护茶农利益。

吴中区茶园

分工协作，各取所长，是股份合作社管理的有效经验。合作社鼓励茶农专业从事茶园生产管理，成为种茶大户；鼓励制茶能手专门从事茶叶制作加工，成为制茶大户；培育经营能力较强的购销人员，成为购销大户。分工协作，提升了茶叶品质，提高了成茶品相，扩大了茶叶销售，增加了各个环节的收入。

科技创新，提升质量，是股份合作社经营的科学方法。合作社在科研和行业部门的指导下，在茶叶的优质高效生产基地建设、无公害关键生产技术、储藏保鲜新型包装材料及包装技术、机械化加工技术、溯源与保真技术、有机茶生产技术、良种选育等方面下大力气、下真功夫，实施从"茶树"到"茶杯"的综合动态监控，不断提升碧螺春茶的优良品质，有效维护了洞庭山碧螺春茶的美誉度。

股份合作社大有可为

股份合作的方式有效地提高了农民的组织化程度，既避免了同业内部恶性竞争，又因规模效应带来了经济效益的增长，促进了林农的持续增收和农村社会和谐。2008年吴中区茶叶总产量达288.7吨，其中碧螺春产量143.7吨；茶叶总产值达1.7亿元，比2002年翻了三番，其中碧螺春产值达1.25亿元。

东山镇古尚锦碧螺春茶叶股份合作社成立当年，合作社社员就人均增收500元。金庭镇衙角里碧螺春茶业专业合作社2004年"二次分配"3.24万元，2007年达到7.19万元，2008年达到10万元。2008年，仅东山镇茶叶合作社总产值就达到3266万元。全区1.7万多户从事碧螺春茶种植的农户户均收入近1万元，林农增收显著。很多种茶林农都说："有了合作社，我们卖茶叶既省时又省力，卖了高价，还年年有红分。"

可以说，股份合作制作为集体经济一种新的组织形式，已经成为促进农村经济发展的"加速器"，消除城乡差别的"助推器"，化解农村社会矛盾的"减压器"。

共赢谋合作 成就"山中鲜"[①]

4年前，朱小丽还是上海一家知名外资企业的白领。城市的生态环境、食品安全与自己老家有着鲜明的对比：每天上下班路上空气里夹杂的是汽车尾气，老家的林地里流动的是充满负氧离子的新鲜空气；超市里买到的是喂饲料的养殖鸡，老家林下养的鸡以野草和昆虫为食。怀揣着"崇尚绿色、创造绿色、找回健康"的创业梦，朱小丽辞职踏上了返乡的路。

回到家乡安徽省宣城市宣州区孙埠镇，朱小丽发现父辈们传统的林下养殖模式值得借鉴，但是又存在养殖户较分散、养殖规模有限、市场定位不清、销量跟不上等问题。于是，朱小丽在打造生态养殖的品牌及规模化经营上开始了探索。2010年12月，她联合周边林下养殖

---

① 农村林业改革发展司，http://lgs.forestry.gov.cn，2014年12月25日。

农户，以"公司+农户+生产基地"为发展模式，成立了安徽共赢生态养殖专业合作社。

合作社采用绿色有机食品的管理标准和现代化监测手段，以"公司+合作社+农户"经营方式，从省级农业产业化龙头企业华栋公司引进"山中鲜"品牌土鸡进行生态养殖，实行标准化和无公害生产管理。在孙埠镇，茶园、竹园、果园、树林等都成了合作社的放养场地，养殖的生态鸡白天散放在野外，自由采食林间野草、昆虫，中午和晚上用稻谷、玉米、番薯、萝卜、青菜等原粮和青饲料补食喂养。不喂饲料、原生态放养、无农药及兽药残留，合作社养殖的生态鸡销路非常好。

合作社不仅实行统一供应良种鸡苗、统一防疫、统一收购的"三统一"服务，还帮助社员学习技术、开展市场宣传。在产品销售中，合作社利用"山中鲜"龙头企业品牌和人力资源优势，不断开辟销售市场，实现收购、运输、销售一条龙服务，使社员的土鸡产品售价高于市场平均价格，提高了广大养殖户的抗市场风险能力。目前，合作社的生态土鸡产品已销售到江浙沪等地市场。

2013年，共赢生态合作社实现林下养殖土鸡60万只，产蛋6000万枚，总产值9600万元，利润超过4000万元。看到了甜头，孙埠镇附近乡镇散养土鸡的农户越来越多。目前，合作社发展社员320户，并带动周边1500多户从事"山中鲜"土鸡养殖。"山中鲜"土鸡商标已被评为安徽省著名商标。

为保证土鸡质量，合作社规定，每亩林地养鸡数量不超过60只。由于林下养出来的土鸡和鸡蛋品质好、价格高，市场上出现了不少"山中鲜"的冒牌货。为保障品牌权益，共赢合作社建立了产品质量追溯制度，包括健全企业进出货索证、检疫检验和无害化处理等规章制度，严格按照国家标准组织生产。

由于共赢生态合作社的抱团发力，"山中鲜"系列产品不仅价格没有受市场影响，销售渠道也越拓越宽，很多企业慕名前来寻求合作。对此，朱小丽与社员们不想为了发展而盲目地延伸产业链。因为，好生态、好品质是"山中鲜"的命根。

因地制宜在林下发展禽类养殖，不仅为市场提供生态、有机的绿色产品，促进林农增收，还延长了生态食物链条，增加了林地土壤肥力，促进林木生长，形成了生态的良性循环，真正实现了公司、合作社、林农以及林业和养殖业的多方共赢。

4.3 林下经济

林下自有"黄金屋"[①]
——宁明县发展林下经济助农增收撷英

宁明县是广西的一个边境林业大县，全县土地总面积3698平方公里。其中，林地面积

[①] 农村林业改革发展司，http://lgs.forestry.gov.cn，2014年10月28日。

385万亩，有林面积306万亩，森林覆盖率达59.76%。

如何让丰富的森林资源在发挥巨大生态效益的同时，也成为山区群众脱贫致富奔小康的主导产业？

宁明在思考。宁明在推进。

近年来，宁明县以科技创新为主题，以促进农民增收为重点，鼓励农民依托丰富的森林资源优势，发展林下特色种养等经济产业，取得良好成效，成为农业增产增收、农民脱贫致富、农村繁荣发展的新亮点，谱写了林下自有"黄金屋"的神话。

农凯峰：2014年基地黑灵芝预计产值超过120万元

被广西科技厅授予"2011年度科技种养能手"，获崇左市2012年十佳"青年创业明星"荣誉称号……如果不是那一本本鲜红的荣誉证书作证，记者很难把这些荣誉跟一个"80后"小伙子画上等号。然而，宁明县那楠乡那陶村那陶屯的农凯峰却真真切切做到了。"发展黑灵芝种植，源于当年的一次偶然。"农凯峰淡淡地说。2006年，农凯峰从广东回家过年，途经南宁，在广西药用植物园参观时，看到了人工培植的黑灵芝。经过了解，结合自己家乡林地资源丰富的特点，他隐约感觉到了其中潜在的巨大商机，便有了在家乡山区种植黑灵芝的念头。

2007年春节，农凯峰用自己打工挣来的钱买回第一批400袋黑灵芝菌种，在自家的山林下进行试种。下半年，这批黑灵芝试种成功，纯收入达2万多元。初战告捷，让农凯峰发展黑灵芝产业的信心倍增。2010年8月，农凯峰将遭遇金融危机后陆续从上海、广东、浙江、福建等地打工返乡的20多名青年组织起来，筹集注册资金1.5万元，成立"宁明县红枫中药材种植专业合作社"，并担任合作社社长。2012年2月，投资70万元的宁明红枫中药材种植专业合作社三号基地建成。该基地是集黑灵芝菌种培育、栽培推广以及包装销售为一体的林下经济发展科技示范基地，采取"合作社+基地+农户"的模式运营。2013年，基地黑灵芝产量达2000公斤，实现经济效益约60万元。

"目前，加盟基地的农户达340多户，种植黑灵芝260亩。2014年产量达4000公斤以上，产值超过120万元。"农凯峰的笑容让人觉得阳光又亲切。此外，该基地还引进了石斛、巴戟天、天麻等名贵中药材试验种植，并计划发展驼鸟、山鸡等特色养殖。指着基地办公室墙壁上"勇于探索，团结奋斗，科技兴农，合作共赢"16个大字，农凯峰说："这就是我们的宗旨和目标——科学致富，并带动大家致富！"

据统计，宁明县红枫中药材专业合作社带动那楠、桐棉和板棍等乡镇种植灵芝，年产值达510多万元。

陆文国：每年白捡上万元养蜂钱

崇左市林下蜜蜂饲养户2400多户，蜂群47000多群，蜂蜜年产量近1200吨，居广西前列。宁明县林下蜜蜂饲养户1300多户，蜂群25000多群，饲养60群以上的规模养蜂户229

户，蜂蜜年产量近 1000 吨，居崇左乃至广西前列。桐棉镇派时村江叫屯的陆文国，就是宁明县的养蜂户之一，经过 15 年的发展，目前有蜂群近 50 群。每年，陆文国充分利用自家的 100 多亩林地，采取固定放箱的方式饲养蜜蜂，而不随季节迁移饲养。

"每年农历 9 月是放箱的好季节，天气稍微变冷，蜜蜂就会入箱，开始酿蜜，11 月中旬左右，就可以开箱收取冬蜜。然后，到第二年的 5 月，可以收取春蜜。" 15 年的经历，让陆文国俨然成了 "养蜂百事通"。

陆文国介绍，他们家每年可以收取蜂蜜 250 公斤左右，每公斤蜂蜜销售价高达 60 元，基本上都是客人上门购买，供不应求。

"固定放箱养蜂投入成本少，管理容易，放箱之后往往十天半个月去检查一次就行了，省时、省力又省事。不管你养不养蜂，山上的树木都是这么样生长，现在，等于每年白捡上万元呢，何乐而不为啊！" 生性豪爽的陆文国呵呵地笑了……

宁明县是广西养蜂重点县，养蜂业是宁明县的优势养殖业。为了把养蜂业进一步做大做强，2014 年初，宁明县扶贫办和宁明县水产畜牧兽医局联合申报 "2014 年宁明县养蜂扶贫合作试点项目"，有效整合部门专项资金，在该县养蜂生产自然条件优越的 24 个山区贫困村扶持 100 户贫困户，每户饲养蜜蜂 30 群以上；扶持 20 户养蜂示范户，每户示范饲养蜜蜂 60 群以上；扶持 1 个养蜂合作社，扶持引进 1 个养蜂龙头企业，带动 500 户以上贫困户养蜂脱贫致富。

黄国宏：走立体式种养、综合式增收的致富路子

"人，总得抓住机遇做一番事业。" 这是桐棉镇派时村的黄国宏留给记者印象最深刻的一句话。在距离派时村大约 10 公里处一片连绵 500 多亩的林地中间，有一个树木砍伐后空出来的小山头。这个小山头，就是黄国宏的养牛基地。"基地主要以养牛为主，同时发展猪、鸡养殖，并种植牧草、牛古大力。牛粪可以繁育蛆虫用以喂鸡，猪粪可做牧草和牛古大力的肥料，牧草则是牛的好食材……"

在给记者描述自己的事业发展蓝图时，黄国宏的神情和语气都充满了自信。

目前，黄国宏的蓝图正在一步步实施当中——2014 年 3 月，基地引进黄牛 69 头，目前，已繁育小牛近 20 头；9 月下旬，出栏了第一批 30 多头肉猪，目前，存栏肉猪 40 多头，预计 11 月中旬左右可出栏；在牛场左边的树木下，养鸡棚已经搭建好，目前，正在着手联系购进鸡苗的事宜；牛场右边及后边的 10 多亩地里，已经有 1 米多高的牛古大力在微风中轻轻摇曳；猪圈旁边，牧草已然郁郁葱葱。

"我决心走立体式种养、综合式增收的致富路子。我的基地，将会是一间林下'黄金屋'！" 黄国宏语气坚定地说。

黄国宏说，下一步，他打算推行 "农户寄养（托养）" 的形式，把小牛发放给有意向饲养的农户饲养，养成后回收出售，并按一定的比例分成利润，从而真正实现合作共赢。

近年来，宁明县依托丰富的林业资源优势，大力发展林下特色种养、林下旅游等经济产业，截至目前，全县已建成林下经济发展示范点 30 个，林下养鸡、林下产品加工、中药材种植、油茶种植等农民专业合作社 5 家。林下养殖、种植、产品加工、旅游等发展林下经济面积达 60 万亩，致富和带富作用进一步彰显。其中，峙浪乡砂仁专业合作社带动峙浪、那楠、爱店和寨安等乡镇发展种植砂仁 2.68 万亩，年产值达 1.35 亿元；林下放养或圈养鸡、鸭等，主要分布在明江、东安、海渊、寨安等乡镇，年产值 226.8 万元；派阳山林场鸿鸪分场在八角林下养殖八角香鸡年产约 10 万只，年产值达 1200 万元；在峙浪、北江等乡镇养殖鳄鱼、蛇类等，年产值达 375 万元；在桐棉、北江、那楠等乡镇发展林下养蜂，年产值达 25 万元；在城中、爱店、海渊等乡镇开发建成花山民族山寨、蝴蝶谷景区、金牛潭、狮子头森林公园等林家乐和休闲山庄，年产值达 650 多万元。

林下经济有"钱"途①

近年来，山东省商河不断涌现出林下特色养殖、种植，"林下经济"不仅补上了传统林业生产周期长、见效慢的"短板"，还增加了产业附加值，为农民增收致富开辟了新的渠道。针对这种变化，商河开始鼓励农民通过合作社模式组团发展，大大提高了抗风险的能力。

林下"钱"景广　群众致富忙

在贾庄镇贾洼村村民扈清海的貉养殖基地，一排排貉笼整齐地摆放在林地里。据扈清海介绍，基地每亩地可养殖 30 组貉，每组包括 1 只公貉和 2 只母貉，养殖成本在 2100 元左右。目前基地的貉子存栏量为 2000 余只，预计年可出栏 1000 多只。这几年，由于毛皮市场价格不断走高，他的年收入达到近 50 万元。扈清海说，貉子的习性是喜凉爽、怕高温，因此，茂密的树林下格外适合貉子的生长。

2014 年以来，商河县大力发展特色"林下经济"，除在林下养殖獭兔、貉子、狐狸、珍珠鸡、黑猪、孔雀等外，还在林下种植双孢菇、木耳、中草药等植物，多种循环经济模式在全县风生水起，成为农民致富的新渠道。

韩庙乡的獭兔养殖大户周云军给记者算了这样一笔账："一只獭兔 3 个月可出栏，扣除饲料、防疫等费用，每只纯收入为 20 元。按照每亩地养殖 600 只计算，每亩地年可净赚 4 万余元，再加上速生杨成材后的林木收入，在林下建一亩獭兔养殖小区，一年纯收入将达 5 万余元，农民包几亩林地的收入比外出打工高好几倍。"

看到林下养殖带来的丰厚回报后，不少村民都开始返乡创业。目前，韩庙乡已建成 25 个

---

① 农村林业改革发展司，http://lgs.forestry.gov.cn，2014 年 10 月 23 日。

林下獭兔养殖小区和 8 个标准化林下养殖基地，460 多户养殖户遍布全乡 45 个行政村，獭兔的存栏总量也达到 40 万只，年可出栏商品兔 180 余万只。凭借小小的獭兔，全乡每年人均增收就达到 1200 余元。

"过去在林地我们只种树，林下的地撂荒了也没人用，现在却成了'香饽饽'，大家都争着承包下来搞林下养殖和种植。"周云军这样表示。

"抱团"闯市场收入有保障

近年来，养殖市场价格波动明显，为尽快实现林下种养业由"粗放型"向标准化、产业化转变，商河从加强科技服务和政策引导入手，鼓励农民通过合作社模式组团发展，实行统一购料，统一建棚，统一供种，统一销售，"抱团"闯市场，提高抗风险能力。

贾庄镇东汇林下养貂专业合作社推行种苗引进、饲料兽药采购、防疫保健、技术指导和貂及皮毛销售"五统一"服务模式，当市场价格不好时，合作社便统一把貂皮存放在冷库里，等价格好时再统一销售，降低了投资风险。

商河恒旺麝香鼠养殖合作社采用"合作社+基地+农户+市场"的模式，形成"产、供、销、技术"一条龙服务体系。目前，合作社麝香鼠存栏达到 5000 余只，社员人均增收 6000 余元。

怀仁镇杨家村目前发展起了 500 亩的地黄等中草药林下种植，从苗木栽植、管理到销售，都由合作社统一进行指导和管理。通过与药材公司签订订单，合作社还解决了中药材的销售问题。目前，每亩地可产药材 800 公斤，纯收入达到 4000 多元。

价格上去了，销路还不愁，"真金白银"让个体种、养殖户纷纷加入到合作社的队伍中。目前，商河县共成立林业合作社 53 家，经营林地面积近 10 万亩，带动农户 3 万余户，发展苗木花卉面积 1.5 万亩，果园面积 2.42 万亩，各类畜禽养殖 130 万头（只），总产值年增 4 亿余元。

小林蛙养出大产业[①]

宽甸满族自治县位于辽宁省东部的鸭绿江畔，与朝鲜隔鸭绿江相望，边境线长 216.5 公里。疆域面积 6193.7 平方公里，全县总人口 44 万人，其中农业人口 33 万人。宽甸地域广阔，自然地貌为"九山半水半分田"，突出特点是山多地少，森林资源丰富，生态环境良好。全县有林地面积 741 万亩，森林覆盖率为 78%，活立木蓄积量为 2445 万立方米，是辽宁省森林面积最大、天然林资源最多的县。宽甸属温带半湿润季风气候，四季分明，雨量充沛，优越的地理环境和气候条件为宽甸林蛙产业发展提供了得天独厚的自然条件。

---

① 农村林业改革发展司，http://lgs.forestry.gov.cn，2014 年 7 月 17 日。

近几年来,县委、县政府把林蛙养殖业作为林业的一项大产业来抓,到 2010 年年底全县已开发利用林蛙栖息林地达 525 万亩,占有林地面积 70.8%,涵盖了全县所有乡镇所有行政村。2010 年,林蛙产业实现产值 5.3 亿元,占全县农业总产值的 17.5%,占全县林地经济总产值的 30%;林蛙产业农民人均收入 1558.8 元,占农民人均纯收入的 20.7%。林蛙养殖业已成为宽甸一大支柱产业。

政府全力推动

东北林蛙堪称四大山珍之一,属集药、食用价值为一体的纯天然绿色滋补佳品,2010 年林蛙油市场价格每公斤 6000 元仍供不应求。林蛙以森林害虫为食,以林养蛙,以蛙育林,可保持生态良性循环持续发展。1999 年,随着集体林权制度改革全面铺开,宽甸县政府把林蛙养殖列为全县重点开发八大支柱产业之一及林改配套重要措施来抓,成立了林蛙开发办公室,任命林业局一名副局长为开发办主任,专职负责全县林蛙产业发展工作。县政府投入 10 万元,组织 110 多人,对全县各乡镇的林蛙栖息地进行普查,普查工作为期 200 多天。以原居民组为单位,按原沟岔命名,承包户冠名所承包的蛙场;以流域面积划界勘查,以林地面积、林相、水源、沟长等 12 项因子进行全面普查,统一造册建立档案,彻底摸清和掌握了全县林蛙栖息林地概况。同时,县政府放宽政策鼓励发展林蛙产业,对养殖户实行特产税全部减免,出台了林蛙养殖的扶持补贴政策。宽甸林蛙养殖产业逐渐走到全国前列。截至 2010 年年底,全县共封沟养蛙 2100 条,全县共有林蛙养殖专业户 3700 多户,从事林蛙养殖、加工、销售人员达 3 万多人。

合作组织牵动

随着林蛙养殖产业的不断发展壮大,政府部门的行政领导已远远不能适应市场经济的发展要求,养殖户要技术、要服务、要管理、要信息,政府部门已显得力不从心。宽甸县积极寻求发展林蛙产业的制度创新、机制创新、科技创新和思想观念创新,因势利导,帮助、指导全县成立了 2 个林蛙养殖专业协会、12 个林蛙养殖专业合作社等农民经济合作组织,解决了养殖户急需的技术服务、经营管理、提供生产资料、发布市场信息等一系列难题。

宽甸满族自治县林蛙产业协会于 2007 年成立,现有养蛙户会员 132 人、有蛙场 129 处,不同类型实验基地 3 处,下属 1 个林蛙专业合作社。协会在实践中总结编写《东北林蛙半人工养殖满负荷放养法》,改变了传统放养模式,方法简便易行、可操作性强、效果明显,得到广大蛙农认可,2009 年被科技部选中作为国家"十二五"期间"国家星火计划培训丛书"在全国推广。协会为了在全县推广林蛙半人工满负荷放养技术,先后组织举办县级技术培训班 11 次,乡镇级培训班 20 次,共培训人员达 4500 多人次;举办现场观摩会 7 次,参加人员 750 多人次;先后发放满负荷放养法图书 3000 多本,技术光盘 2500 张,养殖要点资料 5000

多份；扶持科技示范户无偿投放实验饵料、塑料管、薄膜、遮阳网和蛙药等物资，折款 30 多万元；培训人员涵盖本溪、凤城、桓仁等县部分蛙农。协会根据长白山腹地林蛙下山早于宽甸 20 天的规律，通过多渠道及时准确掌握主产区产量和行情，参照预测推算宽甸产量和价格，多次避免了蛙贩子开行压价，为蛙农增加收入近千万元。2009 年秋，由于协会预测准确及时，为会员一次推销 1500 斤蛙油，减少损失 100 多万元。

龙头企业带动

在林蛙养殖产业初具规模后，宽甸县就注重龙头企业培育，注重林蛙产品深加工的研发，注重林蛙附加值的提高，注重龙头企业对林蛙养殖产业的带动作用。宽甸北方山奇生物开发有限公司生产的"即食林蛙油"畅销全国；宽甸奇峰蛙业专业合作社生产的"森溪牌"精品林蛙油，从鲜活蛙类到成品包装，共经 10 多道工序，采取特殊专利工艺，真空封口，包装精致，在常温下保鲜期可达 1 年以上，是目前市场上在蛙油含水率、保鲜期、科技含量等领域均具有很强竞争力的畅销林蛙油品牌；灌水杨鑫土特产公司、宽甸绍成参业有限公司等 30 多家企业生产的干品林蛙油、林蛙油软胶囊等产品，也倍受消费者青睐，受到了消费者的广泛好评。目前，宽甸有多家林业龙头企业正在开发新的林蛙油产品，其中宽甸光太药材有限公司于 2014 年下半年与日本星火株式会社合资组建"太和星中日合资食品有限公司"，主要生产出口林蛙油系列产品、林蛙卵和林蛙营养食品等。通过龙头企业带动，使宽甸林蛙养殖业走向了林养结合、种养结合的科学发展道路。

打造知名品牌

宽甸林蛙虽具特色，但知名度不高，全国业内人士了解不够。2011 年 5 月，经宽甸县委、县政府积极争取，由宽甸满族自治县林业产业协会和宽甸满族自治县林蛙专业协会协办的"2011 年全国蛙类专业委员会年会暨第五届蛙业论坛"在宽甸举行，全国知名蛙类专家、学者和相关领导近百人参加了会议。通过养殖现场观摩和学术交流，会议认为，宽甸是东北林蛙分布最南端的县，林蛙养殖户多，得天独厚的林业资源和气候条件造就了宽甸林蛙的地域特性和典型性。宽甸林蛙生长期长，个头大，产量高，蛙油品质好，优于吉林、黑龙江等地。所以每年只有宽甸林蛙油进入广州市场才能开行，而且每斤价格要高于其他地区 100 元以上。这次会议也是全国性蛙业会议首次在辽宁省召开，体现出了宽甸林蛙产业在辽宁省的重要地位，也体现出了宽甸人民搞好林蛙产业的实力和信心。宽甸养殖林蛙的自然条件和独特的养殖技术得到了全国业内人士的高度评价和广泛肯定。宽甸将借此东风，大力推介宽甸林蛙，打造宽甸林蛙品牌，让宽甸林蛙成为全国知名品牌，冲出亚洲，走向世界。

4.4 新型林业经营主体（家庭农场、多种资本经营）

北京现首批家庭"林场主"林地里养鸡、种菜①

一家承包百十亩林地，在林地里养鸡、种菜、培育药材，或者搞旅游接待。在北京，一种叫"家庭林场"的经济组织形式于 2015 年首次启动试点。

和经营果园不同，家庭林场经营管理的绝大部分是集体生态林。这就意味着，京郊漫山遍野的松、柏、杨、槐等生态树种，在被保护的同时，也将创造出经济效益。

目前，家庭林场试点已在昌平、房山、怀柔 3 区推进。到 2015 年年底，北京市出现首批"林场主"。

唤醒沉睡的林地资源

北京市有 1330 万亩集体林地，其中生态林 1070 万亩，商品林 260 万亩。商品林，也就是苹果、梨、桃等经济树种，可以直接产生经济效益。生态林以松、柏、杨、槐等生态树种为主，其主要作用是涵养生态。

"集体生态林的所有权和经营权过去一直在村集体手中。"北京市园林绿化局农村林业改革发展处处长闫霖介绍。但所谓经营权，对于大部分村集体来说，并没有实际的体现，因为生态林更注重的是保护。

2009~2012 年，本市按照"均股不分山、均利不分林"的原则，完成了集体林权制度改革。山林均股到户，农民成为集体生态林股东，市区财政按照 40 元每年每亩的标准发放集体生态林生态效益补贴。作为股东的农民，可以根据自己所持股份的多少，每年领取相应数额的补贴。

这次改革让几乎不能动的集体生态林，给农民带来了实打实的经济效益。但效益主要来自于财政补贴，而不是林地本身产生，这也给后期集体生态林抵押贷款带来了难度。毕竟，林子本身并不直接生钱。

2015 年本市启动的家庭林场试点，就是要盘活这沉睡的林地资源。"鼓励有意愿的农民，通过承包获得集体生态林的经营权，在保护林地的前提下发展林下种植、养殖或者森林旅游，从而获得经济收益。"闫霖表示。

鼓励农民家庭经营

昌平流村镇韩台村、怀柔琉璃庙镇二台村和房山张坊镇仙栖谷沟域，被定为家庭林场的首批试点。试点面向村集体经济组织成员，以家庭为基本经营单位，承包经营规模在百亩以上。试点类型包括单一农户家庭林场、合作制家庭林场和股份制家庭林场。

---

① 中国林业网，http://www.forestry.gov.cn，2015 年 9 月 25 日。

地处大山深处的韩台村,主要尝试培育单一农户家庭林场和合作制家庭林场。村党支部副书记韩瑞稳介绍,韩台村有 1.2 万亩可利用的集体生态林,其中有 6000 亩规划为林下种养区。"前期推中药材,一家承包上百亩,或者几家合作,承包连片的百亩以上山场,就足以申报一个家庭林场。"

怀柔区琉璃庙镇二台村主要尝试股份制家庭林场。集体统一管理 4800 亩生态林,招募数个经营者经营,村集体以林地入股的形式与经营者签订入股协议,集体入股所得分红采用均股的形式发放给村集体组织成员。

房山区张坊镇仙栖谷沟域,集体统一经营的生态林有 6.4 万亩,计划通过试点创建规模化、专业化的家庭林场。

3 个试点从 2015 年上半年开始推动,经过前期示范等环节,首批家庭林场承包经营者在 2015 年年底签约。

放宽林地使用权

闫霖表示,试点以严格保护森林资源为前提,如果出现恶意破坏植被、改变林地用途、使用违禁农药等情况,将取消家庭林场经营者的经营资格。

种植、养殖,对场地要求不高,但如果发展森林旅游,不可避免就要涉及配套设施建设。既不能破坏林地资源,又要满足接待需求,这个矛盾该如何破解?闫霖表示,此次试点的一项重要内容是放宽林地的使用权,也就是允许家庭林场在其所经营的林地范围内修筑直接为林业经营与管理服务的设施。

另外,为支持试点的推进,北京市将探索政策集成机制,加大对家庭林场的鼓励、引导和扶持力度。未来的林场主们有望在林权抵押贷款贴息、山区小流域治理、生态林森林保险、农业政策性保险等方面享有优先权。

激活沉睡山林[①]
——赣州市着力培育林业新型经营主体纪实

赣州"八山半水一分田,半分道路和庄园",现有林地面积 4595.6 万亩,占全市面积的 77.8%。赣州发展的潜力在大山,做活"林"文章,激活沉睡山林,赣州发展活力难以估量。

近年来,赣州市积极培育龙头企业、家庭林场、农民合作社等林业新型经营主体,聚集生产要素,激活沉睡山林,增强林业活力,实现了生态富民效应。

据统计,截至目前,赣州市已组建林业专业合作社 461 个,建有家庭林场 531 个,有造林企业 123 家、民营林场 105 家。

---

① 农村林业发展司,http://lgs.forestry.gov.cn,2014 年 10 月 22 日。

山为媒，林企结"良缘"
——造林企业和民营林场龙头带动，集约发展，促进林业增效

"是林业改革让我家富裕起来！林改不仅唤醒了沉睡的大山，也鼓起了我们的腰包。"2014年，对于全南县南迳镇黄云村谭新明来说是一个丰收年：厚朴公司分发了1万株厚朴苗木种植，年收入已有3万多元。在全南县，蓬勃兴起的芳香产业，已经让2000余户像谭新明这样的农民受益。

在构建林业新型经营主体中，全南县把在广东发展的本地村民谭志明吸引回家，谭志明投资2.2亿元，成立厚朴公司，种植厚朴、梅花、桂花等，发展芳香产业。在厚朴公司的带动下，该县1.1万余户农户参与芳香花木产业建设。

10年前，赣州市集体林权制度改革从崇义县作为全省试点县开始。目前，全市核发林权证124.83万本，发证宗地261.65万宗。这个阶段的林权改革，使山林产权明晰，让"山定主，树定根，人定心"，一定程度上激发了林农耕作山林的积极性。

随着改革的深入，林业的活力逐渐激发，林业市场潜力巨大，更多的人把眼光投向了林业发展，这其中就包含了一些实力雄厚的企业。这些企业新型经营主体，主要表现为工商资本造林企业，即工商资本进入林业兴办的以培育原料林基地为主的造林企业及民营林场。如此，传统林业经营要向现代林业跨越，规模发展势在必行。

而同时，大多村民守着"金山银山"不会"运作"，一直过穷日子，上山砍树又违法违纪了。要改变这一现状，只有寻找发展的新路子。

一方捧着资源寻出路，一方寻求资源谋发展。为此，赣州市林业部门加大宣传力度，引导农民进行规范的林地流转，以市场为导向，引进发展前景好的企业，龙头带动，让林地发挥更大的效益。以山为媒，林地与企业自然"喜结良缘"。

目前，赣州市造林企业主要集中在原料林、油茶、苗木花卉三大特色产业，企业有广西华劲纸业集团竹林发展有限公司、江西宝生园农业开发有限公司、全南厚朴生态林业有限公司等123家，经营林地面积200.7万亩。现有民营林场105家，经营林地面积46万亩。

林延展，专家成"大腕"
——家庭林场经营者技术引路，开拓造林，加速林地增绿

近日，宁都县湛田乡井源村村民李学庭，望着自己家枝繁叶茂、苗壮挺拔的承包林，心里特别敞亮。他兴奋地说，这里原是村里荒山，林权改革后，他向村民流转了500亩山林，加上自己家的100亩，办起了家庭林场，也被村民称为造林大户，是村民眼里的林业"大腕"。

李学庭是村里的造林能人，10多年前，他就与村委会商定，在村后山种了几十亩湿地松，虽然有收入，但因是"自然林"，产权不明晰，顾虑许多。如今，"山定主"，他手握与村民签的合同，犹如吃了定心丸，准备大显身手。李学庭算了一笔账：这是大约15年成材的树林，

如果这 600 亩杉树能成材，每亩 200 株计算，每株出材 0.5 立方米，按现在每立方米 800 元计算，这片林地收入可达到 480 万元，平均每年达到 7.2 万元。李学庭说："这就像把钱存在银行里，银行得不断地给你计算利息，只是提钱的时间要长一些。"

林权改革不断深入，相应政策服务配套，极大地调动了各地农民发展林业的积极性。通过林权改革，农民成了集体林的真正主人，植树造林由过去的政府组织动员，变成了农民自发行为，实现了从"要我造"到"我要造"的转变。

赣州市现有经营林地面积在 500 亩以上的家庭林场 531 户，经营林地面积 102.7 万亩，平均每户经营林地面积为 1934 亩。全市家庭林场新造人工林 70.2 万亩，造林投资达 8.4 亿元。

为引导具有专业种植水平的农户发展家庭林场，林业部门以林权制度改革试验区为契机，在各县（市、区）成立了林权管理服务中心，协调林地流转，确保主体的林地需求；探索林权抵押贷款，将资源变资产；抓好基础设施建设，市水利、交通、供电等部门对林地项目优先实施；试行多种合作模式，如"合作社+农户+基地""龙头企业+合作社+农户+基地"等模式。

如今，林业投资逐步由过去的以集体为主、国家补助，向社会多种经济成分并举的多元化格局转变，形成了全社会办林业格局，推进了造林绿化进程。

民抱团，山岭变"银行"
——林业专业合作社资源共享，互助经营，带来林农增收

在林业新型经营主体中，与林农关系最密切、涉及人员最多的是林业专业合作社。截至目前，全市已组建林业专业合作社 461 个，加入农户数 23448 户，经营面积 124.4 万亩。

专业合作社能实现资源共享、资金互补等优势，能享受到相关的优惠政策。加之门槛低，只要有 5 个人，其中 4 人为农民就可，且合作社"不验资、不年审、不取缔"。

因此，前些年，就速度上来看，合作社发展较快。但几乎是一哄而上，呈无序状态。合作社存在规模小、实力弱、效益差等问题，大多还不能适应现代林业生产发展需要，有相当部分还是"空头社"。

2014 年以来，赣州市积极用好和研究完善支持林业专业合作社建设的各项政策，实行典型引路、示范带动、整体推进的办法，促进合作社加快发展，规范运行，全面提升。

赣州市引导建立规范的专业合作社章程，合理设置组织机构、社员股金结构，规范财务制度等，增强合作社的凝聚力。同时，有针对性地选择一批示范社，在人力、物力、财力等方面给予大力支持，加强人才培训，不断增强示范社的市场竞争能力。

崇义县长兴竹产业合作社是一个林业新型经营主体。这个合作社成立之初只有 54 户农户，大家以毛竹林折资入股。合作社内联大户、外联市场，如今已有成员 103 户，经营竹林面积达 4669 亩。2014 年笋、竹两项纯收入 300 万元。

在赣州市，由龙头企业发起组建的合作社方兴未艾、蓬勃发展。依托油茶、苗木、花卉、竹产业等主导优势产业，以股份联结形式，企业与林农组建林业专业合作社，规模经营，抱团发展，提高经营效益。

兴国县山村油茶农民专业合作社实行"公司+合作社+基地+农户"的模式，依托省级龙头企业——江西山村油脂食品有限公司，有工商注册社员 62 人，实行统一技术标准、统一生产销售，2013 年成员人均纯收入 5100 元，比非成员收入水平高出 25%。

通过专业合作社，林农抱团发展，使荒山野岭成"绿色银行"，实现了山绿景美人富的效应。

生机盎然的上犹县营前镇雾毫茶场

革命老区龙岩：森林满山头 遍地是财富[①]

福建省龙岩市，地处闽、粤、赣三省交界处。这里是毛泽东思想的重要发祥地，是原中央苏区经济中心，红军长征出发地之一，著名的古田会议就在这里召开，这是一座继承了革命精神传统的城市。

2015 年 5 月 11~17 日，《中国绿色时报》记者参加了由中国记协、全国三教办组织的"中央和行业类媒体采编人员走进原中央苏区核心区域——龙岩"传统革命教育活动，学习先烈光荣的革命精神，领略了老区独特的魅力。分组下乡体验生活时，记者分别来到了龙岩市的岩山镇和江山镇，近距离与农户交流、体验村民日常生活，看到了当地林业产业的快速发展和前景。这段时间，也让记者对龙岩这个革命老区有了新的认识——现代林业在这里焕发生机。

家庭农场带活山村

龙岩是一座被森林包围的城市，森林覆盖率达 77.91%，福建省第一。城市的绿意让人对

---

① 农村林业改革发展司，http://lgs.forestry.gov.cn，2015 年 5 月 29 日。

龙岩留下深刻印象，正当记者感动于这片绿色时，山村里的绿又让我们感受到更多的意义。

岩山镇是记者下乡的第一站，在这个国家级生态镇中，林地面积13.8万亩，森林覆盖率达83.7%。全镇目前拥有家庭农场151家，注册登记的71家，记者前往的就是岩山镇家庭农场最多的山前村。

从市区伴着一路的绿树和蓝天，原本近两个小时的车程，还没有看尽满眼美色就抵达了。山前村海拔800多米，村子位于深山中，四周被家庭农场果树环抱，农场被原始森林包围，小河流水，古宅旧居在这里安静如初，风貌依存，村民热情淳朴，这一切给人一种错觉——这里就是传说中的"世外桃源"。很幸运，我们寄宿在两位农场主家里，与他们同吃同住同劳动，感受朴实的民风，体会现代林业产业在深山里的探索。

村子不大，96户321人，家庭农场却达23家，全镇最多。如今，全村有高山水蜜桃800多亩、高山芙蓉李400多亩、高山紫色葡萄50多亩，颇具规模，经济效益巨大，集体增收致富。

村民陈永金拥有山前村目前最大的家庭农场，面积400多亩，以桃树为主。陈永金的家安在山顶，无论从哪个角度看，美景尽收眼底。"你们来的不是时候，等到六七月份大桃成熟时节，那才好看呢。"陈永金告诉记者。

陈永金的农场有20多名工人，仅工资支出一年就要十几万元，加上日常管护等费用，每年投入农场的资金有几十万元。"赶上好时候了，国家政策越来越好，我们也更有信心了。"陈永金说这话时很有底气。目前，岩山镇水蜜桃每公斤能卖到20~30元，一棵桃树就能产生上千元效益，每亩平均收入高达3万多元。一棵桃树竟能有如此大的收益，这是记者没有想到的。

"这里海拔高，光照充足，自然环境好，产出的桃子要比其他地方更甜更可口。"说话的是村子另外一位农场带头人陈玉栋。他是岩山镇家庭农场协会的会长，协会在镇政府大力支持下，引领当地家庭农场发展壮大。早些时候，陈玉栋当过村干部，之后外出打工，有了自己的产业。如今回到村子，他开始带领村民搞起了种植，他的果园有桃树、芙蓉李，还有30亩的葡萄种植试验地。"把品种引进来，一开始没人愿意种，只好自己种种看。村民见到效益了，就跟着种了起来。"在谈到他的葡萄园时，陈玉栋满心欢喜。通过他的推广，全镇已发展100多亩葡萄。据他介绍，农场里葡萄每亩平均收入达6万~8万元，芙蓉李为2.3万元，收入相当可观。

每年的七八月份，蜂拥而至的游客慕名来到山前村，进入农场采摘水蜜桃、芙蓉李，供不应求。

特色产业集聚发力

在龙岩，像岩山镇山前村这样有特色的乡镇村落不计其数。下乡第三天记者来到了江山镇。这里，有一座山，远远望去如同一位正在熟睡的姑娘，她眉目清秀，仰天而卧，名为"睡美人"，位于当地一处国家森林公园内，也为这个远离喧嚣的乡镇，披上了一层神秘的美感。美山美景美人，这是记者初到江山的直观感受。

首先拜访的是一位大学生创业者，准确地说现在已是一位事业有成的青年企业家。大学期间，郭盛学的是工业分析技术专业，2000年从天津科技大学毕业。毕业后，没有找工作，而是只专心做一件事情——跟着导师学习种苗培育技术，一学就是7年。2008年，郭盛自己搭起了一处简易大棚，这就是最初的种苗基地。起初并不顺利，销路是最大难题。凭着信用和质量，郭盛的种苗很快打开了市场，客户主动上门订货，种苗卖到脱销。现在，郭盛的种苗基地已发展到20多人，有玻璃大棚5个，占地近4000平方米，培育的主要有大花蕙兰、金线莲和铁皮石斛等，每年平均收入超过300万元。目前，在曾经的简易大棚边，一座占地4000平方米的现代化薄膜温室正在建设中，郭盛和他的种苗事业也正从"美人"脚下走向山外。

在郭盛的种苗基地对面就是黄东斌的嘉宝果种植园。嘉宝果是一种台湾树葡萄，该树种兼有经济和观赏效果。果实如普通葡萄大小，颜色深黑，籽大，口感顺滑香甜，营养美容功效好，最奇特的是它的果实是一颗一颗单独结在主干和枝干上的。据黄东斌介绍，嘉宝果初果期是7~10年，此后每年视生长环境可结果3~6次，"一棵树的果实收入有5000元，单独卖树一棵要七八万元。"这还只是保守价，面对供不应求的市场，黄东斌100多亩的葡萄园，是"美人"脚下名副其实的聚宝盆。

在"睡美人"深处，有一位台湾商人，名叫林雍三。在林雍三的基地，记者了解了牛樟芝的培育、生长过程。牛樟芝是一种长在台湾特有树种牛樟树上的真菌，是珍贵的药用菌类，具有极高的研究和商用价值。在贮存仓库，记者看到了大量标有编号的牛樟木。"这些牛樟木全部从台湾运来，1立方米牛樟木要十几万元，而1立方米只能产出3公斤左右的牛樟芝。"林雍三告诉记者。正是具备了这些特性条件，使得牛樟芝的价格高达每公斤10万元。目前，林雍三正在同多家药厂商谈合作事宜，相信不久，就会进入市场。

林下经济凸显潜力

14年前，中国第一本新林权证落地武平县，作为全国林权改革第一县，武平县如今发展如何？答案显而易见：过去，林农望着绿水青山过苦日子，如今，绿水青山就是金山银山，林农不砍树也能致富。

林荣村有林地2万多亩，以阔叶林为主。2014年，村民王传龙根据厂商订单，投资20多万元从江西调进8万多株草珊瑚种苗。草珊瑚当年种下就有收益。目前，村里11户村民种植超过1000亩的草珊瑚，预计户均收入近10万元。

在云礤村，全村采取统一授牌、集中管理、规范经营模式，大力发展"森林人家"休闲健康旅游。如今，全村人均纯收入8778元，村集体收入约15万元，同比增长87.5%。2013年，武平县在该村建起 122 亩金线莲林下种植示范基地，实现年产值 3400 万元，成为该县林下经济发展的标杆。

象洞乡村民练志明投资 5000 多万元建起铁皮石斛示范基地，带动周边 20 多户村民发展铁皮石斛种植。目前象洞乡逐步形成了以铁皮石斛种植、象洞鸡养殖等为主的特色林下产业，建立民营林场、林业合作社 15 个，入社农户 200 多户，年产值突破 1.5 亿元。

2013 年，武平成为首批国家林下经济示范基地。如今在武平，林下饲养、林下养殖、森林旅游遍地开花。由野生植物驯化而来的富贵籽养殖技术在全县推广，种植面积 2000 多亩，年产优质富贵籽 230 万株，产值突破 1.4 亿元。石蛙、竹鼠、蜜蜂等林下养殖产业也为林农增收提供了新途径。据统计，2014 年武平县的林下经济产值达到 13.68 亿元。

几天的探访，让记者在龙岩开启了一段寻宝之旅，发现了一处又一处林业宝藏。森林满山头，遍地是财富，林业产业正在这里蓬勃发展。如何继续保护好这片绿色资源、发展好林业经济，龙岩人将继续秉承老区精神不断探索。

云南"合作股份"开启林业模式①

经济薄弱，年收入 1 万元以下的"空壳村"高达 55%，村级党组织无人、无力、无钱办事。这是云南省村级集体不容回避的现状。

2013 年，云南省委组织部探索性提出开展强基惠农"合作股份"工作思路，省林业厅成为主导此项工作的 8 个部门之一。

5 月 7 日，云南省林业部门"合作股份"工作推进座谈会在昆明召开。会议明确提出，将"合作股份"工作列入林业重点支持事项。2015 年计划整合各类资金 3000 万~4000 万元，重点打造约 150 个林业"合作股份"项目。木本油料产业、国家造林补贴、低效林改造和林下经济等现有林业项目优先向"合作股份"项目倾斜。

授人以渔，林业试点"合作股份"

2013 年年初，云南省委组织部为联系点楚雄彝族自治州武定县插甸镇争取产业发展扶持项目，探索整合国家支农惠农资金，改革传统投入机制，把上级扶持的部分项目资金作为村党组织领导下的经济实体资本，以股份形式投入当地优势产业，并通过股份合作方式形成集体经济，使村集体组织有相对稳定的收入，破解"空壳村"现象。

"合作股份"迅速在插甸镇 12 个村展开，形成了最初的"插甸经验"。2013 年 12 月，省委组织部牵头，省发展改革委、省财政厅、省农业厅、省林业厅、省水利厅、省工商局、省扶贫办等 8 部门联合下发《关于开展农村集体经济"合作股份"试点工作的指导意见》，"合作股份"

---

① 农村林业改革发展司，http://lgs.forestry.gov.cn，2015 年 5 月 22 日。

工作在全省推开。

与单纯的项目资金安排不同,"合作股份"更多的是为基层集体创造长久收益渠道,变授之以鱼为授之以渔,以长远解决"空壳村"问题。

2014年1月,云南省林业厅在怒江傈僳族自治州贡山县茨开镇丹珠村开展"合作股份"试点,探索"合作股份"的林业模式。

在综合分析丹珠村党组织班子建设、产业、资源现状基础上,试点工作从木本油料产业发展项目中安排了30万元资金作为原始股本,扶持丹珠村与贡山县绿荫农业开发有限公司合作成立贡山县丹珠绿佳林产品加工厂。按照投资比例,丹珠村持有加工厂37.5%的股份,加工厂所有权与经营权分离,按照"股权平等、利益共享、风险共担、积累共有"原则开展经营。

在此基础上,条件相对成熟的昆明、保山、文山、红河、大理、德宏、临沧等州(市)随即展开试点。

云南省林业厅要求,各地林业部门要根据当地林业资源和经济发展水平,以林业项目为支撑,力求做到一村一良策、一村一亮点。目前,云南林业系统共投入项目资金2100万元,扶持88个村集体开展了"合作股份"试点工作。

探索创新,三类模式因地制宜

按照林业"合作股份"工作推进座谈会要求,2015年,全省16个州(市)的129个县林业局至少要明确一个村开展"合作股份"工作。面对这一新生事物,各级林业部门都在探索模式,摸着石头过河。

云南省林业厅副厅长冷华说:"不要把合作股份理解得过于复杂,只要能让村集体有可持续的经济收入,不论什么方式,都可以尝试、创新。"

省林业厅结合各地实际,特别是集体林权制度改革后林地和林木所有权确权到户的情况,建议各地探索资源整合、资金投入、项目合作3种方式入股开展"合作股份"工作。

资源整合入股开展"合作股份",即利用没有确权到户或没有均股、均利到户的林地、林木资源进行资产评估入股,或利用村办林场、苗圃以及未分到户或未承包的果园、果木入股,或利用已均股、均利到户但未均山到户仍实行村集体管护的公益林林下经营权、采集权和景观经营权开展"合作股份"。

资金投入入股开展"合作股份",即报经当地政府或财政部门同意,使用育林基金和植被恢复费安排专项经费开展种植和林下经济发展等符合资金使用方向的"合作股份";利用未均山、均利到户或没法分到户的集体生态效益补偿费转化为"合作股份"股金。

项目合作入股开展"合作股份",即对木本油料产业发展、国家造林补贴、低效林改造工程和林下经济等现有林业项目补助村集体、林农专业合作组织的项目资金可采取"合作入股"方式予以扶持；对于国家其他造林投资中没有补助到农户个人的项目资金，也可以探索纳入"合作股份"。

云南省林业厅特别强调，无论采取哪种方式开展"合作股份"，都必须经过所有权人同意，必须符合资金使用方向。

明确定位，政府着重规范操作

基层党组织将"合作股份"简单理解为项目资金安排；没有合适的带头人，工作推进缓慢；林业产业周期长，难以组建带动力强的经济实体，实现以短养长；林业项目收益期晚，不可预见因素多，村集体和投资主体达不成共识……"合作股份"在实际操作中困难重重。

为此，云南省林业厅积极探索规范的操作模式，要求各级林业部门主动承担牵头、组织、协调、监督责任，解决"合作股份"的后顾之忧。

省林业厅要求，对已经开展的项目，要认真梳理，完善方案，做到合理合法；对即将开展的项目，要选择有基础、有条件、有竞争力、有带动力的备选项目。要加强项目资金监管，引导规范资金使用，做到资产归属清晰、责权明确，提高化解风险的能力。要加强与工商部门的衔接，共同指导村集体按相关法律法规，以村委会作为投资主体创立集体经济实体，并以创立的集体经济实体或直接以村委会为投资主体与其他公司、专业合作社或个人合作组建新的股份合作经济实体。

省林业厅同时规定，林业部门切忌大包大揽直接以投资主体身份参与到"合作股份"中。

政府推动、部门联动、科技推动、示范带动、群众主动，在"合作股份"工作推进座谈会上，文山州林业局副局长张全文一语道破了"合作股份"工作推进的理想模式。云南林业"合作股份"也将按照这一思路，努力成为林业促进农村改革发展的重要途径。

4.5 退耕还林、还草

青海：回首退耕还林 15 年[①]

青海省东部干旱山区曾是满目荒山，绵延无际。如今行驶在西宁至兰州的高速公路上，许多昔日的荒山荒坡已逐渐被林草植被覆盖，干涸多年的小河里又有了流水。

从 21 世纪初开始实施的退耕还林还草工程已经开始在青海省东部干旱山区发挥生态效益和经济效益了，15 年前满目黄土的景象已被绿色覆盖。

互助土族自治县被称为青海省"退耕还林第一县"。在黄土高坡深处的蔡家堡乡东家沟村，

[①] 中国林业网，http://www.forestry.gov.cn，2015 年 9 月 28 日。

记者见到了当年退耕农民东有祥。自国家实施退耕还林政策以来,国家给予粮食和资金补助,和周围的家家户户一样,东有祥成了"种树工""护林工"。他说,以前耕种条件差,还要看老天爷吃饭。现在耕地退出来了,荒山变绿了,国家还给粮食和资金补助,可以腾出精力发展副业了。据他介绍,从2000年开始,他们村很多年轻人出外打工,还有些人在县上、乡上开店,做起了餐饮、超市等产业。

互助县山多、沟深,土地贫瘠,水土流失严重。2000年开始该县先后在19个乡镇、147个村3.6万户农家实施退耕还林工程42.518万亩,其中,退耕地造林15.52万亩,荒山造林24.5万亩,封山育林2.5万亩。现在层层梯田盘山过堰,片片林草碧绿青翠,沟壑纵横的荒山秃岭披上了绿装,水土流失得到遏制,农业基础条件得到改善,粮食亩产达到400多公斤。项目区农田基本实现林网化,水土流失综合治理面积不断扩大。流域内初步形成了乔、灌、草相结合的坡面生态防护体系,森林覆盖率提高到32.2%,比2000年前提高了25.6个百分点。项目区每年有万名壮劳力外出打工,农民人均收入比10年前增长了5倍多。

山川秀美的新景观和农民逐渐摆脱贫穷,都得益于15年来的退耕还林工程。这项新中国成立以来投资规模最大、造林最多、涉及面最广的生态建设工程,已经开始发挥生态和经济社会效益。

据省林业厅造林处处长马广金介绍,青海省退耕还林工程经历了3个阶段,2000~2001年为试点阶段,2002~2006年进入第二阶段的全面启动,第三阶段从2007年至今,为成果巩固阶段。从2000年至今,实施退耕还林还草290万亩(还林261万亩,还草29万亩)。工程涉及全省44个县(市、区、场)、327个乡镇、3911个行政村、29.62万农户、135.5万农牧民。至此,数百年"越穷越垦、越垦越穷"的局面终于在21世纪初开始逐渐得到改变。

2007年进入成果巩固阶段后,国务院将退耕还林工程从全面推进转入巩固成果阶段,延长和调整了对退耕农户的直接补助,中央财政建立了巩固退耕还林成果专项资金,集中力量抓好基本口粮田建设、农村能源建设、后续产业发展、补植补造等重点工作。在这几年,省农牧厅先后投资2.91亿元,建设户用沼气池5400座,为农牧民购置太阳灶9.3万台,建设日光节能温室和畜棚5376栋,还有生物质炉、太阳能热水器17万台,实施草地更新任务4.71万亩。省水利部门在全省各地完成基本口粮田建设面积74.86万亩,其中坡改梯田15.36万亩,低产田改造22.3万亩,农田水利改善灌溉面积35.73万亩,完成投资3.08亿元,这些项目和工程大大改善了农牧民生产生活条件。

一

退耕地还林还草,退下来后能否稳得住,保证不复耕,培育后续产业是关键。青海省各地进行了有益的探索,发展还林还草基础上的种植业和养殖业。据了解,2009~2014年,国家根据青海省巩固退耕还林成果总体规划下达建设任务、资金外，另下达省巩固退耕还林成果专项资金1.44亿元，林业部门利用这部分资金，在261万亩退耕地中，开展沙棘、枸杞、核桃、大果樱桃、树莓、黄果、山杏等生态经济林建设，先后建设沙棘基地11.11万亩，枸杞基地8.66万亩，核桃等生态经济林5.46万亩，补植补造5.94万亩，有力地推动了退耕还林后续产业发展。德令哈市积极扶持青海柴达木高科技药业有限公司、德令哈市防沙治沙公司等"龙头"企业，以"公司＋基地＋农户"的发展模式，带动农牧民发展后续产业。至2008年，枸杞种植面积达万亩，年产干果72吨，总产值259万元，3个乡镇12个村1400户农户、约3万余人（次）从中受益，户均年增收2000元。

青海柴达木高科技药业有限公司集科研、种植、加工为一体，研制开发了通心舒胶囊、心脑康胶囊、枸杞多糖降糖饼干等30余种高科技产品，产品远销全国26个省、市，市场前景广阔。枸杞种植基地共种植枸杞6000亩，年产枸杞干果16万公斤。公司的日益发展和壮大，强有力地带动了周边农牧民群众脱贫致富的步伐，每年使600户农户、1万余人从中受益，人均年增加收入1200元，占年人均纯收入的50%。

二

随着退耕还林还草工程的实施，青海省生态文明建设跨入了一个新的发展时期，取得了明显的生态、经济和社会效益。

首先是有效地改善了生态环境。通过工程实施，增加林地面积1000万亩，全省森林覆盖率由1999年的3.1%提高到现在的6.1%。有效控制了水土流失面积，减少15°以上陡坡耕地113.3万亩，沙化土地107.91万亩。全省治理水土流失面积1100万亩。据2010年调查结果显示，三江源地区水土河流控制站平均含沙量为0.046～4.3公斤/立方米，与多年平均值相比减少了29.3%；主要沙区的土地沙化速率呈现出明显减缓的势头，对兴海沙丘的监测表明，2007～2012年兴海县沙丘高度变化在-0.3～-0.1米，沙丘水平移动速度自2006年以来呈平稳减小趋势；黄河上游、长江源区降水量持续增加，流量增多，2003～2012年平均流量较1991～2002年分别增加117.2立方米/秒、149.4立方米/秒。中国最美湖泊——青海湖周边生态环境明显改善，沙化土地以每年2.3%的速率递减，水位连年出现上涨。

其次是农民经济收入显著增加。退耕还林工程实施以来，全省累计向广大退耕还林户发放粮食补助资金、生活补助资金和巩固成果直补资金50多亿元，退耕还林补助成为农村牧区特别是贫困地区群众的主要收入。据统计，全省退耕户年人均收入2504元，其中退耕补助578元，占比达23%。

不仅如此，还促进了农村牧区产业结构调整。实施退耕还林工程后，土地贫瘠、广种薄收的坡耕地减少，农民增加了对剩余耕地的投入和机械化作业强度，提高了单位面积产量，实现了粮食总产量稳步增长。全省粮食总产量从2005年的93.26万吨提高到现在的102.37

万吨。促进了种植业结构调整，收入明显增加。柴达木盆地及共和盆地的退耕农户依托地理条件优势，发展枸杞特色经济林，每亩产值提高了几十倍。都兰县宗加镇依托退耕还林工程种植枸杞11.8万亩，实现年产值7.5亿元，人均纯收入超过万元，枸杞产业已成为当地农民的支柱产业。据统计，2010年，退耕户人均非农收入达到2162元，比2000年退耕前增长了1612元。可以说，经过十几年来的努力，青海省退耕还林工程建设和成果巩固工作取得了显著成效，工程区生态状况明显改善，农村产业结构和土地林业结构进一步优化，农牧民收入实现快速增长，尤其是调动了全民参加生态环境建设的积极性，极大地提高了全民生态环境保护意识，加快了全社会生态文明建设的进程。

2014年我国启动实施新一轮退耕还林工程，青海省开始启动实施新一轮退耕还林工程30万亩，实施对象主要为25°以上的非基本农田坡耕地和严重沙化耕地。这是党中央、国务院从民族生存和发展的战略高度，着眼经济社会可持续发展全局做出的重大决策。由此我们可以相信这一轮退耕还林工程将为青藏高原生态文明建设带来新的生机和绿色希望。

泸溪县：退耕还林结硕果 脱贫致富谱新篇[①]

泸溪县位于湖南省湘西土家族苗族自治州南端，总人口30.2万人，属国家扶贫工作重点县，革命老区县，地处全国14个扶贫开发连片特困地区之一武陵山片区，是国家扶贫开发的主战场。全县2001年开始实施退耕还林工程以来，累计完成退耕还林工程48.5万亩，其中退耕地造林23.8万亩，配套荒山造林21万亩，封山育林3.7万亩，涉及全县15个乡（镇），150个村（居）委会，62837户农户，23.85万人，小班2.89万个。通过退耕还林，全县新增有林地44.8万亩，有林地总面积185万亩，森林覆盖率达到56.08%，提高10.52个百分点。

一是生态环境明显改善，生态效益明显增强。通过实施退耕还林，泸溪林业发展实现了跨越式迈进。退耕前的"濯濯童山"，如今是林茂粮丰，郁郁葱葱，人居环境大为改观，水土流失和土地荒漠化现象得到进一步遏制。10多年来，林地面积由不足8万公顷上升到12.5万公顷，增加56.25%。林木蓄积由"十五"期间的74万立方米，跃升到204.7万立方米，净增130.7万立方米，翻了1.8倍，其中通过退耕还林工程增加的林木蓄积净增约45万立方米，森林覆盖率达到56.08%，比"十五"期间提高10.52%。48.5万亩退耕还林造林成林后，每年涵养水源达621.3万立方米，保水固土126.6万吨，基本遏制了全县林区水源枯竭状况和水土流失的进一步恶化。同时调节气候，增加空气湿度，改善空气质量，促进生态环境的自我恢复，提高生态承载能力，增强森林的自我调节能力，优化了生态环境。

---

① 退耕还林网，http://tghl.forestry.gov.cn，2015年9月30日。

二是经济效益增长显著,退耕户真正得到实惠。退耕还林工程是泸溪县历年来投入最大的一项林业生态工程,按照《退耕还林条例》规定,仅钱粮补助投入总额就达 6.58 亿元。2001~2014 年间,泸溪县退耕还林生活费和退耕地现金补助已达 4.33 亿元,全县农民人均增加收入 1698 元。同时,通过退耕还林优化了农业产业结构,改变了过去农村种植的单一结构,增加了柑橘、板栗、桃李等经济林种植面积,扩大了经济林种植规模,加快了林业产业化进程。全县营造生态林 40 万亩,进入轮伐期后,每亩林地林木蓄积量达 4 立方米,实现产值 15.8 亿元,新造经济林 3.8 万亩。挂果后,平均年产鲜(干)果 1000 公斤/亩,年总产量达 3.8 万吨。按 2000 元/吨计算,退耕户每年可增加收入 7600 万元。

三是社会效益充分发挥,劳动力转移实现增收。实施退耕还林后,加快了农村种植产业调整,促进了县特色产业的发展。特别是泸溪县传统产业柑橘,群众基础好,种植水平高,在柑橘的种植中涌现出了一批示范村、示范户。从 2001 年开始,通过退耕还林工程的带动,全县掀起投身柑橘开发、依靠柑橘种植致富的高潮。目前全县柑橘产业面积达 30 万亩,年产值 21 亿元,先后有 6 万多人通过柑橘产业走上脱贫致富之路,占全县农村人口的 1/4,人均柑橘收入 1500 万元,涌现出了泸溪红山柑橘专业合作社、泸溪县金富泰柑橘农民专业合作社、泸溪县惠农柑橘农民专业合作社等一批国家级、省级农民专业合作社。同时,农村大量的耕地退耕还林后,退耕户的劳动强度得以减小,农村剩余劳动力纷纷向城镇转移,拓宽了农民增收渠道。据统计,退耕还林后,泸溪每年外出务工人员达到 8 万多人,年劳务收入超过 12 亿元。

退耕还林的实施,极大地改善了人居环境,城乡生态面貌焕然一新,构建和恢复了相对完整的林业产业和稳定的生态体系,促进了农业产业结构的调整,带动农村农民脱贫致富。全县逐渐发展起来以峒河沿线洗溪、武溪、潭溪等乡镇为中心的 30 万亩柑橘为主的富硒水果基地;以洗溪、良家潭、八什坪、浦市等乡镇为主的 5 万亩湘西油板栗产业基地;以县境中东部浦市、达岚、石榴坪、合水等乡镇为主的 5 万亩国外松工业原料林基地;以县境西部解放岩、小章、白羊溪、兴隆场等乡镇石灰岩山区为主的 5 万亩桤木林纸产业基地;以潭溪镇万亩柑橘园、军亭界林场为主发展起来的森林生态旅游产业。

实施退耕还林工程 15 年　迪庆生态立州促跨越发展[①]

8 月 19 日,穿过郁郁葱葱的原始森林,记者来到维西傈僳族自治县塔城镇巴珠村委会,只见地埂边上的木瓜早已挂满篱笆围栏,地里的中药材长势喜人,成群结队的蜜蜂和蝴蝶正在玫瑰花间飞舞。

---

① 中国林业网,http://www.forestry.gov.cn,2015 年 8 月 27 日。

村委会党总支书记和勋说:"多年来,我们通过保护生态环境,大力发展生物产业,让村民走上了脱贫致富奔小康之路。如今,全村森林覆盖率已达98.2%,人均纯收入超过了6000元,实现了生态美与百姓富和谐共振。"

这个藏族村落的生态文明建设理念,仅是迪庆藏族自治州追梦"绿富美",施行"生态立州"发展战略,走生态文明发展路的一个缩影。

20世纪70年代至90年代,迪庆州的财政收入约80%来自于木材,不少群众也靠砍伐、加工和运输木料为生,原始森林遭到"掠夺式"采伐。维西县三江林场职工彭斌,在木材公司当驾驶员的10多年里,几乎年年被评为先进,原因是他一个人外运的原木就有2万多立方米。他说:"当时那种'剃光头式'的采伐,搞得原来溪流潺潺的山谷没了水,一下雨山坡上就出现滑坡、泥石流。"

1998年9月1日起,国家实施天然林保护工程,迪庆随之陷入困境。告别了"木头财政"的迪庆州,路在哪里?该如何走出一条不靠砍伐树木又依托生态优势发展经济的路子?

在深入调查研究的基础上,迪庆州上上下下形成共识:不能就生态而生态,要大力发展生态经济型产业,使国家得生态,百姓得实惠。提出了"生态立州、文化兴州、产业强州、和谐安州"的发展思路。林业由过去的支柱产业调整为重要的基础产业,确定把生态环境保护和建设作为全州林业工作的重点,实现了全州经济发展由"砍树财政"向"看树财政"的华丽转身。没有轰鸣的斧锯声后,彭斌他们的生活也发生了变化,春夏季节上山植树,冬季防火期巡山护林。如今,彭斌几乎年年还是先进,不同的是因为他植树成活率在林场首屈一指。他说,自己是在努力还"债"。

艰难的转型开启了迪庆州走向跨越式发展的道路。从2001年开始,从保护、保存、整治和发展入手,深入实施"七彩云南"香格里拉保护行动,建设"森林迪庆",扎实推进"美丽迪庆"建设,科学合理界定各类保护区范围,保护好"三江并流"世界自然遗产;大力实施滇西北生物多样性保护工程,构建生物多样性保护体系;推进"两江"流域生态安全屏障保护与建设,实施好江河沿岸防护林建设、干热河谷及石漠化治理等生态建设工程和天保工程、退耕还林、退牧还草等后续工程;加强生态公益林管理和建设,加快自然保护区和国际湿地公园建设;开展大江大河沿岸、湖库周围、城镇面山、交通沿线及生态脆弱地区的森林生态建设;在加强水污染综合防治的同时,强力推进农村清洁能源建设工程和生态移民工程,推广新型建材替代项目,逐步实现了有效的生态保护。

2013年年初,《迪庆藏族自治州生态州建设规划》获批准实施,把生态文明建设又推上了新的征程。目前,迪庆州的森林覆盖率已由天然林禁伐前的不到50%上升到70%以上,植被覆盖率超过86%。实施退耕还林工程15年来,累计完成退耕还林工程建设近40万亩,国家累计投入退耕还林政策补助4.3亿元,享受退耕还林政策补助的人数占农业人口的56.4%。

正如香格里拉市建塘镇红坡村委会浪村民小组村民茸北所言:"从前村里人靠砍树过日子,现在靠保护生态致富。国家的生态补偿金、养牦牛、捡松茸、种森林蔬菜和中草药的收入,样样都是钱,家家每年都有几万元的收入。"

退耕还林使宁夏森林覆盖率由 8.4% 提高到 13.8%[①]

在宁夏回族自治区泾源县,当地的村庄"藏身"在大片绿色植被中。记者从宁夏回族自治区林业厅了解到,宁夏第一轮退耕还林共完成营造林 1305.5 万亩,森林覆盖率由 2000 年的

美丽的普达措国家公园

在宁夏回族自治区泾源县,当地的村庄"藏身"在大片绿色植被中

---

① 中国林业网,http://www.forestry.gov.cn,2015 年 8 月 7 日。

8.4%提高到目前的13.8%。在带来生态环境明显改善的同时,也使退耕区农民收入稳步增加。据了解,宁夏自2000年实施第一轮退耕还林工程,工程覆盖21个县(市、区)及农垦系统,共完成营造林1305.5万亩,中央累计兑现全区退耕还林补助资金106.16亿元,惠及153万退耕农民。退耕还林效果也十分显著,宁夏全区水土流失治理程度接近40%,每年减少流入黄河泥沙4000万吨;荒漠化和沙化土地总面积分别减少349.5万亩和38.1万亩。

广安区:退耕还林种花椒助农增收[①]

6月8日,在四川省广安区恒升镇代龙村花椒产业基地,200余名椒农正冒着烈日采摘成熟的青花椒,所采摘的青花椒将直接送往生产车间,经过加工包装后销往全国各地。

近年来,广安区林业局、恒升镇等单位整合项目资金引导和帮助广安和诚林业公司董事长黄志标成立广安川顺花椒专业合作社,采取"合作社+基地+农户"的模式,在代龙村、姚坪村成片流转退耕还林土地4000余亩,规模发展青花椒产业,目前挂果面积达到3000亩。

据悉,当地农民以土地到合作社入股,合作社负责提供花椒树的栽植、技术、管理及销售,收成由农户与合作社按三七开的比例分成。按照每亩地栽植花椒树120株,每株产青花椒20斤,每斤青花椒均价6元计算,每亩产值可达14400元,农户每亩可分得红利4300余元。不仅如此,村民在花椒基地务工,每年还可挣到3000元到1万元不等的务工收入,青花椒已成为致富该镇群众的骨干产业。

广安区恒升镇代龙村花椒产业基地,椒农正冒着烈日转运刚采摘的成熟青花椒

发展特色产业 退耕还林后一样增收[②]

每年七八月份是四川省威远县新店镇邱安权最忙碌的时刻,在他占地两亩的果

[①] 退耕还林网,http://tghl.forestry.gov.cn,2015年6月12日。
[②] 退耕还林网,http://tghl.forestry.gov.cn,2015年6月19日。

园里,紫红色的无花果挂在枝头,散发着诱人的清香,游客穿梭其中,尽享采摘乐趣。正是有邱安权这样的种植户,目前,威远县无花果种植规模已达 5.3 万亩,成为当之无愧的"中国无花果之乡"。其实,无花果产业仅仅是内江市退耕还林发展特色产业的"三大名片"之一。从 1999 年启动首轮退耕还林工程以来,内江以改善生态环境为准则,加快农村产业结构调整,大力发展麻竹、塔罗科血橙、无花果为示范的特色产业,促进了农民增收。截至 2014 年年底,累计完成退耕还林工程总面积 69.54 万亩,取得了良好的生态、经济、社会效益。

生态优先全市森林覆盖率增长 9.6 个百分点

近年来,当雾霾、沙尘暴、泥石流等字眼高频率地进入大众视野后,环境保护被提上了一个新高度。说到底,退耕还林的根本目的是改善生态环境,促进人类健康和谐发展。

基于这样的总目标,内江市将生态效应作为开展退耕还林工作的首要参考指标。坚持"因地制宜、统筹规划、突出重点、分步实施"的原则,推行适地适树,生态优先、兼顾经济效益,实行针阔混交、乔灌结合、林草间作等造林模式。

突出"馒头山"顶、城镇周边、通道两旁、塘库湖周四大重点区域造林和后续产业发展,有计划、有步骤实施生态造林、景观造林和营造经济林,使全市退耕还林工程建设始终沿着"山绿民富"的方向推进。

首轮退耕还林工程开展以来,全市森林覆盖率由工程实施前的 22.96% 上升到 32.56%,增长了 9.6 个百分点。全市生态环境明显改善,灾害性天气明显减少。

统筹规划特色产业带动农民增收

四川省内江市资中县是血橙大县,也是国家塔罗科血橙基地,塔罗科血橙产量占全国 90% 以上。在新村建设中,资中县林业局将塔罗科血橙作为支柱产业,以个别村镇为基地,形成产业带,并辐射带动周边各村社,实现村民增收。这就是内江市将退耕还林与农村经济结构调整相结合的一个缩影。

通过农村产业结构调整,内江市新建了麻竹、杨树、巨桉、塔罗科血橙、柠檬、无花果、蚕桑等一大批林产业基地,推动了种植业结构调整。其中麻竹、塔罗科血橙、无花果是内江市退耕还林特色产业亮丽的"三张名片",具有基地面积大、特色独具、产业链相对完整、带动农户较多等比较优势,带动了乡村生态旅游的兴起。

退耕还林在增加农民政策性收入的同时,还增加了农民经营性收入。据不完全统计,全市 31.74 万亩退耕地还林、36.3 万亩配套荒山造林、26.3 万亩后续产业种植业项目已见经济效益的面积分别为 15.4 万亩、12.9 万亩、4.9 万亩,年亩平均收益分别为 1106 元、1447 元、433 元。

项目投入着眼于退耕群众的长远生计

为加快后续产业开发，促进农民增收。内江市委、市政府出台了系列文件，要求把退耕还林与基本口粮田建设、农村能源建设、后续产业发展、补植补造、发展林下经济等配套保障措施结合起来，针对工程项目区的实际，整合农业、水利、交通、林业等多部门的项目投入，积极建设林、竹、果、药、茶等后续产业原料基地，延长产业链，重点加大对退耕还林困难乡镇、村的项目和资金支持力度，最大限度地解决退耕群众的长远生计。

据悉，从1999年启动首轮退耕还林工程，截至2014年年底，内江累计完成退耕还林工程总面积69.54万亩，工程涉及5个县区、111个乡镇、1283个村，直接受益农户22万余户、人口80余万人，中央已累计投资9.8亿元。造林质量经国、省专业核查，合格面积保存率达98%以上。退耕还林工程取得了良好的生态效益、经济效益和社会效益。

成绩属于过去，努力成就未来。新一轮退耕还林的集结号已经吹响，内江市林业部门早已整装待发，他们将以更加坚定的信心、更加有力的措施、更加务实的作风，努力推动内江林业全面、协调和可持续发展，为建设美丽四川贡献力量。

新一轮退耕还林带来新模式 农民乐呵呵[①]

5月6日，在湖北省恩施市龙凤镇试点柑子坪村瓦厂坝组，洪武专业合作社几名社员正在新一轮退耕还林田块里管护扯草。

据该合作社负责人邹西武介绍，当地村民以土地入股的方式加入合作社，2014年共发展漆树4500余亩，2015年又栽植油茶120余亩，社员在收益合作社分红、国家退耕还林补贴、林下套种经济收入的同时，又在合作社基地打工，进行栽植及抚育管理，按月拿工资。邹西说："上个月，合作社给社员共发放工资近20万元。"

据悉，自新一轮退耕还林启动以来，恩施市在广泛征求群众意见和了解市场需求的基础上，探索了"公司+专业合作社+农户+基地""合作社+农户+基地""公司+农户+基地"等多种经营模式，同时进行林下配套种植，提高土地效益。截至目前，已完成退耕还林3.7万亩，其中栽植漆树1万亩、茶叶2万亩、杉木和柳杉等7000亩，涉及8个村4537户，退耕还林户加入专业合作社4412户，其中加入漆树专业合作社农户1317户，加入公司（茶叶专业合作社）农户3095户。

"作为农民，我们对新一轮退耕还林这个模式很拥护，收益有保障，技术有专业人员指导，一亩田比原来收入翻了好几倍，人也轻松得多。我现在又在合作社打工，每个月都可以拿到2000多块钱工资！"当地村民陈军笑呵呵地说。

[①] 中国林业网，http://www.forestry.gov.cn，2015年5月28日。

城口：退耕还林 24 万亩绿了青山富了百姓[①]

"2014 年我收获了 1000 斤板栗和几百斤核桃，轻松挣了 1 万元。在山林里养城口山地鸡，也有近万元的收入。"日前，岚天乡星月村村民甘业润说。这些年，县上实施退耕还林政策，不但给农民相关补贴，农民还可以借这股东风发展干果、中药材、城口山地鸡等特色产业，在政府的引导下，许多村民在增收致富的道路上越走越宽敞。

近年来，重庆市城口县全面实施生态立县发展战略，始终坚持把林业产业发展放在县域经济社会发展的重要位置，按照"念山字经、写林字文、打资源牌、走特色路"的总体要求，着力推进"树上挂果、林地种药、林下养鸡、林间养蜂"的立体林业特色产业发展模式，初步形成了以保护森林资源为主体，以森林食品业、林副产品加工业、森林生态旅游业为主的立体林业特色产业发展新格局。

据县林业局相关负责人介绍，近年共完成坡耕地还林任务 24.2 万亩，涉及全县 142 个村、852 社、115371 人，国家累计投入各项退耕还林资金 8.2559 亿元，在调动农民退耕还林积极性的同时，引导农民发展林业特色产业，真正实现了老百姓"靠山吃山"。

同时，城口县通过实施退耕还林工程，增加了森林植被，促进了森林生态系统良性循环，减少水土流失和土地沙化，有效减免了洪涝、滑坡等自然灾害的发生，在调节气候、涵养水源、净化空气、保护生物多样性等方面都发挥着重要作用。

目前，城口县已启动新一轮退耕还林工程，实施期限到 2020 年，实施范围为全县 25°以上非基本农田坡耕地和重要水源地 15°以上非基本农田坡耕地。

4.6 贴息贷款、政策补贴、森林保险

湖南常宁林权抵押贷款激活"绿色银行"[②]

近年来，常宁市着力做好"林"字文章，做大做强油茶产业，推行林权流转改革，将林权流转全面推向市场，使"沉睡"的森林资源变成了可以抵押变现的"绿色银行"，林权证变成林农手中可以刷卡取钱的"金卡"，真是活了林权、富了林农、绿了青山。目前，常宁市发放林权抵押贷款 233 笔，金额 2.2 亿元，惠及林农 5 万人以上，拉动社会上数亿元投资。

为积极探索深化林业产权制度改革，加快林权管理服务体系建设，常宁市出台了《常宁市人民政府关于金融机构支持油茶产业发展的通知》《常宁市森林资源资产评估、抵押登记

[①] 中国林业网，http://www.forestry.gov.cn，2015 年 4 月 3 日。
[②] 农村林业改革发展司，http://lgs.forestry.gov.cn，2015 年 2 月 27 日。

申办程序》和《常宁农村信用社油茶林贷款操作规程》等政策性文件，组建了林权管理服务中心，集林权登记管理、森林资源资产评估、林权交易和贷款抵押登记等服务于一体，提供林权登记、变更、注销、信息发布、评估等一站式服务；创新"林权返租"经营模式，林业公司按照"林地租赁"模式将林地使用权过户到公司，公司种植油茶经营管理4~5年，待油茶树投产后，再将油茶树林权租给有能力的农户，公司出资购买肥料和农药等，同时出技术指导农户经营管理，而农户只管出劳动力，所经营的茶果收摘后公司与户按6：4进行分配。这种模式将公司和农户两者的利益捆绑在一起，不仅增加了农户的收益，也确保了公司的利益，是一种双赢的模式，深受老百姓的喜爱。

同时，常宁市财政注资500万元建立林权贷款贴息基金，在市信用联社实行专户储存，对经营油茶林规模50亩以上的公司和大户按1000元/亩的标准配置信贷资金，市财政贷款贴息50%，贷款期限最长达10年，给经营者和金融部门吃下了"定心丸"。目前，通过林权交易管理中心已开展森林资源流转、资产评估和林权抵押贷款等业务，共办理林权抵押手续235笔，评估宗地1645宗、面积24675.8亩、价值4.6亿元，发放林权抵押贷款233笔，金额2.2亿元，拉动社会上数亿元投资。

江山生态、鸣天、西施、中联天地、大三湘、碧翔、伟基等一大批有实力的林业公司扎根落户常宁，在常宁发展油茶产业，其油茶种植面积均在1万亩以上。同时种植油茶面积、用材林面积在1000亩以上的一大批林业大户迅速崛起，公司和大户租赁林地的租金也从两年前8元/亩增加到现在的20元/亩，实现双赢。截至目前，全市已低改老油茶林25万亩，新造油茶林22万亩，新造用材林12万亩，林业生产出现大发展的良好态势。

双牌林权抵押贷款促林农增收

5月13日，双牌县永江乡白沙江村农民张兴德从双牌农村商业银行借到了13万元的"惠林通"林权抵押贷款，有了充足的资金，他计划扩大土鸡、石蛙养殖规模，发展生态经济，走发家致富的道路。

双牌县森林资源非常丰富，人均山林面积居湖南省首位。林木一直是当地农民的"绿色银行"和"钱袋子"。然而林木生长周期长，从种下苗木到砍伐需要20年左右的时间，林农守着"金矿"过苦日子。为了改变这一现状，2015年以来，当地党委政府和金融部门大胆创新，探索激活林权途径，由双牌农商银行与永州锦林农林科技开发有限公司合作在全市率先推出"惠林通"林权抵押贷款业务，共同为林农搭建林权贷款平台，有效盘活林业资源，改变林农生活现状，实现林农增收、林业增产、企业增效的互惠共赢目标。

打鼓坪乡造林大户唐建军前几年造了300亩林，2015年他计划再造几百亩林，可手头的资金紧缺，无奈他只好来到当地农商银行请求帮助，在工作人员的帮助下，他借到了50万元的"惠林通"林权抵押贷款。

目前,双牌县农商银行的所有乡镇网点都开办了"惠林通"林权抵押贷款业务,第一批14户小户林农贷款业务、500多万元贷款全部发放到农户手中。

森林保险保费补贴 山西省敲定试点方案 ①

山西省日前制定了《山西省森林保险保费补贴试点实施方案》,并将逐步建立政策性森林保险保障体系。

森林保险标的为生长和管理正常的生态公益林和商品林。生态公益林,指的是不包含商品林在内的林地、特种灌木林地、未成林造林地。有以下情形的生态公益林暂不纳入参保范围:存在纠纷的,包括权属不清、"四至"不明、债权债务未清理的;林地性质与本办法中所规定参保生态公益林不一致的;其他不符合参保条件的。保险期限为一年,保险金额根据林木再植成本确定,生态公益林每亩平均600元,保险费率为3%。

在永江乡白沙江村农民张兴德家

林农在农商行乡镇网点了解"惠林通"林权抵押贷款业务

森林保险责任为森林综合保险,在保险期间内,由于火灾、病虫害、暴风、暴雨、暴雪、洪水、泥石流、冰雹、霜冻等原因直接造成保险林木流失、掩埋、主干折断、倒伏死亡或损失的,保险公司按照森林保险合同的约定负责赔偿。据介绍,保险期内发生保险责任内事故致林木严重被毁,为全部损失,全额赔偿;林木部分被毁,为部分损失,根据损失程度按比例赔偿。保险林木发生保险责任范围内的损失,保险人按以下方式计算赔偿:赔偿金额=每亩保险金额×受损面积×损失程度。

---

① 农村林业改革发展司,http://lgs.forestry.gov.cn,2014年12月25日。

四川：政策性森林保险试点，4 年试出了什么？[①]

"这么快就拿到钱了。"7 月 1 日，崇州市道明镇红旗村的村民李松达领到了 1680 元森林保险赔付金，距他家山林失火只过去了 4 周。

2011 年起，四川省开展政策性森林保险试点，公益林所有者仅需承担保费的 10%，商品林所有者仅需承担保费的 25%，剩下的部分由政府进行补贴。然而，不健全的定损制度、不规范的理赔标准、认定机构缺失和单一的保险品种，曾经让这一项富农政策举步维艰，也在一定程度上影响了集体林权改革的深化。

如今，伴随着相关政策的完善、森林保险品种逐步健全，林农参保不再瞻前顾后。省林业厅统计，截至目前，全省参保森林面积已经超过 3.14 亿亩，占全省林地面积的 86.7%。

试点的瓶颈：森林遭了灾，灾损谁来定，怎么定？

"遭得很凶。"回想起 3 年前的那场病虫害，李松达说。当时，承包的 14.8 亩山林遭了殃，很多树苗成了柴火。不过，那时他并没有太忧心，因为此前一年，他给林子买了森林保险，"好歹能把成本收回来嘛。"可等到定损的日子，保险公司和镇林业站来勘察了情况之后，却给出了远低于他预期的赔付面积和金额。这让他很不服气，"所有的树木都有虫子，为啥只按 40% 的面积赔付？"

保险公司给出了说法，"林业成灾"概念远大于"灾害损失"，尽管所有的树都遭了虫害，但并不是所有树木都已死亡。未死亡的树能否治好虫害尚不一定，因此保险公司不能理赔。而乡镇林业站的说法则更让他泄了气：别说崇州，就是全省也没有专门对林业灾害损失进行评估的机构和统一标准，该赔付多少，只有林农和保险公司协商。

省林业厅林业工作站副站长杨天富回忆，森林保险试点之初，由于赔付标准不一、定损机构缺位，在实际操作中，保险公司以"树木死亡"为标准来进行赔付是较为普遍的做法。

在此背景下，林农参保积极性严重受挫，甚至有不少林农选择不再续保。省林业厅统计，试点森林保险一年之后的 2012 年，四川省森林保险共收保费 2.32 亿元，赔付金额 1171.45 万元，赔付率为 5%。对比湖南、湖北等兄弟省份动辄 50% 的赔付率，这数据显得有些"刺眼"。

省林业厅相关负责人表示："我们原以为，尽量减少林农参保支出，就能促进森林保险的推进实施，但在操作过程中却发现，后期的定损、理赔才是瓶颈所在。随着现代林业产业重点县建设、现代木本油料重点县建设加快，森林保险的托底作用越来越明显。如果不能打通'肠梗阻'，很可能会影响林区经济发展。"

探索中破题：给政策"打补丁"，明确定损、理赔标准

政策不完善，只有不断切中要害，为政策"打补丁"。2012 年开始，四川省正式试点扩大

[①] 中国林业网，http://www.forestry.gov.cn，2015 年 7 月 15 日。

"无赔款优待"政策，只要首年缴纳保费未出险，次年保费可免缴。同时，当年森林保险保费补贴扩大到全省，并纳入"无赔款优待"政策试点范围，被保险林木当年无赔款，且次年继续投保的，农户免交保费中个人承担的部分。

2014年，省级森林保险实施规程、森林保险灾害损失认定标准等政策性文件先后出台，明确更改以"树木死亡"为标准的灾损认定方式，转而以灾害实际受损情况为依据赔付；明确基层林业主管部门为灾损认定机构，认定灾损时以最新版本的森林资源调查数据为依据，核定灾害损失。

如何调动基层林业机构参与灾损认定的积极性？

省林业厅相关负责人表示，在灾损认定标准中，四川省规定：坚持"谁审核、谁负责"的原则，基层林业机构在从事灾损认定时，将酌情向保险公司收取服务费用——以赔付总额或鉴定面积收取。除此之外，据不完全统计，2011年以来，四川省累计出台与森林保险相关的省级文件多达7份，涉及灾损认定、理赔标准等多个方面。

现实的意义：承保方变为森林管护者，出险率降低

2014年，李松达重新补种了树苗，并再次购买了森林保险。在他看来，保险公司有了很大的变化——从以往的理赔者变成了如今的管护参与者。承保前，保险公司专门派人前往现场勘查，"还带了林业站的测绘员，把树种和面积都标注了。对于每一棵树，都进行了'体检'。"整个保险期内，保险公司每个季度还会派人到林子里转转，并且还会做好灾害风险提示："有大雨了，有病虫害风险了，都会提醒我们。"

中航安盟保险公司总裁助理兼四川分公司总经理阮江表示，在一系列新规出台的背景下，特别是灾损认定方式转变为以实际受损情况为标准后，公司的赔付对象、范围不断扩大，赔付金额也水涨船高。为此，公司将工作前置，对所承保的林地实施灾害预警和监控，通过地理信息技术、卫星技术、无人机应用技术等手段构建防灾减灾系统，以降低森林出险率，减少公司赔付风险。

另一个变化则是，随着基层林业主管部门的参与，林农理赔手续不断简化。李松达说，以前只知道自己的林子遭了灾可以申请赔偿，但具体赔多少，没人给个准数，且往往半年都拿不到赔偿，而现在从受灾到拿到赔偿金，最多一个半月。他说，这主要是在受灾后可以请来镇上的林业站核定灾损，"这个是有法律效力的嘛"。

一系列"补丁"打下去，赔付率有了大幅提升。2014年，全省年参保林地发生森林灾害1258起，完成赔付1047起，赔付率83.2%。实际上，"打补丁"仍在继续。

省林业厅林业工作站的工程师沈丹舟透露，针对目前政策性森林保险只包括商品林、公益林两个险种的情况，四川省有可能推出纳入保费财政补贴的特色林业保险品种，主要以国家保护野生动物对公民财产及人身安全危害保险、珍稀保护动植物驯养繁殖保险、特色林（副）

产品生产保险等为主。目前，相关政策制定工作正在有序进行。

宜宾市蜀南竹海

临沂森林保险试点工作启动 600 万亩森林能上保险了

为了有效降低林业经营风险，临沂市林业局正式启动森林保险试点工作。据悉，临沂市拥有公益林、商品林（仅指用材林）以及苹果树、桃树 4 大类 600 多万亩，符合条件的林木均可以申请投保。按照《山东省农业保险新增补贴品种实施的通知》的规定，对符合条件的公益林和商业林（仅指用材林），其投保的财政补贴最高分别可达到 90% 和 80%。

公益林、商品林投保实行财政补贴

目前，全市拥有公益林已超过 300 万亩，拥有商品林 230 多万亩。市林业局工作人员介绍，公益林纳入补贴范围的，保险费的 90% 由财政补贴。也就是说，每亩公益林的投保单位或个人只需要交纳 0.4 元保费。而纳入补贴范围的商品林（仅指用材林）财政补贴比例可达到 80%，即投保单位或个人每亩只需要交纳 1.2 元保费。

由森林火灾导致森林受灾，这种情况将根据森林火灾或扑救森林火灾造成保险林木受害，其损失率按 100% 计算并赔付。涝灾、洪灾、泥石流灾、风灾等导致公益林、商品林损失，根据树干主梢折断与否，树木是否被淹死、掩埋，是否能发芽等情况量定受损率。这种情况，公益林、商品林每亩的赔偿金额由保险金额、损失率和受害面积核算予以赔付。

果农们期待为自家果树上保险

费县大田庄乡周家庄村村民张宝珍说，他种了几亩苹果树，两年前一场冰雹打掉了枝头上不少幼果，那年他损失了近万元。"冰雹停了以后，我第一件事就是去找保险公司，问能不能给果树上保险,结果保险公司说给果树上保险利润太低,所以没有这个项目。"蒙阴县野店镇林业站站长李向然说,他们全镇现有苹果树3.2万亩,桃树4万亩。这两年,由于果农们防范有道,病虫害导致果树减产的情况基本已经杜绝。目前,造成果树减产的主要是干旱、低温、风灾、冰雹。"几乎每年果树都受到干旱的影响导致减产,逢不好的年景,全镇的果树能整体减产一半。"李向然说,果农们辛辛苦苦忙碌一年,都希望有个好收成。这几年,果农们要求给果树上保险的意愿都比较强烈,但是保险公司考虑到其中的风险较大不愿意接保。

目前,全市现有苹果树40多万亩,桃树70多万亩。市果茶技术推广服务中心副主任陈修会说,林业部门推出给果树申请保险的政策,对果农们而言无疑是一个好消息,可以有效降低果农应对自然灾害时个人承担的经济损失。

哪种情况可以理赔?

赔付规定(公益林、商品林):投保后只要受到火灾、涝灾、洪灾、泥石流灾、风灾、雨(雪)淞灾、旱灾、病虫害等自然灾害造成保险林木流失、被掩埋、主干折断、死亡等情况,保险人可按照规定获取赔偿。

赔付规定(苹果树、桃树):受低温冻害、雹灾、风灾及涝灾造成的保险苹果树、桃树的损失,林农可获得相应赔偿。当保险苹果树全部损失时,按每亩保险金额进行赔付,赔偿金额由保险金额与损失亩数来核算。部分损失时,保险苹果损失程度在5%(含)以下时,不予赔付;损失程度超过5%时,其超过的部分按保险金额与出险时的损失程度进行赔付。桃树的赔偿处理办法与苹果树相同。

保费标准

公益林:保险费4元/亩,保险金额800元/亩(财政补贴90%)。

商品林(仅指用材林):保险费6元/亩,保险金额1000元/亩(财政补贴80%)。

苹果树:保险费100元/亩,保险金额2000元/亩。

桃树:保险费75元/亩,保险金额1500元/亩。

桃树上保险,果农的收入多了一道保障

4.7 农民权益保护

洛南集中整治林改遗留问题 ①

为从根本上消除矛盾隐患，巩固改革成果，近日，陕西省洛南县启动了对全县集体林权制度改革遗留的林权纠纷、错证漏证、改革不彻底等突出问题集中进行整改完善的工作。

2015年年初，洛南县林业局结合"便民服务加强年"和"三严三实"教育活动，对群众反映强烈、关乎群众切身利益的林权发证、林权纠纷调处等热点难点问题进行认真梳理研究，并决定集中开展林改遗留问题整治百日活动。此次活动以镇林业站为主体，县林业局林改办和局属5个林业站（所）全力协助配合，重点抓好排查解决矛盾纠纷、完成林权改革扫尾工作、对错证漏证进行更正登记、完善整理林改档案4项工作。

洛南县林业局以镇为单位，对辖区内的各类林权纠纷进行排查，按照轻重缓急排出任务完成时间表，综合运用法律、行政、经济、教育等手段逐一化解矛盾。工作人员对集体林权改革实施过程中遗留的村组及飞播林进行勘界确权，填报相关表册完成发证；对排查出的错证漏证等"问题证"进行现场调查和收集资料，按程序进行上报更正登记；对实施集体林权改革过程中形成的有价值的档案资料，严格按照档案管理要求进行收集、整理和归档。

新余"四个坚持"化解山林纠纷 ②

连日来，江西省新余市各级林业部门组织人员对全市发生的多起山林纠纷进行集中调节，最终成功调处林权纠纷65起，调处面积8605.6亩。

近年来，新余市各级林业部门认真倾听群众的心声，切实顺应群众的期盼，坚持用真心、动真情、办真事，用"四个坚持"加大力度对山林纠纷进行排查调处。新余市发生山林纠纷坚持"和字当先亏字在后"，坚持"民间问题民间解决"，坚持"界志经费政府投入"，坚持"白纸黑字协议存底"，维护了全市林业秩序和社会稳定，巩固了集体林权改革成果。

操场乡桂村村与邻县多年悬而未决的山林纠纷画上休止符

2013年12月10日，位于分宜县操场乡桂村村袁州岭自然村与上高县仇湖村的山林之间，投资5万元，划出一条长约4000多米、宽80厘米、深1米的山沟是两村之间的"正式分水线"；2014年4月，桂村村清水塘村小组与上高田心镇枧头村山林之间，投资3万元，划出一条长3000米、宽1.2米、深1米的山沟，双边长达60多年悬而未决的山林纠纷终于划上休止符。这是该村以"四个坚持"解决历史遗留边际山林纠纷问题取得的重要成果。

---

① 农村林业改革发展司，http://lgs.forestry.gov.cn，2015年6月11日。
② 农村林业改革发展司，http://lgs.forestry.gov.cn，2015年6月3日。

坚持"和字当先亏字在后"。随着改革开放，村民纷纷加入打工潮，村民收入渠道得到极大的拓展，一山一土的收入逐渐淡出村民的视线，多一分、少一分山林不再是村民收入的关键点，平安和谐成为当前乃至今后村民最大的心愿。这是桂村村委审时度势、充分调研达成的共识。近年来，桂村村委把推进村庄和谐稳定作为"第一政绩"，摆在重要议事日程，集聚民意基础，协调边际村委村民，汇聚党员干部的集体智慧，弘扬"以和为贵"的中华理念，放大"吃亏是福"度量，落实"稳字当头"的责任，宁愿自己吃亏，不遗余力解决边际维稳问题，并以此带动基层党组织建设、调整产业结构、助推农民增收致富，取得了名扬百里的社会效应。

坚持"民间问题民间解决"。桂村村与宜春市和上高县接壤，边界线长约15公里，属于分宜县边界线最长的村庄之一。自新中国成立以来，双边发生大小山林纠纷多起，由于桂村村人口只有2300多人，而上高县田心镇仇湖村有2600多人，每次山林纠纷往往桂村村处于劣势；该村清水塘村小组与上高田心镇枧头村，尽管村庄人口数量略占优势，但山林纠纷一直占不到什么便宜，"大闹没有、小闹不断"，双方伤人事件出现多人多次。操场乡党委政府与上高县田心镇党委政府一直把涉边村维稳工作作为各自工作重点，尽管双边镇干部上山解决纠纷若干次，一直是"一事一调"，虽取得了明显成效，但长效维稳机制始终没有建立。近年来，桂村村走"民间问题民间解决"的路线，动用村党总支书记个人以及村党员干部群众人脉资源，与涉边村建立密切的人脉关系，以"互相走动、互通有无"为基础，以"说得起话办得成事的人"为主力，尝试解决边际纠纷问题。加上双方或者单方以集体山为主，在互谅互让的前提下，确实存在可以协商的空间。感情到了一定程度，逐渐"变两家人的事为一家人的事"，不损害双方较大利益，两个涉边村小组的山林纠纷问题均圆满得到解决。

坚持"界志经费政府投入"。2013年12月，桂村村与上高田心镇袁州岭村在争议山上，投资5万元，把弯进弯出、一直分不清楚的山林，两点一线拉直、开沟；2014年4月，桂村村清水塘村小组与上高田心镇枧头村山林之间，投资3万元把"界限山沟"划出来，"两沟"所需经费都不由村民自筹解决。该村村民认为，划定两边边界本来就是政府之事，早在1953年土地改革时期均已明晰，后因为多种因素导致双边村民认界不清，产生你争我夺的现象，以至于纠纷不断，依法、按情、通理本应早该解决。村干部提出村民自筹没有得到该有的响应，最后采取镇村两级财政解决，以清水塘与枧头村边际山林开挖边界沟为例，所需经费由乡财政给付2万元、村财政给付1万元。

坚持"白纸黑字协议存底"。为使双方达成的协议具有法律效力，双方商定写下协议书，当面签字。在签字时，双方既做到镇干部签字，还做到村干部签字，同时还要涉边村小组组长、村民代表签字，"双方三级"落下笔墨，白纸黑字，协议书存底，并在双边村庄公布，以提升法律效力和公信力，推动双方共同遵守。

平果：化解延续 31 年林权纠纷

1952 年，平果县组织大石山区的几十户瑶族贫困人口搬迁到平果、巴马、田东 3 县交界处，筹建同老乡那录村六因自然屯。当时，瑶胞们开荒造地 300 多亩，经营管理 10 多座山坡，涉及面积 1550 亩。实行联产承包责任制以后，塘加自然屯部分群众以六因自然屯居住地和经营管理的耕地、山坡是他们的"祖宗地""祖宗山"为由，主张土地山林权属，要求收回其全部土地。六因自然屯的土地屡遭强占，村民为了生存，多次向各级部门反映。

2015 年，平果县将此事列为典型案例，各主要领导和部门主动认领责任。之后，以市、县调处办为牵头，平果增派工作人员深入到林权争议乡镇，并多次深入村组调查，查看现场，走访相关当事人，劝导纠纷双方。经过努力，6 月 27 日，平果组织双方群众代表到现场指界确认，市调处办、市林业局、平果及田东县调处办、平果县林业局到现场作证。两地最终达成调解协议：① 把面积 1550 亩的纠纷地进行平分，塘加屯和六因屯各得 775 亩；② 双方当场进行边界丈量划界；③ 双方不得再因此事引发纠纷。至此，这起争议 31 年的林权问题得以圆满解决。

西河镇集中化解林权改革遗留矛盾纠纷

62 年山林纠纷"划沟"得以解决

现场解决林权争议纠纷

6 月 9 日，西河镇综治办主任袁刚、林业站站长陈奉祥、西河村副支书钱应国来到西河村鱼龙组解决林权争议纠纷。

纠纷源于 1992 年，鱼龙组村民熊达强和熊朝勇两家为了方便荒坡看管和砍柴，调换了各自的荒坡，由于当年熊达强 3.5 亩荒坡上的林木长势较好，熊朝勇的 6 亩荒坡上的林木长势较差，因此双方自愿调换。随着国家封山育林政策的实行，熊朝勇调换给熊达强的 6 亩荒地现在已成林，在 2008 年国家林权改革后，当年调换的荒地已各自登记在林权证上，因此熊朝勇一家觉得当年调换的荒地很吃亏，要求物归原主。经镇综治办和林业站负责人依据相关法律法规和政策进行耐心疏导和解释，在当年签订协议有效的情况下，协议只要不违背相关法律法规和政策的原则，双方都应该自觉遵守协议的有关规定。最后双方长期积压的矛盾烟消云散。

第 5 章 主要林业政策文件

第 5 章 主要林业政策文件

5.1 主要法律法规文件

5.1.1 中华人民共和国宪法

《中华人民共和国宪法》是中华人民共和国的根本大法,规定拥有最高法律效力。中华人民共和国成立后,曾于 1954 年 9 月 20 日、1975 年 1 月 17 日、1978 年 3 月 5 日和 1982 年 12 月 4 日通过 4 部宪法,现行宪法为 1982 年宪法,并历经 1988 年、1993 年、1999 年、2004 年 4 次修订。

中华人民共和国宪法(节选)

第八条 农村集体经济组织实行家庭承包经营为基础、统分结合的双层经营体制。农村中的生产、供销、信用、消费等各种形式的合作经济,是社会主义劳动群众集体所有制经济。参加农村集体经济组织的劳动者,有权在法律规定的范围内经营自留地、自留山、家庭副业和饲养自留畜。

第九条 矿藏、水流、森林、山岭、草原、荒地、滩涂等自然资源,都属于国家所有,即全民所有;由法律规定属于集体所有的森林和山岭、草原、荒地、滩涂除外。

国家保障自然资源的合理利用,保护珍贵的动物和植物。禁止任何组织或者个人用任何手段侵占或者破坏自然资源。

第二十六条 国家保护和改善生活环境和生态环境,防治污染和其他公害。

国家组织和鼓励植树造林,保护林木。

5.1.2 中华人民共和国民法通则

《中华人民共和国民法通则》是中国对民事活动中一些共同性问题所作的法律规定,是民法体系中的一般法。1986 年 4 月 12 日由第六届全国人民代表大会第四次会议修订通过,1987 年 1 月 1 日起施行。共 9 章,156 条。

中华人民共和国民法通则（节选）

第七十四条　劳动群众集体组织的财产属于劳动群众集体所有，包括：

（一）法律规定为集体所有的土地和森林、山岭、草原、荒地、滩涂等；

（二）集体经济组织的财产；

（三）集体所有的建筑物、水库、农田水利设施和教育、科学、文化、卫生、体育等设施；

（四）集体所有的其他财产。

集体所有的土地依照法律属于村农民集体所有，由村农业生产合作社等农业集体经济组织或者村民委员会经营、管理。已经属于乡（镇）农民集体经济组织所有的，可以属于乡（镇）农民集体所有。

集体所有的财产受法律保护，禁止任何组织或者个人侵占、哄抢、私分、破坏或者非法查封、扣押、冻结、没收。

第八十条　国家所有的土地，可以依法由全民所有制单位使用，也可以依法确定由集体所有制单位使用，国家保护它的使用、收益的权利；使用单位有管理、保护、合理利用的义务。

公民、集体依法对集体所有的或者国家所有由集体使用的土地的承包经营权，受法律保护。承包双方的权利和义务，依照法律由承包合同规定。

土地不得买卖、出租、抵押或者以其他形式非法转让。

第八十一条　国家所有的森林、山岭、草原、荒地、滩涂、水面等自然资源，可以依法由全民所有制单位使用，也可以依法确定由集体所有制单位使用，国家保护它的使用、收益的权利；使用单位有管理、保护、合理利用的义务。

国家所有的矿藏，可以依法由全民所有制单位和集体所有制单位开采，也可以依法由公民采挖。国家保护合法的采矿权。

公民、集体依法对集体所有的或者国家所有由集体使用森林、山岭、草原、荒地、滩涂、水面的承包经营权，受法律保护。承包双方的权利和义务，依照法律由承包合同规定。

国家所有的矿藏、水流，国家所有的和法律规定属于集体所有的林地、山岭、草原，荒地、滩涂不得买卖、出租、抵押或者以其他形式非法转让。

5.1.3 中华人民共和国物权法

《中华人民共和国物权法》是为了维护国家基本经济制度，维护社会主义市场经济秩序，明确物的归属，发挥物的效用，保护权利人的物权，根据宪法制定的法规。由第十届全国人民代表大会第五次会议于2007年3月16日通过，自2007年10月1日起施行。

中华人民共和国物权法（节选）

第四条 国家、集体、私人的物权和其他权利人的物权受法律保护，任何单位和个人不得侵犯。

第四十八条 森林、山岭、草原、荒地、滩涂等自然资源，属于国家所有，但法律规定属于集体所有的除外。

第五十八条 集体所有的不动产和动产包括：

（一）法律规定属于集体所有的土地和森林、山岭、草原、荒地、滩涂；

（二）集体所有的建筑物、生产设施、农田水利设施；

（三）集体所有的教育、科学、文化、卫生、体育等设施；

（四）集体所有的其他不动产和动产。

第六十条 对于集体所有的土地和森林、山岭、草原、荒地、滩涂等，依照下列规定行使所有权：

（一）属于村农民集体所有的，由村集体经济组织或者村民委员会代表集体行使所有权；

（二）分别属于村内两个以上农民集体所有的，由村内各该集体经济组织或者村民小组代表集体行使所有权；

（三）属于乡镇农民集体所有的，由乡镇集体经济组织代表集体行使所有权。

第一百一十九条 国家实行自然资源有偿使用制度，但法律另有规定的除外。

第一百二十四条 农村集体经济组织实行家庭承包经营为基础、统分结合的双层经营体制。

农民集体所有和国家所有由农民集体使用的耕地、林地、草地以及其他用于农业的土地，依法实行土地承包经营制度。

5.1.4 中华人民共和国刑法

《中华人民共和国刑法》由1979年7月1日第五届全国人民代表大会第二次会议通过，1997年3月14日第八届全国人民代表大会第五次会议修订。根据1999年12月25日《中华人民共和国刑法修正案》、2001年8月31日《中华人民共和国刑法修正案（二）》、2001年12月29日《中华人民共和国刑法修正案（三）》、2002年12月28日《中华人民共和国刑法修正案（四）》、2005年2月28日《中华人民共和国刑法修正案（五）》、2006年6月29日《中华人民共和国刑法修正案（六）》、2009年2月28日《中华人民共和国刑法修正案（七）》修正，根据2009年8月27日《全国人民代表大会常务委员会关于修改部分法律的决定》修正，根据2011年2月25日《中华人民共和国刑法修正案（八）》修正。

中华人民共和国刑法（节选）

第六节 破坏环境资源保护罪

第三百三十八条 【污染环境罪】违反国家规定，排放、倾倒或者处置有放射性的废物、含传染病病原体的废物、有毒物质或者其他有害物质，严重污染环境的，处三年以下有期徒刑或者拘役，并处或者单处罚金；后果特别严重的，处三年以上七年以下有期徒刑，并处罚金。

第三百三十九条 【非法处置进口的固体废物罪；擅自进口固体废物罪；走私固体废物罪】违反国家规定，将境外的固体废物进境倾倒、堆放、处置的，处五年以下有期徒刑或者拘役，并处罚金；造成重大环境污染事故，致使公私财产遭受重大损失或者严重危害人体健康的，处五年以上十年以下有期徒刑，并处罚金；后果特别严重的，处十年以上有期徒刑，并处罚金。

未经国务院有关主管部门许可，擅自进口固体废物用作原料，造成重大环境污染事故，致使公私财产遭受重大损失或者严重危害人体健康的，处五年以下有期徒刑或者拘役，并处罚金；后果特别严重的，处五年以上十年以下有期徒刑，并处罚金。

以原料利用为名，进口不能用作原料的固体废物、液态废物和气态废物的，依照本法第一百五十二条第二款、第三款的规定定罪处罚。

第三百四十条 【非法捕捞水产品罪】违反保护水产资源法规，在禁渔区、禁渔期或者使用禁用的工具、方法捕捞水产品，情节严重的，处三年以下有期徒刑、拘役、管制或者罚金。

第三百四十一条 【非法猎捕、杀害珍贵、濒危野生动物罪；非法收购、运输、出售珍贵濒危野生动物、珍贵、濒危野生动物制品罪】非法猎捕、杀害国家重点保护的珍贵、濒危野生动物的，或者非法收购、运输、出售国家重点保护的珍贵、濒危野生动物及其制品的，处五年以下有期徒刑或者拘役，并处罚金；情节严重的，处五年以上十年以下有期徒刑，并处罚金；情节特别严重的，处十年以上有期徒刑，并处罚金或者没收财产。

违反狩猎法规，在禁猎区、禁猎期或者使用禁用的工具、方法进行狩猎，破坏野生动物资源，情节严重的，处三年以下有期徒刑、拘役、管制或者罚金。

第三百四十二条 【非法占用农用地罪】违反土地管理法规，非法占用耕地、林地等农用地，改变被占用土地用途，数量较大，造成耕地、林地等农用地大量毁坏的，处五年以下有期徒刑或者拘役，并处或者单处罚金。

第三百四十三条 【非法采矿罪；破坏性采矿罪】违反矿产资源法的规定，未取得采矿许可证擅自采矿，擅自进入国家规划矿区、对国民经济具有重要价值的矿区和他人矿区范围采矿，或者擅自开采国家规定实行保护性开采的特定矿种，情节严重的，处三年以下有期徒刑、拘役或者管制，并处或者单处罚金；情节特别严重的，处三年以上七年以下有期徒刑，并处罚金。

违反矿产资源法的规定，采取破坏性的开采方法开采矿产资源，造成矿产资源严重破坏的，处五年以下有期徒刑或者拘役，并处罚金。

第三百四十四条 【非法采伐、毁坏国家重点保护植物罪；非法收购、运输、加工、出售国家重点保护植物、国家重点保护植物制品罪】违反国家规定，非法采伐、毁坏珍贵树木或者国家重点保护的其他植物的，或者非法收购、运输、加工、出售珍贵树木或者国家重点保护的其他植物及其制品的，处三年以下有期徒刑、拘役或者管制，并处罚金；情节严重的，处三年以上七年以下有期徒刑，并处罚金。

第三百四十五条 【盗伐林木罪；滥伐林木罪；非法收购、运输盗伐、滥伐的林木罪】盗伐森林或者其他林木，数量较大的，处三年以下有期徒刑、拘役或者管制，并处或者单处罚金；数量巨大的，处三年以上七年以下有期徒刑，并处罚金；数量特别巨大的，处七年以上有期徒刑，并处罚金。

违反森林法的规定，滥伐森林或者其他林木，数量较大的，处三年以下有期徒刑、拘役或者管制，并处或者单处罚金；数量巨大的，处三年以上七年以下有期徒刑，并处罚金。

非法收购、运输明知是盗伐、滥伐的林木，情节严重的，处三年以下有期徒刑、拘役或者管制，并处或者单处罚金；情节特别严重的，处三年以上七年以下有期徒刑，并处罚金。

盗伐、滥伐国家级自然保护区内的森林或者其他林木的，从重处罚。

第三百四十六条 【单位犯破坏环境资源保护罪的处罚规定】单位犯本节第三百三十八条至第三百四十五条规定之罪的，对单位判处罚金，并对其直接负责的主管人员和其他直接责任人员，依照本节各该条的规定处罚。

5.1.5 中华人民共和国农民专业合作社法

中华人民共和国农民专业合作社法

（2006年10月31日第十届全国人民代表大会常务委员会第二十四次会议通过）

第一章 总 则

第一条 为了支持、引导农民专业合作社的发展，规范农民专业合作社的组织和行为，保护农民专业合作社及其成员的合法权益，促进农业和农村经济的发展，制定本法。

第二条 农民专业合作社是在农村家庭承包经营基础上，同类农产品的生产经营者或者同类农业生产经营服务的提供者、利用者，自愿联合、民主管理的互助性经济组织。

农民专业合作社以其成员为主要服务对象，提供农业生产资料的购买，农产品的销售、加工、运输、贮藏以及与农业生产经营有关的技术、信息等服务。

第三条 农民专业合作社应当遵循下列原则：

（一）成员以农民为主体；

（二）以服务成员为宗旨，谋求全体成员的共同利益；

（三）入社自愿、退社自由；

（四）成员地位平等，实行民主管理；

（五）盈余主要按照成员与农民专业合作社的交易量（额）比例返还。

第四条　农民专业合作社依照本法登记，取得法人资格。

农民专业合作社对由成员出资、公积金、国家财政直接补助、他人捐赠以及合法取得的其他资产所形成的财产，享有占有、使用和处分的权利，并以上述财产对债务承担责任。

第五条　农民专业合作社成员以其账户内记载的出资额和公积金份额为限对农民专业合作社承担责任。

第六条　国家保护农民专业合作社及其成员的合法权益，任何单位和个人不得侵犯。

第七条　农民专业合作社从事生产经营活动，应当遵守法律、行政法规，遵守社会公德、商业道德，诚实守信。

第八条　国家通过财政支持、税收优惠和金融、科技、人才的扶持以及产业政策引导等措施，促进农民专业合作社的发展。

国家鼓励和支持社会各方面力量为农民专业合作社提供服务。

第九条　县级以上各级人民政府应当组织农业行政主管部门和其他有关部门及有关组织，依照本法规定，依据各自职责，对农民专业合作社的建设和发展给予指导、扶持和服务。

第二章　设立和登记

第十条　设立农民专业合作社，应当具备下列条件：

（一）有五名以上符合本法第十四条、第十五条规定的成员；

（二）有符合本法规定的章程；

（三）有符合本法规定的组织机构；

（四）有符合法律、行政法规规定的名称和章程确定的住所；

（五）有符合章程规定的成员出资。

第十一条　设立农民专业合作社应当召开由全体设立人参加的设立大会。设立时自愿成为该社成员的人为设立人。

设立大会行使下列职权：

（一）通过本社章程，章程应当由全体设立人一致通过；

（二）选举产生理事长、理事、执行监事或者监事会成员；

（三）审议其他重大事项。

第十二条　农民专业合作社章程应当载明下列事项：

（一）名称和住所；

（二）业务范围；

（三）成员资格及入社、退社和除名；

（四）成员的权利和义务；

（五）组织机构及其产生办法、职权、任期、议事规则；

（六）成员的出资方式、出资额；

（七）财务管理和盈余分配、亏损处理；

（八）章程修改程序；

（九）解散事由和清算办法；

（十）公告事项及发布方式；

（十一）需要规定的其他事项。

第十三条 设立农民专业合作社，应当向工商行政管理部门提交下列文件，申请设立登记：

（一）登记申请书；

（二）全体设立人签名、盖章的设立大会纪要；

（三）全体设立人签名、盖章的章程；

（四）法定代表人、理事的任职文件及身份证明；

（五）出资成员签名、盖章的出资清单；

（六）住所使用证明；

（七）法律、行政法规规定的其他文件。

登记机关应当自受理登记申请之日起二十日内办理完毕，向符合登记条件的申请者颁发营业执照。农民专业合作社法定登记事项变更的，应当申请变更登记。

农民专业合作社登记办法由国务院规定。办理登记不得收取费用。

第三章 成 员

第十四条 具有民事行为能力的公民，以及从事与农民专业合作社业务直接有关的生产经营活动的企业、事业单位或者社会团体，能够利用农民专业合作社提供的服务，承认并遵守农民专业合作社章程，履行章程规定的入社手续的，可以成为农民专业合作社的成员。但是，具有管理公共事务职能的单位不得加入农民专业合作社。

农民专业合作社应当置备成员名册，并报登记机关。

第十五条 农民专业合作社的成员中，农民至少应当占成员总数的百分之八十。成员总数二十人以下的，可以有一个企业、事业单位或者社会团体成员；成员总数超过二十人的，企业、事业单位和社会团体成员不得超过成员总数的百分之五。

第十六条 农民专业合作社成员享有下列权利：

（一）参加成员大会，并享有表决权、选举权和被选举权，按照章程规定对本社实行民主管理；

（二）利用本社提供的服务和生产经营设施；

（三）按照章程规定或者成员大会决议分享盈余；

（四）查阅本社的章程、成员名册、成员大会或者成员代表大会记录、理事会会议决议、监事会会议决议、财务会计报告和会计账簿；

（五）章程规定的其他权利。

第十七条　农民专业合作社成员大会选举和表决，实行一人一票制，成员各享有一票的基本表决权。

出资额或者与本社交易量（额）较大的成员按照章程规定，可以享有附加表决权。本社的附加表决权总票数，不得超过本社成员基本表决权总票数的百分之二十。享有附加表决权的成员及其享有的附加表决权数，应当在每次成员大会召开时告知出席会议的成员。

章程可以限制附加表决权行使的范围。

第十八条　农民专业合作社成员承担下列义务：

（一）执行成员大会、成员代表大会和理事会的决议；

（二）按照章程规定向本社出资；

（三）按照章程规定与本社进行交易；

（四）按照章程规定承担亏损；

（五）章程规定的其他义务。

第十九条　农民专业合作社成员要求退社的，应当在财务年度终了的三个月前向理事长或者理事会提出；其中，企业、事业单位或者社会团体成员退社，应当在财务年度终了的六个月前提出；章程另有规定的，从其规定。退社成员的成员资格自财务年度终了时终止。

第二十条　成员在其资格终止前与农民专业合作社已订立的合同，应当继续履行；章程另有规定或者与本社另有约定的除外。

第二十一条　成员资格终止的，农民专业合作社应当按照章程规定的方式和期限，退还记载在该成员账户内的出资额和公积金份额；对成员资格终止前的可分配盈余，依照本法第三十七条第二款的规定向其返还。

资格终止的成员应当按照章程规定分摊资格终止前本社的亏损及债务。

第四章　组织机构

第二十二条　农民专业合作社成员大会由全体成员组成，是本社的权力机构，行使下列职权：

（一）修改章程；

（二）选举和罢免理事长、理事、执行监事或者监事会成员；

（三）决定重大财产处置、对外投资、对外担保和生产经营活动中的其他重大事项；

（四）批准年度业务报告、盈余分配方案、亏损处理方案；

（五）对合并、分立、解散、清算作出决议；

（六）决定聘用经营管理人员和专业技术人员的数量、资格和任期；

（七）听取理事长或者理事会关于成员变动情况的报告；

（八）章程规定的其他职权。

第二十三条 农民专业合作社召开成员大会，出席人数应当达到成员总数三分之二以上。成员大会选举或者作出决议，应当由本社成员表决权总数过半数通过；作出修改章程或者合并、分立、解散的决议应当由本社成员表决权总数的三分之二以上通过。章程对表决权数有较高规定的，从其规定。

第二十四条 农民专业合作社成员大会每年至少召开一次，会议的召集由章程规定。有下列情形之一的，应当在二十日内召开临时成员大会：

（一）百分之三十以上的成员提议；

（二）执行监事或者监事会提议；

（三）章程规定的其他情形。

第二十五条 农民专业合作社成员超过一百五十人的，可以按照章程规定设立成员代表大会。成员代表大会按照章程规定可以行使成员大会的部分或者全部职权。

第二十六条 农民专业合作社设理事长一名，可以设理事会。理事长为本社的法定代表人。农民专业合作社可以设执行监事或者监事会。理事长、理事、经理和财务会计人员不得兼任监事。

理事长、理事、执行监事或者监事会成员，由成员大会从本社成员中选举产生，依照本法和章程的规定行使职权，对成员大会负责。

理事会会议、监事会会议的表决，实行一人一票。

第二十七条 农民专业合作社的成员大会、理事会、监事会，应当将所议事项的决定作成会议记录，出席会议的成员、理事、监事应当在会议记录上签名。

第二十八条 农民专业合作社的理事长或者理事会可以按照成员大会的决定聘任经理和财务会计人员，理事长或者理事可以兼任经理。经理按照章程规定或者理事会的决定，可以聘任其他人员。

经理按照章程规定和理事长或者理事会授权，负责具体生产经营活动。

第二十九条 农民专业合作社的理事长、理事和管理人员不得有下列行为：

（一）侵占、挪用或者私分本社资产；

（二）违反章程规定或者未经成员大会同意，将本社资金借贷给他人或者以本社资产为他人提供担保；

（三）接受他人与本社交易的佣金归为己有；

（四）从事损害本社经济利益的其他活动。

理事长、理事和管理人员违反前款规定所得的收入，应当归本社所有；给本社造成损失的，应当承担赔偿责任。

第三十条　农民专业合作社的理事长、理事、经理不得兼任业务性质相同的其他农民专业合作社的理事长、理事、监事、经理。

第三十一条　执行与农民专业合作社业务有关公务的人员，不得担任农民专业合作社的理事长、理事、监事、经理或者财务会计人员。

第五章　财务管理

第三十二条　国务院财政部门依照国家有关法律、行政法规，制定农民专业合作社财务会计制度。农民专业合作社应当按照国务院财政部门制定的财务会计制度进行会计核算。

第三十三条　农民专业合作社的理事长或者理事会应当按照章程规定，组织编制年度业务报告、盈余分配方案、亏损处理方案以及财务会计报告，于成员大会召开的十五日前，置备于办公地点，供成员查阅。

第三十四条　农民专业合作社与其成员的交易、与利用其提供的服务的非成员的交易，应当分别核算。

第三十五条　农民专业合作社可以按照章程规定或者成员大会决议从当年盈余中提取公积金。公积金用于弥补亏损、扩大生产经营或者转为成员出资。

每年提取的公积金按照章程规定量化为每个成员的份额。

第三十六条　农民专业合作社应当为每个成员设立成员账户，主要记载下列内容：

（一）该成员的出资额；

（二）量化为该成员的公积金份额；

（三）该成员与本社的交易量（额）。

第三十七条　在弥补亏损、提取公积金后的当年盈余，为农民专业合作社的可分配盈余。可分配盈余按照下列规定返还或者分配给成员，具体分配办法按照章程规定或者经成员大会决议确定：

（一）按成员与本社的交易量（额）比例返还，返还总额不得低于可分配盈余的百分之六十；

（二）按前项规定返还后的剩余部分，以成员账户中记载的出资额和公积金份额，以及本社接受国家财政直接补助和他人捐赠形成的财产平均量化到成员的份额，按比例分配给本社成员。

第三十八条　设立执行监事或者监事会的农民专业合作社，由执行监事或者监事会负责对本社的财务进行内部审计，审计结果应当向成员大会报告。成员大会也可以委托审计机构对本社的财务进行审计。

第六章　合并、分立、解散和清算

第三十九条　农民专业合作社合并，应当自合并决议作出之日起十日内通知债权人。合并各方的债权、债务应当由合并后存续或者新设的组织承继。

第四十条　农民专业合作社分立，其财产作相应的分割，并应当自分立决议作出之日起十日内通知债权人。分立前的债务由分立后的组织承担连带责任。但是，在分立前与债权人就债务清偿达成的书面协议另有约定的除外。

第四十一条　农民专业合作社因下列原因解散：

（一）章程规定的解散事由出现；

（二）成员大会决议解散；

（三）因合并或者分立需要解散；

（四）依法被吊销营业执照或者被撤销。

因前款第一项、第二项、第四项原因解散的，应当在解散事由出现之日起十五日内由成员大会推举成员组成清算组，开始解散清算。逾期不能组成清算组的，成员、债权人可以向人民法院申请指定成员组成清算组进行清算，人民法院应当受理该申请，并及时指定成员组成清算组进行清算。

第四十二条　清算组自成立之日起接管农民专业合作社，负责处理与清算有关未了结业务，清理财产和债权、债务，分配清偿债务后的剩余财产，代表农民专业合作社参与诉讼、仲裁或者其他法律程序，并在清算结束时办理注销登记。

第四十三条　清算组应当自成立之日起十日内通知农民专业合作社成员和债权人，并于六十日内在报纸上公告。债权人应当自接到通知之日起三十日内，未接到通知的自公告之日起四十五日内，向清算组申报债权。如果在规定期间内全部成员、债权人均已收到通知，免除清算组的公告义务。

债权人申报债权，应当说明债权的有关事项，并提供证明材料。清算组应当对债权进行登记。

在申报债权期间，清算组不得对债权人进行清偿。

第四十四条　农民专业合作社因本法第四十一条第一款的原因解散，或者人民法院受理破产申请时，不能办理成员退社手续。

第四十五条　清算组负责制定包括清偿农民专业合作社员工的工资及社会保险费用，清偿所欠税款和其他各项债务，以及分配剩余财产在内的清算方案，经成员大会通过或者申请人民法院确认后实施。

清算组发现农民专业合作社的财产不足以清偿债务的，应当依法向人民法院申请破产。

第四十六条　农民专业合作社接受国家财政直接补助形成的财产，在解散、破产清算时，不得作为可分配剩余资产分配给成员，处置办法由国务院规定。

第四十七条　清算组成员应当忠于职守，依法履行清算义务，因故意或者重大过失给农民专业合作社成员及债权人造成损失的，应当承担赔偿责任。

第四十八条　农民专业合作社破产适用企业破产法的有关规定。但是，破产财产在清偿破产费用和共益债务后，应当优先清偿破产前与农民成员已发生交易但尚未结清的款项。

第七章　扶持政策

第四十九条　国家支持发展农业和农村经济的建设项目，可以委托和安排有条件的有关农民专业合作社实施。

第五十条　中央和地方财政应当分别安排资金，支持农民专业合作社开展信息、培训、农产品质量标准与认证、农业生产基础设施建设、市场营销和技术推广等服务。对民族地区、边远地区和贫困地区的农民专业合作社和生产国家与社会急需的重要农产品的农民专业合作社给予优先扶持。

第五十一条　国家政策性金融机构应当采取多种形式，为农民专业合作社提供多渠道的资金支持。具体支持政策由国务院规定。

国家鼓励商业性金融机构采取多种形式，为农民专业合作社提供金融服务。

第五十二条　农民专业合作社享受国家规定的对农业生产、加工、流通、服务和其他涉农经济活动相应的税收优惠。

支持农民专业合作社发展的其他税收优惠政策，由国务院规定。

第八章　法律责任

第五十三条　侵占、挪用、截留、私分或者以其他方式侵犯农民专业合作社及其成员的合法财产，非法干预农民专业合作社及其成员的生产经营活动，向农民专业合作社及其成员摊派，强迫农民专业合作社及其成员接受有偿服务，造成农民专业合作社经济损失的，依法追究法律责任。

第五十四条　农民专业合作社向登记机关提供虚假登记材料或者采取其他欺诈手段取得登记的，由登记机关责令改正；情节严重的，撤销登记。

第五十五条 农民专业合作社在依法向有关主管部门提供的财务报告等材料中，作虚假记载或者隐瞒重要事实的，依法追究法律责任。

第九章 附 则

第五十六条 本法自 2007 年 7 月 1 日起施行。

5.1.6 中华人民共和国森林法

中华人民共和国森林法

（1984 年 9 月 20 日第六届全国人民代表大会常务委员会第七次会议通过；根据 1998 年 4 月 29 日第九届全国人民代表大会常务委员会第二次会议《关于修改〈中华人民共和国森林法〉的决定》第一次修正；根据 2009 年中华人民共和国第十一届全国人民代表大会常务委员会第十次会议《全国人民代表大会常务委员会关于修改部分法律的决定》第二次修正）

第一章 总 则

第一条 为了保护、培育和合理利用森林资源，加快国土绿化，发挥森林蓄水保土、调节气候、改善环境和提供林产品的作用，适应社会主义建设和人民生活的需要，特制定本法。

第二条 在中华人民共和国领域内从事森林、林木的培育种植、采伐利用和森林、林木、林地的经营管理活动，都必须遵守本法。

第三条 森林资源属于国家所有，由法律规定属于集体所有的除外。

国家所有的和集体所有的森林、林木和林地，个人所有的林木和使用的林地，由县级以上地方人民政府登记造册，发放证书，确认所有权或者使用权。国务院可以授权国务院林业主管部门，对国务院确定的国家所有的重点林区的森林、林木和林地登记造册，发放证书，并通知有关地方人民政府。

森林、林木、林地的所有者和使用者的合法权益，受法律保护，任何单位和个人不得侵犯。

第四条 森林分为以下五类：

（一）防护林：以防护为主要目的的森林、林木和灌木丛，包括水源涵养林，水土保持林，防风固沙林，农田、牧场防护林，护岸林，护路林；

（二）用材林：以生产木材为主要目的的森林和林木，包括以生产竹材为主要目的的竹林；

（三）经济林：以生产果品，食用油料、饮料、调料，工业原料和药材等为主要目的的林木；

（四）薪炭林：以生产燃料为主要目的的林木；

（五）特种用途林：以国防、环境保护、科学实验等为主要目的的森林和林木，包括国防林、实验林、母树林、环境保护林、风景林，名胜古迹和革命纪念地的林木，自然保护区的森林。

第五条　林业建设实行以营林为基础，普遍护林，大力造林，采育结合，永续利用的方针。

第六条　国家鼓励林业科学研究，推广林业先进技术，提高林业科学技术水平。

第七条　国家保护林农的合法权益，依法减轻林农的负担，禁止向林农违法收费、罚款，禁止向林农进行摊派和强制集资。

国家保护承包造林的集体和个人的合法权益，任何单位和个人不得侵犯承包造林的集体和个人依法享有的林木所有权和其他合法权益。

第八条　国家对森林资源实行以下保护性措施：

（一）对森林实行限额采伐，鼓励植树造林、封山育林，扩大森林覆盖面积；

（二）根据国家和地方人民政府有关规定，对集体和个人造林、育林给予经济扶持或者长期贷款；

（三）提倡木材综合利用和节约使用木材，鼓励开发、利用木材代用品；

（四）征收育林费，专门用于造林育林；

（五）煤炭、造纸等部门，按照煤炭和木浆纸张等产品的产量提取一定数额的资金，专门用于营造坑木、造纸等用材林；

（六）建立林业基金制度。

国家设立森林生态效益补偿基金，用于提供生态效益的防护林和特种用途的森林资源、林木的营造、抚育、保护和管理。森林生态效益补偿基金必须专款专用，不得挪作他用。具体办法由国务院规定。

第九条　国家和省、自治区人民政府，对民族自治地方的林业生产建设，依照国家对民族自治地方自治权的规定，在森林开发、木材分配和林业基金使用方面，给予比一般地区更多的自主权和经济利益。

第十条　国务院林业主管部门主管全国林业工作。县级以上地方人民政府林业主管部门，主管本地区的林业工作。乡级人民政府设专职或者兼职人员负责林业工作。

第十一条　植树造林、保护森林，是公民应尽的义务。各级人民政府应当组织全民义务植树，开展植树造林活动。

第十二条　在植树造林、保护森林、森林管理以及林业科学研究等方面成绩显著的单位或个人，由各级人民政府给予奖励。

第二章　森林经营管理

第十三条　各级林业主管部门依照本法规定，对森林资源的保护、利用、更新，实行管理和监督。

第十四条　各级林业主管部门负责组织森林资源清查，建立资源档案制度，掌握资源变化情况。

第十五条 下列森林、林木、林地使用权可以依法转让，也可以依法作价入股或者作为合资、合作造林、经营林木的出资、合作条件，但不得将林地改为非林地：

（一）用材林、经济林、薪炭林；

（二）用材林、经济林、薪炭林的林地使用权；

（三）用材林、经济林、薪炭林的采伐迹地、火烧迹地的林地使用权；

（四）国务院规定的其他森林、林木和其他林地使用权。

依照前款规定转让、作价入股或者作为合资、合作造林、经营林木的出资、合作条件的，已经取得的林木采伐许可证可以同时转让，同时转让双方都必须遵守本法关于森林、林木采伐和更新造林的规定。

除本条第一款规定的情形外，其他森林、林木和其他林地使用权不得转让。

具体办法由国务院规定。

第十六条 各级人民政府应当制定林业长远规划。国有林业企业事业单位和自然保护区，应当根据林业长远规划，编制森林经营方案，报上级主管部门批准后实行。

林业主管部门应当指导农村集体经济组织和国有的农场、牧场、工矿企业等单位编制森林经营方案。

第十七条 单位之间发生的林木、林地所有权和使用权争议，由县级以上人民政府依法处理。个人之间、个人与单位之间发生的林木所有权和林地使用权争议，由当地县级或者乡级人民政府依法处理。

当事人对人民政府的处理决定不服的，可以在接到通知之日起一个月内，向人民法院起诉。在林木、林地权属争议解决以前，任何一方不得砍伐有争议的林木。

第十八条 进行勘查、开采矿藏和各项建设工程，应当不占或者少占林地；必须占用或者征收、征用林地的，经县级以上人民政府林业主管部门审核同意后，依照有关土地管理的法律、行政法规办理建设用地审批手续，并由用地单位依照国务院有关规定缴纳森林植被恢复费。森林植被恢复费专款专用，由林业主管部门依照有关规定统一安排植树造林，恢复森林植被，植树造林面积不得少于因占用、征用林地而减少的森林植被面积。上级林业主管部门应当定期督促、检查下级林业主管部门组织植树造林、恢复森林植被的情况。

第三章 森林保护

第十九条 地方各级人民政府应当组织有关部门建立护林组织，负责护林工作；根据实际需要在大面积林区增加护林设施，加强森林保护；督促有林的和林区的基层单位，订立护林公约，组织群众护林，划定护林责任区，配备专职或者兼职护林员。

护林员可以由县级或者乡级人民政府委任。护林员的主要职责是：巡护森林，制止破坏森林资源的行为。对造成森林资源破坏的，护林员有权要求当地有关部门处理。

第二十条　依照国家有关规定在林区设立的森林公安机关，负责维护辖区社会治安秩序，保护辖区内的森林资源，并可以依照本法规定，在国务院林业主管部门授权的范围内，代行本法第三十九条、第四十二条、第四十三条、第四十四条规定的行政处罚权。

武装森林警察部队执行国家赋予的预防和扑救森林火灾的任务。

第二十一条　地方各级人民政府应当切实做好森林火灾的预防和扑救工作：

（一）规定森林防火期，在森林防火期内，禁止在林区野外用火；因特殊情况需要用火的，必须经过县级人民政府或者县级人民政府授权的机关批准；

（二）在林区设置防火设施；

（三）发生森林火灾，必须立即组织当地军民和有关部门扑救；

（四）因扑救森林火灾负伤、致残、牺牲的，国家职工由所在单位给予医疗、抚恤；非国家职工由起火单位按照国务院有关主管部门的规定给予医疗、抚恤，起火单位对起火没有责任或者确实无力负担的，由当地人民政府给予医疗、抚恤。

第二十二条　各级林业主管部门负责组织森林病虫害防治工作。

林业主管部门负责规定林木种苗的检疫对象，划定疫区和保护区，对林木种苗进行检疫。

第二十三条　禁止毁林开垦和毁林采石、采砂、采土以及其他毁林行为。

禁止在幼林地和特种用途林内砍柴、放牧。

进入森林和森林边缘地区的人员，不得擅自移动或者损坏为林业服务的标志。

第二十四条　国务院林业主管部门和省、自治区、直辖市人民政府，应当在不同自然地带的典型森林生态地区、珍贵动物和植物生长繁殖的林区、天然热带雨林区和具有特殊保护价值的其他天然林区，划定自然保护区，加强保护管理。

自然保护区的管理办法，由国务院林业主管部门制定，报国务院批准施行。

对自然保护区以外的珍贵树木和林区内具有特殊价值的植物资源，应当认真保护；未经省、自治区、直辖市林业主管部门批准，不得采伐和采集。

第二十五条　林区内列为国家保护的野生动物，禁止猎捕；因特殊需要猎捕的，按照国家有关法规办理。

第四章　植树造林

第二十六条　各级人民政府应当制定植树造林规划，因地制宜地确定本地区提高森林覆盖率的奋斗目标。

各级人民政府应当组织各行各业和城乡居民完成植树造林规划确定的任务。

宜林荒山荒地，属于国家所有的，由林业主管部门和其他主管部门组织造林；属于集体所有的，由集体经济组织组织造林。

铁路公路两旁、江河两侧、湖泊水库周围，由各有关主管单位因地制宜地组织造林；工矿区、机关、学校用地，部队营区以及农场、牧场、渔场经营地区，由各该单位负责造林。

国家所有和集体所有的宜林荒山荒地可以由集体或者个人承包造林。

第二十七条　国有企业事业单位、机关、团体、部队营造的林木，由营造单位经营并按照国家规定支配林木收益。

集体所有制单位营造的林木，归该单位所有。

农村居民在房前屋后、自留地、自留山种植的林木，归个人所有。城镇居民和职工在自有房屋的庭院内种植的林木，归个人所有。

集体或者个人承包国家所有和集体所有的宜林荒山荒地造林的，承包后种植的林木归承包的集体或者个人所有；承包合同另有规定的，按照承包合同的规定执行。

第二十八条　新造幼林地和其他必须封山育林的地方，由当地人民政府组织封山育地。

第五章　森林采伐

第二十九条　国家根据用材林的消耗量低于生长量的原则，严格控制森林年采伐量。国家所有的森林和林木以国有林业企业事业单位、农场、厂矿为单位，集体所有的森林和林木、个人所有的林木以县为单位，制定年采伐限额，由省、自治区、直辖市林业主管部门汇总，经同级人民政府审核后，报国务院批准。

第三十条　国家制定统一的年度木材生产计划。年度木材生产计划不得超过批准的年采伐限额。计划管理的范围由国务院规定。

第三十一条　采伐森林和林木必须遵守下列规定：

（一）成熟的用材林应当根据不同情况，分别采取择伐、皆伐和渐伐方式，皆伐应当严格控制，并在采伐的当年或者次年内完成更新造林；

（二）防护林和特种用途林中的国防林、母树林、环境保护林、风景林，只准进行抚育和更新性质的采伐；

（三）特种用途林中的名胜古迹和革命纪念地的林木、自然保护区的森林，严禁采伐。

第三十二条　采伐林木必须申请采伐许可证，按许可证的规定进行采伐；农村居民采伐自留地和房前屋后个人所有的零星林木除外。

国有林业企业事业单位、机关、团体、部队、学校和其他国有企业事业单位采伐林木，由所在地县级以上林业主管部门依照有关规定审核发放采伐许可证。

铁路、公路的护路林和城镇林木的更新采伐，由有关主管部门依照有关规定审核发放采伐许可证。农村集体经济组织采伐林木，由县级林业主管部门依照有关规定审核发放采伐许可证。

农村居民采伐自留山和个人承包集体的林木，由县级林业主管部门或者其委托的乡、镇人民政府依照有关规定审核发放采伐许可证。

采伐以生产竹材为主要目的的竹林，适用以上各款规定。

第三十三条 审核发放采伐许可证的部门，不得超过批准的年采伐限额发放采伐许可证。

第三十四条 国有林业企业事业单位申请采伐许可证时，必须提出伐区调查设计文件。其他单位申请采伐许可证时，必须提出有关采伐的目的、地点、林种、林况、面积、蓄积、方式和更新措施等内容的文件。

对伐区作业不符合规定的单位，发放采伐许可证的部门有权收缴采伐许可证，中止其采伐，直到纠正为止。

第三十五条 采伐林木的单位或者个人，必须按照采伐许可证规定的面积、株数、树种、期限完成更新造林任务，更新造林的面积和株数不得少于采伐的面积和株数。

第三十六条 林区木材的经营和监督管理办法，由国务院另行规定。

第三十七条 从林区运出木材，必须持有林业主管部门发给的运输证件，国家统一调拨的木材除外。

依法取得采伐许可证后，按照许可证的规定采伐的木材，从林区运出时，林业主管部门应当发给运输证件。

经省、自治区、直辖市人民政府批准，可以在林区设立木材检查站，负责检查木材运输。对未取得运输证件或者物资主管部门发给的调拨通知书运输木材的，木材检查站有权制止。

第三十八条 国家禁止、限制出口珍贵树木及其制品、衍生物。禁止、限制出口的珍贵树木及其制品、衍生物的名录和年度限制出口总量，由国务院林业主管部门会同国务院有关部门制定，报国务院批准。

第六章 法律责任

第三十九条 盗伐森林或者其他林木的，依法赔偿损失；由林业主管部门责令补种盗伐株数十倍的树木，没收盗伐的林木或者变卖所得，并处盗伐林木价值三倍以上十倍以下的罚款。

滥伐森林或者其他林木，由林业主管部门责令补种滥伐株数五倍的树木，并处滥伐林木价值二倍以上五倍以下的罚款。

拒不补种树木或者补种不符合国家有关规定的，由林业主管部门代为补种，所需费用由违法者支付。

盗伐、滥伐森林或者其他林木，构成犯罪的，依法追究刑事责任。

第四十条 违反本法规定，非法采伐、毁坏珍贵树木的，依法追究刑事责任。

第四十一条　违反本法规定，超过批准的年采伐限额发放林木采伐许可证或者超越职权发放林木采伐许可证、木材运输证件、批准出口文件、允许进出口证明书的，由上一级人民政府林业主管部门责令纠正，对直接负责的主管人员和其他直接责任人员依法给予行政处分；有关人民政府林业主管部门未予纠正的，国务院林业主管部门可以直接处理；构成犯罪的，依法追究刑事责任。

第四十二条　违反本法规定，买卖林木采伐许可证、木材运输证件、批准出口文件、允许进出口证明书的，由林业主管部门没收违法买卖的证件、文件和违法所得，并处违法买卖证件、文件的价款一倍以上三倍以下的罚款；构成犯罪的，依法追究刑事责任。

伪造林木采伐许可证、木材运输证件、批准出口文件、允许进出口证明书的，依法追究刑事责任。

第四十三条　在林区非法收购明知是盗伐、滥伐的林木的，由林业主管部门责令停止违法行为，没收违法收购的盗伐、滥伐的林木或者变卖所得，可以并处违法收购林木的价款一倍以上三倍以下的罚款；构成犯罪的，依法追究刑事责任。

第四十四条　违反本法规定，进行开垦、采石、采砂、采土、采种、采脂和其他活动，致使森林、林木受到毁坏的，依法赔偿损失；由林业主管部门责令停止违法行为，补种毁坏株数一倍以上三倍以下的树木，可以处毁坏林木价值一倍以上五倍以下的罚款。

违反本法规定，在幼林地和特种用途林内砍柴、放牧致使森林、林木受到毁坏的，依法赔偿损失；由林业主管部门责令停止违法行为，补种毁坏株数一倍以上三倍以下的树木。

拒不补种树木或者补种不符合国家有关规定的，由林业主管部门代为补种，所需费用由违法者支付。

第四十五条　采伐林木的单位或者个人没有按照规定完成更新造林任务的，发放采伐许可证的部门有权不再发给采伐许可证，直到完成更新造林任务为止；情节严重的，可以由林业主管部门处以罚款，对直接责任人员由所在单位或者上级主管机关给予行政处分。

第四十六条　从事森林资源保护、林业监督管理工作的林业主管部门的工作人员和其他国家机关的有关工作人员滥用职权、玩忽职守、徇私舞弊，构成犯罪的，依法追究刑事责任；尚不构成犯罪的，依法给予行政处分。

第七章　附　则

第四十七条　国务院林业主管部门根据本法制定实施办法，报国务院批准施行。

第四十八条　民族自治地方不能全部适用本法规定的，自治机关可以根据本法的原则，结合民族自治地方的特点，制定变通或者补充规定，依照法定程序报省、自治区或者全国人民代表大会常务委员会批准施行。

第四十九条　本法自 1985 年 1 月 1 日起施行。

5.1.7 中华人民共和国森林法实施条例

中华人民共和国森林法实施条例

（《中华人民共和国森林法实施条例》是 2000 年 1 月 29 日由中华人民共和国国务院令第 278 号发布并施行）

第一章　总　则

第一条　根据《中华人民共和国森林法》（以下简称森林法），制定本条例。

第二条　森林资源，包括森林、林木、林地以及依托森林、林木、林地生存的野生动物、植物和微生物。

森林，包括乔木林和竹林。林木，包括树木和竹子。林地，包括郁闭度 0.2 以上的乔木林地以及竹林地、灌木林地、疏林地、采伐迹地、火烧迹地、未成林造林地、苗圃地和县级以上人民政府规划的宜林地。

第三条　国家依法实行森林、林木和林地登记发证制度。依法登记的森林、林木和林地的所有权、使用权受法律保护，任何单位和个人不得侵犯。

森林、林木和林地的权属证书式样由国务院林业主管部门规定。

第四条　依法使用的国家所有的森林、林木和林地，按照下列规定登记：

（一）使用国务院确定的国家所有的重点林区（以下简称重点林区）的森林、林木和林地的单位，应当向国务院林业主管部门提出登记申请，由国务院林业主管部门登记造册，核发证书，确认森林、林木和林地使用权以及由使用者所有的林木所有权；

（二）使用国家所有的跨行政区域的森林、林木和林地的单位和个人，应当向共同的上一级人民政府林业主管部门提出登记申请，由该人民政府登记造册，核发证书，确认森林、林木和林地使用权以及由使用者所有的林木所有权；

（三）使用国家所有的其他森林、林木和林地的单位和个人，应当向县级以上地方人民政府林业主管部门提出登记申请，由县级以上地方人民政府登记造册，核发证书，确认森林、林木和林地使用权以及由使用者所有的林木所有权。

未确定使用权的国家所有的森林、林木和林地，由县级以上人民政府登记造册，负责保护管理。

第五条　集体所有的森林、林木和林地，由所有者向所在地的县级人民政府林业主管部门提出登记申请，由该县级人民政府登记造册，核发证书，确认所有权。

单位和个人所有的林木，由所有者向所在地的县级人民政府林业主管部门提出登记申请，由该县级人民政府登记造册，核发证书，确认林木所有权。

使用集体所有的森林、林木和林地的单位和个人，应当向所在地的县级人民政府林业主管部门提出登记申请，由该县级人民政府登记造册，核发证书，确认森林、林木和林地使用权。

第六条　改变森林、林木和林地所有权、使用权的，应当依法办理变更登记手续。

第七条　县级以上人民政府林业主管部门应当建立森林、林木和林地权属管理档案。

第八条　国家重点防护林和特种用途林，由国务院林业主管部门提出意见，报国务院批准公布；地方重点防护林和特种用途林，由省、自治区、直辖市人民政府林业主管部门提出意见，报本级人民政府批准公布；其他防护林、用材林、特种用途林以及经济林、薪炭林，由县级人民政府林业主管部门根据国家关于林种划分的规定和本级人民政府的部署组织划定，报本级人民政府批准公布。

省、自治区、直辖市行政区域内的重点防护林和特种用途林的面积，不得少于本行政区域森林总面积的百分之三十。

经批准公布的林种改变为其他林种的，应当报原批准公布机关批准。

第九条　依照森林法第八条第一款第（五）项规定提取的资金，必须专门用于营造坑木、造纸等用材林，不得挪作他用。审计机关和林业主管部门应当加强监督。

第十条　国务院林业主管部门向重点林区派驻的森林资源监督机构，应当加强对重点林区内森林资源保护管理的监督检查。

第二章　森林经营管理

第十一条　国务院林业主管部门应当定期监测全国森林资源消长和森林生态环境变化的情况。

重点林区森林资源调查、建立档案和编制森林经营方案等项工作，由国务院林业主管部门组织实施；其他森林资源调查、建立档案和编制森林经营方案等项工作，由县级以上地方人民政府林业主管部门组织实施。

第十二条　制定林业长远规划，应当遵循下列原则：

（一）保护生态环境和促进经济的可持续发展；

（二）以现有的森林资源为基础；

（三）与土地利用总体规划、水土保持规划、城市规划、村庄和集镇规划相协调。

第十三条　林业长远规划应当包括下列内容：

（一）林业发展目标；

（二）林种比例；

（三）林地保护利用规划；

（四）植树造林规划。

第十四条 全国林业长远规划由国务院林业主管部门会同其他有关部门编制，报国务院批准后施行。

地方各级林业长远规划由县级以上地方人民政府林业主管部门会同其他有关部门编制，报本级人民政府批准后施行。

下级林业长远规划应当根据上一级林业长远规划编制。

林业长远规划的调整、修改，应当报经原批准机关批准。

第十五条 国家依法保护森林、林木和林地经营者的合法权益。任何单位和个人不得侵占经营者依法所有的林木和使用的林地。

用材林、经济林和薪炭林的经营者，依法享有经营权、收益权和其他合法权益。

防护林和特种用途林的经营者，有获得森林生态效益补偿的权利。

第十六条 勘查、开采矿藏和修建道路、水利、电力、通信等工程，需要占用或者征用林地的，必须遵守下列规定：

（一）用地单位应当向县级以上人民政府林业主管部门提出用地申请，经审核同意后，按照国家规定的标准预交森林植被恢复费，领取使用林地审核同意书。用地单位凭使用林地审核同意书依法办理建设用地审批手续。占用或者征用林地未经林业主管部门审核同意的，土地行政主管部门不得受理建设用地申请。

（二）占用或者征用防护林地或者特种用途林林地面积10公顷以上的，用材林、经济林、薪炭林林地及其采伐迹地面积35公顷以上的，其他林地面积70公顷以上的，由国务院林业主管部门审核；占用或者征用林地面积低于上述规定数量的，由省、自治区、直辖市人民政府林业主管部门审核。占用或者征用重点林区的林地的，由国务院林业主管部门审核。

（三）用地单位需要采伐已经批准占用或者征用的林地上的林木时，应当向林地所在地的县级以上地方人民政府林业主管部门或者国务院林业主管部门申请林木采伐许可证。

（四）占用或者征用林地未被批准的，有关林业主管部门应当自接到不予批准通知之日起7日内将收取的森林植被恢复费如数退还。

第十七条 需要临时占用林地的，应当经县级以上人民政府林业主管部门批准。

临时占用林地的期限不得超过两年，并不得在临时占用的林地上修筑永久性建筑物；占用期满后，用地单位必须恢复林业生产条件。

第十八条 森林经营单位在所经营的林地范围内修筑直接为林业生产服务的工程设施，需要占用林地的，由县级以上人民政府林业主管部门批准；修筑其他工程设施，需要将林地转为非林业建设用地的，必须依法办理建设用地审批手续。

前款所称直接为林业生产服务的工程设施是指：

（一）培育、生产种子、苗木的设施；

（二）贮存种子、苗木、木材的设施；

（三）集材道、运材道；

（四）林业科研、试验、示范基地；

（五）野生动植物保护、护林、森林病虫害防治、森林防火、木材检疫的设施；

（六）供水、供电、供热、供气、通信基础设施。

第三章　森林保护

第十九条　县级以上人民政府林业主管部门应当根据森林病虫害测报中心和测报点对测报对象的调查和监测情况，定期发布长期、中期、短期森林病虫害预报，并及时提出防治方案。

森林经营者应当选用良种，营造混交林，实行科学育林，提高防御森林病虫害的能力。

发生森林病虫害时，有关部门、森林经营者应当采取综合防治措施，及时进行除治。

发生严重森林病虫害时，当地人民政府应当采取紧急除治措施，防止蔓延，消除隐患。

第二十条　国务院林业主管部门负责确定全国林木种苗检疫对象。省、自治区、直辖市人民政府林业主管部门根据本地区的需要，可以确定本省、自治区、直辖市的林木种苗补充检疫对象，报国务院林业主管部门备案。

第二十一条　禁止毁林开垦、毁林采种和违反操作技术规程采脂、挖笋、掘根、剥树皮及过度修枝的毁林行为。

第二十二条　25度以上的坡地应当用于植树、种草。25度以上的坡耕地应当按照当地人民政府制定的规划，逐步退耕，植树和种草。

第二十三条　发生森林火灾时，当地人民政府必须立即组织军民扑救；有关部门应当积极做好扑救火灾物资的供应、运输和通信、医疗等工作。

第四章　植树造林

第二十四条　森林法所称森林覆盖率，是指以行政区域为单位森林面积与土地面积的百分比。森林面积，包括郁闭度0.2以上的乔木林地面积和竹林地面积、国家特别规定的灌木林地面积、农田林网以及村旁、路旁、水旁、宅旁林木的覆盖面积。

县级以上地方人民政府应当按照国务院确定的森林覆盖率奋斗目标，确定本行政区域森林覆盖率的奋斗目标，并组织实施。

第二十五条　植树造林应当遵守造林技术规程，实行科学造林，提高林木的成活率。

县级人民政府对本行政区域内当年造林的情况应当组织检查验收，除国家特别规定的干旱、半干旱地区外，成活率不足百分之八十五的，不得计入年度造林完成面积。

第二十六条　国家对造林绿化实行部门和单位负责制。

铁路公路两旁、江河两岸、湖泊水库周围，各有关主管单位是造林绿化的责任单位。工矿区，机关、学校用地，部队营区以及农场、牧场、渔场经营地区，各该单位是造林绿化的责任单位。

责任单位的造林绿化任务，由所在地的县级人民政府下达责任通知书，予以确认。

第二十七条　国家保护承包造林者依法享有的林木所有权和其他合法权益。未经发包方和承包方协商一致，不得随意变更或者解除承包造林合同。

第五章　森林采伐

第二十八条　国家所有的森林和林木以国有林业企业事业单位、农场、厂矿为单位，集体所有的森林和林木、个人所有的林木以县为单位，制定年森林采伐限额，由省、自治区、直辖市人民政府林业主管部门汇总、平衡，经本级人民政府审核后，报国务院批准；其中，重点林区的年森林采伐限额，由国务院林业主管部门审核后，报国务院批准。

国务院批准的年森林采伐限额，每5年核定一次。

第二十九条　采伐森林、林木作为商品销售的，必须纳入国家年度木材生产计划；但是，农村居民采伐自留山上个人所有的薪炭林和自留地、房前屋后个人所有的零星林木除外。

第三十条　申请林木采伐许可证，除应当提交申请采伐林木的所有权证书或者使用权证书外，还应当按照下列规定提交其他有关证明文件：

（一）国有林业企业事业单位还应当提交采伐区调查设计文件和上年度采伐更新验收证明；

（二）其他单位还应当提交包括采伐林木的目的、地点、林种、林况、面积、蓄积量、方式和更新措施等内容的文件；

（三）个人还应当提交包括采伐林木的地点、面积、树种、株数、蓄积量、更新时间等内容的文件。

因扑救森林火灾、防洪抢险等紧急情况需要采伐林木的，组织抢险的单位或者部门应当自紧急情况结束之日起30日内，将采伐林木的情况报告当地县级以上人民政府林业主管部门。

第三十一条　有下列情形之一的，不得核发林木采伐许可证：

（一）防护林和特种用途林进行非抚育或者非更新性质的采伐的，或者采伐封山育林期、封山育林区内的林木的；

（二）上年度采伐后未完成更新造林任务的；

（三）上年度发生重大滥伐案件、森林火灾或者大面积严重森林病虫害，未采取预防和改进措施的。

林木采伐许可证的式样由国务院林业主管部门规定，由省、自治区、直辖市人民政府林业主管部门印制。

第三十二条　除森林法已有明确规定的外，林木采伐许可证按照下列规定权限核发：

（一）县属国有林场，由所在地的县级人民政府林业主管部门核发；

（二）省、自治区、直辖市和设区的市、自治州所属的国有林业企业事业单位、其他国有企业事业单位，由所在地的省、自治区、直辖市人民政府林业主管部门核发；

（三）重点林区的国有林业企业事业单位，由国务院林业主管部门核发。

第三十三条　利用外资营造的用材林达到一定规模需要采伐的，应当在国务院批准的年森林采伐限额内，由省、自治区、直辖市人民政府林业主管部门批准，实行采伐限额单列。

第三十四条　在林区经营（含加工）木材，必须经县级以上人民政府林业主管部门批准。

木材收购单位和个人不得收购没有林木采伐许可证或者其他合法来源证明的木材。

前款所称木材，是指原木、锯材、竹材、木片和省、自治区、直辖市规定的其他木材。

第三十五条　从林区运出非国家统一调拨的木材，必须持有县级以上人民政府林业主管部门核发的木材运输证。

重点林区的木材运输证，由国务院林业主管部门核发；其他木材运输证，由县级以上地方人民政府林业主管部门核发。

木材运输证自木材起运点到终点全程有效，必须随货同行。没有木材运输证的，承运单位和个人不得承运。

木材运输证的式样由国务院林业主管部门规定。

第三十六条　申请木材运输证，应当提交下列证明文件：

（一）林木采伐许可证或者其他合法来源证明；

（二）检疫证明；

（三）省、自治区、直辖市人民政府林业主管部门规定的其他文件。

符合前款条件的，受理木材运输证申请的县级以上人民政府林业主管部门应当自接到申请之日起3日内发给木材运输证。

依法发放的木材运输证所准运的木材运输总量，不得超过当地年度木材生产计划规定可以运出销售的木材总量。

第三十七条　经省、自治区、直辖市人民政府批准在林区设立的木材检查站，负责检查木材运输；无证运输木材的，木材检查站应当予以制止，可以暂扣无证运输的木材，并立即报请县级以上人民政府林业主管部门依法处理。

第六章　法律责任

第三十八条　盗伐森林或者其他林木，以立木材积计算不足0.5立方米或者幼树不足20株的，由县级以上人民政府林业主管部门责令补种盗伐株数10倍的树木，没收盗伐的林木或者变卖所得，并处盗伐林木价值3倍至5倍的罚款。

盗伐森林或者其他林木，以立木材积计算0.5立方米以上或者幼树20株以上的，由县级以上人民政府林业主管部门责令补种盗伐株数 10 倍的树木，没收盗伐的林木或者变卖所得，并处盗伐林木价值 5 倍至 10 倍的罚款。

第三十九条　滥伐森林或者其他林木，以立木材积计算不足 2 立方米或者幼树不足 50 株的，由县级以上人民政府林业主管部门责令补种滥伐株数 5 倍的树木，并处滥伐林木价值 2 倍至 3 倍的罚款。

滥伐森林或者其他林木，以立木材积计算 2 立方米以上或者幼树 50 株以上的，由县级以上人民政府林业主管部门责令补种滥伐株数 5 倍的树木，并处滥伐林木价值 3 倍至 5 倍的罚款。

超过木材生产计划采伐森林或者其他林木的，依照前两款规定处罚。

第四十条　违反本条例规定，未经批准，擅自在林区经营（含加工）木材的，由县级以上人民政府林业主管部门没收非法经营的木材和违法所得，并处违法所得 2 倍以下的罚款。

第四十一条　违反本条例规定，毁林采种或者违反操作技术规程采脂、挖笋、掘根、剥树皮及过度修枝，致使森林、林木受到毁坏的，依法赔偿损失，由县级以上人民政府林业主管部门责令停止违法行为，补种毁坏株数 1 倍至 3 倍的树木，可以处毁坏林木价值 1 倍至 5 倍的罚款；拒不补种树木或者补种不符合国家有关规定的，由县级以上人民政府林业主管部门组织代为补种，所需费用由违法者支付。

违反森林法和本条例规定，擅自开垦林地，致使森林、林木受到毁坏的，依照森林法第四十四条的规定予以处罚；对森林、林木未造成毁坏或者被开垦的林地上没有森林、林木的，由县级以上人民政府林业主管部门责令停止违法行为，限期恢复原状，可以处非法开垦林地每平方米 10 元以下的罚款。

第四十二条　有下列情形之一的，由县级以上人民政府林业主管部门责令限期完成造林任务；逾期未完成的，可以处应完成而未完成造林任务所需费用 2 倍以下的罚款；对直接负责的主管人员和其他直接责任人员，依法给予行政处分：

（一）连续两年未完成更新造林任务的；

（二）当年更新造林面积未达到应更新造林面积 50%的；

（三）除国家特别规定的干旱、半干旱地区外，更新造林当年成活率未达到 85%的；

（四）植树造林责任单位未按照所在地县级人民政府的要求按时完成造林任务的。

第四十三条　未经县级以上人民政府林业主管部门审核同意，擅自改变林地用途的，由县级以上人民政府林业主管部门责令限期恢复原状，并处非法改变用途林地每平方米 10 元至 30 元的罚款。

临时占用林地，逾期不归还的，依照前款规定处罚。

第四十四条　无木材运输证运输木材的，由县级以上人民政府林业主管部门没收非法运输的木材，对货主可以并处非法运输木材价款 30%以下的罚款。

运输的木材数量超出木材运输证所准运的运输数量的，由县级以上人民政府林业主管部门没收超出部分的木材；运输的木材树种、材种、规格与木材运输证规定不符又无正当理由的，没收其不相符部分的木材。

使用伪造、涂改的木材运输证运输木材的，由县级以上人民政府林业主管部门没收非法运输的木材，并处没收木材价款10%至50%的罚款。

承运无木材运输证的木材的，由县级以上人民政府林业主管部门没收运费，并处运费1倍至3倍的罚款。

第四十五条　擅自移动或者毁坏林业服务标志的，由县级以上人民政府林业主管部门责令限期恢复原状；逾期不恢复原状的，由县级以上人民政府林业主管部门代为恢复，所需费用由违法者支付。

第四十六条　违反本条例规定，未经批准，擅自将防护林和特种用途林改变为其他林种的，由县级以上人民政府林业主管部门收回经营者所获取的森林生态效益补偿，并处所获取森林生态效益补偿3倍以下的罚款。

第七章　附　则

第四十七条　本条例中县级以上地方人民政府林业主管部门职责权限的划分，由国务院林业主管部门具体规定。

第四十八条　本条例自发布之日起施行。1986年4月28日国务院批准、1986年5月10日林业部发布的《中华人民共和国森林法实施细则》同时废止。

5.1.8 退耕还林条例

退耕还林条例

（2002年12月14日中华人民共和国国务院令第367号发布，自2003年1月20日起施行）

第一章　总　则

第一条　为了规范退耕还林活动，保护退耕还林者的合法权益，巩固退耕还林成果，优化农村产业结构，改善生态环境，制定本条例。

第二条　国务院批准规划范围内的退耕还林活动，适用本条例。

第三条　各级人民政府应当严格执行"退耕还林、封山绿化、以粮代赈、个体承包"的政策措施。

第四条　退耕还林必须坚持生态优先。退耕还林应当与调整农村产业结构、发展农村经济、防治水土流失、保护和建设基本农田、提高粮食单产、加强农村能源建设、实施生态移民相结合。

第五条 退耕还林应当遵循下列原则：

（一）统筹规划、分步实施、突出重点、注重实效；

（二）政策引导和农民自愿退耕相结合，谁退耕、谁造林、谁经营、谁受益；

（三）遵循自然规律，因地制宜，宜林则林，宜草则草，综合治理；

（四）建设与保护并重，防止边治理边破坏；

（五）逐步改善退耕还林者的生活条件。

第六条 国务院西部开发工作机构负责退耕还林工作的综合协调，组织有关部门研究制定退耕还林有关政策、办法，组织和协调退耕还林总体规划的落实；国务院林业行政主管部门负责编制退耕还林总体规划、年度计划，主管全国退耕还林的实施工作，负责退耕还林工作的指导和监督检查；国务院发展计划部门会同有关部门负责退耕还林总体规划的审核、计划的汇总、基建年度计划的编制和综合平衡；国务院财政主管部门负责退耕还林中央财政补助资金的安排和监督管理；国务院农业行政主管部门负责已垦草场的退耕还草以及天然草场的恢复和建设有关规划、计划的编制，以及技术指导和监督检查；国务院水行政主管部门负责退耕还林还草地区小流域治理、水土保持等相关工作的技术指导和监督检查；国务院粮食行政管理部门负责粮源的协调和调剂工作。

县级以上地方人民政府林业、计划、财政、农业、水利、粮食等部门在本级人民政府的统一领导下，按照本条例和规定的职责分工，负责退耕还林的有关工作。

第七条 国家对退耕还林实行省、自治区、直辖市人民政府负责制。省、自治区、直辖市人民政府应当组织有关部门采取措施，保证退耕还林中央补助资金的专款专用，组织落实补助粮食的调运和供应，加强退耕还林的复查工作，按期完成国家下达的退耕还林任务，并逐级落实目标责任，签订责任书，实现退耕还林目标。

第八条 退耕还林实行目标责任制。

县级以上地方各级人民政府有关部门应当与退耕还林工程项目负责人和技术负责人签订责任书，明确其应当承担的责任。

第九条 国家支持退耕还林应用技术的研究和推广，提高退耕还林科学技术水平。

第十条 国务院有关部门和地方各级人民政府应当组织开展退耕还林活动的宣传教育，增强公民的生态建设和保护意识。

在退耕还林工作中做出显著成绩的单位和个人，由国务院有关部门和地方各级人民政府给予表彰和奖励。

第十一条 任何单位和个人都有权检举、控告破坏退耕还林的行为。

有关人民政府及其有关部门接到检举、控告后，应当及时处理。

第十二条　各级审计机关应当加强对退耕还林资金和粮食补助使用情况的审计监督。

第二章　规划和计划

第十三条　退耕还林应当统筹规划。

退耕还林总体规划由国务院林业行政主管部门编制，经国务院西部开发工作机构协调、国务院发展计划部门审核后，报国务院批准实施。

省、自治区、直辖市人民政府林业行政主管部门根据退耕还林总体规划会同有关部门编制本行政区域的退耕还林规划，经本级人民政府批准，报国务院有关部门备案。

第十四条　退耕还林规划应当包括下列主要内容：

（一）范围、布局和重点；

（二）年限、目标和任务；

（三）投资测算和资金来源；

（四）效益分析和评价；

（五）保障措施。

第十五条　下列耕地应当纳入退耕还林规划，并根据生态建设需要和国家财力有计划实施退耕还林：

（一）水土流失严重的；

（二）沙化、盐碱化、石漠化严重的；

（三）生态地位重要、粮食产量低而不稳的。

江河源头及其两侧、湖库周围的陡坡耕地以及水土流失和风沙危害严重等生态地位重要区域的耕地，应当在退耕还林规划中优先安排。

第十六条　基本农田保护范围内的耕地和生产条件较好、实际粮食产量超过国家退耕还林补助粮食标准并且不会造成水土流失的耕地，不得纳入退耕还林规划；但是，因生态建设特殊需要，经国务院批准并依照有关法律、行政法规规定的程序调整基本农田保护范围后，可以纳入退耕还林规划。

制定退耕还林规划时，应当考虑退耕农民长期的生计需要。

第十七条　退耕还林规划应当与国民经济和社会发展规划、农村经济发展总体规划、土地利用总体规划相衔接，与环境保护、水土保持、防沙治沙等规划相协调。

第十八条　退耕还林必须依照经批准的规划进行。未经原批准机关同意，不得擅自调整退耕还林规划。

第十九条　省、自治区、直辖市人民政府林业行政主管部门根据退耕还林规划，会同有关部门编制本行政区域下一年度退耕还林计划建议，由本级人民政府发展计划部门审核，并经本级人民政府批准后，于每年8月31日前报国务院西部开发工作机构、林业、发展计划等有关部门。

国务院林业行政主管部门汇总编制全国退耕还林年度计划建议，经国务院西部开发工作机构协调，国务院发展计划部门审核和综合平衡，报国务院批准后，由国务院发展计划部门会同有关部门于10月31日前联合下达。

省、自治区、直辖市人民政府发展计划部门会同有关部门根据全国退耕还林年度计划，于11月30日前将本行政区域下一年度退耕还林计划分解下达到有关县（市）人民政府，并将分解下达情况报国务院有关部门备案。

第二十条　省、自治区、直辖市人民政府林业行政主管部门根据国家下达的下一年度退耕还林计划，会同有关部门编制本行政区域内的年度退耕还林实施方案，经国务院林业行政主管部门审核后，报本级人民政府批准实施。

县级人民政府林业行政主管部门可以根据批准后的省级退耕还林年度实施方案，编制本行政区域内的退耕还林年度实施方案，报本级人民政府批准后实施，并报省、自治区、直辖市人民政府林业行政主管部门备案。

第二十一条　年度退耕还林实施方案，应当包括下列主要内容：

（一）退耕还林的具体范围；

（二）生态林与经济林比例；

（三）树种选择和植被配置方式；

（四）造林模式；

（五）种苗供应方式；

（六）植被管护和配套保障措施；

（七）项目和技术负责人。

第二十二条　县级人民政府林业行政主管部门应当根据年度退耕还林实施方案组织专业人员或者有资质的设计单位编制乡镇作业设计，把实施方案确定的内容落实到具体地块和土地承包经营权人。

编制作业设计时，干旱、半干旱地区应当以种植耐旱灌木（草）、恢复原有植被为主；以间作方式植树种草的，应当间作多年生植物，主要林木的初植密度应当符合国家规定的标准。

第二十三条　退耕土地还林营造的生态林面积，以县为单位核算，不得低于退耕土地还林面积的80%。

退耕还林营造的生态林，由县级以上地方人民政府林业行政主管部门根据国务院林业行政主管部门制定的标准认定。

第三章　造林、管护与检查验收

第二十四条　县级人民政府或者其委托的乡级人民政府应当与有退耕还林任务的土地承包经营权人签订退耕还林合同。

退耕还林合同应当包括下列主要内容：

（一）退耕土地还林范围、面积和宜林荒山荒地造林范围、面积；

（二）按照作业设计确定的退耕还林方式；

（三）造林成活率及其保存率；

（四）管护责任；

（五）资金和粮食的补助标准、期限和给付方式；

（六）技术指导、技术服务的方式和内容；

（七）种苗来源和供应方式；

（八）违约责任；

（九）合同履行期限。

退耕还林合同的内容不得与本条例以及国家其他有关退耕还林的规定相抵触。

第二十五条　退耕还林需要的种苗，可以由县级人民政府根据本地区实际组织集中采购，也可以由退耕还林者自行采购。集中采购的，应当征求退耕还林者的意见，并采用公开竞价方式，签订书面合同，超过国家种苗造林补助费标准的，不得向退耕还林者强行收取超出部分的费用。

任何单位和个人不得为退耕还林者指定种苗供应商。

禁止垄断经营种苗和哄抬种苗价格。

第二十六条　退耕还林所用种苗应当就地培育、就近调剂，优先选用乡土树种和抗逆性强树种的良种壮苗。

第二十七条　林业、农业行政主管部门应当加强种苗培育的技术指导和服务的管理工作，保证种苗质量。

销售、供应的退耕还林种苗应当经县级人民政府林业、农业行政主管部门检验合格，并附具标签和质量检验合格证；跨县调运的，还应当依法取得检疫合格证。

第二十八条　省、自治区、直辖市人民政府应当根据本行政区域的退耕还林规划，加强种苗生产与采种基地的建设。

国家鼓励企业和个人采取多种形式培育种苗，开展产业化经营。

第二十九条　退耕还林者应当按照作业设计和合同的要求植树种草。

禁止林粮间作和破坏原有林草植被的行为。

第三十条　退耕还林者在享受资金和粮食补助期间，应当按照作业设计和合同的要求在宜林荒山荒地造林。

第三十一条　县级人民政府应当建立退耕还林植被管护制度，落实管护责任。

退耕还林者应当履行管护义务。

禁止在退耕还林项目实施范围内复耕和从事滥采、乱挖等破坏地表植被的活动。

第三十二条　地方各级人民政府及其有关部门应当组织技术推广单位或者技术人员，为退耕还林提供技术指导和技术服务。

第三十三条　县级人民政府林业行政主管部门应当按照国务院林业行政主管部门制定的检查验收标准和办法，对退耕还林建设项目进行检查验收，经验收合格的，方可发给验收合格证明。

第三十四条　省、自治区、直辖市人民政府应当对县级退耕还林检查验收结果进行复查，并根据复查结果对县级人民政府和有关责任人员进行奖惩。

国务院林业行政主管部门应当对省级复查结果进行核查，并将核查结果上报国务院。

第四章　资金和粮食补助

第三十五条　国家按照核定的退耕还林实际面积，向土地承包经营权人提供补助粮食、种苗造林补助费和生活补助费。具体补助标准和补助年限按照国务院有关规定执行。

第三十六条　尚未承包到户和休耕的坡耕地退耕还林的，以及纳入退耕还林规划的宜林荒山荒地造林，只享受种苗造林补助费。

第三十七条　种苗造林补助费和生活补助费由国务院计划、财政、林业部门按照有关规定及时下达、核拨。

第三十八条　补助粮食应当就近调运，减少供应环节，降低供应成本。粮食补助费按照国家有关政策处理。

粮食调运费用由地方财政承担，不得向供应补助粮食的企业和退耕还林者分摊。

第三十九条　省、自治区、直辖市人民政府应当根据当地口粮消费习惯和农作物种植习惯以及当地粮食库存实际情况合理确定补助粮食的品种。

补助粮食必须达到国家规定的质量标准。不符合国家质量标准的，不得供应给退耕还林者。

第四十条　退耕土地还林的第一年，该年度补助粮食可以分两次兑付，每次兑付的数量由省、自治区、直辖市人民政府确定。

从退耕土地还林第二年起，在规定的补助期限内，县级人民政府应当组织有关部门和单位及时向持有验收合格证明的退耕还林者一次兑付该年度补助粮食。

第四十一条　兑付的补助粮食，不得折算成现金或者代金券。供应补助粮食的企业不得回购退耕还林补助粮食。

第四十二条　种苗造林补助费应当用于种苗采购，节余部分可以用于造林补助和封育管护。

退耕还林者自行采购种苗的，县级人民政府或者其委托的乡级人民政府应当在退耕还林合同生效时一次付清种苗造林补助费。

集中采购种苗的，退耕还林验收合格后，种苗采购单位应当与退耕还林者结算种苗造林补助费。

第四十三条　退耕土地还林后，在规定的补助期限内，县级人民政府应当组织有关部门及时向持有验收合格证明的退耕还林者一次付清该年度生活补助费。

第四十四条　退耕还林资金实行专户存储、专款专用，任何单位和个人不得挤占、截留、挪用和克扣。

任何单位和个人不得弄虚作假、虚报冒领补助资金和粮食。

第四十五条　退耕还林所需前期工作和科技支撑等费用，国家按照退耕还林基本建设投资的一定比例给予补助，由国务院发展计划部门根据工程情况在年度计划中安排。

第四十六条　实施退耕还林的乡（镇）、村应当建立退耕还林公示制度，将退耕还林者的退耕还林面积、造林树种、成活率以及资金和粮食补助发放等情况进行公示。

第五章　其他保障措施

第四十七条　国家保护退耕还林者享有退耕土地上的林木（草）所有权。自行退耕还林的，土地承包经营权人享有退耕土地上的林木（草）所有权；委托他人还林或者与他人合作还林的，退耕土地上的林木（草）所有权由合同约定。

退耕土地还林后，由县级以上人民政府依照森林法、草原法的有关规定发放林（草）权属证书，确认所有权和使用权，并依法办理土地变更登记手续。土地承包经营合同应当作相应调整。

第四十八条　退耕土地还林后的承包经营权期限可以延长到70年。承包经营权到期后，土地承包经营权人可以依照有关法律、法规的规定继续承包。

退耕还林土地和荒山荒地造林后的承包经营权可以依法继承、转让。

第四十九条　退耕还林者按照国家有关规定享受税收优惠，其中退耕还林（草）所取得的农业特产收入，依照国家规定免征农业特产税。

退耕还林的县（市）农业税收因灾减收部分，由上级财政以转移支付的方式给予适当补助；确有困难的，经国务院批准，由中央财政以转移支付的方式给予适当补助。

第五十条　资金和粮食补助期满后，在不破坏整体生态功能的前提下，经有关主管部门批准，退耕还林者可以依法对其所有的林木进行采伐。

第五十一条　地方各级人民政府应当加强基本农田和农业基础设施建设，增加投入，改良土壤，改造坡耕地，提高地力和单位粮食产量，解决退耕还林者的长期口粮需求。

第五十二条　地方各级人民政府应当根据实际情况加强沼气、小水电、太阳能、风能等农村能源建设，解决退耕还林者对能源的需求。

第五十三条　地方各级人民政府应当调整农村产业结构，扶持龙头企业，发展支柱产业，开辟就业门路，增加农民收入，加快小城镇建设，促进农业人口逐步向城镇转移。

第五十四条　国家鼓励在退耕还林过程中实行生态移民，并对生态移民农户的生产、生活设施给予适当补助。

第五十五条　退耕还林后，有关地方人民政府应当采取封山禁牧、舍饲圈养等措施，保护退耕还林成果。

第五十六条　退耕还林应当与扶贫开发、农业综合开发和水土保持等政策措施相结合，对不同性质的项目资金应当在专款专用的前提下统筹安排，提高资金使用效益。

第六章　法律责任

第五十七条　国家工作人员在退耕还林活动中违反本条例的规定，有下列行为之一的，依照刑法关于贪污罪、受贿罪、挪用公款罪或者其他罪的规定，依法追究刑事责任；尚不够刑事处罚的，依法给予行政处分：

（一）挤占、截留、挪用退耕还林资金或者克扣补助粮食的；

（二）弄虚作假、虚报冒领补助资金和粮食的；

（三）利用职务上的便利收受他人财物或者其他好处的。

国家工作人员以外的其他人员有前款第（二）项行为的，依照刑法关于诈骗罪或者其他罪的规定，依法追究刑事责任；尚不够刑事处罚的，由县级以上人民政府林业行政主管部门责令退回所冒领的补助资金和粮食，处以冒领资金额2倍以上5倍以下的罚款。

第五十八条　国家机关工作人员在退耕还林活动中违反本条例的规定，有下列行为之一的，由其所在单位或者上一级主管部门责令限期改正，退还分摊的和多收取的费用，对直接负责的主管人员和其他直接责任人员，依照刑法关于滥用职权罪、玩忽职守罪或者其他罪的规定，依法追究刑事责任；尚不够刑事处罚的，依法给予行政处分：

（一）未及时处理有关破坏退耕还林活动的检举、控告的；

（二）向供应补助粮食的企业和退耕还林者分摊粮食调运费用的；

（三）不及时向持有验收合格证明的退耕还林者发放补助粮食和生活补助费的；

（四）在退耕还林合同生效时，对自行采购种苗的退耕还林者未一次付清种苗造林补助费的；

（五）集中采购种苗的，在退耕还林验收合格后，未与退耕还林者结算种苗造林补助费的；

（六）集中采购的种苗不合格的；

（七）集中采购种苗的，向退耕还林者强行收取超出国家规定种苗造林补助费标准的种苗费的；

（八）为退耕还林者指定种苗供应商的；

（九）批准粮食企业向退耕还林者供应不符合国家质量标准的补助粮食或者将补助粮食折算成现金、代金券支付的；

（十）其他不依照本条例规定履行职责的。

第五十九条　采用不正当手段垄断种苗市场，或者哄抬种苗价格的，依照刑法关于非法经营罪、强迫交易罪或者其他罪的规定，依法追究刑事责任；尚不够刑事处罚的，由工商行政管理机关依照反不正当竞争法的规定处理；反不正当竞争法未作规定的，由工商行政管理机关处以非法经营额2倍以上5倍以下的罚款。

第六十条　销售、供应未经检验合格的种苗或者未附具标签、质量检验合格证、检疫合格证的种苗的，依照刑法关于生产、销售伪劣种子罪或者其他罪的规定，依法追究刑事责任；尚不够刑事处罚的，由县级以上人民政府林业、农业行政主管部门或者工商行政管理机关依照种子法的规定处理；种子法未作规定的，由县级以上人民政府林业、农业行政主管部门依据职权处以非法经营额2倍以上5倍以下的罚款。

第六十一条　供应补助粮食的企业向退耕还林者供应不符合国家质量标准的补助粮食的，由县级以上人民政府粮食行政管理部门责令限期改正，可以处非法供应的补助粮食数量乘以标准口粮单价1倍以下的罚款。

供应补助粮食的企业将补助粮食折算成现金额、代金券支付的，或者回购补助粮食的，由县级以上人民政府粮食行政管理部门责令限期改正，可以处折算现金额、代金券额或者回购粮食价款1倍以下的罚款。

第六十二条　退耕还林者擅自复耕，或者林粮间作、在退耕还林项目实施范围内从事滥采、乱挖等破坏地表植被的活动的，依照刑法关于非法占用农用地罪、滥伐林木罪或者其他罪的规定，依法追究刑事责任；尚不够刑事处罚的，由县级以上人民政府林业、农业、水利行政主管部门依照森林法、草原法、水土保持法的规定处罚。

第七章　附　则

第六十三条　已垦草场退耕还草和天然草场恢复与建设的具体措施，依照草原法和国务院有关规定执行。

退耕还林还草地区小流域治理、水土保持等相关工作的具体实施，依照水土保持法和国务院有关规定执行。

第六十四条　国务院批准的规划范围外的土地，地方各级人民政府决定实施退耕还林的，不享受本条例规定的中央政策补助。

第六十五条　本条例自2003年1月20日起施行。

5.2 主要规章和规范性文件

5.2.1 关于加快林业发展的决定

中共中央、国务院关于加快林业发展的决定

（中发〔2003〕9号）

加强生态建设，维护生态安全，是21世纪人类面临的共同主题，也是我国经济社会可持续发展的重要基础。全面建设小康社会，加快推进社会主义现代化，必须走生产发展、生活富裕、生态良好的文明发展道路，实现经济发展与人口、资源、环境的协调，实现人与自然的和谐相处。森林是陆地生态系统的主体，林业是一项重要的公益事业和基础产业，承担着生态建设和林产品供给的重要任务，做好林业工作意义十分重大。为加快林业发展，实现山川秀美的宏伟目标，促进国民经济和社会发展，现作出如下决定。

一、加强林业建设是经济社会可持续发展的迫切要求

1. 我国林业建设取得了巨大成就。新中国成立以来，特别是改革开放以来，党中央、国务院对林业工作十分重视，采取了一系列政策措施，有力地促进了林业发展。全民义务植树运动深入开展，全社会林业、全民搞绿化的局面正在形成。"三北"防护林等生态工程建设成效明显，近几年实施的天然林保护、退耕还林、防沙治沙等重点工程进展顺利，部分地区的生态状况明显改善。森林、湿地和野生动植物资源保护得到加强。林业产业结构调整取得进展，各类商品林基地建设方兴未艾，林产工业得到加强，经济林、竹藤花卉和生态旅游快速发展，山区综合开发向纵深推进。森林资源的培育、管护和利用逐渐形成较为完整的组织、法制和工作体系。新中国成立以来，林业累计提供木材50多亿立方米，目前全国森林覆盖率已达到16.55%，人工林面积居世界第一位。林业为国家经济建设和生态状况改善作出了重要贡献，对促进新阶段农业和农村经济的发展，扩大城乡就业，增加农民收入，发挥着越来越重要的作用。

2. 经济社会可持续发展迫切要求我国林业有一个大转变。随着经济发展、社会进步和人民生活水平的提高，社会对加快林业发展、改善生态状况的要求越来越迫切，林业在经济社会发展中的地位和作用越来越突出。林业不仅要满足社会对木材等林产品的多样化需求，更要满足改善生态状况、保障国土生态安全的需要，生态需求已成为社会对林业的第一需求。我国林业正处在一个重要的变革和转折时期，正经历着由以木材生产为主向以生态建设为主的历史性转变。

3. 加快林业发展面临的形势依然严峻。目前我国生态状况局部改善、整体恶化的趋势尚未根本扭转，土地沙化、湿地减少、生物多样性遭破坏等仍呈加剧趋势。乱砍滥伐林木、乱垦滥占林地、乱捕滥猎野生动物、乱采滥挖野生植物等现象屡禁不止，森林火灾和病虫害对林业的威胁仍很严重。林业管理和经营体制还不适应形势发展的需要。林业产业规模小、科技含量低、结构不合理，木材供需矛盾突出，林业职工和林区群众的收入增长缓慢，社会事业发展滞后。从整体上讲，我国仍然是一个林业资源缺乏的国家，森林资源总量严重不足，森林生态系统的整体功能还非常脆弱，与社会需求之间的矛盾日益尖锐，林业改革和发展的任务比任何时候都更加繁重。

4. 必须把林业建设放在更加突出的位置。在全面建设小康社会、加快推进社会主义现代化的进程中，必须高度重视和加强林业工作，努力使我国林业有一个大的发展。在贯彻可持续发展战略中，要赋予林业以重要地位；在生态建设中，要赋予林业以首要地位；在西部大开发中，要赋予林业以基础地位。

二、加快林业发展的指导思想、基本方针和主要任务

5. 指导思想。以邓小平理论和"三个代表"重要思想为指导，深入贯彻十六大精神，确立以生态建设为主的林业可持续发展道路，建之以森林植被为主体、林草结合的国土生态安全体系，建设山川秀美的生态文明社会，大力保护、培育和合理利用森林资源，实现林业跨越式发展，使林业更好地为国民经济和社会发展服务。

6. 基本方针。

——坚持全国动员，全民动手，全社会办林业。

——坚持生态效益、经济效益和社会效益相统一，生态效益优先。

——坚持严格保护、积极发展、科学经营、持续利用森林资源。

——坚持政府主导和市场调节相结合，实行林业分类经营和管理。

——坚持尊重自然和经济规律，因地制宜，乔灌草合理配置，城乡林业协调发展。

——坚持科教兴林。

——坚持依法治林。

7. 主要任务。通过管好现有林，扩大新造林，抓好退耕还林，优化林业结构，增加森林资源，增强森林生态系统的整体功能，增加林产品有效供给，增加林业职工和农民收入。力争到2010年，使我国森林覆盖率达到19%以上，大江大河流域的水土流失和主要风沙区的沙漠化有所缓解，全国生态状况整体恶化的趋势得到初步遏制，林业产业结构趋于合理；到2020年，使森林覆盖率达到23%以上，重点地区的生态问题基本解决，全国的生态状况明显改善，林业产业实力显著增强；到2050年，使森林覆盖率达到并稳定在26%以上，基本实现山川秀美，生态状况步入良性循环，林产品供需矛盾得到缓解，建成比较完备的森林生态体系和比较发达的林业产业体系。

实现上述目标，必须努力保护好天然林、野生动植物资源，湿地和古树名木；努力营造好主要流域、沙地边缘、沿海地带的水源涵养林、水土保持林、防风固沙林和堤岸防护林；努力绿化好宜林荒山、地埂田头、城乡周围和道渠两旁；努力建设好用材林、经济林、薪炭林和花卉等商品林基地；努力发展好森林公园、城市森林和其他游憩性森林。同时，要加快林

业结构调整步伐，提高林业经济效益；加快林业管理体制和经营机制创新，调动社会各方面发展林业的积极性。

三、抓好重点工程，推动生态建设

8. 坚持不懈地搞好林业重点工程建设。要加大力度实施天然林保护工程，严格天然林采伐管理，进一步保护、恢复和发展长江上游、黄河上中游地区和东北、内蒙古等地区的天然林资源、认真抓好退耕还林（草）工程，切实落实对退耕农民的有关补偿政策，鼓励结合农业结构调整和特色产业开发，发展有市场、有潜力的后续产业，解决好退耕农民的长远生计问题。继续推进"三北"、长江等重点地区的防护林体系工程建设，因地制宜、因害设防，营造各种防护林体系，集中治理好这些地区不同类型的生态灾害。切实搞好京津风沙源治理等防沙治沙工程，通过划定封禁保护区、种树种草、小流域治理、舍饲圈养、生态移民、合理利用水资源等综合措施，保护和增加林草植被，尽快使首都及主要风沙区的风沙危害得到有效遏制。高度重视野生动植物保护及自然保护区工程建设，抓紧抢救濒危珍稀物种，修复典型生态系统，扩大自然保护面积，提高保护水平，切实保护好我国的野生动植物资源、湿地资源和生物多样性。加快建设以速生丰产用材林为主的林业产业基地工程，在条件具备的适宜地区，发展集约林业，加快建设各种用材林和其他商品林基地，增加木材等林产品的有效供给，减轻生态建设压力。

9. 深入开展全民义务植树运动，采取多种形式发展社会造林。不断丰富和完善义务植树的形式，提高适龄公民履行义务的覆盖面，提高义务植树的实际成效。义务植树要实行属地管理，农村以乡镇为单位，城市以街道为单位，建立健全义务植树登记制度和考核制度。进一步明确部门和单位绿化的责任范围，落实分工负责制，并加强监督检查。绿色通道工程要与道路建设和河渠整治统筹规划，合理布局，加快建设。城市绿化要把美化环境与增强生态功能结合起来，逐步提高建设水平。鼓励军队、社会团体、外商造林和群众造林，形成多主体、多层次、多形式的造林绿化格局。

四、优化林业结构，促进产业发展

10. 加快推进林业产业结构升级。适应生态建设和市场需求的变化，推动产业重组，优化资源配置，加快形成以森林资源培育为基础、以精深加工为带动、以科技进步为支撑的林业产业发展新格局。鼓励以集约经营方式，发展原料林、用材林基地。积极发展木材加工业尤其是精深加工业，延长产业链，实现多次增值，提高木材综合利用率。突出发展名特优新经济林、生态旅游、竹藤花卉、森林食品、珍贵树种和药材培植以及野生动物驯养繁殖等新兴产品产业，培育新的林业经济增长点。充分发挥我国地域辽阔、生物资源和劳动力丰富的优势，大力发展特色出口林产品。

11. 加强对林业产业发展的引导和调控。根据市场需要、资源条件和产业基础，抓紧编制林业产业发展规划，制定产业政策，引导产业健康发展，避免低水平重复建设。鼓励培育名牌产品和龙头企业，推广公司带基地、基地连农户的经营形式，加快林业产业发展。扶持发展各种专业合作组织，完善社会化服务体系，培育、规范林产品和林业生产要素市场，对农民生产的木材允许产销直接见面，拓宽农民进入市场的渠道，增强林业产业发展活力。

12. 进一步扩大林业对外开放。充分利用国内外两个市场、两种资源、加快林业发展。针对我国林业基础薄弱、建设任务繁重的情况，要加大引进力度，着力引进资金、资源、良种、技术和管理经验。努力扩大林业利用外资规模，鼓励外商投资造林和发展林产品加工业。制定有利于扩大林产品出口的政策，完善林产品出口促进机制，提高我国林产品的国际竞争力。坚持实施"走出去"战略，加强海外林业开发。积极开展森林认证工作，尽快与国际接轨。采取有效措施，加强对我国种质资源的保护和输出管理，防止境外有害生物传入。认真履行有关国际公约，加强生态保护领域的国际交流与合作。

五、深化林业体制改革，增强林业发展活力

13. 进一步完善林业产权制度。这是调动社会各方面造林积极性，促进林业更好更快发展的重要基础。要依法严格保护林权所有者的财产权，维护其合法权益。对权属明确并已核发林权证的，要切实维护林权证的法律效力；对权属明确尚未核发林权证的，要尽快核发；对权属不清或有争议的，要抓紧明晰或调处，并尽快核发权属证明。退耕土地还林后，要依法及时办理相关手续。

已经划定的自留山，由农户长期无偿使用，不得强行收回。自留山上的林木，一律归农户所有。对目前仍未造林绿化的，要采取措施限期绿化。

分包到户的责任山，要保持承包关系稳定。上一轮承包到期后，原承包做法基本合理的，可直接续包；原承包做法经依法认定明显不合理的，可在完善有关做法的基础上继续承包。新一轮的承包，都要签订书面承包合同，承包期限按有关法律规定执行。对已经续签承包合同，但不到法定承包期限的，经履行有关手续，可延长至法定期限。农户不愿意继续承包的，可交回集体经济组织另行处置。

对目前仍由集体统一经营管理的山林，要区别对待，分类指导，积极探索有效的经营形式。凡群众比较满意、经营状况良好的股份合作林场、联办林场等，要继续保持经营形式的稳定，并不断完善。对其他集中连片的有林地，可采取"分股不分山、分利不分林"的形式，将产权逐步明晰到个人。对零星分散的有林地，可将林木所有权和林地使用权合理作价后，转让给个人经营。对宜林荒山荒地，可直接采取分包到户、招标、拍卖等形式确定经营主体，也可以由集体统一组织开发后，再以适当方式确定经营主体；对造林难度大的宜林荒山荒地，可通过公开招标的方式，将一定期限的使用权无偿转让给有能力的单位或个人开发经营，但必须限期绿化。不管采取哪种形式，都要经过本集体经济组织成员的民主决策，集体经济组织内部的成员享有优先经营权。

14. 加快推进森林、林木和林地使用权的合理流转。在明确权属的基础上，国家鼓励森林、林木和林地使用权的合理流转，各种社会主体都可通过承包、租赁、转让、拍卖、协商、划拨等形式参与流转。当前重点推动国家和集体所有的宜林荒山荒地荒沙使用权流转。对尚未确定经营者或其经营者一时无力造林的国有宜地荒山荒地荒沙，也可按国家有关规定，提供给附近的部队、生产建设兵团或其他单位进行植树造林，所造林木归造林者所有。森林、林木和林地使用权可依法继承、抵押、担保、入股和作为合资、合作的出资或条件。积极培育活立木市场，发展森林资源资产评估机构，促进林木合理流转，调动经营者投资开发的积极性。

要规范流转程序，加强流转管理。认真做好流转的各项服务工作，及时办理权属变更登记手续，保护当事人的合法权益。在流转过程中，要坚决防止出现乱砍滥伐、改变林地用途、改变公益林性质和公有资产流失等现象。要切实加强对流转后应当用于林业建设资金的监督管理。国务院林业主管部门要会同有关部门抓紧制定森林、林木和林地使用权流转的具体办法，报国务院批准后实施。

15. 放手发展非公有制林业。国家鼓励各种社会主体跨所有制、跨行业、跨地区投资发展林业。凡有能力的农民、城镇居民、科技人员、私营企业主、外国投资者、企事业单位和机关团体的干部职工等，都可单独或合伙参与林业开发，从事林业建设。要进一步明确非公有制林业的法律地位，切实落实"谁造谁有、合造共有"的政策。统一税费政策、资源利用政策和投融资政策，为各种林业经营主体创造公平竞争的环境。

16. 深化重点国有林区和国有林场、苗圃管理体制改革。建立权责利相统一，管资产和管人、管事相结合的森林资源管理体制。按照政企分开的原则，把森林资源管理职能从森工企业中剥离出来，由国有林管理机构代表国家行使，并履行出资人职责，享有所有者权益；把目前由企业承担的社会管理职能逐步分离出来，转由政府承担，使企业真正成为独立的经营主体，参与市场竞争。国有森工企业要按照专业化协作的原则，进行企业重组，妥善分流安置企业富余职工。国务院林业主管部门要会同有关省、自治区、直辖市人民政府和国务院有关部门研究制定具体改革方案，报国务院批准后实施。

深化国有林场改革，逐步将其分别界定为生态公益型林场和商品经营型林场，对其内部结构和运营机制作出相应调整。生态公益型林场要以保护和培育森林资源为主要任务，按从事公益事业单位管理，所需资金按行政隶属关系由同级政府承担。商品经营型林场和国有苗圃要全面推行企业化管理，按市场机制运作，自主经营，自负盈亏，在保护和培育森林资源、发挥生态和社会效益的同时，实行灵活多样的经营形式，积极发展多种经营，最大限度地挖掘生产经营潜力，增强发展活力。切实关心和解决贫困国有林场、苗圃职工生产生活中的困难和问题。加快公有制林业管理体制改革，鼓励打破行政区域界限，按照自愿互利原则，采取联合、兼并、股份制等形式组建跨地区的林场和苗圃联合体，实现规模经营，降低经营成本，提高经济效益。

17. 实行林业分类经营管理体制。在充分发挥森林多方面功能的前提下，按照主要用途的不同，将全国林业区分为公益林业和商品林业两大类，分别采取不同的管理体制、经营机制和政策措施。

改革和完善林木限额采伐制度，对公益林业和商品林业采取不同的资源管理办法。公益林业要按照公益事业进行管理，以政府投资为主，吸引社会力量共同建设；商品林业要按照基础产业进行管理，主要由市场配置资源，政府给予必要扶持。凡纳入公益林管理的森林资源，政府将以多种方式对投资者给予合理补偿。要逐步改变现行的造林投入和管理方式，在进一步完善招投标制、报账制的同时，安排部分造林投资，探索直接收购各种社会主体营造的非公有公益林。公益林建设投资和森林生态效益补偿基金，按照事权划分，分别由中央政府和各级地方政府承担。加快建立公益林业认证体系。

六、加强政策扶持，保障林业长期稳定发展

18. 加大政府对林业建设的投入。要把公益林业建设、管理和重大林业基础设施建设的投资纳入各级政府的财政预算，并予以优先安排。对关系国计民生的重点生态工程建设，国家财政要重点保证；地方规划的区域性生态工程建设投资，要纳入地方财政预算；部门规划的配套生态工程建设投资，要纳入相关工程的总体预算。森林生态效益补偿基金分别纳入中央和地方财政预算，并逐步增加资金规模。以工代赈、农业综合开发等财政支农资金，也要适当增加对林业建设的投入。对重点地区速生丰产用材林基地建设和珍贵树种用材林建设中的森林防火、病虫害防治和优良种苗的开发推广等社会性、公益性建设，由国家安排部分投资。逐步规范各项生态工程建设的造林补助标准。随着重点国有林区改革的逐步深入，有关地方政府要承担起原来由森工企业承担的社会事业投入，国家给予必要支持。

19. 加强对林业发展的金融支持。国家继续对林业实行长期限、低利息的信贷扶持政策，具体贷款期限可根据林木的生长周期由银行和企业协商确定，并视情况给予一定的财政贴息。有关金融机构对个人造林育林，要适当放宽贷款条件，扩大面向农户和林业职工的小额信贷和联保贷款。林业经营者可依法以林木抵押申请银行贷款。鼓励林业企业上市融资。

20. 减轻林业税费负担。继续执行国家已经出台的各项林业税收优惠政策，并予以规范。按照农村税费改革的总体要求，逐步取消原木、原竹的农业特产税。取消对林农和其他林业生产经营者的各种不合理收费。改革育林基金征收、管理和使用办法，征收的育林基金要逐步全部返还给林业生产经营者，基层林业管理单位因此出现的经费缺口由财政解决。

七、强化科教兴林，坚持依法治林

21. 加强林业科技教育工作。要重视林业科学基础研究、应用研究和高新技术开发，提高林业的科技创新能力。重点研发林木良种选育、条件恶劣地区造林、重大森林病虫害防治、防沙治沙、森林资源与生态监测、种质资源保存与利用、林农复合经营、林火管理与控制及主要经济林产品加工转化等关键性技术。抓好林业重点实验室、野外重点观测台站、林业科学数据库和林业信息网络建设。林业重点工程建设与林业技术推广要同步设计、同步实施、同步验收。深化林业科技体制改革，国家在扶持基础性、公益性林业科学研究的同时，积极推动非公益性科学研究和

技术推广走向市场。鼓励林业科研单位、大专院校和科技人员，通过创办科技型企业、建立科技示范点、开展科技承包和技术咨询服务等形式，加快科技成果转化。要加强林业技术推广服务体系建设，稳定科技工作队伍。对林业科学研究、新技术推广和新产品开发等方面有突出贡献的单位和个人，要给予重奖。完善相关政策，推动林科教、技工贸相结合。积极推进林业标准化工作，建立健全林业质量标准和检验检测体系。不断加强林业科技领域的国际合作。根据林业建设特点，建立各类林业人才教育和培训体系。切实加大对林业职工的培训力度，提高林业建设者的整体素质。

22. 加强林业法制建设。加快林业立法工作，抓紧制定天然林保护、湿地保护、国有森林资源经营管理、森林林木和林地使用权流转、林业建设资金使用管理、林业工程质量监管、林业重点工程建设等方面的法律法规，并根据新情况对现有法律法规进行修订。加大林业执法力度，严格森林和野生动植物资源保护管理，严厉打击乱砍滥伐林木、乱垦滥占林地、乱捕滥猎野生动物等违法犯罪行为，严禁随意采挖野生植物。加强林业执法监管体系，充实执法监督力量，改善执法监督条件，提高执法监督队伍素质。加强林业法制教育和生态道德教育，为执法人员依法办事创造良好的社会氛围和执法环境。

八、切实加强对林业工作的领导

23. 各级党委和政府要高度重视林业工作。要充分认识加强林业建设对实施可持续发展战略、全面建设小康社会的重要性和紧迫性，将其纳入国民经济和社会发展规划，做到认识到位，责任到位，政策到位，工作到位。各有关部门要认真履行职责，密切配合，支持林业发展。根据加快林业发展的需要，强化林业行政管理体系，加强各级政府的林业行政机构建设。建立完善的林业动态监测体系，整合现有监测资源，对我国的森林资源、土地荒漠化及其他生态变化实行动态监测，定期向社会公布。健全林业推广和服务体系，乡镇林业工作站是对林业生产经营实施组织管理的最基层机构，要充分发挥政策宣传、资源管护、林政执法、生产组织、科技推广和社会化服务等职能和作用。林业行业要继续发扬艰苦奋斗、无私奉献的精神，为促进林业发展再立新功。

24. 坚持并完善林业建设任期目标管理责任制。要合理划分中央和地方政府在林业建设方面的事权。中央政府领导全国林业工作，主要负责制定林业法规、政策和国家林业发展规划，指导和协调解决全国性或跨省、自治区、直辖市的重大林业和生态问题，帮助地方加快林业发展。各级地方政府对本地区林业工作全面负责，政府主要负责同志是林业建设的第一责任人，分管负责同志是林业建设的主要责任人。对林业建设的主要指标，实行任期目标管理，严格考核、严格奖惩，并由同级人民代表大会监督执行。各级地方党委组织部门和纪检监察机关，要把责任制的落实情况作为干部政绩考核、选拔任用和奖惩的重要依据。国家林业重点工程建设，要坚持规划落实到省、任务分解到省、资金分配到省、责任明确到省的管理制度。工程建设的进展情况，要定期检查，定期通报。建立重大毁林案件、违规使用资金案件和工程质量事故责任追究制度，对违反规定的，要严格追究有关领导人的责任。

25. 动员全社会力量关心和支持林业工作。各级工会、妇联、共青团和民兵、青年、学生组织及其他社会团体，要发挥各自作用，动员社会各界力量，投身国土绿化事业。人民解放军和武警部队为保护森林、绿化祖国作出了重要贡献，要继续发扬优良传统，积极承担造林绿化任务。要大力加强林业宣传教育工作，不断提高全民族的生态安全意识。中小学教育要强化相关内容，普及林业和生态知识。新闻媒体要将林业宣传纳入公益性宣传范围。

各地区各部门要紧密团结在以胡锦涛同志为总书记的党中央周围，高举邓小平理论伟大旗帜，认真贯彻"三个代表"重要思想，动员和组织全国人民，积极投身林业建设的伟大事业，为把我国建设成为山川秀美、生态和谐、可持续发展的社会主义现代化国家而努力奋斗！

5.2.2 国家级公益林区划界定办法、国家级公益林管理办法

国家林业局、财政部

关于印发《国家级公益林区划界定办法》和《国家级公益林管理办法》的通知

（林资发 [2017] 34 号）

各省、自治区、直辖市林业厅（局）、财政厅（局），内蒙古、吉林、龙江、大兴安岭、长白山森工（林业）集团公司，新疆生产建设兵团林业局、财务局：

为进一步规范和加强国家级公益林区划界定和保护管理工作，针对新时期国家级公益林区划界定和保护管理中出现的新情况和新问题，国家林业局、财政部对《国家级公益林管理办法》（林资发 [2013] 71 号）和《国家级公益林区划界定办法》（林资发 [2009] 214 号）进行了修订，现印发给你们，请遵照执行。

各单位要按照《国家级公益林区划界定办法》的要求，及时落实好国家级公益林保护等级，进一步做好国家级公益林区划落界工作，切实将国家级公益林落实到小班地块，并据此更新国家级公益林基础信息数据库等档案资料。在此过程中，不得擅自调整、变更国家级公益林的范围。国家级公益林区划落界的小班属性数据和矢量数据，应当与当地林地保护利用规划林地落界成果相衔接。要严格按照《国家级公益林管理办法》规定的要求和程序，规范开展国家级公益林动态调整和保护管理工作，严禁随意调整国家级公益林范围，违规使用国家级公益林林地。

更新后的国家级公益林基础信息数据库等数据资料，由各省级林业主管部门商财政部门同意后，于 2017 年 12 月 31 日前报送至国家林业局。

特此通知。

国家林业局　财政部
2017 年 4 月 28 日

国家级公益林区划界定办法

第一章 总 则

第一条 为规范国家级公益林区划界定工作，加强对国家级公益林的保护和管理，根据《中华人民共和国森林法》《中华人民共和国森林法实施条例》和《中共中央、国务院关于加快林业发展的决定》（中发〔2003〕9号）、《中共中央、国务院关于全面推进集体林权制度改革的意见》（中发〔2008〕10号）等规定，制定本办法。

第二条 国家级公益林是指生态区位极为重要或生态状况极为脆弱，对国土生态安全、生物多样性保护和经济社会可持续发展具有重要作用，以发挥森林生态和社会服务功能为主要经营目的的防护林和特种用途林。

第三条 全国国家级公益林的区划界定适用于本办法。

第四条 国家级公益林区划界定应遵循以下原则：

生态优先、确保重点，因地制宜、因害设防，集中连片、合理布局，实现生态效益、社会效益和经济效益的和谐统一。

尊重林权所有者和经营者的自主权，维护林权的稳定性，保证已确立承包关系的连续性。

第五条 国家级公益林应当在林地范围内进行区划，并将森林（包括乔木林、竹林和国家特别规定的灌木林）作为主要的区划对象。

第六条 国家级公益林范围依据本办法第七条的规定，参照《全国主体功能区规划》《全国林业发展区划》等相关规划以及水利部关于大江大河、大型水库的行业标准和《土壤侵蚀分类分级标准》等相关标准划定。

第二章 区划范围和标准

第七条 国家级公益林的区划范围。

（一）江河源头——重要江河干流源头，自源头起向上以分水岭为界，向下延伸20公里、汇水区内江河两侧最大20公里以内的林地；流域面积在10000平方公里以上的一级支流源头，自源头起向上以分水岭为界，向下延伸10公里、汇水区内江河两侧最大10公里以内的林地。其中，三江源区划范围为自然保护区核心区内的林地。

（二）江河两岸——重要江河干流两岸（界江（河）国境线水路接壤段以外）以及长江以北河长在150公里以上且流域面积在1000平方公里以上的一级支流两岸，长江以南（含长江）河长在300公里以上且流域面积在2000平方公里以上的一级支流两岸，干堤以外2公里以内从林缘起，为平地的向外延伸2公里、为山地的向外延伸至第一重山脊的林地。

重要江河干流包括：

1. 对国家生态安全具有重要意义的河流：长江（含通天河、金沙江）、黄河、淮河、松花江（含嫩江、第二松花江）、辽河、海河（含永定河、子牙河、漳卫南运河）、珠江（含西江、浔江、黔江、红水河）。

2. 生态环境极为脆弱地区的河流：额尔齐斯河、疏勒河、黑河（含弱水）、石羊河、塔里木河、渭河、大凌河、滦河。

3. 其他重要生态区域的河流：钱塘江（含富春江、新安江）、闽江（含金溪）、赣江、湘江、沅江、资水、沂河、沭河、泗河、南渡江、瓯江。

4. 流入或流出国界的重要河流：澜沧江、怒江、雅鲁藏布江、元江、伊犁河、狮泉河、绥芬河。

5. 界江、界河：黑龙江、乌苏里江、图们江、鸭绿江、额尔古纳河。

（三）森林和陆生野生动物类型的国家级自然保护区以及列入世界自然遗产名录的林地。

（四）湿地和水库——重要湿地和水库周围2公里以内从林缘起，为平地的向外延伸2公里、为山地的向外延伸至第一重山脊的林地。

1. 重要湿地是指同时符合以下标准的湿地：

——列入《中国湿地保护行动计划》重要湿地名录和湿地类型国家级自然保护区的湿地。

——长江以北地区面积在8万公顷以上、长江以南地区面积在5万公顷以上的湿地。

——有林地面积占该重要湿地陆地面积50%以上的湿地。

——流域、山体等类型除外的湿地。

具体包括：兴凯湖、五大连池、松花湖、查干湖、向海、白洋淀、衡水湖、南四湖、洪泽湖、高邮湖、太湖、巢湖、梁子湖群、洞庭湖、鄱阳湖、滇池、抚仙湖、洱海、泸沽湖、清澜港、乌梁素海、居延海、博斯腾湖、塞里木湖、艾比湖、喀纳斯湖、青海湖。

2. 重要水库：年均降雨量在400毫米以下（含400毫米）的地区库容0.5亿立方米以上的水库；年均降雨量在400～1000毫米（含1000毫米）的地区库容3亿立方米以上的水库；年均降雨量在1000毫米以上的地区库容6亿立方米以上的水库。

（五）边境地区陆路、水路接壤的国境线以内10公里的林地。

（六）荒漠化和水土流失严重地区——防风固沙林基干林带（含绿洲外围的防护林基干林带）；集中连片30公顷以上的有林地、疏林地、灌木林地。

荒漠化和水土流失严重地区包括：

1. 八大沙漠：塔克拉玛干、库姆塔格、古尔班通古特、巴丹吉林、腾格里、乌兰布和、库布齐、柴达木沙漠周边直接接壤的县（旗、市）。

2. 四大沙地：呼伦贝尔、科尔沁（含松嫩沙地）、浑善达克、毛乌素沙地分布的县（旗、市）。

3. 其他荒漠化或沙化严重地区：河北坝上地区、阴山北麓、黄河故道区。

4. 水土流失严重地区：

——黄河中上游黄土高原丘陵沟壑区，以乡级为单位，沟壑密度 1 公里/平方公里以上、沟蚀面积 15% 以上或土壤侵蚀强度为平均侵蚀模数 5000 吨/年·平方公里以上地区。

——长江上游西南高山峡谷和云贵高原区，山体坡度 36 度以上地区。

——四川盆地丘陵区，以乡级为单位，土壤侵蚀强度为平均流失厚度 3.7 毫米/年以上或土壤侵蚀强度为平均侵蚀模数 5000 吨/年·平方公里以上地区。

——热带、亚热带岩溶地区基岩裸露率在 35%～70% 之间的石漠化山地。

本项中涉及的水土流失各项指标，以省级以上人民政府水土保持主管部门提供的数据为准。

（七）沿海防护林基干林带、红树林、台湾海峡西岸第一重山脊临海山体的林地。

（八）除前七款区划范围外，东北、内蒙古重点国有林区以禁伐区为主体，符合下列条件之一的。

1. 未开发利用的原始林。

2. 森林和陆生野生动物类型自然保护区。

3. 以列入国家重点保护野生植物名录树种为优势树种，以小班为单元，集中分布、连片面积 30 公顷以上的天然林。

第八条　凡符合多条区划界定标准的地块，按照本办法第七条的顺序区划界定，不得重复交叉。

第九条　按照本办法第七条标准和区划界定程序认定的国家级公益林，保护等级分为两级。

（一）属于林地保护等级一级范围内的国家级公益林，划为一级国家级公益林。林地保护等级一级划分标准执行《县级林地保护利用规划编制技术规程》（LY/T 1956）。

（二）一级国家级公益林以外的，划为二级国家级公益林。

第三章　区划界定

第十条　省级林业主管部门会同财政部门统一组织国家级公益林的区划界定和申报工作。县级区划界定必须在森林资源规划设计调查基础上，按照森林资源规划设计调查的要求和内容将国家级公益林落实到山头地块。要确保区划界定的国家级公益林权属明确、四至清楚、面积准确、集中连片。区划界定结果应当由县级林业主管部门按照公示程序和要求在国家级公益林所在村进行公示。

第十一条　国家级公益林区划界定成果，经省级人民政府审核同意后，由省级林业主管部门会同财政部门向国家林业局和财政部申报，并抄送财政部驻当地财政监察专员办事处（以下简称专员办)。东北、内蒙古重点国有林区由东北、内蒙古重点国有林区管理机构直接向国家林业局和财政部申报,并抄送当地专员办。

申报材料包括:申报函,全省土地资源、森林资源、水利资源等情况详细说明,林地权属情况,认定成果报告,国家级公益林基础信息数据库,以及省级区划界定统计汇总图表资料。

第十二条 区划界定国家级公益林应当兼顾生态保护需要和林权权利人的利益。在区划界定过程中,对非国有林,地方政府应当征得林权权利人的同意,并与林权权利人签订区划界定书。

第十三条 县级林业主管部门对申报材料的真实性、准确性负责。国家林业局会同财政部对省级申报材料进行审核,组织开展认定核查,并根据省级申报材料和审核、核查的结果,对区划的国家级公益林进行核准,核准的主要结果呈报国务院,由国家林业局分批公布。省级以下林业主管部门负责对相应的森林资源档案进行林种变更,并将变更情况告知不动产登记机关,按规定进行不动产登记。

第四章 附 则

第十四条 本办法由国家林业局会同财政部负责解释。

第十五条 本办法自印发之日起施行,有效期至 2025 年 12 月 31 日。国家林业局、财政部 2009 年印发的《国家级公益林区划界定办法》(林资发〔2009〕214 号)同时废止,但按照林资发〔2009〕214 号文件区划界定的国家级公益林继续有效,纳入本办法管理。

国家级公益林管理办法

第一条 为了加强和规范国家级公益林的保护和管理,制定本办法。

第二条 本办法所称国家级公益林是指依据《国家级公益林区划界定办法》划定的防护林和特种用途林。

第三条 国家级公益林管理遵循"生态优先、严格保护,分类管理、责权统一,科学经营、合理利用"的原则。

第四条 国家级公益林的保护和管理,应当纳入国家和地方各级人民政府国民经济和社会发展规划、林地保护利用规划,并落实到现地,做到四至清楚、权属清晰、数据准确。

第五条 国家林业局负责全国国家级公益林管理的指导、协调和监督;地方各级林业主管部门负责辖区内国家级公益林的保护和管理。

第六条 中央财政安排资金,用于国家级公益林的保护和管理。

第七条 县级以上林业主管部门应当加强对国家级公益林保护管理相关法律法规、规章文件和政策的宣传工作。

县级以上地方林业主管部门应当组织设立国家级公益林标牌,标明国家级公益林的地点、四至范围、面积、权属、管护责任人、保护管理责任和要求、监管单位、监督举报电话等内容。

第八条 县级以上林业主管部门或者其委托单位应当与林权权利人签订管护责任书或管护协议，明确国家级公益林管护中各方的权利、义务，约定管护责任。

权属为国有的国家级公益林，管护责任单位为国有林业局（场）、自然保护区、森林公园及其他国有森林经营单位。

权属为集体所有的国家级公益林，管护责任单位主体为集体经济组织。

权属为个人所有的国家级公益林，管护责任由其所有者或者经营者承担。无管护能力、自愿委托管护或拒不履行管护责任的个人所有国家级公益林，可由县级林业主管部门或者其委托的单位，对其国家级公益林进行统一管护，代为履行管护责任。

在自愿原则下，鼓励管护责任单位采取购买服务的方式，向社会购买专业管护服务。

第九条 严格控制勘查、开采矿藏和工程建设使用国家级公益林地。确需使用的，严格按照《建设项目使用林地审核审批管理办法》有关规定办理使用林地手续。涉及林木采伐的，按相关规定依法办理林木采伐手续。

经审核审批同意使用的国家级公益林地，可按照本办法第十八条、第十九条的规定实行占补平衡，并按本办法第二十三条的规定报告国家林业局和财政部。

第十条 国家级公益林的经营管理以提高森林质量和生态服务功能为目标，通过科学经营，推进国家级公益林形成高效、稳定和可持续的森林生态系统。

第十一条 由地方人民政府编制的林地保护利用规划和林业主管部门编制的森林经营规划，应当将国家级公益林保护和管理作为重要内容。对国有国家级公益林，县级以上地方林业主管部门应当督促国有林场等森林经营单位，通过推进森林经营方案的编制和实施，将国家级公益林经营方向、经营模式、经营措施以及相关政策，落实到山头地块和经营主体；对集体和个人所有的国家级公益林，县级林业主管部门应当引导和鼓励其经营主体编制森林经营方案，明确国家级公益林经营方向、经营模式和经营措施。

第十二条 一级国家级公益林原则上不得开展生产经营活动，严禁打枝、采脂、割漆、剥树皮、掘根等行为。

国有一级国家级公益林，不得开展任何形式的生产经营活动。因教学科研等确需采伐林木，或者发生较为严重森林火灾、病虫害及其他自然灾害等特殊情况确需对受害林木进行清理的，应当组织森林经理学、森林保护学、生态学等领域林业专家进行生态影响评价，经县级以上林业主管部门依法审批后实施。

集体和个人所有的一级国家级公益林，以严格保护为原则。根据其生态状况需要开展抚育和更新采伐等经营活动，或适宜开展非木质资源培育利用的，应当符合《生态公益林建设导则》（GB/T 18337.1）、《生态公益林建设技术规程》（GB/T 18337.3）、《森林采伐作业规程》（LY/

T 1646)、《低效林改造技术规程》（LY/T 1690）和《森林抚育规程》（GB/T 15781）等相关技术规程的规定，并按以下程序实施。

（一）林权权利人按程序向县级林业主管部门提出书面申请，并编制相应作业设计，在作业设计中要对经营活动的生态影响作出客观评价。

（二）县级林业主管部门审核同意的，按公示程序和要求在经营活动所在村进行公示。

（三）公示无异议后，按采伐管理权限由相应林业主管部门依法核发林木采伐许可证。

（四）县级林业主管部门应当根据需要，由其或者委托相关单位对林权权利人经营活动开展指导和验收。

第十三条 二级国家级公益林在不影响整体森林生态系统功能发挥的前提下，可以按照第十二条第三款相关技术规程的规定开展抚育和更新性质的采伐。在不破坏森林植被的前提下，可以合理利用其林地资源，适度开展林下种植养殖和森林游憩等非木质资源开发与利用，科学发展林下经济。

国有二级国家级公益林除执行前款规定外，需要开展抚育和更新采伐或者非木质资源培育利用的，还应当符合森林经营方案的规划，并编制采伐或非木质资源培育利用作业设计，经县级以上林业主管部门依法批准后实施。

第十四条 国家级公益林中的天然林，除执行上述规定外，还应当严格执行天然林资源保护的相关政策和要求。

第十五条 对国家级公益林实行"总量控制、区域稳定、动态管理、增减平衡"的管理机制。

第十六条 国家级公益林动态管理遵循责、权、利相统一的原则，申报补进、调出的县级林业主管部门对申报材料的真实性、准确性负责。

第十七条 国家级公益林的调出，以不影响整体生态功能、保持集中连片为原则，一经调出，不得再次申请补进。

（一）国有国家级公益林，原则上不得调出。

（二）集体和个人所有的一级国家级公益林，原则上不得调出。但对已确权到户的苗圃地、竹林地，以及平原农区的国家级公益林，其林权权利人要求调出的，可以按照本办法第十九条的规定调出。

（三）集体和个人所有的二级国家级公益林，林权权利人要求调出的，可以按照本办法第十九条的规定调出。

第十八条 除补进国家退耕还林工程中退耕地上营造的符合国家级公益林区划范围和标准的防护林和特种用途林外，在本省行政区域内，可以按照增减平衡的原则补进国家级公益林。补进的国家级公益林应当符合《国家级公益林区划界定办法》规定的区划范围和标准，应当属于对国家整体生态安全和生物多样性保护起关键作用的森林，特别是国家退耕还林工程中退耕地上营造的符合国家级公益林区划范围和标准的防护林和特种用途林。

第十九条 国家级公益林的调出和补进，由林权权利人征得林地所有权所属村民委员会同意后，向县级林业主管部门提出申请。县级林业主管部门对调出补进申请进行审核，并组织对调出国家级公益林开展生态影响评价，提供生态影响评价报告。县级林业主管部门审核材料和结果报经县级人民政府同意后，按程序上报省级林业主管部门。

上述调出、补进情况，应当由县级林业主管部门按照公示程序和要求在国家级公益林所在地进行公示。

按照管辖范围，省级林业主管部门会同财政部门负责对上报的调出、补进情况进行查验和审核，报经省级人民政府同意后，以正式文件进行批复。其中单次调出或者补进国家级公益林超过1万亩的，由省级林业主管部门会同财政部门在报经省级人民政府同意后，报国家林业局和财政部审定，并抄送财政部驻当地财政监察专员办事处（以下简称专员办）。

上述补进、调出结果，由省级林业主管部门会同财政部门按照本办法第二十三条的规定报告国家林业局和财政部，抄送当地专员办。

第二十条 国家级公益林监管过程中发现的区划错误情况，应当本着实事求是的原则，按管辖范围，由省级林业主管部门组织核定，并在查清原因、落实责任后，进行修正。修正结果和处理情况报告，由省级林业主管部门报告国家林业局，抄送当地专员办，并提交修正后的国家级公益林基础信息数据库。

第二十一条 省级林业主管部门负责组织做好国家级公益林的落界成图工作，按照《林地保护利用规划林地落界技术规程》（LY/T 1955），在全国林地"一张图"建设和更新中将国家级公益林落实到小班地块，做到落界准确规范、成果齐全。

省级林业主管部门定期组织开展国家级公益林本底资源调查，本底资源调查结果作为国家级公益林资源变化和生态状况变化监测的基础依据。

第二十二条 县级林业主管部门和国有林业局（场）、自然保护区、森林公园等森林经营单位，应当以国家级公益林本底资源调查和落界成图成果为基础，建立国家级公益林资源档案，并根据年度变化情况及时更新国家级公益林资源档案。国家级公益林档案更新情况及时上报省级林业主管部门，确保国家级公益林图面资料与现地一致、各级成果数据资料一致。

第二十三条 省级林业主管部门应当组织开展国家级公益林资源变化情况年度监测和生态状况定期定点监测评价，并依法向社会发布监测、评价结果。

省级林业主管部门会同财政部门于每年3月15日前向国家林业局和财政部报告上年度国家级公益林资源变化情况，提交涵盖国家级公益林林地使用、调出补进等方面内容的资源变化情况报告、资源变化情况汇总统计表，以及调出、补进和更新后的国家级公益林基础信息数据库。上述报告和统计表同时抄送当地专员办。

第二十四条 国家组织对国家级公益林数量、质量、功能和效益进行监测评价，并作为《生态文明建设考核目标体系》和《绿色发展指标体系》中森林覆盖率和森林蓄积量指标的重要组成部分实施考核评价。

第二十五条 本办法适用于全国范围内国家级公益林的保护和管理。法规规章另有规定的，从其规定。

第二十六条 本办法由国家林业局会同财政部解释。各省级林业主管部门会同财政部门，可依据本办法规定，结合本辖区实际，制定实施细则。

第二十七条 本办法自印发之日起施行，有效期至 2025 年 12 月 31 日。国家林业局和财政部 2013 年发布的《国家级公益林管理办法》（林资发 [2013] 71 号）同时废止。

5.2.3 中央财政林业补助资金管理办法

财政部、国家林业局关于印发《中央财政林业补助资金管理办法》的通知

（财农 [2014]9 号）

各省、自治区、直辖市、计划单列市财政厅（局）、林业厅（局），新疆生产建设兵团财务局、林业局，内蒙古、龙江、大兴安岭森工（林业）集团公司，解放军总后勤部财务部、基建营房部：

为深化改革，加强规范中央财政林业补助资金使用和管理，提高资金使用效益，财政部、国家林业局联合制定了《中央财政林业补助资金管理办法》（以下简称《办法》）。现将《办法》印发给你们，并就有关事项通知如下：

一、在 2014 年至 2015 年林业贷款贴息补贴政策调整过渡期间，2014 年中央财政对以前年度累计贷款余额及 2013 年 10 月 1 日至 2014 年 4 月 30 日期间的新增林业贷款贴息，2015 年中央财政对以前年度累计贷款余额及 2014 年 5 月 1 日至 2014 年 12 月 31 日期间的新增林业贷款贴息。自 2016 年起，中央财政均对以前年度累计贷款余额及上一年度 1 月 1 日至 12 月 31 日的新增林业贷款贴息。

二、执行中有何问题，请及时反馈财政部、国家林业局。

财政部、国家林业局

2014 年 4 月 30 日

中央财政林业补助资金管理办法

第一章 总 则

第一条 为深化改革，加强规范中央财政林业补助资金使用和管理，提高资金使用效益，根据《中华人民共和国预算法》《中华人民共和国森林法》等有关法律、法规，制定本办法。

第二条 中央财政林业补助资金（以下简称林业补助资金）是指中央财政预算安排的用于森林生态效益补偿、林业补贴、森林公安、国有林场改革等方面的补助资金。

第二章 预算管理

第三条 每年12月31日前，由国家林业局会同财政部下达下一年度林业工作任务计划，具体包括：下一年度造林、森林抚育及良种生产繁育计划，湿地和林业国家级自然保护区支持重点内容，林业贴息贷款建议计划，林业科技推广示范项目立项指南等。

第四条 各省、自治区、直辖市、计划单列市（以下简称省）财政部门和林业主管部门根据国家林业局会同财政部下达的林业工作任务计划和有关要求，结合本省林业建设、保护和恢复工作任务，于每年3月31日之前联合向财政部和国家林业局报送林业补助资金申请文件。申请文件主要内容包括：基本情况和存在的主要问题、年度任务或计划、申请林业补助资金数额、上年度林业补助资金安排使用情况总结和其他需要说明的情况等。具体内容详见附件。

第五条 国家林业局根据各省资金申请文件、林业工作任务计划等，统筹研究和提出各省林业补助资金分配建议，并于4月30日前将林业补助资金分配建议函报财政部。

第六条 财政部根据预算安排、各省资金申请文件、国家林业局的资金分配建议函、上年度林业补助资金使用管理情况等，确定林业补助资金分配方案，并在全国人民代表大会批复预算后三个月内，按照预算级次下达资金。

第七条 林业补助资金采取因素法分配。

第八条 林业补助资金应按规定的用途和范围分配使用，任何部门和单位不得截留、挤占和挪用。

第九条 林业补助资金的支付按照财政国库管理制度有关规定执行。林业补助资金使用中属于政府采购管理范围的，按照国家有关政府采购的规定执行。

第十条 各级财政、林业主管部门和资金使用单位要建立健全林业补助资金管理制度，严格实行预算决算管理。

第三章 森林生态效益补偿

第十一条 森林生态效益补偿用于国家级公益林的保护和管理。

第十二条 国家级公益林是指根据国家林业局、财政部联合印发的《国家级公益林区划界定办法》（林资发〔2009〕214号）区划界定的公益林林地。

第十三条 森林生态效益补偿根据国家级公益林权属实行不同的补偿标准，包括管护补助支出和公共管护支出两部分。

国有的国家级公益林平均补偿标准为每年每亩 5 元，其中管护补助支出 4.75 元，公共管护支出 0.25 元；集体和个人所有的国家级公益林补偿标准为每年每亩 15 元，其中管护补助支出 14.75 元，公共管护支出 0.25 元。

第十四条 国有的国家级公益林管护补助支出，用于国有林场、苗圃、自然保护区、森工企业等国有单位管护国家级公益林的劳务补助等支出。地方各级财政部门会同林业主管部门测算审核管理成本，合理确定国有单位国家级公益林管护人员数量、管护劳务补助标准。集体和个人所有的国家级公益林管护补助支出，用于集体和个人的经济补偿和管护国家级公益林的劳务补助等支出。

公共管护支出主要用于地方各级林业主管部门开展国家级公益林监督检查和评价监测等方面的支出。

第十五条 财政部根据各省、国家林业局报送的国家级公益林征占用等资源变化情况，相应调整用于森林生态效益补偿方面的预算。

第十六条 林业主管部门应与承担管护任务的国有单位、集体和个人签订国家级公益林管护合同。国有单位、集体和个人应按照管护合同规定履行管护义务，承担管护责任，根据管护合同履行情况领取森林生态效益补偿。

第四章 林业补贴

第十七条 林业补贴是指用于林木良种培育、造林和森林抚育，湿地、林业国家级自然保护区和沙化土地封禁保护区建设与保护，林业防灾减灾，林业科技推广示范，林业贷款贴息等方面的支出。

第十八条 林木良种培育、造林和森林抚育补贴具体支出内容是：

（一）林木良种培育补贴。包括良种繁育补贴和林木良种苗木培育补贴。良种繁育补贴主要用于对良种生产、采集、处理、检验、贮藏等方面的人工费、材料费、简易设施设备购置和维护费，以及调查设计、技术支撑、档案管理、人员培训等管理费用和必要的设备购置费用的补贴；补贴对象为国家重点林木良种基地和国家林木种质资源库；补贴标准：种子园、种质资源库每亩补贴 600 元，采穗圃每亩补贴 300 元，母树林、试验林每亩补贴 100 元。林木良种苗木培育补贴主要用于对因使用良种，采用组织培养、轻型基质、无纺布和穴盘容器育苗、幼化处理等先进技术培育的良种苗木所增加成本的补贴；补贴对象为国有育苗单位；补贴标准：除有特殊要求的良种苗木外，每株良种苗木平均补贴 0.2 元，各地可根据实际情况，确定不同树种苗木的补贴标准。

（二）造林补贴。对国有林场、农民和林业职工（含林区人员，下同）、农民专业合作社等造林主体在宜林荒山荒地、沙荒地、迹地、低产低效林地进行人工造林、更新和改造，面积不小于1亩的给予适当的补贴。造林补贴包括造林直接补贴和间接费用补贴。

直接补贴是指对造林主体造林所需费用的补贴，补贴标准为：人工营造，乔木林和木本油料林每亩补贴200元，灌木林每亩补贴120元（内蒙古、宁夏、甘肃、新疆、青海、陕西、山西等省灌木林每亩补贴200元），水果、木本药材等其他林木、竹林每亩补贴100元；迹地人工更新、低产低效林改造每亩补贴100元。间接费用补贴是指对享受造林补贴的县、局、场林业部门（以下简称县级林业部门）组织开展造林有关作业设计、技术指导所需费用的补贴。

享受中央财政造林补贴营造的乔木林，造林后10年内不准主伐。

（三）森林抚育补贴。对承担森林抚育任务的国有森工企业、国有林场、农民专业合作社以及林业职工和农民等给予适当的补贴。森林抚育对象为国有林中的幼龄林和中龄林，集体和个人所有的公益林中的幼龄林和中龄林。一级国家级公益林不纳入森林抚育范围。

森林抚育补贴标准为平均每亩100元。根据国务院批准的《长江上游、黄河上中游地区天然林资源保护工程二期实施方案》和《东北、内蒙古等重点国有林区天然林资源保护工程二期实施方案》，天然林资源保护工程二期实施范围内的国有林森林抚育补贴标准为平均每亩120元。森林抚育补贴用于森林抚育有关费用支出，包括直接支出和间接支出。直接支出主要用于间伐、补植、人工促进天然更新、修枝、除草、割灌、清理运输采伐剩余物、修建简易作业道路等生产作业的劳务用工和机械燃油等。间接支出主要用于作业设计、技术指导等。

第十九条 湿地、林业国家级自然保护区和沙化土地封禁保护区建设与保护补贴，根据湿地、林业国家级自然保护区和沙化土地封禁保护区的重要性、建设内容、任务量、地方财力状况、保护成绩等因素分配。主要包括以下三个部分：

（一）湿地补贴主要用于湿地保护与恢复、退耕还湿试点、湿地生态效益补偿试点、湿地保护奖励等相关支出。其中，湿地保护与恢复支出指用于林业系统管理的国际重要湿地、国家重要湿地、湿地自然保护区及国家湿地公园开展湿地保护与恢复的相关支出，主要包括监测监控设施维护和设备购置支出、退化湿地恢复支出和湿地所在保护管理机构聘用临时管护人员所需的劳务费等；退耕还湿试点支出指用于国际重要湿地和湿地国家级自然保护区范围内及其周边的耕地实施退耕还湿的相关支出；湿地生态效益补偿试点支出指用于对候鸟迁飞路线上的重要湿地因鸟类等野生动物保护造成损失给予的补偿支出；湿地保护奖励支出指用于经考核确认对湿地保护成绩突出的县级人民政府相关部门的奖励支出。

（二）林业国家级自然保护区补贴主要用于保护区的生态保护、修复与治理，特种救护、保护设施设备购置和维护，专项调查和监测，宣传教育，以及保护管理机构聘用临时管护人员所需的劳务补贴等支出。

（三）沙化土地封禁保护区补贴主要用于对暂不具备治理条件的和因保护生态需要不宜开发利用的连片沙化土地实施封禁保护的补贴支出。范围包括：固沙压沙等生态修复与治理，管护站点和必要的配套设施修建和维护，必要的巡护和小型监测监控设施设备购置，巡护道路维护、围栏、界碑界桩和警示标牌修建，保护管理机构聘用临时管护人员所需的劳务费等支出。

第二十条　林业防灾减灾补贴根据损失程度、防灾减灾任务量、地方财力状况等因素分配。主要包括以下三个部分：

（一）森林防火补贴指用于预防和对突发性的重特大森林火灾扑救等相关支出的补贴，包括开设边境森林防火隔离带、购置扑救工具和器械、物资设备等支出，租用交通运输工具支出以及重点国有林区防火道路建设支出等。补贴对象为承担森林防火任务的基层林业单位。

（二）林业有害生物防治补贴指用于对危害森林、林木、种苗正常生长，造成重大灾害的病、虫、鼠（兔）和有害植物的预防和治理等相关支出的补贴。支出范围包括：购置药剂、药械、工具的开支，除害处理的人工费补贴，治理区发生检疫检验的材料费、小型器具费等。补贴对象为承担林业有害生物防治任务的基层林业单位。

（三）林业生产救灾补贴指用于支持林业系统遭受洪涝、干旱、雪灾、冻害、冰雹、地震、山体滑坡、泥石流、台风等自然灾害之后开展林业生产恢复等相关支出的补贴。补贴范围包括：受灾林地、林木及野生动植物栖息地、生境地的清理；灾后林木的补植补造及野生动植物栖息地、生境地的恢复；因灾损毁的林业相关设施修复和设备购置。补贴对象为因灾受损并承担林业生产救灾任务的基层林业单位。

第二十一条　林业科技推广示范补贴是指用于对全国林业生态建设或林业产业发展有重大推动作用的先进、成熟、有效的林业科技成果推广与示范等相关支出的补贴。补贴对象为承担林业科技成果推广与示范任务的林业技术推广站（中心）、科研院所、大专院校、农民专业合作社、国有森工企业、国有林场和国有苗圃等单位和组织。支出范围主要包括林木新品种繁育、新品种新技术的应用示范、与科技推广和示范项目相关的简易基础设施建设、必需的专用材料及小型仪器设备购置、技术培训、技术咨询等。

省级林业主管部门会同省级财政部门，根据国家林业局、财政部下达的林业科技推广示范项目立项指南，结合本省实际情况，负责林业科技推广示范项目的评审和批复立项等工作。

财政部会同国家林业局根据各省林业补助资金申请文件、林业科技推广示范项目评审情况和绩效评价结果，结合当年中央财政预算安排，确定对各省的林业科技推广示范补贴金额，并切块到省。各省当年评审通过但未安排补贴的项目，可滚动至下一年度继续申请。

第二十二条　林业贷款贴息补贴（以下简称贴息补贴）是指中央财政对各类银行（含农村信用社和小额贷款公司，下同）发放的符合贴息条件的贷款给予一定期限和比例的利息补贴。

（一）中央财政对符合以下条件之一的林业贷款予以贴息：林业龙头企业以公司带基地、

基地连农户的经营形式,立足于当地林业资源开发、带动林区、沙区经济发展的种植业、养殖业以及林产品加工业贷款项目;各类经济实体营造的工业原料林、木本油料经济林以及有利于改善沙区、石漠化地区生态环境的种植业贷款项目;国有林场(苗圃)、国有森工企业为保护森林资源,缓解经济压力开展的多种经营贷款项目,以及自然保护区和森林公园开展的森林生态旅游贷款项目;农户和林业职工个人从事的营造林、林业资源开发和林产品加工贷款项目。

(二)对各省符合本办法规定条件的林业贷款,中央财政年贴息率为3%。对新疆生产建设兵团、大兴安岭林业集团公司符合本办法规定条件的林业贷款,中央财政年贴息率为5%。

(三)林业贷款期限3年以上(含3年)的,贴息期限为3年;林业贷款期限不足3年的,按实际贷款期限贴息。对农户和林业职工个人营造林小额贷款,适当延长贴息期限。贷款期限5年以上(含5年)的,贴息期限为5年;贷款期限不足5年的,按实际贷款期限贴息。农户和林业职工个人营造林小额贷款是指贴息年度内(1月1日至12月31日,下同)累计额30万元以下的营造林贷款。

(四)贴息补贴采取分年据实贴息的办法(上一年度1月1日至12月31日的林业贷款贴息)。对贴息年度内贷款期限1年以上的林业贷款,按全年计算贴息;对贴息年度内贷款期限不足1年的林业贷款,按贷款实际月数计算贴息。

(五)林业龙头企业、国有林场(苗圃)、国有森工企业、自然保护区和森林公园等的贴息贷款项目,由项目单位向当地林业主管部门提出申请。林业主管部门商同级财政部门同意后,逐级审核申报,由省级林业主管部门会同省级财政部门负责审核汇总。农户和林业职工小额贷款项目,由县级林业主管部门(含国有森工企业,下同)统一汇总,并以县级林业主管部门作为申报单位,商同级财政部门同意后,逐级审核申报,由省级林业主管部门会同财政部门负责审核汇总。

(六)省级财政部门会同省级林业主管部门对本省申报贴息补贴的贷款及其项目实施情况进行审核,对其真实性、合规性负责,确定应向中央财政申请的贴息补贴额,并向财政部报送林业补助资金申请文件,同时抄报国家林业局。财政部根据各省林业补助资金申请文件和林业贷款项目落实情况,确定贴息补贴额,并切块到省。

第五章 森林公安补助

第二十三条 森林公安补助主要是用于森林公安机关办案(业务)经费和业务装备经费开支的补助。森林公安补助根据警力、地方财力状况、业务工作量、装备需求、森林资源管理等因素分配。

第二十四条 森林公安办案(业务)经费、业务装备经费由中央、省级和省以下同级财政分区域按保障责任负担。森林公安补助对中西部地区的县级森林公安机关和省级直属的重点国有林区森林公安机关，以及维稳任务重、经济困难地区的地（市）森林公安机关予以重点补助；对东部地区县级森林公安机关予以奖励性补助。按照政法经费保障要求，省级财政部门应在做好本级森林公安经费保障的同时，依照不低于本省公安机关的标准安排省级森林公安转移支付资金。

第二十五条　森林公安补助主要用于市级以下森林公安机关，省级财政部门可预留不超过中央森林公安资金的10%，专项用于省级森林公安机关承办公安部、国家林业局部署的重大任务，直接侦办和督办重特大案件、组织开展专项行动、组织民警教育培训、处置不可预见的突发事件、装备共建或其他特殊原因所需经费补助等。

第二十六条　森林公安补助使用范围包括森林公安办案（业务）经费和森林公安业务装备经费。其中森林公安办案（业务）经费用于森林公安机关开展案件侦办查处、森林资源保护、林区治安管理、维护社会稳定、处置突发事件、禁种铲毒、民警教育培训等直接支出；森林公安业务装备经费用于森林公安机关购置指挥通信、刑侦技术、执法勤务（含警用交通工具）、信息化建设、处置突发事件、派出所和监管场所所需的各类警用业务装备的支出。

第六章　国有林场改革补助

第二十七条　国有林场改革补助是指用于支持国有林场改革的一次性补助支出。

第二十八条　国有林场改革补助主要用于补缴国有林场拖欠的职工基本养老保险和基本医疗保险费用、国有林场分离场办学校和医院等社会职能费用、先行自主推进国有林场改革的省奖励补助等。中央财政安排的补助资金补缴国有林场拖欠的职工基本养老保险和基本医疗保险费用有结余的，可用于林场缴纳职工基本养老和基本医疗等社会保险以及其他与改革相关的支出。

第二十九条　国有林场改革补助按照国有林场职工人数（包括在职职工和离退休职工）和林地面积两个因素分配，其中：每名职工补助2万元，每亩林地补助1.15元。

第七章　监督检查

第三十条　各级财政部门和林业主管部门应加强对林业补助资金的申请、分配、管理使用情况的监督检查，发现问题及时纠正。对各类违法违规以及违反本办法规定的行为，按照《财政违法行为处罚处分条例》等国家有关规定追究法律责任。

第三十一条　按第三十条规定追回的林业补助资金，由财政部商国家林业局用于对林业补助资金使用管理规范、成效显著的省进行奖励。

第三十二条　各级财政部门和林业主管部门应加强对林业补助资金管理使用情况的追踪问效，适时组织开展绩效监督。

第八章　附　则

第三十三条　省级财政部门会同省级林业主管部门应根据本办法制定实施细则，并报送财政部和国家林业局。

用于军事管理区的林业补助资金（森林生态效益补偿）管理办法，由解放军总后勤部财务部和基建营房部，根据本办法制定管理实施细则，并报送财政部和国家林业局。

新疆生产建设兵团、国家林业局直属大兴安岭林业集团公司林业补助资金管理参照本办法执行，相关补助支出列入中央部门预算。

第三十四条　林业补助资金相关补助补贴标准因政策需要进行调整的，按照调整后的标准执行。

第三十五条　本办法由财政部会同国家林业局负责解释。

第三十六条　本办法自 2014 年 6 月 1 日起施行。《财政部、国家林业局关于印发〈中央财政森林生态效益补偿基金管理办法〉的通知》（财农 [2009] 381 号）、《财政部、国家林业局关于印发〈中央财政林业补贴资金管理办法〉的通知》（财农 [2012] 505 号）、《财政部、国家林业局关于印发〈林业国家级自然保护区补助资金管理暂行办法〉的通知》（财农 [2009] 290 号）、《财政部、国家林业局关于印发〈中央财政湿地保护补助资金管理暂行办法〉的通知》（财农 [2011] 423 号）、《财政部、国家林业局关于印发〈林业有害生物防治补助费管理办法〉的通知》（财农 [2005] 44 号）、《财政部、国家林业局关于印发〈林业生产救灾资金管理暂行办法〉的通知》（财农 [2011] 10 号）、《财政部、国家林业局关于印发〈中央财政森林公安转移支付资金管理暂行办法〉的通知》（财农 [2011] 447 号）、《财政部、国家林业局关于印发〈中央财政林业科技推广示范资金管理暂行办法〉的通知》（财农 [2009] 289 号）、《财政部、国家林业局关于印发〈林业贷款中央财政贴息资金管理规定〉的通知》（财农 [2009] 291 号）同时废止，《财政部、国家林业局关于印发〈边境草原森林防火隔离带补助费管理规定〉的通知》（财农 [2002] 70 号）中有关边境森林防火隔离带补助的内容同时废止。

5.2.4 农村土地承包经营纠纷仲裁规则

农村土地承包经营纠纷仲裁规则

农业部、国家林业局令 2010 年第 1 号

（《农村土地承包经营纠纷仲裁规则》已于 2009 年 12 月 18 日经农业部第 10 次常务会议审议通过，并经国家林业局同意，现予公布，自 2010 年 1 月 1 日起施行）

第一章　总　则

第一条　为规范农村土地承包经营纠纷仲裁活动，根据《中华人民共和国农村土地承包经

营纠纷调解仲裁法》，制定本规则。

第二条　农村土地承包经营纠纷仲裁适用本规则。

第三条　下列农村土地承包经营纠纷，当事人可以向农村土地承包仲裁委员会（以下简称仲裁委员会）申请仲裁：

（一）因订立、履行、变更、解除和终止农村土地承包合同发生的纠纷；

（二）因农村土地承包经营权转包、出租、互换、转让、入股等流转发生的纠纷；

（三）因收回、调整承包地发生的纠纷；

（四）因确认农村土地承包经营权发生的纠纷；

（五）因侵害农村土地承包经营权发生的纠纷；

（六）法律、法规规定的其他农村土地承包经营纠纷。

因征收集体所有的土地及其补偿发生的纠纷，不属于仲裁委员会的受理范围，可以通过行政复议或者诉讼等方式解决。

第四条　仲裁委员会依法设立，其日常工作由当地农村土地承包管理部门承担。

第五条　农村土地承包经营纠纷仲裁，应当公开、公平、公正，便民高效，注重调解，尊重事实，符合法律，遵守社会公德。

第二章　申请和受理

第六条　农村土地承包经营纠纷仲裁的申请人、被申请人为仲裁当事人。

第七条　家庭承包的，可以由农户代表人参加仲裁。农户代表人由农户成员共同推选；不能共同推选的，按下列方式确定：

（一）土地承包经营权证或者林权证等证书上记载的人；

（二）未取得土地承包经营权证或者林权证等证书的，为在承包合同上签字的人。

第八条　当事人一方为五户（人）以上的，可以推选三至五名代表人参加仲裁。

第九条　与案件处理结果有利害关系的，可以申请作为第三人参加仲裁，或者由仲裁委员会通知其参加仲裁。

第十条　当事人、第三人可以委托代理人参加仲裁。

当事人或者第三人为无民事行为能力人或者限制民事行为能力人的，由其法定代理人参加仲裁。

第十一条　当事人申请农村土地承包经营纠纷仲裁的时效期间为二年，自当事人知道或者应当知道其权利被侵害之日起计算。

仲裁时效因申请调解、申请仲裁、当事人一方提出要求或者同意履行义务而中断。从中断时起，仲裁时效重新计算。

在仲裁时效期间的最后六个月内，因不可抗力或者其他事由，当事人不能申请仲裁的，仲裁时效中止。从中止时效的原因消除之日起，仲裁时效期间继续计算。

侵害农村土地承包经营权行为持续发生的，仲裁时效从侵权行为终了时计算。

第十二条　申请农村土地承包经营纠纷仲裁，应当符合下列条件：

（一）申请人与纠纷有直接的利害关系；

（二）有明确的被申请人；

（三）有具体的仲裁请求和事实、理由；

（四）属于仲裁委员会的受理范围。

第十三条　当事人申请仲裁，应当向纠纷涉及土地所在地的仲裁委员会递交仲裁申请书。申请书可以邮寄或者委托他人代交。

书面申请有困难的，可以口头申请，由仲裁委员会记入笔录，经申请人核实后由其签名、盖章或者按指印。

仲裁委员会收到仲裁申请材料，应当出具回执。回执应当载明接收材料的名称和份数、接收日期等，并加盖仲裁委员会印章。

第十四条　仲裁申请书应当载明下列内容：

（一）申请人和被申请人的姓名、年龄、住所、邮政编码、电话或者其他通信方式；法人或者其他组织应当写明名称、地址和法定代表人或者主要负责人的姓名、职务、通信方式；

（二）申请人的仲裁请求；

（三）仲裁请求所依据的事实和理由；

（四）证据和证据来源、证人姓名和联系方式。

第十五条　仲裁委员会应当对仲裁申请进行审查，符合申请条件的，应当受理。

有下列情形之一的，不予受理；已受理的，终止仲裁程序：

（一）不符合申请条件；

（二）人民法院已受理该纠纷；

（三）法律规定该纠纷应当由其他机构受理；

（四）对该纠纷已有生效的判决、裁定、仲裁裁决、行政处理决定等。

第十六条　仲裁委员会决定受理仲裁申请的，应当自收到仲裁申请之日起五个工作日内，将受理通知书、仲裁规则、仲裁员名册送达申请人，将受理通知书、仲裁申请书副本、仲裁规则、仲裁员名册送达被申请人。

决定不予受理或者终止仲裁程序的，应当自收到仲裁申请或者发现终止仲裁程序情形之日起五个工作日内书面通知申请人，并说明理由。

需要通知第三人参加仲裁的，仲裁委员会应当通知第三人，并告知其权利义务。

第十七条　被申请人应当自收到仲裁申请书副本之日起十日内向仲裁委员会提交答辩书。

仲裁委员会应当自收到答辩书之日起五个工作日内将答辩书副本送达申请人。

被申请人未答辩的，不影响仲裁程序的进行。

第十八条　答辩书应当载明下列内容：

（一）答辩人姓名、年龄、住所、邮政编码、电话或者其他通信方式；法人或者其他组织应当写明名称、地址和法定代表人或者主要负责人的姓名、职务、通信方式；

（二）对申请人仲裁申请的答辩及所依据的事实和理由；

（三）证据和证据来源，证人姓名和联系方式。

书面答辩确有困难的，可以口头答辩，由仲裁委员会记入笔录，经被申请人核实后由其签名、盖章或者按指印。

第十九条　当事人提交仲裁申请书、答辩书、有关证据材料及其他书面文件，应当一式三份。

第二十条　因一方当事人的行为或者其他原因可能使裁决不能执行或者难以执行，另一方当事人申请财产保全的，仲裁委员会应当将当事人的申请提交被申请人住所地或者财产所在地的基层人民法院，并告知申请人因申请错误造成被申请人财产损失的，应当承担相应的赔偿责任。

第三章　仲裁庭

第二十一条　仲裁庭由三名仲裁员组成。

事实清楚、权利义务关系明确、争议不大的农村土地承包经营纠纷，经双方当事人同意，可以由一名仲裁员仲裁。

第二十二条　双方当事人自收到受理通知书之日起五个工作日内，从仲裁员名册中选定仲裁员。首席仲裁员由双方当事人共同选定，其他二名仲裁员由双方当事人各自选定；当事人不能选定的，由仲裁委员会主任指定。

独任仲裁员由双方当事人共同选定；当事人不能选定的，由仲裁委员会主任指定。

仲裁委员会应当自仲裁庭组成之日起二个工作日内将仲裁庭组成情况通知当事人。

第二十三条　仲裁庭组成后，首席仲裁员应当召集其他仲裁员审阅案件材料，了解纠纷的事实和情节，研究双方当事人的请求和理由，查核证据，整理争议焦点。

仲裁庭认为确有必要的，可以要求当事人在一定期限内补充证据，也可以自行调查取证。自行调查取证的，调查人员不得少于二人。

第二十四条　仲裁员有下列情形之一的，应当回避：

（一）是本案当事人或者当事人、代理人的近亲属；

（二）与本案有利害关系；

（三）与本案当事人、代理人有其他关系，可能影响公正仲裁；

（四）私自会见当事人、代理人，或者接受当事人、代理人请客送礼。

第二十五条　仲裁员有回避情形的，应当以口头或者书面方式及时向仲裁委员会提出。

当事人认为仲裁员有回避情形的，有权以口头或者书面方式向仲裁委员会申请其回避。

当事人提出回避申请，应当在首次开庭前提出，并说明理由；在首次开庭后知道回避事由的，可以在最后一次开庭终结前提出。

第二十六条　仲裁委员会应当自收到回避申请或者发现仲裁员有回避情形之日起二个工作日内作出决定，以口头或者书面方式通知当事人，并说明理由。

仲裁员是否回避，由仲裁委员会主任决定；仲裁委员会主任担任仲裁员时，由仲裁委员会集体决定主任的回避。

第二十七条　仲裁员有下列情形之一的，应当按照本规则第二十二条规定重新选定或者指定仲裁员：

（一）被决定回避的；

（二）在法律上或者事实上不能履行职责的；

（三）因被除名或者解聘丧失仲裁员资格的；

（四）因个人原因退出或者不能从事仲裁工作的；

（五）因徇私舞弊、失职渎职被仲裁委员会决定更换的。

重新选定或者指定仲裁员后，仲裁程序继续进行。当事人请求仲裁程序重新进行的，由仲裁庭决定。

第二十八条　仲裁庭应当向当事人提供必要的法律政策解释，帮助当事人自行和解。

达成和解协议的，当事人可以请求仲裁庭根据和解协议制作裁决书；当事人要求撤回仲裁申请的，仲裁庭应当终止仲裁程序。

第二十九条　仲裁庭应当在双方当事人自愿的基础上进行调解。调解达成协议的，仲裁庭应当制作调解书。

调解书应当载明双方当事人基本情况、纠纷事由、仲裁请求和协议结果，由仲裁员签名，并加盖仲裁委员会印章，送达双方当事人。

调解书经双方当事人签收即发生法律效力。

第三十条　调解不成或者当事人在调解书签收前反悔的，仲裁庭应当及时作出裁决。

当事人在调解过程中的陈述、意见、观点或者建议，仲裁庭不得作为裁决的证据或依据。

第三十一条　仲裁庭作出裁决前，申请人放弃仲裁请求并撤回仲裁申请，且被申请人没有就申请人的仲裁请求提出反请求的，仲裁庭应当终止仲裁程序。

申请人经书面通知，无正当理由不到庭或者未经仲裁庭许可中途退庭的，可以视为撤回仲裁申请。

第三十二条　被申请人就申请人的仲裁请求提出反请求的，应当说明反请求事项及其所依据的事实和理由，并附具有关证明材料。

被申请人在仲裁庭组成前提出反请求的，由仲裁委员会决定是否受理；在仲裁庭组成后提出反请求的，由仲裁庭决定是否受理。

仲裁委员会或者仲裁庭决定受理反请求的，应当自收到反请求之日起五个工作日内将反请求申请书副本送达申请人。申请人应当在收到反请求申请书副本后十个工作日内提交反请求答辩书，不答辩的不影响仲裁程序的进行。仲裁庭应当将被申请人的反请求与申请人的请求合并审理。

仲裁委员会或者仲裁庭决定不予受理反请求的，应当书面通知被申请人，并说明理由。

第三十三条　仲裁庭组成前申请人变更仲裁请求或者被申请人变更反请求的，由仲裁委员会作出是否准许的决定；仲裁庭组成后变更请求或者反请求的，由仲裁庭作出是否准许的决定。

第四章　开　庭

第三十四条　农村土地承包经营纠纷仲裁应当开庭进行。开庭应当公开，但涉及国家秘密、商业秘密和个人隐私以及当事人约定不公开的除外。

开庭可以在纠纷涉及的土地所在地的乡（镇）或者村进行，也可以在仲裁委员会所在地进行。当事人双方要求在乡（镇）或者村开庭的，应当在该乡（镇）或者村开庭。

第三十五条　仲裁庭应当在开庭五个工作日前将开庭时间、地点通知当事人、第三人和其他仲裁参与人。

当事人请求变更开庭时间和地点的，应当在开庭三个工作日前向仲裁庭提出，并说明理由。仲裁庭决定变更的，通知双方当事人、第三人和其他仲裁参与人；决定不变更的，通知提出变更请求的当事人。

第三十六条　公开开庭的，应当将开庭时间、地点等信息予以公告。

申请旁听的公民，经仲裁庭审查后可以旁听。

第三十七条　被申请人经书面通知，无正当理由不到庭或者未经仲裁庭许可中途退庭的，仲裁庭可以缺席裁决。

被申请人提出反请求，申请人经书面通知，无正当理由不到庭或者未经仲裁庭许可中途退庭的，仲裁庭可以就反请求缺席裁决。

第三十八条　开庭前，仲裁庭应当查明当事人、第三人、代理人和其他仲裁参与人是否到庭，并逐一核对身份。

开庭由首席仲裁员或者独任仲裁员宣布。首席仲裁员或者独任仲裁员应当宣布案由，宣读仲裁庭组成人员名单、仲裁庭纪律、当事人权利和义务，询问当事人是否申请仲裁员回避。

第三十九条　仲裁庭应当保障双方当事人平等陈述的机会，组织当事人、第三人、代理人陈述事实、意见、理由。

第四十条　当事人、第三人应当提供证据，对其主张加以证明。

与纠纷有关的证据由作为当事人一方的发包方等掌握管理的，该当事人应当在仲裁庭指定的期限内提供，逾期不提供的，应当承担不利后果。

第四十一条　仲裁庭自行调查收集的证据，应当在开庭时向双方当事人出示。

第四十二条　仲裁庭对专门性问题认为需要鉴定的，可以交由当事人约定的鉴定机构鉴定；当事人没有约定的，由仲裁庭指定的鉴定机构鉴定。

第四十三条　当事人申请证据保全，应当向仲裁委员会书面提出。仲裁委员会应当自收到申请之日起二个工作日内，将申请提交证据所在地的基层人民法院。

第四十四条　当事人、第三人申请证人出庭作证的，仲裁庭应当准许，并告知证人的权利义务。证人不得旁听案件审理。

第四十五条　证据应当在开庭时出示，但涉及国家秘密、商业秘密和个人隐私的证据不得在公开开庭时出示。

仲裁庭应当组织当事人、第三人交换证据，相互质证。

经仲裁庭许可，当事人、第三人可以向证人询问，证人应当据实回答。

根据当事人的请求或者仲裁庭的要求，鉴定机构应当派鉴定人参加开庭。经仲裁庭许可，当事人可以向鉴定人提问。

第四十六条　仲裁庭应当保障双方当事人平等行使辩论权，并对争议焦点组织辩论。

辩论终结时，首席仲裁员或者独任仲裁员应当征询双方当事人、第三人的最后意见。

第四十七条　对权利义务关系明确的纠纷，当事人可以向仲裁庭书面提出先行裁定申请，请求维持现状、恢复农业生产以及停止取土、占地等破坏性行为。仲裁庭应当自收到先行裁定申请之日起二个工作日内作出决定。

仲裁庭作出先行裁定的，应当制作先行裁定书，并告知先行裁定申请人可以向人民法院申请执行，但应当提供相应的担保。

先行裁定书应当载明先行裁定申请的内容、依据事实和理由、裁定结果和日期，由仲裁员签名，加盖仲裁委员会印章。

第四十八条　仲裁庭应当将开庭情况记入笔录。笔录由仲裁员、记录人员、当事人、第三人和其他仲裁参与人签名、盖章或者按指印。

当事人、第三人和其他仲裁参与人认为对自己的陈述记录有遗漏或者差错的，有权申请补正。仲裁庭不予补正的，应当向申请人说明情况，并记录该申请。

第四十九条　发生下列情形之一的，仲裁程序中止：

（一）一方当事人死亡，需要等待继承人表明是否参加仲裁的；

（二）一方当事人丧失行为能力，尚未确定法定代理人的；

（三）作为一方当事人的法人或者其他组织终止，尚未确定权利义务承受人的；

（四）一方当事人因不可抗拒的事由，不能参加仲裁的；

（五）本案必须以另一案的审理结果为依据，而另一案尚未审结的；

（六）其他应当中止仲裁程序的情形。

在仲裁庭组成前发生仲裁中止事由的，由仲裁委员会决定是否中止仲裁；仲裁庭组成后发生仲裁中止事由的，由仲裁庭决定是否中止仲裁。决定仲裁程序中止的，应当书面通知当事人。

仲裁程序中止的原因消除后，仲裁委员会或者仲裁庭应当在三个工作日内作出恢复仲裁程序的决定，并通知当事人和第三人。

第五十条 发生下列情形之一的，仲裁程序终结：

（一）申请人死亡或者终止，没有继承人及权利义务承受人，或者继承人、权利义务承受人放弃权利的；

（二）被申请人死亡或者终止，没有可供执行的财产，也没有应当承担义务的人的；

（三）其他应当终结仲裁程序的。

终结仲裁程序的，仲裁委员会应当自发现终结仲裁程序情形之日起五个工作日内书面通知当事人、第三人，并说明理由。

第五章 裁决和送达

第五十一条 仲裁庭应当根据认定的事实和法律以及国家政策作出裁决，并制作裁决书。

首席仲裁员组织仲裁庭对案件进行评议，裁决依多数仲裁员意见作出。少数仲裁员的不同意见可以记入笔录。

仲裁庭不能形成多数意见时，应当按照首席仲裁员的意见作出裁决。

第五十二条 裁决书应当写明仲裁请求、争议事实、裁决理由和依据、裁决结果、裁决日期，以及当事人不服仲裁裁决的起诉权利和期限。

裁决书由仲裁员签名，加盖仲裁委员会印章。

第五十三条 对裁决书中的文字、计算错误，或者裁决书中有遗漏的事项，仲裁庭应当及时补正。补正构成裁决书的一部分。

第五十四条 仲裁庭应当自受理仲裁申请之日起六十日内作出仲裁裁决。受理日期以受理通知书上记载的日期为准。

案情复杂需要延长的，经仲裁委员会主任批准可以延长，但延长期限不得超过三十日。

延长期限的，应当自作出延期决定之日起三个工作日内书面通知当事人、第三人。

期限不包括仲裁程序中止、鉴定、当事人在庭外自行和解、补充申请材料和补正裁决的时间。

第五十五条 仲裁委员会应当在裁决作出之日起三个工作日内将裁决书送达当事人、第三人。

直接送达的，应当告知当事人、第三人下列事项：

（一）不服仲裁裁决的，可以在收到裁决书之日起三十日内向人民法院起诉，逾期不起诉的，裁决书即发生法律效力；

（二）一方当事人不履行生效的裁决书所确定义务的，另一方当事人可以向被申请人住所地或者财产所在地的基层人民法院申请执行。

第五十六条 仲裁文书应当直接送达当事人或者其代理人。受送达人是自然人，但本人不在场的，由其同住成年家属签收；受送达人是法人或者其他组织的，应当由法人的法定代表人、其他组织的主要负责人或者该法人、组织负责收件的人签收。

仲裁文书送达后，由受送达人在送达回证上签名、盖章或者按指印，受送达人在送达回证上的签收日期为送达日期。

受送达人或者其同住成年家属拒绝接收仲裁文书的，可以留置送达。送达人应当邀请有关基层组织或者受送达人所在单位的代表到场，说明情况，在送达回证上记明拒收理由和日期，由送达人、见证人签名、盖章或者按指印，将仲裁文书留在受送达人的住所，即视为已经送达。

直接送达有困难的，可以邮寄送达。邮寄送达的，以当事人签收日期为送达日期。

当事人下落不明，或者以前款规定的送达方式无法送达的，可以公告送达，自发出公告之日起，经过六十日，即视为已经送达。

第六章 附 则

第五十七条 独任仲裁可以适用简易程序。简易程序的仲裁规则由仲裁委员会依照本规则制定。

第五十八条 期间包括法定期间和仲裁庭指定的期间。

期间以日、月、年计算，期间开始日不计算在期间内。

期间最后一日是法定节假日的，以法定节假日后的第一个工作日为期间的最后一日。

第五十九条 对不通晓当地通用语言文字的当事人、第三人，仲裁委员会应当为其提供翻译。

第六十条 仲裁文书格式由农业部、国家林业局共同制定。

第六十一条 农村土地承包经营纠纷仲裁不得向当事人收取费用，仲裁工作经费依法纳入财政预算予以保障。

当事人委托代理人、申请鉴定等发生的费用由当事人负担。

第六十二条　本规则自 2010 年 1 月 1 日起施行。

5.2.5 关于全面推进集体林权制度改革的意见

中共中央、国务院关于全面推进集体林权制度改革的意见

（中发[2008]10 号）

新中国成立后，特别是改革开放以来，我国集体林业建设取得了较大成效，对经济社会发展和生态建设作出了重要贡献。集体林权制度虽经数次变革，但产权不明晰、经营主体不落实、经营机制不灵活、利益分配不合理等问题仍普遍存在，制约了林业的发展。为进一步解放和发展林业生产力，发展现代林业，增加农民收入，建设生态文明，现就全面推进集体林权制度改革提出如下意见。

一、充分认识集体林权制度改革的重大意义

（一）集体林权制度改革是稳定和完善农村基本经营制度的必然要求。集体林地是国家重要的土地资源，是林业重要的生产要素，是农民重要的生活保障。实行集体林权制度改革，把集体林地经营权和林木所有权落实到农户，确立农民的经营主体地位，是将农村家庭承包经营制度从耕地向林地的拓展和延伸，是对农村土地经营制度的丰富和完善，必将进一步解放和发展农村生产力。

（二）集体林权制度改革是促进农民就业增收的战略举措。林业产业链条长，市场需求大，就业空间广。实行集体林权制度改革，让农民获得重要的生产资料，激发农民发展林业生产经营的积极性，有利于促进农民特别是山区农民脱贫致富，破解"三农"问题，推进社会主义新农村建设。

（三）集体林权制度改革是建设生态文明的重要内容。建设生态文明、维护生态安全是林业发展的首要任务。实行集体林权制度改革，建立责权利明晰的林业经营制度，有利于调动广大农民造林育林的积极性和爱林护林的自觉性，增加森林数量，提升森林质量，增强森林生态功能和应对气候变化的能力，繁荣生态文化，促进人与自然和谐，推动经济社会可持续发展。

（四）集体林权制度改革是推进现代林业发展的强大动力。林业是国民经济和社会发展的重要公益事业和基础产业。实行集体林权制度改革，培育林业发展的市场主体，发挥市场在林业生产要素配置中的基础性作用，有利于发挥林业的生态、经济、社会和文化等多种功能，满足社会对林业的多样化需求，促进现代林业发展。

二、集体林权制度改革的指导思想、基本原则和总体目标

（五）指导思想。全面贯彻党的十七大精神，高举中国特色社会主义伟大旗帜，以邓小平理论和"三个代表"重要思想为指导，深入贯彻落实科学发展观，大力实施以生态建设为主的林业发展战略，不断创新集体林业经营的体制机制，依法明晰产权、放活经营、规范流转、

减轻税费，进一步解放和发展林业生产力，促进传统林业向现代林业转变，为建设社会主义新农村和构建社会主义和谐社会作出贡献。

（六）基本原则。坚持农村基本经营制度，确保农民平等享有集体林地承包经营权；坚持统筹兼顾各方利益，确保农民得实惠、生态受保护；坚持尊重农民意愿，确保农民的知情权、参与权、决策权；坚持依法办事，确保改革规范有序；坚持分类指导，确保改革符合实际。

（七）总体目标。用5年左右时间，基本完成明晰产权、承包到户的改革任务。在此基础上，通过深化改革，完善政策，健全服务，规范管理，逐步形成集体林业的良性发展机制，实现资源增长、农民增收、生态良好、林区和谐的目标。

三、明确集体林权制度改革的主要任务

（八）明晰产权。在坚持集体林地所有权不变的前提下，依法将林地承包经营权和林木所有权，通过家庭承包方式落实到本集体经济组织的农户，确立农民作为林地承包经营权人的主体地位。对不宜实行家庭承包经营的林地，依法经本集体经济组织成员同意，可以通过均股、均利等其他方式落实产权。村集体经济组织可保留少量的集体林地，由本集体经济组织依法实行民主经营管理。

林地的承包期为70年。承包期届满，可以按照国家有关规定继续承包。已经承包到户或流转的集体林地，符合法律规定、承包或流转合同规范的，要予以维护；承包或流转合同不规范的，要予以完善；不符合法律规定的，要依法纠正。对权属有争议的林地、林木，要依法调处，纠纷解决后再落实经营主体。自留山由农户长期无偿使用，不得强行收回，不得随意调整。承包方案必须依法经本集体经济组织成员同意。

自然保护区、森林公园、风景名胜区、河道湖泊等管理机构和国有林（农）场、垦殖场等单位经营管理的集体林地、林木，要明晰权属关系，依法维护经营管理区的稳定和林权权利人的合法权益。

（九）勘界发证。明确承包关系后，要依法进行实地勘界、登记，核发全国统一式样的林权证，做到林权登记内容齐全规范，数据准确无误，图、表、册一致，人、地、证相符。各级林业主管部门应明确专门的林权管理机构，承办同级人民政府交办的林权登记造册、核发证书、档案管理、流转管理、林地承包争议仲裁、林权纠纷调处等工作。

（十）放活经营权。实行商品林、公益林分类经营管理。依法把立地条件好、采伐和经营利用不会对生态平衡和生物多样性造成危害区域的森林和林木，划定为商品林；把生态区位重要或生态脆弱区域的森林和林木，划定为公益林。对商品林，农民可依法自主决定经营方向和经营模式，生产的木材自主销售。对公益林，在不破坏生态功能的前提下，可依法合理利用林地资源，开发林下种养业，利用森林景观发展森林旅游业等。

（十一）落实处置权。在不改变林地用途的前提下，林地承包经营权人可依法对拥有的林地

承包经营权和林木所有权进行转包、出租、转让、入股、抵押或作为出资、合作条件，对其承包的林地、林木可依法开发利用。

（十二）保障收益权。农户承包经营林地的收益，归农户所有。征收集体所有的林地，要依法足额支付林地补偿费、安置补助费、地上附着物和林木的补偿费等费用，安排被征林地农民的社会保障费用。经政府划定的公益林，已承包到农户的，森林生态效益补偿要落实到户；未承包到农户的，要确定管护主体，明确管护责任，森林生态效益补偿要落实到本集体经济组织的农户。严格禁止乱收费、乱摊派。

（十三）落实责任。承包集体林地，要签订书面承包合同，合同中要明确规定并落实承包方、发包方的造林育林、保护管理、森林防火、病虫害防治等责任，促进森林资源可持续经营。基层林业主管部门要加强对承包合同的规范化管理。

四、完善集体林权制度改革的政策措施

（十四）完善林木采伐管理机制。编制森林经营方案，改革商品林采伐限额管理，实行林木采伐审批公示制度，简化审批程序，提供便捷服务。严格控制公益林采伐，依法进行抚育和更新性质的采伐，合理控制采伐方式和强度。

（十五）规范林地、林木流转。在依法、自愿、有偿的前提下，林地承包经营权人可采取多种方式流转林地经营权和林木所有权。流转期限不得超过承包期的剩余期限，流转后不得改变林地用途。集体统一经营管理的林地经营权和林木所有权的流转，要在本集体经济组织内提前公示，依法经本集体经济组织成员同意，收益应纳入农村集体财务管理，用于本集体经济组织内部成员分配和公益事业。

加快林地、林木流转制度建设，建立健全产权交易平台，加强流转管理，依法规范流转，保障公平交易，防止农民失山失地。加强森林资源资产评估管理，加快建立森林资源资产评估师制度和评估制度，规范评估行为，维护交易各方合法权益。

（十六）建立支持集体林业发展的公共财政制度。各级政府要建立和完善森林生态效益补偿基金制度，按照"谁开发谁保护、谁受益谁补偿"的原则，多渠道筹集公益林补偿基金，逐步提高中央和地方财政对森林生态效益的补偿标准。建立造林、抚育、保护、管理投入补贴制度，对森林防火、病虫害防治、林木良种、沼气建设给予补贴，对森林抚育、木本粮油、生物质能源林、珍贵树种及大径材培育给予扶持。改革育林基金管理办法，逐步降低育林基金征收比例，规范用途，各级政府要将林业部门行政事业经费纳入财政预算。森林防火、病虫害防治以及林业行政执法体系等方面的基础设施建设要纳入各级政府基本建设规划，林区的交通、供水、供电、通信等基础设施建设要依法纳入相关行业的发展规划，特别是要加大对偏远山区、沙区和少数民族地区林业基础设施的投入。集体林权制度改革工作经费，主要由地方财政承担，中央财政给予适当补助。对财政困难的县乡，中央和省级财政要加大转移支付力度。

（十七）推进林业投融资改革。金融机构要开发适合林业特点的信贷产品，拓宽林业融资渠道。加大林业信贷投放，完善林业贷款财政贴息政策，大力发展对林业的小额贷款。完善林业信贷担保方式，健全林权抵押贷款制度。加快建立政策性森林保险制度，提高农户抵御自然灾害的能力。妥善处理农村林业债务。

（十八）加强林业社会化服务。扶持发展林业专业合作组织，培育一批辐射面广、带动力强的龙头企业，促进林业规模化、标准化、集约化经营。发展林业专业协会，充分发挥政策咨询、信息服务、科技推广、行业自律等作用。引导和规范森林资源资产评估、森林经营方案编制等中介服务健康发展。

五、加强对集体林权制度改革的组织领导

（十九）高度重视集体林权制度改革。各级党委、政府要把集体林权制度改革作为一件大事来抓，摆上重要位置，精心组织，周密安排，因势利导，确保改革扎实推进。要实行主要领导负责制，层层落实领导责任。建立县（市）直接领导、乡镇组织实施、村组具体操作、部门搞好服务的工作机制，充分发挥农村基层党组织的作用。改革方案的制定要依照法律、尊重民意、因地制宜，改革的内容和具体操作程序要公开、公平、公正。在坚持改革基本原则的前提下，鼓励各地积极探索，确保改革符合实际、取得实效。要加强对领导干部、林改工作人员包括农村基层干部的培训，强化调度、统计、检查、督导和档案管理工作。要严肃工作纪律，党员干部特别是各级领导干部，要以身作则，决不允许借改革之机，为本人和亲友谋取私利。要健全纠纷调处工作机制，妥善解决林权纠纷，及时化解矛盾，维护农村稳定。

（二十）切实加强和改进林业管理。各级林业主管部门要适应改革新形势，进一步转变职能，加强林业宏观管理、公共服务、行政执法和监督。要深入调查研究，认真总结经验，加强工作指导，改进服务方式。推行林业综合行政执法，严厉打击破坏森林资源的违法行为。要加强森林防火、病虫害防治等公共服务体系建设，健全政府主导、群防群治的森林防火、防病虫害、防乱砍滥伐的工作机制。建立科技推广激励机制，加大培训力度，实施林业科技入户工程。加强基层林业工作机构建设，乡镇林业工作站经费纳入地方财政预算。

（二十一）努力形成各方面支持改革的合力。集体林权制度改革涉及面广、政策性强。各有关部门要各司其职，密切配合，通力协作，积极参与改革，主动支持改革。各群众团体和社会组织要发挥各自作用，为推进集体林权制度改革贡献力量。加强舆论宣传，努力营造有利于集体林权制度改革的社会氛围。

集体林权制度改革是农村生产关系的重大变革，事关全局、影响深远。我们要高举中国特色社会主义伟大旗帜，以邓小平理论和"三个代表"重要思想为指导，深入贯彻落实科学发展观，解放思想，坚定信心，开拓进取，扎实推进集体林权制度改革，为夺取全面建设小康社会新胜利作出新的贡献。

5.2.6 关于完善集体林权制度的意见

国务院办公厅关于完善集体林权制度的意见

(国办发[2016]83号)

各省、自治区、直辖市人民政府，国务院各部委、各直属机构：

集体林是培育森林资源的重要基地，是维护国家生态安全的重要基础。2008年以来，我国集体林权制度改革取得重大成果，集体林业焕发出新的生机，1亿多农户直接受益，实现了"山定权、树定根、人定心"。但是，还存在产权保护不严格、生产经营自主权落实不到位、规模经营支持政策不完善、管理服务体系不健全等问题。为巩固和扩大集体林权制度改革成果，充分发挥集体林业在维护生态安全、实施精准脱贫、推动农村经济社会可持续发展中的重要作用，经国务院同意，现就完善集体林权制度提出如下意见。

一、总体要求

（一）指导思想。全面贯彻党的十八大和十八届三中、四中、五中、六中全会精神，深入学习贯彻习近平总书记系列重要讲话精神，紧紧围绕统筹推进"五位一体"总体布局和协调推进"四个全面"战略布局，牢固树立创新、协调、绿色、开放、共享的发展理念，认真落实党中央、国务院决策部署，坚持和完善农村基本经营制度，落实集体所有权，稳定农户承包权，放活林地经营权，推进集体林权规范有序流转，促进集体林业适度规模经营，完善扶持政策和社会化服务体系，创新产权模式和国土绿化机制，广泛调动农民和社会力量发展林业，充分发挥集体林生态、经济和社会效益。

（二）基本原则。坚持农村林地集体所有制，巩固集体林地家庭承包基础性地位，加强农民财产权益保护；坚持创新体制机制，拓展和完善林地经营权能，构建现代林业产权制度；坚持生态、经济和社会效益相统一，开发利用集体林业多种功能，实现增绿、增质和增效；坚持发挥市场在资源配置中的决定性作用和更好发挥政府作用，充分调动社会资本发展林业的积极性，增强林业发展活力。

（三）总体目标。到2020年，集体林业良性发展机制基本形成，产权保护更加有力，承包权更加稳定，经营权更加灵活，林权流转和抵押贷款制度更加健全，管理服务体系更加完善，实现集体林区森林资源持续增长、农民林业收入显著增加、国家生态安全得到保障的目标。

二、稳定集体林地承包关系

（四）进一步明晰产权。继续做好集体林地承包确权登记颁证工作。对承包到户的集体林地，要将权属证书发放到户，由农户持有。对采取联户承包的集体林地，要将林权份额量化到户，鼓励建立股份合作经营机制。对仍由农村集体经济组织统一经营管理的林地，要依法将股权量化到户、股权证发放到户，发展多种形式的股份合作。探索创新自留山经营管理体制机制。

对新造林地要依法确权登记颁证。

（五）加强林权权益保护。逐步建立集体林地所有权、承包权、经营权分置运行机制，不断健全归属清晰、权能完整、流转顺畅、保护严格的集体林权制度，形成集体林地集体所有、家庭承包、多元经营的格局。依法保障林权权利人合法权益，任何单位和个人不得禁止或限制林权权利人依法开展经营活动。确因国家公园、自然保护区等生态保护需要的，可探索采取市场化方式对林权权利人给予合理补偿，着力破解生态保护与林农利益间的矛盾。全面停止天然林商业性采伐后，对集体和个人所有的天然商品林，安排停伐管护补助。在承包期内，农村集体经济组织不得强行收回农业转移人口的承包林地。有序开展进城落户农民集体林地承包权依法自愿有偿退出试点。

（六）加强合同规范化管理。承包和流转集体林地，要签订书面合同，切实保护当事人的合法权益。基层林业主管部门要加强指导，推广使用示范文本，完善合同档案管理。合同应明确规定当事人造林育林、保护管理、森林防火、林业有害生物防治等责任，促进森林资源可持续经营。农村集体经济组织要监督林业生产经营主体依照合同约定的用途，合理利用和保护林地。

三、放活生产经营自主权

（七）落实分类经营管理。完善商品林、公益林分类管理制度，简化区划界定方法和程序，优化林地资源配置。建立公益林动态管理机制，在不影响整体生态功能、保持公益林相对稳定的前提下，允许对承包到户的公益林进行调整完善。全面推行集体林采伐公示制度，地方政府要及时公示采伐指标分配详细情况。

（八）科学经营公益林。在不影响生态功能的前提下，按照"非木质利用为主，木质利用为辅"的原则，实行公益林分级经营管理，合理界定保护等级，采取相应的保护、利用和管理措施，提高综合利用效益。推动集体公益林资产化经营，探索公益林采取合资、合作等方式流转。

（九）放活商品林经营权。完善森林采伐更新管理制度，进一步改进集体人工用材林管理，赋予林业生产经营主体更大的生产经营自主权，充分调动社会资本投入集体林开发利用。大力推进以择伐、渐伐方式实施森林可持续经营，培育大径级材，提高林地产出率。

（十）优化管理方式。简化林业行政审批环节和手续，明确禁止性和限制性行为，减少政府对集体林微观生产经营行为的管制，充分释放市场活力。林业主管部门要完善全国林地"一张图"管理，将集体林地保护等级落实到山头地块、明确林业生产经营主体，向社会公示并提供查询服务。

四、引导集体林适度规模经营

（十一）积极稳妥流转集体林权。鼓励集体林权有序流转，支持公开市场交易。鼓励和引导农户采取转包、出租、入股等方式流转林地经营权和林木所有权，发展林业适度规模经营。创新流转和经营方式，引导各类生产经营主体开展联合、合作经营。积极引导工商资本投资林业，依法开发利用林地林木。建立健全对工商资本流转林权的监管制度，对流转条件、用途、经营计划和违规处罚等作出规定，加强事中事后监管，并纳入信用记录。林权流转不能搞强迫命令，不能违背承包农户意愿，不能损害农民权益，不能改变林地性质和用途。

（十二）培育壮大规模经营主体。采取多种方式兴办家庭林场、股份合作林场等，逐步扩大其承担的涉林项目规模。大力发展品牌林业，开展公益宣传活动，引导生产经营主体面向市场加快发展。鼓励地方开展林业规模生产经营主体带头人和职业森林经理人培训行动。

（十三）建立健全多种形式利益联结机制。鼓励工商资本与农户开展股份合作经营，推进农村一二三产业融合发展，带动农户从涉林经营中受益。建立完善龙头企业联林带户机制，为农户提供林地林木代管、统一经营作业、订单林业等专业化服务。引导涉林企业发布服务农户社会责任报告。加大对重点生态功能区的扶持力度，支持林业生产公益性基础设施建设、地方特色优势产业发展、林业生产经营主体能力建设等，推动集中连片特困地区精准脱贫。

（十四）推进集体林业多种经营。加快林业结构调整，充分发挥林业多种功能，以生产绿色生态林产品为导向，支持林下经济、特色经济林、木本油料、竹藤花卉等规范化生产基地建设。大力发展新技术新材料、森林生物质能源、森林生物制药、森林新资源开发利用、森林旅游休闲康养等绿色新兴产业。鼓励林业碳汇项目产生的减排量参与温室气体自愿减排交易，促进碳汇进入碳交易市场。

（十五）加大金融支持力度。建立健全林权抵质押贷款制度，鼓励银行业金融机构积极推进林权抵押贷款业务，适度提高林权抵押率，推广"林权抵押＋林权收储＋森林保险"贷款模式和"企业申请、部门推荐、银行审批"运行机制，探索开展林业经营收益权和公益林补偿收益权市场化质押担保贷款。加大开发性、政策性贷款支持力度，完善林业贷款贴息政策。鼓励和引导市场主体对林权抵押贷款进行担保，并对出险的抵押林权进行收储。各地可采取资本金注入、林权收储担保费用补助、风险补偿等措施支持开展林权收储工作。完善森林保险制度，建立健全森林保险费率调整机制，进一步完善大灾风险分散机制，扩大森林保险覆盖面，创新差别化的商品林保险产品。研究探索森林保险无赔款优待政策。林业主管部门要与保险机构协同配合，联合开展防灾减灾、宣传培训等工作。

五、加强集体林业管理和服务

（十六）提升集体林业管理水平。加强基层林业业务技术人员培训，提升林权管理服务机构能力和服务水平。充分利用现代信息技术手段，建立全国联网、实时共享的集森林资源、权属、生产经营主体等信息于一体的基础信息数据库和管理信息系统，推广林权集成电路卡（IC卡）管理服务模式，方便群众查询使用。依托林权管理服务机构，搭建全国互联互通的林权流转市场监管服务平台，发布林权流转交易信息，提供林权流转交易确认服务，维护流转双方当事人合法权益。

（十七）健全经营纠纷调处机制。县级以上地方人民政府要加强对农村林地承包经营纠纷调解和仲裁工作的指导，制定纠纷调解仲裁人员培训计划，加强法律法规和政策培训。妥善处理各类纠纷，做好重大纠纷案件的应急处理工作，切实维护社会和谐稳定。探索建立纠纷调解激励办法。建立律师、公证机构参与纠纷处置的工作机制，将矛盾化解纳入法制轨道。开设林业法律救助绿色通道，依法依规向低收入家庭和贫困农户提供法律援助和司法救助。

（十八）完善社会化服务体系。加快基层林业主管部门职能转变，强化公共服务，逐步将适合市场化运作的林业规划设计、森林资源资产评估、市场信息、技术培训等服务事项交由社会化服务组织承担。研究探索通过政府购买服务方式，支持社会化服务组织开展森林防火、林业有害生物统防统治、森林统一管护等生产性服务。鼓励有条件的地方加大对包括整地造林、抚育等关键环节在内的林业机械购置补贴力度。将林产品市场纳入农产品现代流通体系建设范围。积极发展林业电子商务，健全林产品交易市场服务体系，鼓励引导电商企业与家庭林场、股份合作林场、农民合作社对接，建立特色林产品直采直供机制。实施林业社会化服务支撑工程，支持基层公共服务机构和社会化服务组织的基础设施建设。

六、加强组织保障

（十九）强化组织领导。国家林业局要加强统筹协调，推动完善集体林权制度的各项政策措施落到实处。各有关部门要按照职责分工，继续完善相关政策，形成支持集体林业发展的合力。各省（区、市）要制定完善集体林权制度的实施方案，将集体林权制度改革成效作为地方各级领导班子及有关领导干部考核内容。加强集体林权管理队伍建设，改善工作条件。按照国家有关规定，对发展集体林业贡献突出的单位和个人予以表彰。

（二十）鼓励积极探索。加强舆论宣传引导，营造有利于完善集体林权制度的良好氛围。充分利用各种改革试验示范平台，支持在加强林权权益保护、放活商品林经营权、优化林木采伐管理、科学合理利用公益林、完善森林生态效益补偿等方面进行深入探索。建立第三方评估机制，不断总结好经验好做法，及时进行交流和推广。

5.2.7 林木和林地权属登记管理办法

林木和林地权属登记管理办法

（2000 年 12 月 31 日国家林业局令第 1 号；2011 年 1 月 25 日国家林业局令第 26 号修改）

第一条　为了规范森林、林木和林地的所有权或者使用权（以下简称林权）登记工作，根据《中华人民共和国森林法》及其实施条例规定，制定本办法。

第二条　县级以上林业主管部门依法履行林权登记职责。林权登记包括初始、变更和注销登记。

第三条　林权权利人是指森林、林木和林地的所有权或者使用权的拥有者。

第四条 林权权利人为个人的,由本人或者其法定代理人、委托的代理人提出林权登记申请;林权权利人为法人或者其他组织的,由其法定代表人、负责人或者委托的代理人提出林权登记申请。

第五条 林权权利人应当根据森林法及其实施条例的规定提出登记申请,并提交以下文件:

(一)林权登记申请表;

(二)个人身份证明、法人或者其他组织的资格证明、法定代表人或者负责人的身份证明、法定代理人或者委托代理人的身份证明和载明委托事项和委托权限的委托书;

(三)申请登记的森林、林木和林地权属证明文件;

(四)省、自治区、直辖市人民政府林业主管部门规定要求提交的其他有关文件。

第六条 林权发生变更的,林权权利人应当到初始登记机关申请变更登记。

第七条 林地被依法征用、占用或者由于其他原因造成林地灭失的,原林权权利人应当到初始登记机关申请办理注销登记。

第八条 林权权利人申请办理变更登记或者注销登记时,应当提交下列文件:

(一)林权登记申请表;

(二)林权证;

(三)林权依法变更或者灭失的有关证明文件。

第九条 登记机关应当对林权权利人提交的申请登记材料进行初步审查。登记机关认为林权权利人提交的申请材料符合森林法及其实施条例以及本办法规定的,应当予以受理;认为不符合规定的,应当说明不受理的理由或者要求林权权利人补充材料。

第十条 登记机关对已经受理的登记申请,应当自受理之日起10个工作日内,在森林、林木和林地所在地进行公告。公告期为30天。

第十一条 对经审查符合下列全部条件的登记申请,登记机关应当自受理申请之日起3个月内予以登记:

(一)申请登记的森林、林木和林地位置、四至界限、林种、面积或者株数等数据准确;

(二)林权证明材料合法有效;

(三)无权属争议;

(四)附图中标明的界桩、明显地物标志与实地相符合。

第十二条 对经审查不符合本办法第十一条规定的登记条件的登记申请,登记机关应当不予登记。在公告期内,有关利害关系人如对登记申请提出异议,登记机关应当对其所提出的异议进行调查核实。有关利害关系人提出的异议主张确实合法有效的,登记机关对登记申请应当不予登记。

第十三条 对不予登记的申请,登记机关应当以书面形式向提出登记申请的林权权利人告知不予登记的理由。

第十四条 对于经过登记机关审查准予登记的申请，应当及时核发林权证。

第十五条 按照森林法及其实施条例的规定，由国务院林业主管部门或者省、自治区、直辖市人民政府以及设区的市、自治州人民政府核发林权证的，登记机关应当将核发林权证的情况通知有关地方人民政府。

第十六条 国务院林业主管部门统一规定林权证式样，并指定厂家印制。

第十七条 发现林权证错、漏登记的或者遗失、损坏的，有关林权权利人可以到原林权登记机关申请更正或者补办。

第十八条 登记机关应当配备专（兼）职人员和必要的设施，建立林权登记档案。

第十九条 登记档案应当包括下列主要材料：

（一）本办法第五条规定的申请材料；

（二）林权登记台账；

（三）本办法第十二条第二款涉及的异议材料和登记机关的调查材料和审查意见；

（四）其他有关图表、数据资料等文件。

第二十条 登记机关应当公开登记档案，并接受公众查询。

第二十一条 省级林业主管部门登记机关应当将当年林权证核发、换发、变更等登记情况统计汇总，并于次年1月份报国务院林业主管部门。

第二十二条 本办法由国家林业局负责解释。

第二十三条 本办法自发布之日起施行

5.2.8 建设项目使用林地审核审批管理办法

建设项目使用林地审核审批管理办法

（2015年2月15日国家林业局局务会议审议通过，自2015年5月1日起施行）

第一条 为了规范建设项目使用林地审核和审批，严格保护和合理利用林地，促进生态林业和民生林业发展，根据《中华人民共和国森林法》、《中华人民共和国行政许可法》、《中华人民共和国森林法实施条例》，制定本办法。

第二条 本办法所称建设项目使用林地，是指在林地上建造永久性、临时性的建筑物、构筑物，以及其他改变林地用途的建设行为。包括：

（一）进行勘查、开采矿藏和各项建设工程占用林地。

（二）建设项目临时占用林地。

（三）森林经营单位在所经营的林地范围内修筑直接为林业生产服务的工程设施占用林地。

第三条　建设项目应当不占或者少占林地，必须使用林地的，应当符合林地保护利用规划，合理和节约集约利用林地。

建设项目使用林地实行总量控制和定额管理。

建设项目限制使用生态区位重要和生态脆弱地区的林地，限制使用天然林和单位面积蓄积量高的林地，限制经营性建设项目使用林地。

第四条　占用和临时占用林地的建设项目应当遵守林地分级管理的规定：

（一）各类建设项目不得使用Ⅰ级保护林地。

（二）国务院批准、同意的建设项目，国务院有关部门和省级人民政府及其有关部门批准的基础设施、公共事业、民生建设项目，可以使用Ⅱ级及其以下保护林地。

（三）国防、外交建设项目，可以使用Ⅱ级及其以下保护林地。

（四）县（市、区）和设区的市、自治州人民政府及其有关部门批准的基础设施、公共事业、民生建设项目，可以使用Ⅱ级及其以下保护林地。

（五）战略性新兴产业项目、勘查项目、大中型矿山、符合相关旅游规划的生态旅游开发项目，可以使用Ⅱ级及其以下保护林地。其他工矿、仓储建设项目和符合规划的经营性项目，可以使用Ⅲ级及其以下保护林地。

（六）符合城镇规划的建设项目和符合乡村规划的建设项目，可以使用Ⅱ级及其以下保护林地。

（七）符合自然保护区、森林公园、湿地公园、风景名胜区等规划的建设项目，可以使用自然保护区、森林公园、湿地公园、风景名胜区范围内Ⅱ级及其以下保护林地。

（八）公路、铁路、通讯、电力、油气管线等线性工程和水利水电、航道工程等建设项目配套的采石（沙）场、取土场使用林地按照主体建设项目使用林地范围执行，但不得使用Ⅱ级保护林地中的有林地。其中，在国务院确定的国家所有的重点林区（以下简称重点国有林区）内，不得使用Ⅲ级以上保护林地中的有林地。

（九）上述建设项目以外的其他建设项目可以使用Ⅳ级保护林地。

本条第一款第（二）（三）（七）项以外的建设项目使用林地，不得使用一级国家级公益林地。

国家林业局根据特殊情况对具体建设项目使用林地另有规定的，从其规定。

第五条　建设项目占用林地的审核权限，按照《中华人民共和国森林法实施条例》的有关规定执行。

建设项目占用林地，经林业主管部门审核同意后，建设单位和个人应当依照法律法规的规定办理建设用地审批手续。

第六条　建设项目临时占用林地和森林经营单位在所经营的林地范围内修筑直接为林业生

产服务的工程设施占用林地的审批权限，由县级以上地方人民政府林业主管部门按照省、自治区、直辖市有关规定办理。其中，重点国有林区内的建设项目，由省级林业主管部门审批。

第七条　占用林地和临时占用林地的用地单位或者个人提出使用林地申请，应当填写《使用林地申请表》，同时提供下列材料：

（一）用地单位的资质证明或者个人的身份证明。

（二）建设项目有关批准文件。包括：可行性研究报告批复、核准批复、备案确认文件、勘查许可证、采矿许可证、项目初步设计等批准文件；属于批次用地项目，提供经有关人民政府同意的批次用地说明书并附规划图。

（三）拟使用林地的有关材料。包括：林地权属证书、林地权属证书明细表或者林地证明；属于临时占用林地的，提供用地单位与被使用林地的单位、农村集体经济组织或者个人签订的使用林地补偿协议或者其他补偿证明材料；涉及使用国有林场等国有林业企事业单位经营的国有林地，提供其所属主管部门的意见材料及用地单位与其签订的使用林地补偿协议；属于符合自然保护区、森林公园、湿地公园、风景名胜区等规划的建设项目，提供相关规划或者相关管理部门出具的符合规划的证明材料，其中，涉及自然保护区和森林公园的林地，提供其主管部门或者机构的意见材料。

（四）具有相应资质的单位作出的建设项目使用林地可行性报告或者林地现状调查表。

第八条　修筑直接为林业生产服务的工程设施的森林经营单位提出使用林地申请，应当填写《使用林地申请表》，提供相关批准文件或者修筑工程设施必要性的说明，并提供工程设施内容、使用林地面积等情况说明。

第九条　建设项目需要使用林地的，用地单位或者个人应当向林地所在地的县级人民政府林业主管部门提出申请；跨县级行政区域的，分别向林地所在地的县级人民政府林业主管部门提出申请。

第十条　县级人民政府林业主管部门对材料齐全、符合条件的使用林地申请，应当在收到申请之日起10个工作日内，指派2名以上工作人员进行用地现场查验，并填写《使用林地现场查验表》。

第十一条　县级人民政府林业主管部门对建设项目拟使用的林地，应当在林地所在地的村（组）或者林场范围内将拟使用林地用途、范围、面积等内容进行公示，公示期不少于5个工作日。但是，依照相关法律法规的规定不需要公示的除外。

第十二条　按照规定需要报上级人民政府林业主管部门审核和审批的建设项目，下级人民政府林业主管部门应当将初步审查意见和全部材料报上级人民政府林业主管部门。

审查意见中应当包括以下内容：项目基本情况，拟使用林地和采伐林木情况，符合林地保护利用规划情况，使用林地定额情况，以及现场查验、公示情况等。

第十三条　有审核审批权的林业主管部门对申请材料不全或者不符合法定形式的，应当一次性书面告知用地单位或者个人限期补正；逾期未补正的，退还申请材料。

第十四条　符合本办法第三条、第四条规定的条件，并且符合国家供地政策，对生态环境不会造成重大影响，有审核审批权的人民政府林业主管部门应当作出准予使用林地的行政许可决定，按照国家规定的标准预收森林植被恢复费后，向用地单位或者个人核发准予行政许可决定书。不符合上述条件的，有关人民政府林业主管部门应当作出不予使用林地的行政许可决定，向用地单位或者个人核发不予行政许可决定书，告知不予许可的理由。

有审核审批权的人民政府林业主管部门对用地单位和个人提出的使用林地申请，应当在《中华人民共和国行政许可法》规定的期限内作出行政许可决定。

第十五条　建设项目需要使用林地的，用地单位或者个人应当一次申请。严禁化整为零、规避林地使用审核审批。

建设项目批准文件中已经明确分期或者分段建设的项目，可以根据分期或者分段实施安排，按照规定权限分次申请办理使用林地手续。

采矿项目总体占地范围确定，采取滚动方式开发的，可以根据开发计划分阶段按照规定权限申请办理使用林地手续。

公路、铁路、水利水电等建设项目配套的移民安置和专项设施迁建工程，可以分别具体建设项目，按照规定权限申请办理使用林地手续。

需要国务院或者国务院有关部门批准的公路、铁路、油气管线、水利水电等建设项目中的桥梁、隧道、围堰、导流（渠）洞、进场道路和输电设施等控制性单体工程和配套工程，根据有关开展前期工作的批文，可以由省级林业主管部门办理控制性单体工程和配套工程先行使用林地审核手续。整体项目申请时，应当附具单体工程和配套工程先行使用林地的批文及其申请材料，按照规定权限一次申请办理使用林地手续。

第十六条　国家或者省级重点的公路、铁路跨多个市（县），已经完成报批材料并且具备动工条件的，可以地级市为单位，由具有整体项目审核权限的人民政府林业主管部门分段审核。

大中型水利水电工程可以分别坝址、淹没区，由具有整体项目审核权限的人民政府林业主管部门分别审核。

第十七条　公路、铁路、输电线路、油气管线和水利水电、航道建设项目临时占用林地的，可以根据施工进展情况，一次或者分批次由具有整体项目审批权限的人民政府林业主管部门审批临时占用林地。

第十八条　抢险救灾等急需使用林地的建设项目，依据土地管理法律法规的有关规定，可以先行使用林地。用地单位或者个人应当在灾情结束后6个月内补办使用林地审核手续。属于临时用地的，灾后应当恢复林业生产条件，依法补偿后交还原林地使用者，不再办理用地审批手续。

第十九条　建设项目因设计变更等原因需要增加使用林地面积的，依据规定权限办理用地审核审批手续；需要改变使用林地位置或者减少使用林地面积的，向原审核审批机关申请办理变更手续。

第二十条　公路、铁路、水利水电、航道等建设项目临时占用的林地在批准期限届满后仍需继续使用的，应当在届满之日前3个月，由用地单位向原审批机关提出延续临时占用申请，并且提供本办法第七条第（三）项规定的有关补偿材料。原审批机关应当按照本办法规定的条件进行审查，作出延续行政许可决定。

第二十一条　国家依法保护林权权利人的合法权益。建设项目使用林地的，应当对涉及单位和个人的森林、林木、林地依法给予补偿。

第二十二条　建设项目临时占用林地期满后，用地单位应当在一年内恢复被使用林地的林业生产条件。

县级人民政府林业主管部门应当加强对用地单位使用林地情况的监管，督促用地单位恢复林业生产条件。

第二十三条　上级人民政府林业主管部门可以委托下级人民政府林业主管部门对建设项目使用林地实施行政许可。

第二十四条　经审核同意使用林地的建设项目，依照有关规定批准用地后，县级以上人民政府林业主管部门应当及时变更林地管理档案。

第二十五条　经审核同意使用林地的建设项目，准予行政许可决定书的有效期为两年。建设项目在有效期内未取得建设用地批准文件的，用地单位应当在有效期届满前3个月向原审核机关提出延期申请，原审核同意机关应当在准予行政许可决定书有效期届满前作出是否准予延期的决定。建设项目在有效期内未取得建设用地批准文件也未申请延期的，准予行政许可决定书失效。

第二十六条　《使用林地申请表》《使用林地现场查验表》式样，由国家林业局统一规定。

第二十七条　本办法所称Ⅰ、Ⅱ、Ⅲ、Ⅳ级保护林地，是指依据县级以上人民政府批准的林地保护利用规划确定的林地。

本办法所称国家级公益林林地，是指依据国家林业局、财政部的有关规定确定的公益林林地。

第二十八条　本办法所称"以上"均包含本数，"以下"均不包含本数。

第二十九条　本办法自2015年5月1日起施行。国家林业局于2001年1月4日发布、2011年1月25日修改的《占用征收征用林地审核审批管理办法》同时废止。

5.2.9 关于切实加强集体林权流转管理工作的意见

国家林业局关于切实加强集体林权流转管理工作的意见

（林改发［2009］232 号）

为贯彻落实中央林业工作会议精神和《中共中央、国务院关于全面推进集体林权制度改革的意见》（中发［2008］10号）要求，切实加强集体林权流转管理和指导工作，依法管理和规范流转行为，维护广大农民和林业经营者的合法权益，促进林业又好又快发展，依据《中华人民共和国森林法》《中华人民共和国农村土地承包法》《中华人民共和国农村土地承包经营纠纷调解仲裁法》《中华人民共和国村民委员会组织法》等有关法律法规，现就加强集体林权流转管理工作提出如下意见。

一、充分认识加强集体林权流转管理工作的重要性

（一）加强集体林权流转管理，是优化资源配置，促进林业生产力发展的必然要求。集体林地明晰产权、承包到户后，集体林权流转是实现森林资源资产变现，促进林地向经营能力强、生产效率高的经营者流动，实现规模经营，优化配置资源，进一步解放和发展林业生产力的必然要求。加强集体林权流转管理，对于维护农民及相关林权权利人的合法权益，培育健康有序的林权交易市场，促进林业生产力发展，具有十分重要的作用。

（二）加强集体林权流转管理，是落实处置权，实现兴林富民的客观需要。放活经营权、落实处置权、保障收益权是集体林权制度改革的基本要求。森林资源资产流转、变现，是落实处置权的重要内容，有利于让农民获取资金从事林业生产经营活动，增加森林资源。规范集体林权流转行为，搭建森林资源流转平台，对于盘活森林资源资产，促进生产要素向林区流动，做大做强林业产业，实现兴林富民，具有十分重要的意义。

（三）加强集体林权流转管理，是维护森林资源安全和社会和谐稳定，巩固集体林权制度改革成果的重要举措。由于相关法律法规不完善，一些地方集体林权流转处于不规范状态，暗箱操作，低价转让集体林地、林木的现象时有发生，造成农民失山失地和集体森林资源资产流失，有的甚至引发林权纠纷、毁林和群体事件，对森林资源安全和林区和谐稳定带来了不利影响。加强集体林权流转管理工作，有利于防止农民失山失地，有利于维护流转各方的合法权益，有利于维护森林资源安全和林区和谐稳定，有利于巩固和扩大集体林权制度改革的成果。

二、加强集体林权流转管理的指导思想和基本原则

（四）指导思想。以邓小平理论、"三个代表"重要思想和科学发展观为指导，全面贯彻党的十七届三中全会、中央林业工作会议和《中共中央、国务院关于全面推进集体林权制度改革的意见》精神，以稳定林地承包经营关系为基础，规范集体林权流转行为，建立健全林权流转服务体系，促进集体林权流转规范、有序、健康发展。

（五）基本原则。集体林权流转管理工作必须坚持农村基本经营制度，维护农民的林地承包经营权；坚持统筹兼顾、依法行政；坚持依法、自愿、有偿流转；坚持公开、公平、公正；坚持有利于森林资源的保护、培育、合理利用和林区的和谐稳定。

三、依法规范集体林权流转行为

（六）稳定林地家庭承包经营关系。为保护农民平等享有的集体林地承包经营权，维护农民的合法权益，对适宜家庭承包经营的集体林地应当实行家庭承包经营。要引导农民在获得林地承包经营权后一定期限内自主经营，引导农民依法通过转包、出租、互换、入股等形式流转。各地应根据实际情况，采取有效措施，防止炒买炒卖林权，防止农民失山失地，确保农民长期拥有可持续就业和增收的生产资料。

（七）建立规范有序的集体林权流转机制。依法采取转让方式流转林地承包经营权的，应当经原发包的集体经济组织同意；采取转包、出租、互换、入股、抵押或者其他方式流转的，应当报原发包的集体经济组织备案。集体统一经营的山林和宜林荒山荒地，在明晰产权、承包到户前，原则上不得流转；确需流转的，应当进行森林资源资产评估，流转方案须在本集体经济组织内提前公示，经村民会议三分之二以上成员同意或者三分之二以上村民代表同意后，报乡镇人民政府批准，并采取招标、拍卖或公开协商等方式流转。在同等条件下，本集体经济组织成员在林权流转时享有优先权。流转共有林权的，应征得林权共有权利人同意。国有单位或乡镇林场经营的集体林地，其林权转让应当征得集体经济组织村民会议和该单位主管部门的同意。

（八）加强集体林权流转的引导。林地承包经营权和林木所有权流转，当事人双方应当签订书面合同，需要变更林权的，当事人应及时依法到林权登记机关申请办理林权变更登记。要引导发展农民林业专业合作社、家庭合作林场、股份制林场等林业合作组织，联合经营林地；鼓励广大农民和林业经营者与企业合作造林；鼓励短期限流转、部分林权流转、林木采伐权流转和本集体经济组织内部成员间的流转；鼓励到林业产权交易管理服务机构进行流转。对不宜实行家庭承包经营的，可以将林地承包经营权折股分给本集体经济组织成员后，再实行承包经营或股份合作经营。

（九）切实维护集体林权流转秩序。区划界定为公益林的林地、林木，暂不进行转让；但在不改变公益林性质的前提下，允许以转包、出租、入股等方式流转，用于发展林下种养业或森林旅游业。对未明晰产权、未勘界发证、权属不清或者存在争议的林权不得流转；集体林权不得流转给没有林业经营能力的单位和个人；流转后不得改变林地用途；流转期限不得超过原承包经营剩余期限。

（十）禁止强迫或妨碍农民流转林权。已经承包到户的山林，农民依法享有经营自主权和处置权，禁止任何组织或个人采取强迫、欺诈等不正当手段迫使农民流转林权，更不得迫使农民低价流转山林。已经承包到户的山林需要流转的，其流转方式、条件、期限等由流转双方依法协商确定，任何一方不得将自己的意志强加给另一方。党员干部特别是各级领导干部，要以身作则，绝不允许借改革之机为本人和亲友谋取私利。

四、妥善处理集体林权流转的历史遗留问题

（十一）全面核查集体林权流转的历史遗留问题。要结合本地实际开展梳理工作，全面掌握以往林权流转的时间、地点、面积、价格等，对群众反映强烈的流转活动，要依法对其合法性、有效性进行核查。对本次集体林权制度改革以前因林权流转造成无山无林可分的地方，更要认真对待，切实贯彻落实《中共中央、国务院关于全面推进集体林权制度改革的意见》精神，妥善解决这类历史遗留问题，维护本集体经济组织成员的合法权益，维护林区的社会稳定。

（十二）依法妥善处理集体林权流转的历史遗留问题。本着"尊重历史、兼顾现实、注重协商、利益调整"的原则，依法妥善处理集体林权流转的历史遗留问题。对于集体林权制度改革前的流转行为，符合《中华人民共和国农村土地承包法》《中华人民共和国村民委员会组织法》等有关法律规定、流转合同规范的，要予以维护；流转合同不规范的，要予以完善；不符合有关法律规定的，要依法予以纠正。

（十三）积极探索解决历史遗留问题的有效形式。对流转面积过大、价格过低、期限过长、群众反映强烈的，要采取协商的方式，通过让利、缩短流转期、折资入股等办法依法进行调整，特别是要把政策性让利真正落实给农民；也可以因地制宜地采取"预期均山"的办法予以解决。"预期均山"要按照集体林权制度改革的规范程序运作，既要保障农民平等享有林地承包经营权，又要依法保护林业经营者对承包林地的投资权益。

五、加强集体林权流转服务平台建设

（十四）加强集体林权流转服务。各地要建立健全林权流转运行机制和相应的规章制度，确保流转活动的公平性和合法性。要积极培育林权流转市场，制定林权交易规则，提供林业产权交易、森林资源资产评估、木竹检尺、林业科技、法律咨询等服务，形成规范有序的流转市场体系和管理服务体系。

（十五）加强流转森林资源资产的评估工作。要加强森林资源资产评估机构和评估队伍建设，规范流转森林资源资产评估行为，维护交易各方合法权益。流转森林资源资产的评估应当以具有相应资质的森林资源调查机构核查的森林资源实物量为基础，进行价值评估。从事流转森林资源资产实物量调查和价值评估的森林资源调查机构和资产评估机构应当符合国家规定的相关资质条件，并严格按照国家有关资源调查、资产评估相关法规和技术规范的规定和要求进行森林资源实物调查和资产价值评估。

（十六）加强集体林权流转的金融服务工作。为完善林业融资环境，改变林权抵押贷款难的状况，各地林业主管部门要采取有效措施，积极协助金融机构降低因开展林权抵押贷款、森林保险等业务带来的风险，做好抵押林权处置的服务工作和林地林木权属抵押登记管理工

作；要积极探索建立林权收储中心、林业专业性担保公司等，化解林权融资风险，促进林业金融服务持续健康发展。

六、强化集体林权流转的管理工作

（十七）依法强化集体林权流转登记工作。各级林业主管部门要严格按照林权登记发证的有关规定，认真审查林权流转登记申请文件，特别是要认真审查其权属证明文件和流转决策程序的合法性、有效性、申请人的资格证明、流转合同和流转方式等内容，依法办理林权登记手续。对于合法规范的集体林权流转，需要变更林权的，林权登记机关应当及时受理，认真审查并进行林权变更登记；对于不符合法律法规相关规定的林权流转，登记机关不得给予林权变更登记。

（十八）加强集体林权纠纷调处和仲裁工作。要重视群众的来信来访，认真对待涉林纠纷。因集体林权流转发生纠纷的，要鼓励当事人自行和解；和解不成的，应当根据当事人的请求，由村民委员会、乡镇人民政府等进行调解；当事人和解、调解不成或者不愿和解、调解的，林地承包仲裁机构应当根据当事人的申请，及时依法给予仲裁。当事人不愿提请仲裁的，也可以直接向人民法院起诉。各级林业主管部门应积极采取有效措施，指导纠纷调处和仲裁，维护各方的合法权益。

（十九）加强集体林权流转合同管理。为保障当事人的合法权益，集体林权流转应当依法签订书面合同，明确约定双方的权利和义务。省级林业主管部门应当统一制定本辖区内林权流转合同示范文本。县级林业主管部门或乡镇林地承包经营管理部门应当及时向达成流转意向的双方提供统一文本格式的流转合同，认真指导流转双方签订流转合同，并对林权流转合同及有关文件、文本、资料等进行归档，妥善保管。

（二十）加强集体林权流转收益管理。已承包到户的林权流转，转包费、租金、转让费等收益归转出方所有，或按照承包合同约定进行分配，任何组织和个人不得擅自截留、扣缴。集体经济组织经营的林权流转收益归本集体所有，纳入农村集体财务管理，用于本集体经济组织内部成员分配和公益事业。

（二十一）加强集体林权流转监管工作。各级林业主管部门应当加强对集体林权流转的监管，对弄虚作假、恶意串标、强买强卖等违法违规行为要及时制止，构成犯罪的要移送司法机关依法查处。要加强对林权流转后是否改变林地用途，有无违反国家政策法律等情况进行监督，对违反规定的，要依法予以查处。

七、加强集体林权流转管理工作的组织领导

（二十二）切实加强对集体林权流转管理工作的组织领导。集体林权流转事关广大农民群众的切身利益，事关林区社会的和谐稳定，事关集体林权制度改革成效及改革成果的巩固，涉及面广、政策性强、工作难度大。各地要高度重视，进一步增强责任感、使命感和紧迫感，认真研究，精心组织，加强领导，加大宣传和培训力度，确保集体林权流转的指导和监管收到实效。

（二十三）加强林权管理工作机构和队伍建设。各级林业主管部门要充分发挥职能作用，加强林权管理和交易服务机构建设，加强林地承包仲裁机构建设。选调一批业务素质高、工作能力强、思想作风正、敢于负责的人员，充实到林权管理和服务机构工作，为开展林权流转服务和监管提供组织保障。

（二十四）加强集体林权流转相关制度建设。各地要建立和完善林权流转的相关制度，针对流转中存在的突出矛盾和问题，研究制定规范流转的办法，尽快建立起林权流转服务和监管制度，为规范集体林权流转行为提供制度保证。

5.2.10 关于进一步改革和完善集体林采伐管理的意见

国家林业局关于进一步改革和完善集体林采伐管理的意见

（林资发〔2014〕61号）

各省、自治区、直辖市林业厅（局），内蒙古、吉林、龙江、大兴安岭森工（林业）集团公司，新疆生产建设兵团林业局：

我国集体林地面积占林地总面积的60%，是我国森林资源的重要组成部分，也是生态林业和民生林业建设的重要阵地。集体林权制度改革之后，集体林经营主体和经营模式发生了根本变化，给集体林区发展带来巨大生机和活力。林木采伐管理改革是集体林权配套改革的重要内容，对巩固集体林权制度改革成果、创新林业治理机制、切实赋予林农应有的经营自主权和财产处置权、充分调动其造林育林护林积极性，促进森林资源科学经营、合理利用，实现越采越多、越采越好，确保林业"双增"目标如期实现，具有十分重要的作用。根据林业发展的新形势、新要求，现就进一步改革和完善集体林采伐管理提出如下意见。

一、完善采伐指标的分配管理。各地对集体林不再编制和下达年度木材生产计划，实行采伐限额和木材生产计划并轨，以采伐限额作为统一控制指标。县级林业主管部门要按照公开、公正、公平的原则，科学分配采伐指标，具体可依据森林资源总量、可采资源比例和森林抚育等任务情况，将采伐指标分解到各乡镇、集体林场、相关集体林业合作组织及企事业单位等。采伐指标分配要通过网络、报刊、公告栏等方式及时公示，接受社会公众监督。严禁截留、倒卖采伐指标和将采伐指标分配给没有森林资源的单位和个人。对承包到户的商品林实行封山或禁伐时，应征求林权所有者的意见，切实维护林权所有者的经营自主权和合法收益权。

有条件的地方，提倡采伐指标"进村入户"，重点集体林区县可由所在乡镇林业站将采伐指标进一步分解到行政村、村民小组和农户，让广大林农和森林经营者心中有数。同一行政村的农户所分配的同类型采伐指标，可联户集中使用。

二、简化林木采伐的审批手续。各级林业主管部门要进一步简化林木采伐申请和审批程序，切实解决林农反映的"办证难"问题。采伐申请表格文书要简洁明了，易于被林农理解、接受。林权所有者申请采伐，可凭林木权属证明及相关材料直接向所在地的县级林业主管部门或乡镇林业站提出。

各地要进一步加强对乡镇林业站的管理和建设，充分发挥其职能作用。要将全国林木采伐管理系统的应用延伸到乡镇林业站，逐步实行网上申请、审核和发证。系统应用尚未延伸到乡镇林业站、但采伐指标已分解到乡镇并具备办证条件的，可由县级林业主管部门派出的乡镇林业站办理林农的采伐审批发证。乡镇林业站不具备办证条件的，可由乡镇林业站对林农的采伐申请集中受理后，再到县级林业主管部门统一审批。对申请材料齐全的采伐申请，发证机关或单位应当依法受理，及时审核和公示，对符合采伐发证条件的及时发证，不得推诿拖延或"搭车收费"。

三、推行简便易行的伐区设计。各地要本着切合实际、科学规范、简便易行的原则，对集体林采伐设计实行差别化管理。企事业单位和集体经济组织（包括行政村、村民小组、集体林场、相关林业合作组织等）申请采伐，应依据相关技术标准进行伐区调查设计。林农个人申请采伐，可由林农自行或委托他人根据申办林木采伐许可证的基本要求进行简易伐区调查设计，一次采伐蓄积5立方米以下的可免于设计。采伐经济林、薪炭林、竹林以及非林地上的林木，可由经营者自行设计，自主决定采伐年龄和方式。各地要积极探索皆伐作业按设计面积、择伐作业按设计蓄积进行控制的伐区管理办法。

四、改进采伐作业的监管方式。各地要切实转变采伐作业的监管方式，减少监管成本，提高监管效率。林木采伐作业要以经营者自主管理、自我约束为主，不再实行伐前拨交、伐中检查和伐后验收等现场监管方式。对已经明确所有权和经营权的森林、林木，林权所有者和经营者是伐区采伐作业和迹地更新的责任主体。采伐作业要注意保护林地、防止水土流失和周边植被破坏，并及时更新造林、恢复植被。林业主管部门要把工作重点转移到为森林经营者提供优质服务和技术指导，积极引导林农依法依规采伐利用森林资源，督促其按规定及时更新，严肃查处违法采伐和运输案件，依法保护森林资源持续发展等方面。

五、推进采伐管理与科学经营的紧密结合。采伐管理是控制森林过量消耗的重要手段，也是促进森林科学经营的关键措施。各地要把采伐管理与森林科学经营紧密结合起来，按照严格保护、积极发展、科学经营、持续利用的方针，不断完善采伐限额管理办法和机制，推动集体林场、乡镇或行政村、林业合作组织、相关企事业单位等不同经营主体编制科学可行的森林经营方案，并督促其严格实施，构建以森林经营方案为基础确定森林采伐限额的林木采伐管理体系和森林经营体系。通过合理采伐，调整优化森林结构，提高森林质量，促进森林可持续经营。抚育限额不足的，可以占用主伐或更新采伐限额，或者按规定申请追加。编限单位发生森林火灾、林业有害生物灾害等重大自然灾害确需对受害林木进行清理的,其采伐限额可不分类型集中用于受害木清理。商品林采伐限额可以申请结转使用。

六、进一步放宽竹林经营利用的监督管理。竹林的经营利用有别于其他森林和林木。自"十一五"以来,国家对竹林采伐管理进行了多次改革,各地反映实际效果很好,经营者普遍赞同,竹林资源快速发展。各地要根据竹林资源的特点和限额已放开的实际,从赋予林农最大经营自主权出发,进一步放宽竹林采伐和竹材运输管理,实行竹林经营利用由经营者自主决策。对竹子采伐可暂不实行林木采伐许可发证;对竹材及其制品的运输,暂停纳入凭证运输管理范围。

七、进一步规范木材运输检查监管行为。各地要切实加强重点木材检查站建设管理,整合现有木材检查站的数量,进一步优化布局,规范执法检查行为,为落实集体林采伐管理改革有关政策创造良好环境和氛围。重点木材检查站要加强基础装备、人员素质和执法水平建设,肩负起木材流通环节的监督管理责任。对既无编制、又无经费的检查站,应予以整合或者撤销。要进一步创新木材运输监督检查方式,探索木材流通执法与林政综合执法相结合的管理机制。严禁擅自扩大凭证运输范围,严禁超范围实施木材运输检查,严禁乱罚款、乱收费。

本意见所称集体林指产权明晰的集体和个人所有的森林、林木,以及其他非国有森林、林木。本意见中涉及国家级公益林、自然保护区和国家级森林公园范围内的森林、林木,其采伐管理执行相关法律、法规和政策的规定。

省级林业主管部门可根据本意见,结合当地实际制定具体实施意见。

5.2.11 关于做好集体林权制度改革与林业发展金融服务工作的指导意见

中国人民银行、财政部、银监会、保监会、国家林业局
《关于做好集体林权制度改革与林业发展金融服务工作的指导意见》
(银发[2009]170号)

中国人民银行上海总部,各分行、营业管理部、省会(首府)城市中心支行;各省(自治区、直辖市)财政厅(局)、银监局、保监局、林业厅(局);各政策性银行,国有商业银行,股份制商业银行,中国邮政储蓄银行:

为深入贯彻落实《中共中央、国务院关于全面推进集体林权制度改革的意见》(中发[2008]10号)、《中共中央、国务院关于2009年促进农业稳定发展农民持续增收的若干意见》(中发[2009]1号)和《国务院办公厅关于当前金融促进经济发展的若干意见》(国办发[2008]126号)精神,积极做好集体林权制度改革与林业发展的金融服务工作,现提出如下意见。

一、充分认识做好集体林权制度改革与林业发展金融服务工作的重要意义

林业是一项重要的公益事业和基础产业,具有经济效益、生态效益和社会效益。长期以来,

我国林业生产力水平低、林区发展滞后、林农收入增长缓慢，林业成为国民经济发展的薄弱环节。集体林权制度改革将集体林地经营权和林木所有权落实到农户，确立了农民的经营主体地位，实现了家庭承包经营制度从耕地向林地的拓展和延伸，有利于进一步解放和发展农村生产力，有利于充分调动和激发农民发展林业生产的内在积极性。全面推进集体林权制度改革是稳定和完善农村基本经营制度的必然要求，是促进农民就业增收、建设生态文明、发展现代林业的战略举措，事关广大农民的切身利益，事关经济与社会可持续发展，事关农业安全与生态安全，事关实现社会主义新农村建设和全面建设小康社会的战略目标。

积极做好集体林权制度改革与林业发展的金融服务工作，是金融部门深入学习实践科学发展观、实施强农惠农战略的重要任务之一，是当前实施扩内需、保增长、调结构、惠民生战略的重要举措，对于增加就业、促进农业增产和农民增收，拓宽农村抵押担保物范围，改进和提升农村金融服务水平，增加对"三农"的有效信贷投入意义重大。

二、切实加大对林业发展的有效信贷投入

在已实行集体林权制度改革的地区，各银行业金融机构要积极开办林权抵押贷款、林农小额信用贷款和林农联保贷款等业务。充分利用财政贴息政策，切实增加林业贴息贷款、扶贫贴息贷款、小额担保贷款等政策覆盖面。对于纳入国家良种补贴的油茶林等林木品种，各金融机构要积极提供信贷支持。稳步推行农户信用评价和林权抵押相结合的免评估、可循环小额信用贷款，扩大林农贷款覆盖面。鼓励开展林业规模化经营，鼓励林农走"家庭合作"式、"股份合作"式、"公司＋基地＋农户"式等互助合作集约化经营道路，鼓励把对林业专业合作组织法人授信和对合作组织成员授信结合起来，探索创新"林业专业合作组织＋担保机构"信贷管理模式与林农小额信用贷款的结合，促进提高林业生产发展的组织化程度以及借款人的信用等级和融资能力。

银行业金融机构应根据林业的经济特征、林权证期限、资金用途及风险状况等，合理确定林业贷款的期限，林业贷款期限最长可为10年，具体期限由金融机构与借款人根据实际情况协商确定。

银行业金融机构应根据市场原则合理确定各类林业贷款利率。对于符合贷款条件的林权抵押贷款，其利率一般应低于信用贷款利率；对小额信用贷款、农户联保贷款等小额林农贷款业务，借款人实际承担的利率负担原则上不超过中国人民银行规定的同期限贷款基准利率的1.3倍。各级财政要加大贴息力度，充分发挥地方财政资金的杠杆作用，逐步扩大林业贷款贴息资金规模。

农村信用社要进一步发挥在林农贷款中的重要作用。农业银行要充分发挥自身优势，继续加大林业信贷投入，同时依托"惠农卡"，积极开展符合林业产业发展的多元化金融服务。中国邮政储蓄银行应利用结算网络完善、网点众多等优势，积极提供银行卡、资金结算、小额存单质押贷款等金融服务项目。其他各国有银行要采取直贷、贷款转让、信贷资金批发等多种形式积极参与林业贷款业务。其他各商业银行设在林业发达县域内的分支机构要结合实际积极开展林业贷款业务。

支持有条件的林业重点县加快推进组建村镇银行、农村资金互助社和贷款公司等新型农村金融机构。鼓励各类金融机构和专业贷款组织通过委托贷款、转贷款、银团贷款、协议转让资金等方式加强林业贷款业务合作，促进林区形成多种金融机构参与的贷款市场体系。

各银行业金融机构对林业重点县的县级分支机构要合理扩大林业信贷管理权限，优化审贷程序，简化审批手续，推广金融超市"一站式"服务；要结合实际积极开展面向林区居民和企业的林业金融咨询和相关政策宣传。探索建立村级融资服务协管员制度。

三、引导多元化资金支持集体林权制度改革和林业发展

鼓励符合条件的林业产业化龙头企业通过债券市场发行各类债券类融资工具，募集生产经营所需资金。鼓励林区从事林业种植、林产品加工且经营业绩好、资信优良的中小企业按市场化原则，发行中小企业集合债券。

鼓励林区外的各类经济组织以多种形式投资基础性林业项目。凡是符合贷款条件的企业与个人，按法律和政策规定程序受让集体林权，从事规模化林业种植与加工的，资金不足时，均可申请银行信贷支持。鼓励和支持各类投资基金投资林业种植等产业。支持组建林业产业投资基金。

鼓励各类担保机构开办林业融资担保业务，大力推行以专业合作组织为主体，由林业企业和林农自愿入会或出资组建的互助性担保体系。银行业金融机构应结合担保机构的资信实力、第三方外部评级结果和业务合作信用记录，科学确定担保机构的担保放大倍数，对以林权抵押为主要反担保措施的担保公司，担保倍数可放大到10倍。鼓励各类担保机构通过再担保、联合担保以及担保与保险相结合等多种方式，积极提供林业生产发展的融资担保服务。

四、积极探索建立森林保险体系

各地要把森林保险纳入农业保险统筹安排，通过保费补贴等必要的政策手段引导保险公司、林业企业、林业专业合作组织、林农积极参与森林保险，扩大森林投保面积。各地可设立森林保险补偿基金，建立统一的基本森林保险制度。

保险公司要遵循政府引导、政策支持、市场运作、协同推进的原则，积极开展森林保险业务。在推进森林保险业务过程中，要结合不同地区不同林种的不同需求，不断完善森林保险险种和服务创新。在产品开发中，要综合考虑当地林业生产中面临的主要风险，有针对性地推出基本险种和可供选择的其他险种；在保险费率厘定中要充分考虑到林业灾害发生的机率和强度的差异性，设置不同的保险费率；在承保中要坚持"保障适度、林农承担保费低廉、广覆盖"的原则；在保险理赔服务中，要按照"公开、及时、透明、到户"的原则规范理赔服务，提升森林

保险的服务质量。

加大森林保险宣传力度，普及保险知识，提高林农保险意识。鼓励和引导散户林农、小型林业经营者主动参与森林保险；创新投保方式，支持林业专业合作组织集体投保，支持以一定行政单位组织形式进行统一投保，提高林农参保率和森林保险覆盖率。探索建立森林保险风险分散机制，各参与森林保险的经办机构，要对森林保险实行一定比例的超赔再保，建立超赔保障机制，提高森林保险抗风险能力。

五、加强信息共享机制和内控机制建设

建立林业部门与金融部门的信息共享机制，加快林权证登记、抵押、采伐等信息的电子化管理进程，将上述信息纳入人民银行企业和个人信用信息基础数据库，方便银行查询及贷款管理。推进人民银行征信体系建设，逐步扩大企业和个人信用信息基础数据库在林区的信息采集和使用范围，引导金融机构建立健全林农、林业专业合作组织和林业企业的电子信用档案，设计客观、有效的信用信息指标体系，建立和完善科学、合理的信用评级和信用评分制度，充分发挥信息整合和共享功能。

正确处理加大支持和防范风险的关系。银行业金融机构要加强对林业产业发展的前瞻性研究和林业投资风险的基础性研究，建立符合林业贷款特点的内部控制和风险管理制度，认真落实贷后检查和跟踪服务，建立和完善风险监测信息系统，不断充实和完善林业企业、林业合作组织和林农的数据信息，切实提高风险防范的能力和林业金融服务的可持续发展水平。

六、积极营造有利于金融支持集体林权制度改革与林业发展的政策环境

加大人民银行对林区中小金融机构再贷款、再贴现的支持力度。对林业贷款发放比例高的农村信用社等县域存款类法人金融机构，可根据其增加林业信贷投放的合理需求，通过增加再贷款、再贴现额度和适当延长再贷款期限等方式，提供流动性支持。

鼓励和支持各级地方财政安排专项资金，增加林业贷款贴息和森林保险补贴资金，建立林业贷款风险补偿基金或注资设立或参股担保公司，由担保公司按照市场运作原则，参与林业贷款的抵押、发放和还贷工作。

各级林业主管部门要认真做好森林资源勘界、确权和登记发证工作，保证林权证的真实性与合法性。要加强森林资源资产评估和林木、林地经营权依法流转管理。各林权证登记管理部门要简化林权证办理手续，降低相关收费。要采取有效措施维护银行合法债权，对在抵押贷款期间所抵押的林木，未经抵押权人同意不予发放采伐许可证、不予办理林木所有权转让变更手续；贷款逾期时，积极协助金融机构做好抵押林权的处置工作。加快建立林权要素交易平台，加强森林资源资产评估管理，大力推进林业专业评估机构、担保机构和森林资源收储机构建设，为金融机构支持林业发展提供有效的制度和机制保障。

林业贷款的考核适用《中国银监会关于当前调整部分信贷监管政策促进经济稳健发展的通

知》(银监发[2009]3号)对涉农贷款的相关规定。林业贷款的呆账核销、损失准备金提取等适用财政部有关对涉农不良贷款处置的相关规定。

人民银行、财政部、银监会、保监会、林业局建立联合工作小组，加强对集体林权改革与林业发展金融服务工作的协调。人民银行各分支机构与同级财政部门、银监会派出机构、保监会派出机构及林业主管部门根据实际需要建立必要的协作与信息交流机制。

人民银行各分支机构要会同同级财政部门、银监会派出机构、保监会派出机构及林业主管部门根据本意见精神和辖区林业发展实际特点，制定和完善具体实施意见或管理办法，积极引导和支持辖区金融机构不断加强和改进对林业的金融支持和服务工作，并加强林业信贷政策的导向效果评估。各金融机构要逐步建立和完善涉林贷款专项统计制度，加强涉林贷款的统计与监测分析。

请人民银行上海总部，各分行、营业管理部、省会（首府）城市中心支行会同所在省（区、市）财政厅（局）、银监局、保监局、林业厅（局）将本意见联合转发至辖内相关机构，并结合当地实际完善和细化落实措施，切实抓好贯彻实施工作。

5.2.12 关于林权抵押贷款的实施意见

中国银监会、国家林业局关于林权抵押贷款的实施意见

（银监发[2013]32号）

各银监局，各省、自治区、直辖市、计划单列市林业厅（局），各政策性银行、国有商业银行、股份制商业银行，邮储银行，各省级农村信用联社：

为改善农村金融服务，支持林业发展，规范林权抵押贷款业务，完善林权登记管理和服务，有效防范信贷风险，特制定如下实施意见。

一、银行业金融机构要积极开展林权抵押贷款业务，可以接受借款人以其本人或第三人合法拥有的林权作抵押担保发放贷款。可抵押林权具体包括用材林、经济林、薪炭林的林木所有权和使用权及相应林地使用权；用材林、经济林、薪炭林的采伐迹地、火烧迹地的林地使用权；国家规定可以抵押的其他森林、林木所有权、使用权和林地使用权。

二、银行业金融机构应遵循依法合规、公平诚信、风险可控、惠农利民的原则，积极探索创新业务品种，加大对林业发展的有效信贷投入。林权抵押贷款要重点满足农民等主体的林业生产经营、森林资源培育和开发、林下经济发展、林产品加工的资金需求，以及借款人其他生产、生活相关的资金需求。

三、银行业金融机构要根据自身实际，结合林权抵押贷款特点，优化审贷程序，对符合条件的客户提供优质服务。

四、银行业金融机构应完善内部控制机制，实行贷款全流程管理，全面了解客户和项目信息，建立有效的风险管理制度和岗位制衡、考核、问责机制。

五、银行业金融机构应根据林权抵押贷款的特点，规定贷款审批各个环节的操作规则和标准要求，做到贷前实地查看、准确测定，贷时审贷分离、独立审批，贷后现场检查、跟踪记录，切实有效防范林权抵押贷款风险。

六、各级林业主管部门应完善配套服务体系，规范和健全林权抵押登记、评估、流转和林权收储等机制，协调配合银行业金融机构做好林权抵押贷款业务和其他林业金融服务。

七、银行业金融机构受理借款人贷款申请后，要认真履行尽职调查职责，对贷款申请内容和相关情况的真实性、准确性、完整性进行调查核实，形成调查评价意见。尤其要注重调查借款人及其生产经营状况、用于抵押的林权是否合法、权属是否清晰、抵押人是否有权处分等方面。

八、申请办理林权抵押贷款时，银行业金融机构应要求借款人提交林权证原件。银行业金融机构不应接受未依法办理林权登记、权属不清或存在争议的森林、林木和林地作为抵押财产，也不应接受国家规定不得抵押的其他财产作为抵押财产。

九、银行业金融机构不应接受无法处置变现的林权作为抵押财产，包括水源涵养林、水土保持林、防风固沙林、农田和牧场防护林、护岸林、护路林等防护林所有权、使用权及相应的林地使用权，以及国防林、实验林、母树林、环境保护林、风景林，名胜古迹和革命纪念地的林木，自然保护区的森林等特种用途林所有权、使用权及相应的林地使用权。

十、以农村集体经济组织统一经营管理的林权进行抵押的，银行业金融机构应要求抵押人提供依法经本集体经济组织三分之二以上成员同意或者三分之二以上村民代表同意的决议，以及该林权所在地乡（镇）人民政府同意抵押的书面证明；林业专业合作社办理林权抵押的，银行业金融机构应要求抵押人提供理事会通过的决议书；有限责任公司、股份有限公司办理林权抵押的，银行业金融机构应要求抵押人提供经股东会、股东大会或董事会通过的决议或决议书。

十一、以共有林权抵押的，银行业金融机构应要求抵押人提供其他共有人的书面同意意见书；以承包经营方式取得的林权进行抵押的，银行业金融机构应要求抵押人提供承包合同；以其他方式承包经营或流转取得的林权进行抵押的，银行业金融机构应要求抵押人提供承包合同或流转合同和发包方同意抵押意见书。

十二、银行业金融机构要根据抵押目的与借款人、抵押人商定抵押财产的具体范围，并在书面抵押合同中予以明确。以森林或林木资产抵押的，可以要求其林地使用权同时抵押，但不得改变林地的性质和用途。

十三、银行业金融机构要根据借款人的生产经营周期、信用状况和贷款用途等因素合理协商确定林权抵押贷款的期限，贷款期限不应超过林地使用权的剩余期限。贷款资金用于林业生产的，贷款期限要与林业生产周期相适应。

十四、银行业金融机构开展林权抵押贷款业务，要建立抵押财产价值评估制度，对抵押林权进行价值评估。对于贷款金额在30万元以上（含30万元）的林权抵押贷款项目，抵押林权价值评估应坚持保本微利原则、按照有关规定执行；具备专业评估能力的银行业金融机构，也可以自行评估。对于贷款金额在30万元以下的林权抵押贷款项目，银行业金融机构要参照当地市场价格自行评估，不得向借款人收取评估费。

十五、对以已取得林木采伐许可证且尚未实施采伐的林权抵押的，银行业金融机构要明确要求抵押人将已发放的林木采伐许可证原件提交银行业金融机构保管，双方向核发林木采伐许可证的林业主管部门进行备案登记。林权抵押期间，未经抵押权人书面同意，抵押人不得进行林木采伐。

十六、银行业金融机构要在抵押借款合同中明确要求借款人在林权抵押贷款合同签订后，及时向属地县级以上林权登记机关申请办理抵押登记。

十七、银行业金融机构要在抵押借款合同中明确，抵押财产价值减少时，抵押权人有权要求恢复抵押财产的价值，或者要求借款人提供与减少的价值相应的担保。借款人不恢复财产也不提供其他担保的，抵押权人有权要求借款人提前清偿债务。

十八、县级以上地方人民政府林业主管部门负责办理林权抵押登记。具体程序按照国务院林业主管部门有关规定执行。

十九、林权登记机关在受理林权抵押登记申请时，应要求申请人提供林权抵押登记申请书、借款人（抵押人）和抵押权人的身份证明、抵押借款合同、林权证及林权权利人同意抵押意见书、抵押林权价值评估报告（拟抵押林权需要评估的）以及其他材料。林权登记机关应对林权证的真实性、合法性进行确认。

二十、林权登记机关受理抵押登记申请后，对经审核符合登记条件的，登记机关应在10个工作日内办理完毕。对不符合抵押登记条件的，书面通知申请人不予登记并退回申请材料。办理抵押登记不得收取任何费用。

二十一、林权登记机关在办理抵押登记时，应在抵押林权的林权证的"注记"栏内载明抵押登记的主要内容，发给抵押权人《林权抵押登记证明书》等证明文件，并在抵押合同上签注编号、日期，经办人签字、加盖公章。

二十二、变更抵押林权种类、数额或者抵押担保范围的，银行业金融机构要及时要求借款人和抵押人共同持变更合同、《林权抵押登记证明书》和其他证明文件，向原林权登记机关申请办理变更抵押登记。林权登记机关审查核实后应及时给予办理。

二十三、抵押合同期满、借款人还清全部贷款本息或者抵押人与抵押权人同意提前解除抵押合同的，双方向原登记机关办理注销抵押登记。

二十四、各级林业登记机关要做好已抵押林权的登记管理工作，将林权抵押登记事项如实记载于林权登记簿，以备查阅。对于已全部抵押的林权，不得重复办理抵押登记。除取得抵押权人书面同意外，不予办理林权变更登记。

二十五、银行业金融机构要依照信贷管理规定完善林权抵押贷款风险评价机制，采用定量和定性分析方法，全面、动态地进行贷款风险评估，有效地对贷款资金使用、借款人信用及担保变化情况等进行跟踪检查和监控分析，确保贷款安全。

二十六、银行业金融机构要严格履行对抵押财产的贷后管理责任，对抵押财产定期进行监测，做好林权抵押贷款及抵押财产信息的跟踪记录，同时督促抵押人在林权抵押期间继续管理和培育好森林、林木，维护抵押财产安全。

二十七、银行业金融机构要建立风险预警和补救机制，发现借款人可能发生违约风险时，要根据合同约定停止或收回贷款。抵押财产发生自然灾害、市场价值明显下降等情况时，要及时采取补救和控制风险措施。

二十八、各级林业主管部门要会同有关部门积极推进森林保险工作。鼓励抵押人对抵押财产办理森林保险。抵押期间，抵押财产发生毁损、灭失或者被征收等情形时，银行业金融机构可以根据合同约定就获得的保险金、赔偿金或者补偿金等优先受偿或提存。

二十九、贷款需要展期的，贷款人应在对贷款用途、额度、期限与借款人经营状况、还款能力的匹配程度，以及抵押财产状况进行评估的基础上，决定是否展期。

三十、贷款到期后，借款人未清偿债务或出现抵押合同规定的行使抵押权的其他情形时，可通过竞价交易、协议转让、林木采伐或诉讼等途径处置已抵押的林权。通过竞价交易方式处置的，银行业金融机构要与抵押人协商将已抵押林权转让给最高应价者，所得价款由银行业金融机构优先受偿；通过协议转让方式处置的，银行业金融机构要与抵押人协商将所得价款由银行业金融机构优先受偿；通过林木采伐方式处置的，银行业金融机构要与抵押人协商依法向县级以上地方人民政府林业主管部门提出林木采伐申请。

三十一、银行业金融机构因处置抵押财产需要采伐林木的，采伐审批机关要按国家相关规定优先予以办理林木采伐许可证，满足借款人还贷需要。林权抵押期间，未经抵押权人书面同意，采伐审批机关不得批准或发放林木采伐许可证。

三十二、有条件的县级以上地方人民政府林业主管部门要建立林权管理服务机构。林权管理服务机构要为开展林权抵押贷款、处置抵押林权提供快捷便利服务，并适当减免抵押权人相关交易费用。

三十三、各级林业主管部门要为银行业金融机构对抵押林权的核实查证工作提供便利。林权登记机关依法向银行业金融机构提供林权登记信息时，不得收取任何费用。

三十四、各级林业主管部门要积极协调各级地方人民政府出台必要的引导政策，对用于林业生产发展的林权抵押贷款业务，要协调财政部门按照国家有关规定给予贴息，适当进行风险补偿。

5.2.13 森林资源资产抵押登记办法

森林资源资产抵押登记办法（试行）

（林计发［2004］第 89 号）

第一条 为规范森林资源资产抵押操作，根据《中华人民共和国森林法》《中华人民共和国担保法》的有关规定，制定本办法。

第二条 森林资源资产抵押是指森林资源资产权利人不转移对森林资源资产的占有，将该资产作为债权担保的行为。

第三条 可用于抵押的森林资源资产为商品林中的森林、林木和林地使用权。

第四条 从事林业经营的单位和个人（以下简称抵押人）以其所有或者依法有权处分的森林、林木和林地使用权作抵押物申请借款或其他目的的，应以书面形式与抵押权人签订抵押担保合同。

第五条 森林资源资产抵押担保的范围由抵押人和抵押权人根据抵押目的商定，并在抵押担保合同中予以明确。

第六条 森林资源资产抵押担保的期限，由抵押双方协商确定，属于承包、租赁、出让的，最长不得超过合同规定的使用年限减去已承包、出让年限的剩余年限；属于农村集体经济组织将其未发包的林地使用权抵押的，最长不得超过 70 年。

第七条 抵押森林资源资产的登记工作由县级以上地方人民政府林业主管部门的资源管理部门负责初审，资产管理部门负责办理登记或变更登记手续，资产管理部门办理抵押登记或变更登记手续后，资源管理部门要在林权证上予以标注。办理登记和变更登记不收取费用。

第八条 可作为抵押物的森林资源资产为：

（一）用材林、经济林、薪炭林；

（二）用材林、经济林、薪炭林的林地使用权；

（三）用材林、经济林、薪炭林的采伐迹地、火烧迹地的林地使用权；

（四）国务院规定的其他森林、林木和林地使用权。

森林或林木资产抵押时，其林地使用权须同时抵押，但不得改变林地的属性和用途。

第九条 下列森林、林木和林地使用权不得抵押：

（一）生态公益林；

（二）权属不清或存在争议的森林、林木和林地使用权；

（三）未经依法办理林权登记而取得林权证的森林、林木和林地使用权（农村居民在其宅基地、自留山种植的林木除外）；

（四）属于国防林、名胜古迹、革命纪念地和自然保护区的森林、林木和林地使用权；

（五）特种用途林中的母树林、实验林、环境保护林、风景林；

（六）以家庭承包形式取得的集体林地使用权；

（七）国家规定不得抵押的其他森林、林木和林地使用权。

第十条　办理森林资源资产抵押应当遵循以下程序：

（一）抵押事项的申请与受理；

（二）抵押物的审核、权属认定；

（三）抵押物价值评估及评估项目的核准、备案；

（四）签订抵押合同；

（五）申请抵押登记；

（六）办理抵押登记手续；

（七）核发抵押登记证明书。

第十一条　以森林资源资产作抵押，抵押人应当向抵押权人出具县级以上地方人民政府核发的林权证和载有拟抵押森林资源资产的林地类型、坐落位置、四至界址、面积、林种、树种、林龄、蓄积等内容的相关资料供抵押权人审核。

第十二条　抵押权人要求对拟抵押森林资源资产进行评估的，抵押人经抵押权人同意可以聘请具有森林资源资产评估资质的评估机构和人员对拟作为抵押物的森林资源资产进行评估。森林资源资产评估应按照原国家国有资产管理局、林业部《关于发布〈森林资源资产评估技术规范（试行）〉的通知》（国资办发［1996］59号）的规定办理。

第十三条　县级以上地方人民政府林业主管部门资产管理机构应对抵押人聘请的森林资源资产评估机构和评估人员进行资质审核，对拟抵押森林资源资产评估项目予以核准或备案。

第十四条　经营国家无偿划拨森林资源资产的单位，以其经营的森林资源资产申请抵押时，应先办理相关的森林、林木出让手续。否则，抵押无效。

第十五条　抵押人和抵押权人签订抵押合同后，应持以下文件资料向森林资源资产抵押登记部门申请办理抵押登记，抵押合同自登记之日起生效。

（一）森林资源资产抵押登记申请书；

（二）抵押人和抵押权人法人证书或个人身份证；

（三）抵押合同；

（四）林权证；

（五）拟抵押森林资源资产的相关资料，包括：林地类型、坐落位置、四至界址、面积、林种、树种、林龄、蓄积量等；

（六）拟抵押森林资源资产评估报告；

（七）抵押登记部门认为应提交的其他文件。

第十六条 登记机关在受理登记申请材料后，应当依照国家法律、法规的规定对抵押物进行合规性审核。主要审核以下内容：

（一）申请人所提供的文件资料是否齐全、真实、有效；

（二）借款合同、抵押贷款合同是否真实、合法；

（三）抵押物权属是否清楚、有效；

（四）抵押物是否重复登记；

（五）抵押物中是否有属于禁止抵押的内容；

（六）抵押期限是否超出有关法规规定的年限。

经审核符合登记条件的，登记机关应当于受理登记申请材料后15个工作日内办理完毕登记手续，同时建立森林资源资产抵押贷款登记备案制度，如实填写《森林资源资产抵押登记簿》，以备查阅。

第十七条 对符合抵押物登记条件的，登记机关应在该抵押物的《林权证》的"注记"栏内载明抵押登记的主要内容，发给抵押权人《森林资源资产抵押登记证》，并在抵押合同上签注《登记证》编号、日期，经办人签字、加盖公章；对不符合抵押登记条件的，书面通知申请人不予登记并退回申请材料。

第十八条 如变更被担保主债权种类、数额或者抵押担保范围的，抵押人与抵押权人应当于做出变更决定之日起15个工作日内，持变更协议、《林权证》、原森林资源资产《登记证》和其他证明文件，向原登记机关申请办理变更登记，登记机关审查核实后给予办理变更登记。

第十九条 抵押人与抵押权人协商同意延长抵押期限的，双方应当在抵押合同期满之前1个月内，向原登记机关申请办理续期登记。抵押权人在提供抵押人未履行合同义务有效证明的情况下，也可以单方向原登记机关申请办理续期登记，续期不限。

第二十条 抵押合同期满或者抵押人与抵押权人协商同意提前解除抵押合同的，双方应当在15个工作日内，持抵押合同或者解除合同协议、《林权证》及原《登记证》向原登记机关办理注销登记。

第二十一条 已抵押森林资源资产在抵押期限内不得重复申请办理抵押登记，如抵押申请人故意隐瞒森林资源资产已抵押登记的事实，提供虚假材料骗取登记机关重复登记的，该登记无效。

第二十二条 森林资源资产抵押登记机关对受理的森林资源资产抵押登记事项，应在规定期限内办理完毕，不得拖延，无故发生拖延行为的，登记机关要对抵押申请人说明原因并致歉。

第二十三条 森林资源资产抵押登记经办人员徇私舞弊，对明知不符合登记规定的森林资源资产办理登记手续，未造成损失的，登记机关对有关责任人员予以警告；造成损失的，登记机关要视情节轻重对有关责任人员给予相应的行政处分。

第二十四条　本办法（试行）适用于国内所有从事林业生产经营的单位和个人。

第二十五条　本办法（试行）由国家林业局负责解释。

第二十六条　本办法（试行）自发布之日起施行。

5.2.14 林业贷款中央财政贴息资金管理办法

财政部、国家林业局关于印发《林业贷款中央财政贴息资金管理办法》的通知

（财农〔2009〕291号）

各省、自治区、直辖市、计划单列市财政厅（局）、林业厅（局），新疆生产建设兵团财务局、林业局：

为了充分发挥林业贷款中央财政贴息资金在推进集体林权制度改革、拓宽林业融资渠道等方面的重要作用，建立健全林业投入的引导激励机制，规范林业贷款中央财政贴息资金的管理和使用，财政部、国家林业局联合制定了《林业贷款中央财政贴息资金管理办法》，现印发给你们，请遵照执行。

各地和有关单位2009年度新增林业贷款项目以及2008年以前（含2008年）年度林业贷款余额项目申报中央财政贴息资金，一律按照《林业贷款中央财政贴息资金管理办法》执行。

二〇〇九年九月二十三日

林业贷款中央财政贴息资金管理办法

第一章　总　则

第一条　为切实加强林业贷款中央财政贴息资金（以下简称贴息资金）管理，提高资金使用效益，促进林业产业发展，根据《中华人民共和国预算法》等法律、法规，制定本办法。

第二条　本办法所指林业贷款是指各类银行（含农村信用社和小额贷款公司，下同）发放的符合本办法贴息条件的贷款。

第三条　本办法所指贴息资金是中央财政预算安排的，对林业贷款给予一定期限和比例的利息补贴。

第二章　贴息对象与贴息范围

第四条　中央财政对符合以下条件之一的林业贷款予以贴息：

（一）林业龙头企业以公司带基地、基地连农户的经营形式，立足于当地林业资源开发、带动林区、沙区经济发展的种植业、养殖业以及林产品加工业贷款项目。

（二）各类经济实体营造的工业原料林、木本油料经济林以及有利于改善沙区、石漠化地区生态环境的种植业贷款项目。

（三）国有林场（苗圃）、集体林场（苗圃）、国有森工企业为保护森林资源，缓解经济压力开展的多种经营贷款项目，以及自然保护区和森林公园开展的森林生态旅游项目。

（四）农户和林业职工个人从事的营造林、林业资源开发和林产品加工贷款项目。

第三章　贴息率与贴息期限

第五条　对各省（含自治区、直辖市、计划单列市，下同）符合本办法规定条件的林业贷款，中央财政年贴息率为3%；对大兴安岭林业集团公司和中国林业集团公司符合本办法规定条件的林业贷款，中央财政年贴息率为5%。

第六条　林业贷款期限3年以上（含）的，贴息期限为3年；林业贷款期限不足3年的，按实际贷款期限贴息。

对农户和林业职工个人营造林小额贷款，适当延长贴息期限。贷款期限5年以上（含）的，贴息期限为5年；贷款期限不足5年的，按实际贷款期限贴息。

农户和林业职工个人营造林小额贷款是指在贴息年度内（上年10月1日至当年9月30日，下同）累计额小于30万元（含）的营造林贷款。

第七条　贴息资金采取分年据实贴息的办法。对贴息年度内贷款期限1年以上（含）的林业贷款，按全年计算贴息；对贴息年度内贷款期限不足1年的林业贷款，按贷款实际月数计算贴息。

第四章　贴息项目计划的申报与管理

第八条　林业龙头企业、国有林场（苗圃）、集体林场（苗圃）、国有森工企业、自然保护区和森林公园等的贴息贷款项目，由项目单位向当地林业主管部门提出申请。林业部门商同级财政部门同意后，逐级审核申报，由省级林业部门会同财政部门负责审核汇总。

第九条　农户和林业职工个人小额贷款项目，由县级林业部门（国有森工企业）统一汇总，并以县级林业部门（国有森工企业）作为申报单位，商同级财政部门同意后，逐级审核申报，由省级林业部门会同财政部门负责审核汇总。

第十条　省级林业部门会同省级财政部门负责本省林业贴息贷款项目计划的申请。经同级财政部门同意后，省级林业部门于每年12月31日之前，向国家林业局报送下年度林业贴息贷款计划申请报告和《林业贴息贷款项目计划备案表》。

第十一条　国家林业局根据各省上报的林业贴息贷款计划申请报告和备案项目、上一贴息年度林业贴息贷款计划落实和贷款项目管理等情况，提出本贴息年度各地林业贴息贷款计划方案，经财政部同意后予以下达。

第五章 贴息资金的审核与拨付

第十二条 省级财政部门会同同级林业部门具体负责对申报贴息资金项目的贷款落实及其实施情况等进行审核，确定本省应向中央财政申请的贴息资金额，并于每年10月31日之前，向财政部报送本贴息年度贴息资金申请报告和《林业贷款中央财政贴息项目备案表》，并抄送国家林业局。

国家林业局负责对大兴安岭林业集团公司和中国林业集团公司申报贴息资金项目的贷款落实及其实施情况等进行审核，确定应向中央财政申请的贴息资金额，并于每年10月31日之前，向财政部报送本贴息年度贴息资金申请报告和《林业贷款中央财政贴息项目备案表》。

第十三条 新疆生产建设兵团贷款项目比照第四条第（三）项执行；贴息率比照中央单位执行；贷款计划和贴息资金的申请按照第十条和第十二条相关规定执行。

第十四条 财政部根据省级财政部门、新疆生产建设兵团、国家林业局的贴息资金申请报告和林业贷款项目落实情况，国家林业局下达的林业贴息贷款建议计划和贴息建议，审核确定贴息资金，及时下达预算文件，并按照财政国库管理制度有关规定支付资金。

第六章 贴息资金的监督管理

第十五条 地方财政和林业部门要切实加强对贴息资金的监督管理，层层负责，严格审查，确保贴息资金安全有效运行，并对林业贴息贷款项目实行公告、公示制度。

第十六条 省级财政和林业部门于每年3月31日之前向财政部和国家林业局报告上年度林业贷款贴息项目的效益情况和贴息资金的使用管理情况，填报《林业贴息贷款项目效益情况表》。

第十七条 贴息资金必须专款专用，对违反贴息资金使用规定，滞留、截留、挪用贴息资金，以及采用虚报、冒领等手段骗取贴息资金的单位和直接负责主管人员、其他直接责任人员，依据《财政违法行为处罚处分条例》（国务院令第427号）有关规定处理。

第七章 附 则

第十八条 省级财政和林业部门要根据本办法联合制定本省实施细则，明确林业贷款贴息项目申报条件、申报程序、检查核实、效益评价和审核标准等，落实贷款项目监管主体和贴息资金申报材料审核与档案管理部门和管理责任等，并上报财政部和国家林业局备案。留存的档案资料包括：贷款经办行签章的借款合同、借款凭证复印件以及项目实施总体情况报告等。林业小额贷款需要留存林农和林业职工的身份证复印件、有效的贷款证明材料及付息凭证。留存材料一般保留不少于5年。

第十九条 地方财政可比照本办法制定相应的财政贴息政策和管理规定，所需贴息资金由当地财政预算安排。

第二十条 本办法由财政部会同国家林业局负责解释。

第二十一条　本办法自2009年10月1日起执行。财政部、国家林业局联合发布的《林业贷款中央财政贴息资金管理规定》（财农[2005]45号）同时废止。

5.2.15 关于取消、停征和整合部分政府性基金项目等有关问题的通知

关于取消、停征和整合部分政府性基金项目等有关问题的通知

（财税[2016]11号）

发展改革委、国土资源部、农业部、教育部、商务部、水利部、三峡办、国家林业局，各省、自治区、直辖市、计划单列市财政厅（局）：

经国务院批准，现就取消、停征和整合有关政府性基金政策通知如下：

一、将新菜地开发建设基金征收标准降为零。该基金征收标准降为零后，各地要完善财政保障机制，加大土地出让收入对蔬菜生产的支持。

二、将育林基金征收标准降为零。该基金征收标准降为零后，通过增加中央财政均衡性转移支付、中央财政林业补助资金、地方财政加大预算保障力度等，确保地方森林资源培育、保护和管理工作正常开展。

三、停征价格调节基金。该基金停止通过向社会征收方式筹集，所需资金由各地根据实际情况，通过地方同级预算统筹安排，保障调控价格、稳定市场工作正常开展。

四、将散装水泥专项资金并入新型墙体材料专项基金。停止向水泥生产企业征收散装水泥专项资金。将预拌混凝土、预拌砂浆、水泥预制件列入新型墙体材料目录，纳入新型墙体材料专项基金支持范围，继续推动散装水泥生产使用。

五、将大中型水库移民后期扶持基金、跨省（区、市）大中型水库库区基金、三峡水库库区基金合并为中央水库移民扶持基金。将省级大中型水库库区基金、小型水库移民扶助基金合并为地方水库移民扶持基金。具体征收政策、收入划分、使用范围等仍按现行规定执行，今后根据水库移民扶持工作需要适时完善分配使用政策。

六、各地区、各有关部门要严格执行本通知规定，对公布取消或停征的政府性基金项目，不得以任何理由拖延或者拒绝执行，不得以其他名目变相继续收取。各省、自治区、直辖市、计划单列市财政部门要对本地区的政府性基金项目进行全面清理。凡违反政府性基金审批管理规定、越权出台的基金项目要一律取消。对按照法律法规和国家有关政策规定设立的政府性基金项目，要严格按照相关政策规定执行，不得擅自扩大征收范围、提高征收标准或另行加收任何费用。

七、各级财政部门要做好经费保障工作，妥善安排相关部门和单位预算，保障工作正常开展，积极支持相关事业发展。

八、本通知自2016年2月1日起执行。

5.2.16 森林资源资产评估管理暂行规定

财政部、国家林业局关于印发《森林资源资产评估管理暂行规定》的通知

(财企[2006]529号)

各省、自治区、直辖市、计划单列市财政厅(局)、林业厅(局),新疆生产建设兵团财务局、林业局:

为落实《中共中央、国务院关于加快林业发展的决定》(中发[2003]9号),加强森林资源资产评估管理工作,规范森林资源资产评估行为,维护社会公共利益和资产评估各方当事人的合法权益,根据《中华人民共和国森林法》《国有资产评估管理办法》等法律法规,财政部、国家林业局联合制定了《森林资源资产评估管理暂行规定》。现予印发,请遵照执行。

财政部、国家林业局
2006年12月25日

森林资源资产评估管理暂行规定

第一章 总 则

第一条 为加强森林资源资产评估管理工作,规范森林资源资产评估行为,维护社会公共利益和资产评估各方当事人的合法权益,根据《中华人民共和国森林法》、《国有资产评估管理办法》(国务院令第91号)、《中共中央、国务院关于加快林业发展的决定》(中发[2003]9号)等法律法规,制定本规定。

第二条 在中华人民共和国境内从事森林资源资产评估,除法律、法规另有规定外,适用本规定。

第三条 本规定所指森林资源资产,包括森林、林木、林地、森林景观资产以及与森林资源相关的其他资产。

第四条 森林资源资产评估是指评估人员依据相关法律、法规和资产评估准则,在评估基准日,对特定目的和条件下的森林资源资产价值进行分析、估算,并发表专业意见的行为和过程。

第五条 国有森林资源资产评估项目,实行核准制和备案制。

东北、内蒙古重点国有林区森林资源资产评估项目,实行核准制,由国务院林业主管部门核准或授权核准。

其他地区国有森林资源资产评估项目,涉及国家重点公益林的,实行核准制,由国务院林业主管部门核准或授权核准。对其他国有森林资源资产评估项目,实行核准制或备案制,由省级林业主管部门规定。对其中实行核准制的评估项目,由省级林业主管部门核准或授权核准。

第六条 非国有森林资源资产评估项目涉及国家重点公益林的，实行核准制，由国务院林业主管部门核准或授权核准。其他评估项目是否实行备案制，由省级林业主管部门决定。

第七条 森林资源资产评估工作，由财政部门和林业主管部门按照各自的职责进行管理和监督。

第八条 森林资源资产评估的具体操作程序和方法，遵照资产评估准则及相关技术规范的要求执行。

第二章 评估范围

第九条 国有森林资源资产占有单位有下列情形之一的，应当进行资产评估：

（一）森林资源资产转让、置换；

（二）森林资源资产出资进行中外合资或者合作；

（三）森林资源资产出资进行股份经营或者联营；

（四）森林资源资产从事租赁经营；

（五）森林资源资产抵押贷款、担保或偿还债务；

（六）收购非国有森林资源资产；

（七）涉及森林资源资产诉讼；

（八）法律、法规规定需要进行评估的其他情形。

第十条 非国有森林资源资产是否进行资产评估，由当事人自行决定，法律、法规另有规定的除外。

第十一条 森林资源资产有下列情形之一的，可根据需要进行评估：

（一）因自然灾害造成森林资源资产损失；

（二）盗伐、滥伐、乱批滥占林地人为造成森林资源资产损失；

（三）占有单位要求评估。

第三章 评估机构和人员

第十二条 从事国有森林资源资产评估业务的资产评估机构，应具有财政部门颁发的资产评估资格，并有2名以上（含2名）森林资源资产评估专家参加，方可开展国有森林资源资产评估业务。

森林资源资产评估专家由国家林业局与中国资产评估协会共同评审认定。经认定的森林资源资产评估专家进入专家库，并向社会公布。

资产评估机构出具的森林资源资产评估报告，须经2名注册资产评估师与2名森林资源资产评估专家共同签字方能有效。签字的注册资产评估师与森林资源资产评估专家应对森林资源资产评估报告承担相应的责任。

第十三条 非国有森林资源资产的评估，按照抵押贷款的有关规定，凡金额在100万元以上的银行抵押贷款项目，应委托财政部门颁发资产评估资格的机构进行评估；金额在100万元以下的银行抵押贷款项目，可委托财政部门颁发资产评估资格的机构评估或由林业部门管理的具有丙级以上（含丙级）资质的森林资源调查规划设计、林业科研教学等单位提供评估咨询服务，出具评估咨询报告。

上述森林资源调查规划设计、林业科研教学单位提供评估服务的人员须参加国家林业局与中国资产评估协会共同组织的培训及后续教育。

第十四条 资产评估机构和森林资源资产评估专家从事评估业务应当遵守保密原则，保持独立性。与评估当事人或者相关经济事项有利害关系的，不得参与该项评估业务。

第四章 核准与备案

第十五条 凡需核准的国有森林资源资产评估项目，占有单位在评估前应按照行政隶属关系，经上级林业主管部门审核同意后，由审核部门向省级林业主管部门或国务院林业主管部门报告下列有关事项：

（一）评估项目的审核情况；

（二）评估基准日的选择情况；

（三）森林资源资产评估范围的确定情况；

（四）森林资源资产实物量清单；

（五）选择森林资源资产评估机构的条件、范围、程序及拟选定机构的资质；

（六）森林资源资产评估的时间进度安排情况。

第十六条 国有森林资源资产评估项目的核准工作按照下列程序进行：

（一）国有森林资源资产占有单位收到资产评估机构出具的资产评估报告后应按照隶属关系，报上级林业主管部门初审，经初审同意后，由审核部门在评估报告有效期届满前3个月向省级林业主管部门或国务院林业主管部门提出核准申请。

（二）省级林业主管部门或国务院林业主管部门收到核准申请后，对符合核准要求的，及时组织有关专家和单位审核，在20个工作日内完成评估报告的核准；对不符合核准要求的，予以退回。

第十七条 国有森林资源资产评估项目核准的申请应包括下列文件材料：

（一）资产评估项目核准申请文件；

（二）资产评估项目核准申请表；

（三）评估项目批准文件或有效材料；

（四）与所评估项目有关的林权证和权属变更的相关证明；

（五）资产评估机构、签字注册资产评估师和森林资源资产评估专家资质证明；

（六）资产评估机构聘请核查机构对占有单位提供的森林资源资产实物量进行核查的，应提供核查机构资质证明；

（七）资产评估机构提交的森林资源资产评估报告和核查报告；

（八）资产评估各当事方的相关承诺函；

（九）其他有关材料。

第十八条 省级林业主管部门或国务院林业主管部门受理资产评估项目核准申请后，应当对下列事项进行审核：

（一）资产评估项目是否获得批准；

（二）资产评估机构是否具备相应评估资质；

（三）评估人员是否具备相应资质；

（四）评估基准日的选择是否适当，评估结果的使用有效期是否明示；

（五）资产评估范围与项目批准文件确定的范围是否一致；

（六）评估依据是否适当；

（七）占有单位是否就所提供的资产权属证明文件、财务会计资料及生产经营管理资料的真实性、合法性和完整性做出承诺；

（八）评估过程是否符合相关评估准则的规定。

第十九条 评估项目的备案按照下列程序进行：

（一）国有森林资源资产占有单位收到评估机构出具的评估报告后，应在评估报告有效期届满前3个月将备案材料报送上级林业主管部门；

（二）上级林业主管部门收到占有单位报送的备案材料后，对材料齐全的，应在20个工作日内办理备案手续；对材料不全的，待占有单位或评估机构补充完善有关材料后予以办理。

第二十条 森林资源资产评估项目备案需报送下列文件材料：

（一）资产评估项目备案申请表；

（二）资产评估报告和核查报告；

（三）评估项目的批准文件或有关证明材料；

（四）与所评估项目有关的林权证和权属变更的相关证明；

（五）其他有关材料。

第二十一条 各级林业主管部门受理资产评估项目备案申请后，应当对下列事项进行审核：

（一）资产评估项目是否获得批准或相关证明；

（二）资产评估范围与评估项目确定的资产范围是否一致；

（三）评估基准日的选择是否适当，评估结果的使用有效期是否明示，评估程序是否符合相关评估准则的规定；

（四）占有单位是否就所提供的森林资源资产清单、资产权属证明文件等资料的真实性、合法性和完整性做出承诺。

第二十二条　经核准或备案的森林资源资产评估结果有效期为自评估基准日起1年。

第二十三条　国有森林资源资产占有单位在进行与资产评估相应的经济行为时，应当以核准或备案的资产评估结果为作价参考依据。在产权交易过程中，当交易价低于评估结果的90%时，应当暂停交易，在获得产权转让批准机构同意后方可继续交易。

第五章　监督管理

第二十四条　省级财政部门和林业主管部门应当加强对国有森林资源资产评估工作的监督检查工作，采取定期或不定期检查方式对森林资源资产评估项目情况进行抽查。

第二十五条　省级林业主管部门应当于每年度终了30个工作日内将本省（区）森林资源资产评估项目的核准、备案情况及检查结果报国家林业局。

第六章　附　则

第二十六条　各省（自治区、直辖市）财政部门和林业主管部门可根据本省（自治区、直辖市）实际情况，依据本规定制定实施细则或操作办法，报财政部和国家林业局备案。

第二十七条　本规定由财政部、国家林业局负责解释。

第二十八条　本规定自2007年1月1日起施行。原林业部和原国家国有资产管理局发布的《关于〈森林资源资产产权变动有关问题的规范意见（试行）〉的通知》（林财字〔1995〕67号）和《关于加强森林资源资产评估管理工作若干问题的通知》（国资办发〔1997〕16号）同时废止。

5.2.17 关于加快林业专业合作组织发展的通知

国家林业局关于加快林业专业合作组织发展的通知

（林改发〔2013〕153号）

各省、自治区、直辖市林业厅（局），新疆生产建设兵团林业局，各计划单列市林业局，国家林业局各司局、各直属单位：

为深入贯彻落实《中共中央、国务院关于加快发展现代农业进一步增强农村发展活力的若干意见》和全国深化集体林权制度改革百县经验交流会议精神，进一步深化集体林权制度改革，切实促进林业专业合作组织建设，现将有关事项通知如下：

一、高度重视，充分认识加强林业专业合作组织建设的重要意义

当前，我国林业发展进入了一个新的重要战略机遇期，党的十八大作出了建设生态文明的战略部署，绘制了建设美丽中国的宏伟蓝图，提出了发展林业是建设生态文明的首要任务，确保生态安全、推进绿色发展、建设美丽中国，必须培育和壮大林业生产经营组织，充分激发农村林业生产要素潜能。

创建新型林业生产经营组织是推动现代林业发展的核心和保障。《中共中央、国务院关于加快发展现代农业进一步增强农村发展活力的若干意见》明确提出，"农民合作社是带动农民进入市场的基本主体，是发展农村集体经济的新型实体，是创新农村社会管理的有效载体"，"培育和壮大新型农业生产经营组织，充分激发农村生产要素潜能"。发展林业专业合作组织是提高林业组织化程度，推动分散经营向专业化、规模化经营转变，为林农服务的最主要的载体，是林业科技推广最重要的载体，是落实强林惠农政策最重要的平台，也是构建现代林业经营体系的重要基石。发展林业专业合作组织对巩固林业改革成果、带动农民增收致富、发展生态林业与民生林业、建设生态文明，具有十分重要的意义。

各地一定要高度重视，深刻领会加强林业专业合作组织建设的重要意义，切实担负起组织、协调和指导林业专业合作组织工作的责任，摸清本地区林业专业合作组织发展情况、主要做法和经验及存在问题，有针对性地采取强有力措施，积极推进林业专业合作组织健康发展。

二、强化措施，不断落实林业专业合作组织发展政策

各级林业主管部门要按照"积极发展、逐步规范、强化扶持、提升素质"的要求，采取有力措施，加大力度、加快步伐，发展林业专业合作组织。要鼓励农民兴办林业专业合作社、股份合作林场、家庭林场、林业协会等多元化、多类型林业专业合作组织。重点支持林业专业合作组织开展林下经济、造林绿化、森林抚育、苗木花卉、经济林、加工储藏、流通运输、市场营销、生产经营、信息平台建设等生产经营和服务活动。引导林业专业合作社以产品和产业为纽带，开展与科研院所和企业的合作与联合，积极探索组建林业专业合作社联社。各级林业主管部门要积极协调工商管理等有关部门，明确设立林业专业合作社这一登记类型，并在林业专业合作社联社登记管理办法上有新突破。

要强化政策落实，把林业专业合作社示范社作为政策扶持重点。各级林业主管部门要主动加强与发展改革、财政、科技、工商、税务、金融等部门的沟通协调，争取更大的支持，确保各项扶持政策和保障措施落实到位。各地要因地制宜，不断增加对林业专业合作组织发展扶持资金，加大对林区道路、供水、供电、通信、森林防火等基础设施的投入，支持林业专业合作组织改善生产经营条件、增强发展能力。要探索建立涉林项目与林业专业合作组织广泛对接的长效机制，安排部分财政投资项目直接投向符合条件的林业专业合作组织。要逐步扩大造林绿化、森林抚育、林木培育种植、荒漠化治理、山区综合开发、林业科技推广等林业重点生态工程项目由林业专业合作组织承担的规模。要对示范社建设鲜活林产品仓储物流设施、兴办林产品加工业给予补助。要引导国家补助项目形成的资产移交合作社管护，指导合作社建立健全项目资产管护机制。

全面落实"农民专业合作社享受国家规定的对农业生产、加工、流通、服务和其他涉农经济

活动相应的税收优惠"的法律规定，进一步研究支持林农专业合作社发展的其他税收优惠政策。要按照国家关于"完善合作社税收优惠政策，把合作社纳入国民经济统计并作为单独纳税主体列入税务登记，做好合作社发票领用等工作"等要求，落实相关政策。要积极争取金融部门在信用评定基础上对示范社开展联合授信，有条件的地方予以贷款贴息，规范林业专业合作社开展信用合作。要协调相关部门做好适合林业专业合作社生产经营特点的保险产品和服务。

要促进规范化建设。各地要抓紧研究制定有关林业专业合作社的认定标准和管理办法。要积极创造条件，启动实施林业专业合作组织信息化建设工程试点，推动林业专业合作组织标准化建设。引导农民开展森林产品、林下经济产品认证，绿色、有机、无公害、地理标志产品的"三品一标"建设，推进品牌建设。

三、加强组织领导，积极推进林业专业合作组织建设

各级林业主管部门要以贯彻落实中央一号文件为契机，紧紧围绕当地林业改革发展现状和工作实际，研究制定本地区具体实施意见，并组织实施。

要健全工作指导体系。要确定机构和人员专门负责指导林业专业合作组织的建设和发展，构建长效工作机制。要加强调查研究，不断发现新情况、新问题，积极探索新措施、新办法，及时总结经验，研究解决推进林业专业合作组织建设中的重大问题，不断提高建设工作水平。

要推动示范社建设。按照"实行部门联合评定示范社机制，分级建立示范社名录"的要求，做好示范社评定工作，把示范社作为政策扶持重点。今后，国家林业局将继续推进林业专业合作社示范县、示范社建设。规划到2017年，将建设200个全国林业专业合作社示范县及2000个示范社，20%的农户加入农民林业专业合作组织，经营林地面积占集体林地面积达20%。根据当地实际，各地要围绕速生丰产林、经济林、林下经济、森林景观利用、苗木花卉、特色驯养繁殖等林产品生产及加工、销售，发现总结并打造一批有品牌、效益好的林业领军社、重点社、典型示范社。

要加强服务体系建设。建立网络信息服务平台。充分发挥林业专业合作社、专业服务公司、专业技术协会、股份合作林场、家庭林场、农民经纪人队伍、涉林企业等林业经营性服务组织的生力军作用，大力开展有害生物防治、动植物疫病防控、森林防火、林木采伐、林权流转、资源评估等方面的生产性服务和市场信息服务，推广新品种、新技术、新机械。鼓励支持高等科研院所与林业专业合作组织开展多种形式的技术合作。采取政府订购、定向委托、奖励补助、招标投标等方式，引导林业专业合作组织为林业生产经营提供低成本、便利化、全方位的公益性服务。开展"专家进社""辅导员联系社"送服务行动。

要加强培训。设立林业专业合作组织带头人人才库，建立林业专业合作组织人才培训专项资金，建设林业专业合作组织人才培养实训基地。建立健全辅导员联系合作社制度。广泛开展合作社带头人、经营管理人员和辅导员培训，引导高校毕业生到林业专业合作组织工作，不断

提升合作组织素质，使林业专业合作组织不断发展壮大，为发展生态林业和民生林业作出积极贡献。

5.2.18 国家农民专业合作社示范社评定及监测暂行办法

农业部、国家发展和改革委员会、财政部、水利部、国家税务总局、国家工商行政管理总局、国家林业局、中国银行业监督管理委员会、中华全国供销合作总社关于印发《国家农民专业合作社示范社评定及监测暂行办法》的通知

（农经发〔2013〕10 号）

各省、自治区、直辖市、计划单列市、新疆生产建设兵团农业（农牧、农村经济）厅（委、办、局），发展改革委，财政厅（局），水利厅（局），国家税务局、地方税务局，工商行政管理局，林业厅（局），各银监局，供销合作社：

为切实做好国家农民专业合作社示范社的评定、监测和指导服务工作，根据《中共中央、国务院关于加快发展现代农业进一步增强农村发展活力的若干意见》（中发〔2013〕1 号）关于"实行部门联合评定示范社机制，分级建立示范社名录"和《国务院关于同意建立全国农民合作社发展部际联席会议制度的批复》（国函〔2013〕84 号）关于"制定国家农民合作社示范社评定监测管理办法"的要求，农业部、发展改革委、财政部、水利部、国家税务总局、国家工商行政管理总局、国家林业局、中国银监会、中华全国供销合作总社制定了《国家农民专业合作社示范社评定及监测暂行办法》，现印发你们，请贯彻执行。

2013 年 12 月 13 日

国家农民专业合作社示范社评定及监测暂行办法

第一章 总 则

第一条 根据中央关于"实行部门联合评定示范社机制，分级建立示范社名录，把示范社作为政策扶持重点"的要求，为进一步规范国家农民专业合作社示范社的评定及监测工作，加强对农民专业合作社示范社的指导、扶持与服务，促进农民专业合作社快速健康发展，制定本办法。

第二条 国家农民专业合作社示范社（以下简称"国家示范社"）是指按照《中华人民共和国农民专业合作社法》《农民专业合作社登记管理条例》等法律法规规定成立，达到规定标准，并经全国农民合作社发展部际联席会议（以下简称"全国联席会议"）确定的农民专业合作社。

第三条 对国家示范社的评定和监测，坚持公开、公平、公正原则，不干预农民专业合作社

的生产经营自主权,实行竞争淘汰机制,发挥中介组织和专家的作用。

第四条 国家示范社评定工作采取名额分配、等额推荐、媒体公示、发文认定的方式。全国联席会议根据各省(区、市)农民专业合作社发展和示范社建设情况,确定各省(区、市)国家示范社分配名额。

第二章 申 报

第五条 申报国家示范社的农民专业合作社原则上应是省级示范社,并符合以下标准:

(一)依法登记设立

1. 依照《中华人民共和国农民专业合作社法》登记设立,运行2年以上。登记事项发生变更的,农民专业合作社依法办理变更登记。

2. 组织机构代码证、税务登记证齐全。有固定的办公场所和独立的银行账号。

3. 根据本社实际情况并参照农业部《农民专业合作社示范章程》、国家林业局《林业专业合作社示范章程(示范文本)》,制订章程。

(二)实行民主管理

1. 成员(代表)大会、理事会、监事会等组织机构健全,运转有效,各自职责和作用得到充分发挥。

2. 建立完善的财务管理、社务公开、议事决策记录等制度,并认真执行。

3. 每年至少召开一次成员(代表)大会并有完整会议记录,所有出席成员在会议记录或会议签到簿上签名。涉及重大财产处置和重要生产经营活动等事项由成员(代表)大会决议通过。

4. 成员(代表)大会选举和表决实行一人一票制,或采取一人一票制加附加表决权的办法,附加表决权总票数不超过本社成员基本表决权总票数的20%。

(三)财务管理规范

1. 配备必要的会计人员,设置会计账簿,编制会计报表,或委托有关代理记账机构代理记账、核算。财会人员持有会计从业资格证书,会计和出纳互不兼任。财会人员不得兼任监事。

2. 成员账户健全,成员的出资额、公积金量化份额、与本社的交易量(额)和返还盈余等记录准确清楚。

3. 可分配盈余按成员与本社的交易量(额)比例返还,返还总额不低于可分配盈余的60%。与成员没有产品或服务交易的股份合作社,可分配盈余应按成员股份比例进行分配。

4. 每年编制年度业务报告、盈余分配方案或亏损处理方案、财务会计报告,经过监事会审核,在成员(代表)大会召开的十五日前置于办公地点供成员查阅,理事会接受成员质询。

5. 监事会负责对本社财务进行内部审计,审计结果报成员(代表)大会。成员(代表)大会也可以委托审计机构对本社财务进行审计。

6. 国家财政直接补助形成的财产平均量化到成员账户，并建立具体的项目资产管护制度。

7. 按照《农民专业合作社财务会计制度（试行）》规定，年终定期向工商登记机关和农村经营管理部门报送会计报表。

（四）经济实力较强

1. 成员出资总额100万元以上。

2. 固定资产：东部地区200万元以上，中部地区100万元以上，西部地区50万元以上。

3. 年经营收入：东部地区500万元以上，中部地区300万元以上，西部地区150万元以上。

4. 生产鲜活农产品（含林产品，下同）的农民专业合作社参与"农社对接""农超对接""农企对接""农校对接"等，进入林产品交易市场和林产品交易服务平台流通，销售渠道稳定畅通。

5. 生产经营、财务管理、社务管理普遍采用现代技术手段。

（五）服务成效明显

1. 坚持服务成员的宗旨，以本社成员为主要服务对象。

2. 入社成员数量高于本省（区、市）同行业农民专业合作社平均水平，其中，种养业合作社成员数量达到100人以上（特色农林种养业合作社成员数量可适当放宽）。农民成员占合作社成员总数的80%以上，企业、事业单位和社会团体成员不超过成员总数的5%。

3. 成员主要生产资料统一购买率、主要产品（服务）统一销售（提供）率超过80%，新品种、新技术普及推广。

4. 带动农民增收作用突出，成员收入高于本县（市、区）同行业非成员农户收入30%以上。

（六）产品（服务）质量安全

1. 广泛推行标准化，有严格的生产技术操作规范，建立完善的生产、包装、储藏、加工、运输、销售、服务等记录制度，实现产品质量可追溯。

2. 在同行业农民专业合作社中产品质量、科技含量处于领先水平，有注册商标，获得质量标准认证，并在有效期内（不以农产品生产加工为主的合作社除外）。

（七）社会声誉良好

1. 遵纪守法，社风清明，诚实守信，在当地影响大、示范带动作用强。

2. 没有发生生产（质量）安全事故、环境污染、损害成员利益等严重事件，没有行业通报批评等造成不良社会影响，无不良信用记录。

第六条　对于从事农资、农机、植保、灌排等服务和林业生产经营的农民专业合作社，申报标准可以适当放宽。国家示范社的评定重点向生产经营重要农产品和提供农资、农机、植保、灌排等服务，承担生态建设、公益林保护等项目任务重、贡献突出的农民专业合作社倾斜。

第七条　申报国家示范社的农民专业合作社应提交本社基本情况等有关材料。

具体申报程序：

（一）农民专业合作社向所在地的县级农业行政主管部门及其他业务主管部门提出书面申请；

（二）县级农业行政主管部门会同农业（农机、渔业、畜牧、农垦）、水利、林业、供销社等部门和单位，对申报材料进行真实性审查，征求发改、财政、税务、工商、银行业监督管理机构等单位意见，经地（市）级农业行政主管部门会同其他业务主管部门复核，向省级农业行政主管部门推荐，并报省级有关业务主管部门备案；

（三）省级农业行政主管部门分别征求农业（农机、渔业、畜牧、农垦）、发改、财政、税务、工商、银行业监督管理机构、水利、林业、供销社等部门和单位意见，经专家评审后在媒体上进行公示。经公示无异议的，根据示范社分配名额，以省级农业行政主管部门文件向全国联席会议办公室等额推荐，并附审核意见和相关材料。

第三章 评 定

第八条 国家示范社每两年评定一次。

第九条 全国联席会议办公室组织工作组，对各地推荐的示范社进行复核。

第十条 国家示范社评定要坚持标准，严格程序。

评定程序：

（一）工作组根据各省（区、市）农业行政主管部门会同其他业务主管部门联合审定的推荐意见，对示范社申报材料进行审查，提出国家示范社候选名单和复核意见。

（二）全国联席会议办公室根据工作组的意见和建议，形成评定工作报告报全国联席会议审定。

（三）全国联席会议审定后，在有关媒体上进行公示，公示期为7个工作日。对公示的农民专业合作社有异议的，由地方农业行政主管部门会同有关部门进行核实，提出处理意见。

（四）经公示无异议的农民专业合作社，获得国家农民专业合作社示范社称号，由农业部、国家发改委、财政部、国家税务总局、国家工商总局、中国银监会、水利部、国家林业局、中华全国供销合作总社等部门和单位联合发文并公布名单。

（五）全国联席会议办公室将国家示范社名单汇总，建立国家示范社名录。

第四章 监 测

第十一条 建立国家示范社动态监测制度，对国家示范社运行情况进行综合评价，为制定国家示范社的动态管理和扶持政策提供依据。

第十二条 全国联席会议成员单位加强对国家示范社的调查研究，跟踪了解国家示范社的生产经营情况，研究完善相关政策，解决发展中遇到的突出困难和问题。

第十三条 实行两年一次的监测评价制度。

具体程序：

（一）全国联席会议办公室提出国家示范社运行监测工作方案，报全国联席会议确定后组织开展运行监测评价工作。

（二）国家示范社在监测年份的5月20日前，将本社发展情况报所在县级农业行政主管部门及其他业务主管部门。材料包括：国家示范社发展情况统计表，示范社成员产品交易、盈余分配、财务决算、成员增收、涉农项目实施等情况，享受税费减免、财政支持、金融扶持、用地用电等优惠政策情况。

（三）县级农业行政主管部门会同农业（农机、渔业、畜牧、农垦）、水利、林业、供销社等部门和单位，对所辖区域国家示范社所报材料进行核查。核查无误后，经市级农业行政主管部门进行汇总，报省级农业行政主管部门。省级农业行政主管部门会同有关部门组织专家对本地区内国家示范社监测材料进行审核，提出合格与不合格监测意见并报全国联席会议办公室。

（四）全国联席会议办公室组织相关领域专家成立专家组，负责对各省（区、市）监测结果进行审查，提出监测意见和建议。

（五）根据专家组的监测意见，全国联席会议办公室对国家示范社的运行状况进行分析，完成监测报告并提交全国联席会议审定。

第十四条　监测合格的国家示范社，以农业部文件确认并公布。监测不合格的或者没有报送监测材料的，取消其国家示范社资格，从国家示范社名录中删除。

第十五条　全国联席会议办公室根据各省（区、市）在监测中淘汰的国家示范社数量，在下一次国家示范社评定中予以等额追加。

第五章　附　则

第十六条　国家示范社及申报国家示范社的农民专业合作社应按要求如实提供有关材料，不得弄虚作假。如存在舞弊行为，一经查实，已经评定的国家示范社取消其资格；未经评定的取消其申报资格，3年内不得再行申报。

第十七条　国家示范社要及时提供有关材料，对不认真、不及时提供的，要给予警告，并作为监测考核的重要依据。

第十八条　对在申报、评定、监测工作中，不坚持公开、公平、公正原则，存在徇私舞弊行为的有关人员，要按有关党纪政纪规定予以严肃查处。

第十九条　各省（区、市）农业行政主管部门可根据本办法，会同发改、财政、水利、税务、工商、林业、银行业监督管理机构、供销社等部门和单位，制定本地示范社评定办法。

第二十条　本办法由全国联席会议办公室负责解释。

第二十一条　本办法自发布之日起施行。

5.2.19 关于做好森林保险试点工作有关事项的通知

财政部、林业局、保监会关于做好森林保险试点工作有关事项的通知

(财金[2009]165号)

各省、自治区、直辖市、计划单列市财政厅(局)、林业厅(局)、保监局，内蒙古、黑龙江、大兴安岭森工(林业)集团公司，有关保险公司，中国保险行业协会：

为深入贯彻《中共中央、国务院关于2009年促进农业稳定发展农民持续增收的若干意见》(中发[2009]1号)和中央林业工作会议精神，积极推进集体林权制度改革，我们于2009年在部分省份开展了中央财政森林保险保费补贴试点工作。为进一步做好森林保险工作，逐步建立和完善森林保险制度，现就有关事项通知如下：

一、要充分认识做好森林保险工作的重要意义。林业是国民经济和社会发展的重要公益事业和基础产业。林业持续健康发展是实现党的十七大提出的建设生态文明、实现人与自然和谐发展的必然要求。开展森林保险，有利于有效保护森林资源，积极分散林业风险，保障生态安全；有利于巩固集体林权制度改革成果，促进林农就业增收，建设生态文明；有利于引导更多的信贷资金进入林业生产领域，提高资金使用效果，促进林业发展。各地应充分认识开展森林保险工作的重要意义，稳步推进做好森林保险相关工作。

二、推进森林保险工作要试点先行并量力而行。森林保险是一项新事物，林木的生长特性和损失分布情况决定了森林保险相对复杂，技术性强，经营成本高，推进森林保险工作要试点先行，逐步摸索和积累经验。对于具备保险基础、森林覆盖率高、地方政府主动提供保费补贴、先行开展森林保险试点工作的地区，中央财政将提供一定比例的配套保费补贴；对于暂不具备保险条件、地方财政难以提供保费补贴支持的地区，中央财政不作硬性要求。开展森林保险试点工作的具体事项，按照《财政部关于印发〈中央财政种植业保险保费补贴管理办法〉的通知》(财金[2008]26号)、《财政部关于中央财政森林保险保费补贴试点工作有关事项的通知》(财金[2009]25号)的有关规定和程序执行。

三、开展森林保险应坚持政府引导、市场运作的原则。在森林保险试点工作中，政府的职责应体现在通过保费补贴等政策手段引导林农参加保险，并为保险公司提供技术和服务平台，而不是主导保险业务或干预保险公司的正常经营。中央财政实施森林保险保费补贴政策的目的是鼓励林农自愿投保，支持地方政府开展工作，促进森林保险的市场化运作，发挥财政资金"四两拨千斤"的政策效果。保险公司作为森林保险的经营主体，应遵循市场机制和保险规律的要求开展森林保险业务，充分利用保险这种市场化的风险管理手段，科学合理地厘定费率、加大产品研发力度、不断提升服务质量，确保森林保险业务的可持续发展。

四、试点地区要科学合理地制定森林保险方案。森林保险管理要求高、技术复杂，试点地区应充分结合本地财政状况、林业生产状况、林农承受能力等因素,制定切实可行的森林保险试点方案。

(一)保险标的为生长和管理正常的商品林和公益林。森林保险要从集体林权制度改革比较深入、林地经营权已落实到位的地区开始,保险标的为生长和管理正常的商品林和公益林。

(二)保险责任范围以人力无法抗拒的自然灾害为主。保险责任范围包括火灾、暴雨、暴风、洪水、泥石流、冰雹、霜冻、台风、暴雪、雨凇、虫灾等。试点地区应根据当地灾害特点和参保对象意愿确定保险责任范围,提高森林保险的针对性,吸引林农积极参保。

(三)保险金额和费率的确定以"低保费、保成本、广覆盖"为原则。确定森林保险保费金额和费率既要考虑到林农的缴费能力和保障需求,又要考虑到保险公司的风险防范和稳健经营。保险金额原则上为林木损失后的再植成本,包括郁闭前的整地、苗木、栽植、施肥、管护、抚育等费用,具体由地方政府和保险公司按市场原则协商确定。保险费率应综合保险责任、林木多年平均损失情况、地区风险水平等多种因素科学厘定。保险金额和费率不作统一要求,由试点地区根据本地实际情况确定。

(四)积极探索建立森林保险大灾风险分散机制。保险公司应提足各项风险准备金、积极利用再保险等市场化机制化解经营风险,建立超赔风险分散机制,提高森林保险的可持续发展能力。

五、协同推进共同做好森林保险试点工作。政府引导的森林保险是市场经济条件下支农惠农的重要手段,是推进集体林权制度改革的一项重要金融配套措施,在开展森林保险工作中,需要政府相关部门的协同配合,共同推动森林保险的稳步发展。

(一)财政部门应做好森林保险试点的协调工作。一是牵头做好森林保险的协调工作。根据《财政部关于中央财政森林保险保费补贴试点工作有关事项的通知》(财金[2009]25号)的要求,会同有关部门,研究制定切合实际的森林保险试点方案。二是加强保费补贴资金管理。在林农承担一定比例保费的基础上,安排好保费补贴资金预算,根据承保进度,及时拨付保费补贴资金。三是研究加强各项政策的协调配合。将森林保险保费补贴政策与其他强农惠农政策有机结合,提高工作合力,在林农认可的前提下,改进保费收缴方式,降低森林保险经营成本。

(二)林业主管部门应发挥灾情防控和专业技术优势。一是加强灾情防控。做好森林防火、林业有害生物防治等防灾防损工作。充分发挥森林防火和林业有害生物防治组织体系作用,及时向保险公司提供辖区内灾情、灾害发生、损失情况等相关信息,指导林农及时做好灾害预防工作。二是充分发挥专业技术优势。协助保险公司做好承保前的风险评估及灾后查勘定损工作,协助确定损失程度及损失原因等项工作。三是积极引导林业生产者参加保险。配合保险公司,组织林农、林业企业等相关生产经营者参加森林保险。

(三)保险监管部门应做好市场监管工作。一是积极创造良好的市场环境和经营氛围。认真做好保险公司的资质审查,对森林保险经营行为进行严格监管,避免恶性竞争,为森林保险试点的稳步推进创造有利条件。二是开通"绿色通道"。积极协调保险公司开发通俗易懂、简便易行的森林保险产品并及时批复。三是完善相关管理办法。结合森林保险试点工作的实际情况,完善保险公司经营费用、代理费用、代理人员资格等有关事项的管理办法,保证森林保险试点工作的正常开展。

六、保险公司应切实提高森林保险服务水平。保险公司作为市场运作主体,应在森林保险的产品开发和定价、风险分散、队伍建设及宣传展业等各方面做好基础工作,切实提高服务水平和业务管理能力。

(一)扎实做好各项基础工作。保险公司应做到惠农政策、承保情况、理赔结果、服务标准和监管要求的"五公开",并逐步登记造册、建立明细档案。保险凭证、保险理赔应落实到户。保险凭证应载明投保林地的保单号、详细位置、保险责任、保险金额、各级财政保费补贴比例和数额、报案电话等信息。

(二)切实提高业务管理能力。保险公司应以风险水平为基础,合理测算保险费率,并根据林业生产特点,开发设计有针对性的保险产品,通过个性化、差异化的产品来满足不同层次的保险需求,确保盈亏平衡和财务可持续。

(三)不断加强从业队伍建设。森林保险业务复杂,技术要求高。保险公司应加快建立和培养素质过硬的森林保险专业团队,不断加强从业队伍建设,提高专业化服务水平。

(四)加大森林保险宣传力度。保险公司作为森林保险经营主体,应充分利用电视、电台、报刊等媒体,采取通俗易懂的方式,积极深入基层广泛宣传森林保险,逐步提高林农的风险防范意识,增强林农对森林保险的理解和信任。

暂未纳入中央财政森林保险保费补贴试点工作的省(区、市),可根据本地实际情况自行开展森林保险试点工作,具体试点方案和相关要求可比照本通知执行。

此前关于开展森林保险工作的有关文件规定与本通知不符的,以本通知为准。

5.2.20 关于做好政策性森林保险体系建设促进林业可持续发展的通知

关于做好政策性森林保险体系建设促进林业可持续发展的通知

(保监发〔2009〕117号)

各保监局,各省(自治区、直辖市)林业厅(局),内蒙古、龙江、大兴安岭森工(林业)集团公司,各相关保险公司、中国再保险集团公司,中国保险行业协会:

为深入贯彻中央林业工作会议精神,积极做好集体林权制度改革与林业发展的保险服务工作,建立政策性森林保险制度,着力强化林业支持保护体系,现就有关工作通知如下:

一、充分认识做好政策性森林保险工作的重要意义

林业持续健康发展是满足国家建设和人民生产生活对生态和林产品需求的重要保证，是实现党的十七大提出的建设生态文明、实现人与自然和谐发展的必然要求。发展森林保险，是中央支持"三农"、发展林业的重要举措，有利于积极分散林业风险，保持和巩固林业建设成果，保障林业生产经营者的经济利益，对顺利推进我国集体林权制度改革和现代林业建设具有重大意义。

（一）做好政策性森林保险工作，有利于有效保护森林资源，维护国家生态安全。开展政策性森林保险，有利于保证受损的森林资源尽快得到恢复，有效保护森林资源和生物多样性，促进森林生态效益发挥，保障国家生态安全。

（二）做好政策性森林保险工作，有利于巩固和发展集体林权制度改革成果，全面推进各项配套改革措施。开展政策性森林保险，有利于巩固和发展集体林权制度改革成果，促进农民就业增收、建设生态文明、发展现代林业；有利于促进金融机构加大对林业发展的有效信贷投入，引导多元化资金支持集体林权制度改革和林业发展。

（三）做好政策性森林保险工作，有利于保障林业生产经营者的经济利益，提高其灾后恢复生产能力。开展政策性森林保险，有利于放大财政补贴资金使用效果，为林业生产经营者灾后恢复生产提供资金保障，有效调动社会各界造林育林的积极性和爱林护林的主动性，全面加快现代林业建设。

二、做好政策性森林保险的基本原则、工作思路及实施步骤

（一）基本原则。按照"政府引导、政策支持、市场运作、协同推进"的基本原则。坚持以政府引导作用为依托，以政策支持为保障，以市场化运作为手段，以协同推进为要求，探索建立防范和化解林业风险的保险保障体系。

（二）工作思路。按照"统一原则、试点先行、稳步推进"的思路，探索建立由保险监管、林业、财政等部门与保险经办机构、林业企业、林业专业合作组织、林农等多方积极参与的政策性森林保险工作机制，逐步扩大森林保险的覆盖面，不断完善森林保险险种和服务创新，力争实现"政府满意、林农实惠、森林保障、保险发展"。

（三）实施步骤。要坚持试点先行、以点代面、总结经验、稳步推广，有计划、分步骤地推进政策性森林保险工作。一是今年中央财政森林保险保费补贴试点地区福建、江西和湖南省的保险监管部门、林业部门要将政策性森林保险工作作为一项重点工作抓紧抓好。二是鼓励森林资源丰富，集体林权制度改革深入的省（区）积极摸索和积累经验，为争取纳入中央财政保费补贴试点单位做好准备。三是要以做好政策性森林保险为切入点，积极推动林农小额信用贷款保险、管护人员意外保险等涉林保险业务发展。

三、科学合理制定政策性森林保险方案

财政保费补贴试点地区的保险监管、林业部门要积极参与当地森林保险方案的制定，并将保险方案分别上报中国保监会、国家林业局。保险经办机构要充分征求财政、保险监管、林业部门及参保对象的意见，按照保监会下发的《关于规范政策性农业保险业务管理的通知》（保监发[2009]56号）要求，负责设计开发森林保险条款并向保险监管部门进行报备。

（一）关于保险标的和责任范围

森林保险试点要从集体林权制度改革比较深入，林地经营权已落实到位，地方政府较为重视的地区开始。保险标的以承保商品林、公益林为主，在试点基础上，逐步扩大试点品种。

目前我国林业生产面临的主要风险是火灾、暴雨、暴风、洪水、泥石流、冰雹、霜冻、台风、暴雪、雨凇、虫灾等多种自然灾害。根据当地成灾特点和参保对象意愿，开发设计有潜力、受欢迎的保险产品。试点地区可单独选择火灾责任，也可选择火灾及其他几种对本地林业生产影响较大的自然灾害列入本地政策性森林保险保障范围，提高森林保险的针对性和有效性。合理确定免赔额度，吸引林农积极参保。

（二）关于保险金额和费率

政策性森林保险的保额和费率设定应以"低保费、保成本、广覆盖"为原则，既要考虑到林业生产经营者的缴费能力和基本保障需求，又要考虑到保险公司的风险防范水平和稳健经营，防止超出双方的承受能力。保险金额原则上为林木损失后的再植成本，可在300～800元/亩之间选择。

要积极推动森林保险的广覆盖，确保一定规模的承保面，以大数法则和累加优势，有效分散经营风险。要综合考虑保险责任、风险分布区域以及历年的森林保险经营情况等因素，科学合理厘定森林保险费率。

若参保对象需要增加除上述以外的保险责任或保额，并由此产生的保费，可由地方财政部门提供一定比例的保费支持。不能提供保费支持的，可由参保对象自行承担相应增加的保费。

（三）关于巨灾风险安排

各地应积极探索建立森林保险风险分散机制。当地保险监管部门、林业部门要积极推动森林巨灾保障机制建立。各参与森林保险的经办机构，要建立超赔保障机制，提高森林保险抗风险能力。

四、几点要求

（一）加强协同配合，共同推进政策性森林保险工作

森林保险政策性强，涉及利益群体众多，需要多部门协同配合，共谋发展。各地应充分发挥政府引导和政策支持的作用，积极协调、引导、组织林农投保，积极推动建立财政、保险监管、林业部门以及保险经办机构之间的森林保险横向沟通机制，充分发挥金融保险在推进林业可持

续发展中的作用。

（二）积极推动财政森林保险保费补贴政策落实到位

要认真细化试点方案，完善保险条款，积极推动试点地区把中央财政森林保险保费补贴政策用好、用足，充分发挥财政资金杠杆的作用。

（三）保险监管部门要充分发挥市场监管和协调职能

一要积极创造良好的市场环境和经营氛围，认真做好保险经办机构的资质审查，对经办机构经营森林保险行为进行严格监管，为政策性森林保险试点的全面开展创造有利条件。二要采取措施防止恶性价格竞争。加大对套取国家财政资金、损害林农利益等违法违规行为的查处力度，维护市场秩序和林农利益。三要开通"绿色通道"，积极协调保险公司开发通俗易懂、简便易行的森林保险产品并及时批复。

（四）林业主管部门要充分发挥灾情防控和专业技术优势

一要加强灾情防控，做好森林防火、林业有害生物防治等防灾防损工作。充分发挥森林防火和林业有害生物防治组织体系作用，及时向保险经办机构提供辖区内灾情、灾害发生、损失情况等相关信息，指导林农及时做好灾害预防工作。二要充分发挥专业技术优势，协助保险经办机构做好承保前的风险评估及灾后查勘定损工作，协助确定损失程度及损失原因等项工作。三要积极引导宣传，协同组织相关生产经营者投保森林保险。

（五）保险经办机构要切实提高服务水平

一要认真做好承保工作。规范业务操作行为，提高管理和服务水平。鼓励林业企业和专业合作组织投保，引导散户林农、小型林业经营者主动参与森林保险，做好防灾防损工作，保证保险凭证到户，逐户建立明细档案，登记造册并公示，不断提高林农参保率和森林保险覆盖率。二要加强保险理赔服务。做到保险赔款直接到户，惠农政策、承保情况、理赔结果、服务标准、监管要求"五公开"，切实维护投保人的合法权益。三要加大森林保险的宣传力度。普及保险知识，提高林业生产经营者的保险意识，赢得其认可。四要加强信息沟通，建立政策性森林保险工作联系机制。在积极推动森林保险发展的同时，要认真总结经验，对于发现的新情况、新问题要及时上报中国保监会和国家林业局，以便更好地推进政策性森林保险工作。

5.2.21 森林经营方案编制与实施纲要

国家林业局关于印发《森林经营方案编制与实施纲要（试行）》的通知

（林资字 [2006]227 号）

各省、自治区、直辖市林业（农林）厅（局），内蒙古、吉林、龙江、大兴安岭森工（林业）集团公司，新疆生产建设兵团林业局：

为积极推进我国森林可持续经营，指导各地开展森林经营方案的编制和实施工作，依据《森林法》和《森林法实施条例》的有关规定，我局制定了《森林经营方案编制与实施纲要（试行）》（以下简称《纲要》），现予印发，请结合本地实际认真贯彻执行，并提出如下要求。

一、各地要充分认识开展森林经营方案编制工作的重要意义，切实加强领导、精心组织、统筹规划，稳步推进本区域森林经营方案的编制和实施。

二、各地要以森林可持续经营为准则，以本《纲要》为指导，紧密结合自身实际，科学制定实施细则，开展森林经营方案的编制工作，确保编制成果的科学性和实用性。

三、各地要选择不同森林类型的经营单位，开展森林可持续经营试验示范，并率先编制森林经营方案，为其他单位提供借鉴。

为进一步修订和完善本《纲要》，请将试行过程中发现的问题和改进意见及时反馈我局。

国家林业局
二〇〇六年十一月二十一日

森林经营方案编制与实施纲要（试行）

一、总　则

1. 为贯彻落实《中共中、国务院关于加快林业发展的决定》的有关精神，全面推进我国的森林可持续经营工作，规范和引导森林经营主体科学编制和实施森林经营方案，根据《森林法》和《森林法实施条例》的有关规定，制定本纲要。

2. 森林经营方案是森林经营主体为了科学、合理、有序地经营森林，充分发挥森林的生态、经济和社会效益，根据森林资源状况和社会、经济、自然条件，编制的森林培育、保护和利用的中长期规划，以及对生产顺序和经营利用措施的规划设计。

森林经营方案是森林经营主体和林业主管部门经营管理森林的重要依据。编制和实施森林经营方案是一项法定性工作，森林经营主体要依据经营方案制定年度计划，组织经营活动，安排林业生产；林业主管部门要依据经营方案实施管理，监督检查森林经营活动。

3. 森林经营方案规划期为一个森林经理期，一般为10年。以工业原料林为主要经营对象的可以为5年。

4. 森林经营方案编制与实施要以科学发展观为指导，以森林可持续经营理论为依据，以培育健康、稳定、高效的森林生态系统为目标，通过严格保护、积极发展、科学经营、持续利用森林资源，提高森林资源质量，增强森林生产力和森林生态系统的整体功能，实现林业的可持续发展。

5. 森林经营方案编制与实施要坚持资源、环境和经济社会发展协调，坚持所有者、经营者和管理者责、权、利统一，坚持与分区施策、分类管理政策衔接，坚持保护、发展与利用森林资源并重，坚持生态效益、经济效益和社会效益统筹的原则。

6. 森林经营方案编制与实施要有利于优化森林资源结构，提高林地生产力；有利于维护森林生态系统稳定，提高森林生态系统的整体功能；有利于保护生物多样性，改善野生动植物的栖息环境；有利于提高森林经营者的经济效益，改善林区经济社会状况，促进人与自然和谐发展。

二、编案单位和程序

7. 从事森林经营、管理，范围明确，产权明晰的单位或组织为森林经营方案编制单位。依据其性质和规模分为以下几种编案单位：

（1）一类编案单位：国有林业局、国有林场、国有森林经营公司、国有林采育场、自然保护区、森林公园等国有林经营单位。

（2）二类编案单位：达到一定规模的集体林组织、非公有制经营主体。

（3）三类编案单位：其他集体林组织或非公有制经营主体，以县为编案单位。

8. 一类编案单位应依据有关规定组织编制森林经营方案；二类编案单位可在当地林业主管部门指导下组织编制简明森林经营方案；三类编案单位由县级林业主管部门组织编制规划性质森林经营方案。

9. 编案工作组应以编案单位为主、林业规划设计单位、林权所有者代表及林业主管部门代表和社区代表共同参加。在方案编制的过程中要充分尊重森林经营者的自主权，林业部门负责政策把关和协调，规划设计单位负责技术服务。具体工作应由具有林业调查规划设计资质的单位承担。一类和三类编案单位应由具有乙级以上林业调查规划设计资质的单位承担；二类编案单位应由具有丙级以上林业调查规划设计资质的单位承担。

10. 森林经营方案编制的主要程序。

（1）编案准备：包括组织准备，基础资料收集及编案相关调查，确定技术经济指标，编写工作方案和技术方案。

（2）系统评价：对上一经理期森林经营方案执行情况进行总结，对本经理期的经营环境、森林资源现状、经营需求趋势和经营管理要求等方面进行系统分析，明确经营目标、编案深度与广度及重点内容，以及森林经营方案需要解决的主要问题。

（3）经营决策：在系统分析的基础上，分别不同侧重点提出若干备选方案，对每个备选方案进行投入产出分析、生态与社会影响评估，选出最佳方案。

（4）公众参与：广泛征求管理部门、经营单位和其他利益相关者的意见，以适当调整后的最佳方案作为规划设计的依据。

（5）规划设计：在最佳方案控制下，进行各项森林经营规划设计，编写方案文本。

（6）评审修改：按照森林经营方案管理的相关要求进行成果送审，并根据评审意见进行修改、定稿。

三、编案内容和要求

11. 森林经营方案内容一般包括森林资源与经营评价，森林经营方针与经营目标，森林功能区划、森林分类与经营类型，森林经营，非木质资源经营，森林健康与保护，森林经营基础设施建设与维护，投资估算与效益分析，森林经营的生态与社会影响评估，方案实施的保障措施等主要内容。

简明森林经营方案内容一般包括森林资源与经营评价，森林经营目标与布局，森林经营，森林保护，森林经营基础设施维护，效益分析等主要内容。

规划性质森林经营方案内容一般包括森林资源与经营评价，森林经营方针、目标与布局，森林功能区划与森林分类，森林经营，森林健康与保护，投资估算与效益分析，森林经营的生态与社会评估等主要内容。

12. 森林经营方案编制深度依据编案单位类型、经营性质与经营目标确定。

森林经营方案应将经理期内前3～5年的森林经营任务和指标按经营类型分解到年度，并挑选适宜的作业小班；后期经营规划指标分解到年度。在方案实施时按2～3年为一个时段滚动落实到作业小班。

简明森林经营方案应将森林采伐和更新等任务分解到年度，规划到作业小班，其他经营规划任务落实到年度。

规划性质经营方案应将森林经营规划任务和指标按经营类型落实到年度，并明确主要经营措施。

四、森林生态系统分析与评价

13. 编制森林经营方案必须建立在翔实、准确的森林资源信息基础上，包括及时更新的森林资源档案、近期森林资源二类调查成果、专业技术档案等。编案前2年内完成的森林资源二类调查，应对森林资源档案进行核实，更新到编案年度。编案前3～5年完成的森林资源二类调查，需根据森林资源档案，组织补充调查更新资源数据。未进行过森林资源调查或调查时效超过5年的编案单位，应重新进行森林资源调查。

14. 森林经营方案编制应全面进行森林生态系统分析与森林可持续经营评价。

分析重点包括森林资源数量、质量、分布、结构及其动态变化，森林生态系统完整性、森林健康与生物多样性状况；森林提供木质与非木质林产品的能力；森林保持水土、涵养水源、游憩服务、劳动就业等生态与社会服务功能；林业有害生物、森林病虫害、森林火灾和地力衰退状况等。

评价应参照国家、区域或经营单位等不同层次的森林可持续经营标准与指标，重点包括维持森林生态系统生产力、保持森林健康与活力、保护生物多样性、发挥社会效益等方面的优势、潜力和问题，编案单位的经营管理能力、机制，森林经营基础设施等条件。

15. 森林经营方案编制应全面分析国家、区域和社区对森林经营的经济、社会和生态需求，找出外部环境对森林经营管理的影响因素和影响程度。重点分析相关森林经营政策、林业管理制度的约束与要求，当地居民生产生活和相关利益者对森林经营的需求及依赖程度，生态安全与森林健康对森林多目标经营要求与限制等，以生态、经济、社会三大效益统筹兼顾和协调发展的经营理念确定经营战略。

五、森林经营方针与目标

16. 编案单位应根据国家、地方有关法律法规和政策，结合森林资源及其保护利用现状、经营特点、技术与基础条件等，确定方案规划期的森林经营方针。经营方针必须统筹好当前与长远、局部与整体、经营主体与社区利益，协调好森林多功能与森林经营多目标的关系，确保森林资源的生态、经济和社会等多种效益的充分发挥。

17. 森林经营方案应当明确提出规划期内要实现的经营目标。经营目标应根据现有森林资源状况、林地生产潜力、森林经营能力和当地经济社会情况等综合确定。森林经营目标应当作为当地国民经济发展目标的重要组成部分，并与国家、区域森林可持续经营标准和指标体系相衔接。经营目标主要包括森林资源发展目标，林产品供给目标和森林综合效益发挥目标等。

六、森林区划与组织森林经营类型

18. 一、三类编案单位应按照《全国森林资源经营管理分区施策导则》的要求，以区域为单元进行森林功能区划。包括森林集水区区划、生态景观区划、生物多样性保护区划、野生植物保护区划、野生动物保护区划、人文遗产保护区划、森林游憩区划、森林火险区划、有害生物防控区划等。具有下列一种或多种属性的高保护价值区域应优先区划出来：

（1）在全球或国家水平上，具有重要保护价值的生物多样性（如地方特有种、濒危种、残遗种）显著富集的区域。

（2）在全球或国家水平上，具有重要保护意义的主要物种仍基本保持自然分布格局的大片森林景观区域。

（3）珍稀、受威胁或濒危生态系统区域。

（4）提供生态服务功能（如集水区保护、土壤侵蚀控制）的区域。

（5）满足当地社区生存、健康等基本需求的区域。

（6）对当地社区的传统文化特性具有重要意义的区域。

19. 编案单位应以小班为单元，按照森林分类经营的要求进行公益林和商品林区划。国家重点公益林按照《重点公益林区划界定办法》的要求划定；一般公益林和商品林原则上根据国家、地方相关规定和规划以及经营者意愿划定。

20. 编案单位在功能区划和森林分类的基础上，以小班为单元组织森林经营类型。综合考虑生态区位及其重要性、林权、经营目标一致性等因素，将经营目的、经营周期、经营管理水平、立地质量和技术特征相同或相似的小班组成一类经营类型，作为基本规划设计单元。

七、森林经营规划设计

21. 公益林经营规划设计依据有关法律法规和政策，结合经营单位公益林保护与管理实施方案等进行。

（1）根据森林功能区经营目标的不同分别确定经营技术与培育、管护措施，维持和提高公益林的保护价值和生态功能。

（2）依据《全国森林资源经营管理分区施策导则》，明确编案单位内严格保护、重点保护和保护经营三种经营管理类型组的经营对象和经营管护措施，设计经营技术指标和管理目标体系。

（3）依照生态公益林建设的系列技术标准，规划设计公益林的造林、抚育和更新改造等任务。

（4）重点公益林区的更新造林，应充分利用自然力进行生态修复。人工林应采取保护天然幼树、幼苗等措施，增强自然属性。重点保护类型组和保护经营类型组的重点公益林可以限量规划抚育间伐、低效林改造和更新采伐，引进乡土珍贵树种，提高公益林的经济产出潜力。

（5）公益林管护应结合实际，因地制宜，采取集中管护、分片承包或个人自护等方式，制订管护方案，落实管护责任。

22. 商品林经营应以市场为导向，在确保生态安全前提下以追求经济效益最大化为目标，充分利用林地资源，实行定向培育、集约经营。

（1）根据立地质量评价、森林结构调整目标、市场需求与风险分析，以及森林资源经济评估成果等，综合确定商品林经营类型的培育任务。

（2）分别更新造林、抚育间伐、低产林改造三种主要经营措施类型组进行规划设计。培育任务按林种—森林经营类型—经营措施类型（组）进行组织，各项规划任务落实到每个森林经营类型。

（3）经济林规划应根据种植传统，因地制宜地选择果树林、食用原料林、林化工业原料林、药用林或其他经济林。根据市场需求、土地资源、产品质量、经营加工能力、储存能力及运输条件、名牌效应等因素确定经济林发展规模。按照名、特、优、新的原则，选择优先发展的产业。

（4）生物质能源林经营可分为木质能源林和油料能源林两种类型。木质能源林经营应重点考虑当地居民的生活能源需求和当地生物质电能源生产的原料需求，选择高燃烧值的树种，规划经营规模。油料能源林经营应充分考虑就近加工的条件和能力，因地制宜地选择具有商业开发价值的树种,规划培育基地规模。

23. 森林采伐贯穿于森林经营的全过程,是森林培育和结构调整的重要手段。森林采伐量应依据功能区划和森林分类成果,分别主伐、抚育间伐、更新、低产(低效)林改造等,结合森林经营规划,采用系统分析、最优决策等方法进行测算,确定森林合理年采伐量和木材年产量。

(1) 森林采伐应重点考虑建设和培育稳定、健康与高效的森林生态系统,提升森林资源的保护价值和持续提供物质、生态、文化产品的能力。

(2) 按照《森林采伐作业规程》等标准,建立以生态采伐为核心的经营管理体系,有条件的区域应推行梯度经营,将森林采伐对生态环境的影响减少到最小程度。

(3) 森林采伐应有利于调整和优化森林结构,稳定木材产量,保护生物多样性与水土资源,维持森林的碳汇平衡,满足利益相关者的经营目的。

(4) 采伐量测算应以小班为单元,进行时间和空间分析,确保森林采伐量具有科学性和可操作性。

24. 更新造林和森林采伐的工艺设计应充分考虑下列条件:

(1) 在溪流、水体、沼泽、冲积沟、受保护的山脊或廊道等易发生水土流失的区域应设置一定宽度的缓冲带(区)。

(2) 尽量减少用于作业的林道、楞场和集材道。

(3) 适当增加小流域、沟系、山体的景观异质性,特别是不同年龄、不同群落的森林合理配置,为野生动植物提供多样的栖息环境,为控制林业有害生物和森林火灾提供有利条件。

(4) 合理设置作业区域和作业面积,保证野生动植物生存繁衍所需的生态单元和生物通道。

(5) 合理确定造林与采伐方式,确保生态景观敏感区域不受严重影响。

(6) 优先安排受灾林木、工业原料林、人工林的采伐和造林更新。

25. 根据森林经营任务和种子园、母树林、苗圃和采穗圃状况,测算种子、苗木的实际需求和供应能力,规划安排种苗生产任务。应创造条件建立以乡土树种为主的良种繁育基地,提倡新技术、新品种的应用。

八、非木质资源经营与森林游憩规划

26. 非木质资源经营规划应以现有成熟技术为依托,以市场为导向,规划利用方式、强度、产品种类和规模。在严格保护和合理利用野生资源的同时,积极发展非木质资源的人工定向培育。

27. 森林游憩规划可按照功能区或旅游地类型进行,充分利用林区多种自然景观和人文景观资源,开展以森林生态系统为依托的游憩活动。规划应因地制宜地确定环境容量和开发规模,科学设计景区、景点和游憩项目。

九、森林健康与生物多样性保护

28. 森林防火规划应重点区划森林火险等级，制定森林防火布控与应急预案，规划森林扑火队伍、装备和基础设施等。

29. 林业有害生物防控规划应与营造林措施紧密结合，以营造林防控为主，辅以必要的生物防治和抗性育种等措施。重点规划预测预报系统与监测预警体系，防治检疫站点与检疫体系，制定林业有害生物和疫源疫病防控预案等。

30. 林地生产力维护措施应贯穿于森林经营的全过程。应充分考虑有利于地力维护的培肥技术、采伐要求、化学制剂应用等保护对策。提倡培育阔叶林和混交林；速生丰产林应考虑轮作、休歇、间作等培育措施；水土流失严重地区应在造林、采伐作业时，采取土壤水肥保持措施。

31. 森林集水区经营管理规划应科学规划集水区的类型和等级，分区确定森林经营策略，将采伐、造林、修路等森林经营活动导致的水土流失降到最小。

（1）邻接多年性河流、间歇性河流或湖泊、池塘、水库、沼泽等水体的条形地带，应按照《森林采伐作业规程》的要求划出缓冲带。

（2）坡度大、土层薄，以及山脊、湿地等敏感区域的森林，应按照公益林的要求进行管理。

32. 生物多样性保护规划应充分考虑生物资源类型、保护对象特点、制约因素及影响程度、法律法规与政策等。

（1）以生态系统保护途径为主线，注重对景观、生态系统、物种和遗传基因等不同层次多样性的系统保护。

（2）将高保护价值森林区域作为规划重点，明确高保护价值区域范围、类型与保护特点，提出保护措施。

（3）以林班或小流域为单位，以指示型物种确定适宜的树种、森林类型和龄组结构，保持物种组成、空间结构和年龄结构的异质性。

（4）注重保护珍稀濒危物种和群落建群树种的林木、幼树、幼苗，在成熟的森林群落之间保留森林廊道。

十、基础设施与经营能力建设

33. 林道规划应根据森林经营的实际需要和建设能力，明确林道建设及维护的任务量。林道密度以满足森林经营的基本要求为原则，新建林道应尽量结合防火道、巡护路网等布设，避开高保护价值森林区域、缓冲带和敏感地区。

34. 森林保护、林地水利及其他营林配套基础设施规划，应充分结合国家、地方相关基础设施建设规划进行，以利用和维护已有基础设施为主，并考虑设施的多途利用。

35. 森林经营管理队伍建设规划应依据森林经营单位的经营目标、经营任务、劳动定额等进行。要加强技术技能培训，促进森林经营管理队伍职业化和专业化。

36. 森林经营档案建设规划应以分类、准确、及时、便捷为原则，重点规划档案管理人员、设施设备和相关管理制度建设等。森林经营档案应包括森林资源档案、经营技术档案、生产管理档案及相关文件、资料等。

十一、编案方法与公众参与

37. 森林经营方案编制应以生态系统经营理论为指导，积极应用林学、经济学、生态学、计算机技术等科学方法和技术手段，进行系统分析、综合评价、科学决策和规划设计，确保森林经营方案的科学性、先进性和可行性。

38. 森林经营决策应针对森林经营周期长、功能多样、受外部环境影响大等特点，分别从不同侧重点对森林结构调整和经营规模提出多个备选方案，进行多方案比选。

（1）每个备选方案应测算和评价一个半经营周期内的森林资源动态变化、木材及林产品生产能力、投入与产出等指标。

（2）每个备选方案应对水土保持、生物多样性保护、地力维持、森林健康维护等进行长周期的生态影响评估。

（3）每个备选方案应对社区服务、社区就业、森林文化宗教价值维护等进行长周期的社会影响评估。

39. 森林经营方案编制应采取参与式规划方式，建立公众参与机制，在不同层面上，充分考虑当地居民和利益相关者的生存与发展需求，保障其在森林经营管理中的知情权和参与权，使公众参与式管理制度化。

十二、编案成果与审批

40. 森林经营方案成果包括方案文本及相关图表和数据库等。

41. 编制成果经承担规划设计的单位签署意见后，由编案单位和林业主管部门共同论证。

（1）论证由指定的专业委员会或专家小组执行，可采用召开论证会或函审的方式。

（2）论证人员应由技术专家、管理者代表、业主代表、相关部门和相关利益者代表等组成。

42. 森林经营方案实行分级、分类审批和备案制度。

（1）一类编案单位的经营方案由隶属林业主管部门审批并备案，二类编案单位的经营方案由所在地县级以上林业主管部门审批并备案，三类编案单位的经营方案由省级林业主管部门审批并备案。

（2）重点国有林区森林经营单位的森林经营方案，由国家林业局或委托的机构审批并备案。

十三、方案实施、监测、评估与调整

43. 编案单位为森林经营方案的实施主体，应严格按照森林经营方案规划设计的各项任务和年度安排制定年度计划，编制作业设计，组织并开展各项经营活动。

44. 森林经营单位应建立森林经营成效监测体系，监测森林经营方案执行情况，依据年度计划和有关标准、规定，验收经营作业成果。

45. 森林经营单位应根据监测结果和相关森林可持续经营标准与指标体系，定期评价森林经营方案实施效果，评估森林可持续经营状况，鼓励由社会第三方进行森林可持续经营认证。

46. 森林经营单位可在经理期内依据监测、评估结果对森林经营方案进行适当调整。其中对经营目标、森林分类区划、采伐利用规划等内容进行重大调整时，应报原森林经营方案批准单位重新批复。

十四、方案管理、监督与保障措施

47. 各级林业主管部门应切实加强森林经营方案编制与实施的管理，定期对编案单位实施森林经营方案的情况和效果进行监督检查。

48. 森林经营方案是编制森林采伐限额的主要依据。各级林业主管部门应将森林经营方案作为编制森林采伐限额、下达年度木材生产计划的重要依据，原则上森林采伐限额和木材生产计划按依法批准的森林经营方案确定。

49. 各地编制各项与森林经营有关的规划、工程项目和投资计划时，应充分考虑森林经营方案设计的森林经营目标和主要规划内容。通过完善法律法规、政策规范，逐步确立森林经营方案的法律地位和权威性，理顺森林经营的利益分配关系，促进森林经营方案编制和实施法制化、规范化和科学化。

5.2.22 突发林业有害生物事件处置办法

突发林业有害生物事件处置办法

（2005年5月23日国家林业局令第13号；2015年11月24日国家林业局令第38号修改）

第一条　为了及时处置突发林业有害生物事件，控制林业有害生物传播、蔓延，减少灾害损失，根据《森林病虫害防治条例》和《植物检疫条例》等有关规定，制定本办法。

第二条　本办法所称林业有害生物，是指危害森林、林木和林木种子正常生长并造成经济损失的病、虫、杂草等有害生物。

第三条　本办法所称突发林业有害生物事件，是指发生暴发性、危险性或者大面积的林业有害生物危害事件，包括：

（一）林业有害生物直接危及人类健康的；

（二）从国（境）外新传入林业有害生物的；

（三）新发生林业检疫性有害生物疫情的；

（四）林业非检疫性有害生物导致叶部受害连片成灾面积 1 万公顷以上、枝干受害连片成灾面积 0.1 万公顷以上的。

第四条 突发林业有害生物事件分为一级和二级。

直接危及人类健康的突发林业有害生物事件，为一级突发林业有害生物事件；一级突发林业有害生物事件以外的其他突发林业有害生物事件，为二级突发林业有害生物事件。

第五条 一级突发林业有害生物事件，由国家林业局确认；二级突发林业有害生物事件，由省、自治区、直辖市人民政府林业主管部门确认。

属于从国（境）外新传入的林业有害生物，以及首次在省、自治区、直辖市范围内发生的林业检疫性有害生物，应当经过国家林业局林业有害生物检验鉴定中心鉴定。

第六条 国家林业局负责组织、协调和指导全国突发林业有害生物事件的处置工作。

县级以上地方人民政府林业主管部门在人民政府领导下，具体负责本辖区内突发林业有害生物事件的处置工作。

第七条 国家林业局负责组织制定一级突发林业有害生物事件应急预案。省、自治区、直辖市人民政府林业主管部门负责组织制定本辖区的二级突发林业有害生物事件应急预案。

突发林业有害生物事件应急预案的主要内容是：应急处置指挥体系及其工作职责、预警和预防机制、应急响应、后期评估与善后处理、保障措施等。

第八条 县级人民政府林业主管部门应当根据突发林业有害生物事件应急预案，制定本辖区的突发林业有害生物事件应急实施方案。

突发林业有害生物事件应急实施方案的主要内容是：

（一）应急处置指挥机构和人员；

（二）应急处置工作职责和程序；

（三）林业有害生物控制和防治措施；

（四）林业有害生物应急处置物质保障。

第九条 县级以上人民政府林业主管部门应当加强林业有害生物测报试验室、检疫检验试验室、林木种苗及木材除害设施、物资储备仓库、通信设备等基础设施建设，做好药剂、器械等有关物资的储备。

第十条 县级人民政府林业主管部门应当组织对突发林业有害生物事件应急处置救灾人员的专业技术培训，开展技术演练，提高应急处置技能。

第十一条 县级以上人民政府林业主管部门的森林病虫害防治机构及其中心测报点，应当及时对林业有害生物进行调查与监测，综合分析测报数据，提出防治方案。

森林病虫害防治机构及其中心测报点，应当建立林业有害生物监测档案，掌握林业有害生物的动态变化情况。

乡（镇）林业站工作人员、护林员按照县级以上人民政府林业主管部门的要求，参加林业有害生物的调查与监测工作。

第十二条　森林病虫害防治机构及其中心测报点，发现疑似突发林业有害生物事件等异常情况的，应当立即向所在地县级人民政府林业主管部门报告。

公民、法人或者其他组织发现有疑似突发林业有害生物事件等异常情况的，应当向县级以上人民政府林业主管部门反映。

第十三条　县级人民政府林业主管部门接到疑似突发林业有害生物事件等异常情况的报告或者有关情况反映的，应当及时开展调查核实；认为属于突发林业有害生物事件的，应当按照有关规定逐级上报国家林业局。

突发林业有害生物事件的报告，主要包括有害生物的种类、发生地点和时间、级别、危害程度、已经采取的措施以及相关图片材料等内容。

第十四条　国家林业局或者省、自治区、直辖市人民政府林业主管部门应当组织专家和有关人员对县级人民政府林业主管部门报告的情况进行调查和论证，确认是否属于突发林业有害生物事件。

经确认属于一级突发林业有害生物事件的，国家林业局应当启动应急预案；经确认属于二级突发林业有害生物事件的，省、自治区、直辖市人民政府林业主管部门应当启动应急预案。

第十五条　国家林业局应当按照国务院有关灾害报告制度的规定，及时向国务院报告突发林业有害生物事件的有关情况。

一级突发林业有害生物事件的有关信息，由国家林业局按照规定发布。二级突发林业有害生物事件的有关信息，由省、自治区、直辖市人民政府林业主管部门按照规定发布。

第十六条　突发林业有害生物事件应急预案批准启动实施后，发生地的县级人民政府林业主管部门应当相应启动应急实施方案，立即采取紧急控制措施，切断传播途径，防止扩散蔓延。

第十七条　应急预案和应急实施方案符合规定的终止条件的，方可终止。

第十八条　省、自治区、直辖市人民政府林业主管部门应当根据突发林业有害生物事件应急处理的需要，依法提出疫区划定方案和检疫检查站设立计划，报省、自治区、直辖市人民政府批准后实施。

第十九条　发生一级突发林业有害生物事件，由国家林业局组织专家开展科学研究，收集相关资料，提出综合评估报告；发生二级突发林业有害生物事件，由省、自治区、直辖市人民政府林业主管部门组织专家开展科学研究，收集相关资料，提出综合评估报告。

县级人民政府林业主管部门应当根据综合评估报告修改、完善应急实施方案。

第二十条　对直接危及人类健康、从国（境）外新传入或者跨省、自治区、直辖市传播的林业有害生物，国家林业局和有关省、自治区、直辖市人民政府林业主管部门应当及时组织科研力量研究防治措施，制定相关的检验检疫技术标准，并依法确定是否列为林业检疫性有害生物。

第二十一条　林业主管部门、森林病虫害防治机构及其中心测报点的工作人员玩忽职守、徇私舞弊，造成林业有害生物传播、蔓延的，依法给予处分；情节严重、构成犯罪的，依法追究刑事责任。

第二十二条　本办法自2005年7月1日起施行。

5.2.23 林业产业政策要点

关于印发《林业产业政策要点》的通知

(林计发〔2007〕173号)

各省、自治区、直辖市人民政府，新疆生产建设兵团，各银监局、政策性银行、国有商业银行、股份制商业银行：

为贯彻落实《中共中央、国务院关于加快林业发展的决定》(中发〔2003〕9号)精神，加强宏观调控和政策引导，建立公平合理、竞争有序、发展协调的市场环境，引领、规范和扶持林业产业的发展，加快现代林业建设步伐，我们联合制定了《林业产业政策要点》(见附件)，并经国务院国有资产监督管理委员会、国家开发银行、中国农业发展银行会签同意，现印发你们，请结合本地区实际，认真贯彻执行。

国家林业局

中华人民共和国国家发展和改革委员会

中华人民共和国财政部

中华人民共和国商务部

国家税务总局

中国银行业监督管理委员会

中国证券监督管理委员会

二〇〇七年八月十日

林业产业政策要点

一、前言

1. 林业产业是涉及国民经济一、二、三产业的复合产业群体，具有基础性、多样性、生态性、战略性。改革开放以来，我国林业产业发展迅速，为农民增收和经济社会发展作出了重要贡献。但是，林业产业基础薄弱、规模不大、结构不合理、素质不高、效益不好、市场发育不全等问题还相当突出，难以满足国民经济和社会发展对林业物质产品、生态产品和文化产品的需求。为了加快和规范林业产业发展，充分挖掘我国林业产业发展的潜力，发展现代林业，推动生态建设，增加农民收入，促进社会主义新农村建设和构建社会主义和谐社会，根据国家产业发展和产业结构调整的宏观要求，特制定本政策要点。

2. 加快林业产业发展是促进人与自然和谐的必然要求。随着我国经济社会快速发展，资源和生态环境的瓶颈约束效应日益凸显，发展循环经济，以可再生资源替代不可再生资源已成为重大战略取向。林业产业是规模最大的循环经济体，森林资源的可再生性和林产品的可降解性，为经济社会发展可持续利用森林资源展示了光明前景。加快发展林业产业，对于全面落实科学发展观，建设资源节约型和环境友好型社会，促进人与自然和谐发展，意义十分重大。

3. 加快林业产业发展是维护国家木材安全的根本途径。森林是国家重要的战略资源，木材是国际公认的四大原材料（钢材、水泥、木材、塑料）之一。我国木材和林产品需求急剧增长，目前每年进口木材类产品折合原木达1亿多立方米，进口额高达200多亿美元。世界各国的实践证明，经济越发达，对木材和林产品的需求量越大。而维护全球生态安全、应对全球气候变暖又对保护森林资源提出了强烈要求。森林资源的稀缺性和经济社会发展对木材的刚性需求的矛盾日益尖锐。加快林业产业发展，立足国内解决木材和林产品供应问题，已成为我国经济社会发展的迫切要求。

4. 加快林业产业发展是促进农民就业增收的战略举措。我国现有林地42亿多亩、可利用沙地8亿多亩、湿地近6亿亩；有木本植物8000多种、陆生野生动物2400多种、野生植物3万多种，发展林业产业潜力巨大。林业产业内容丰富，产业链条长，就业空间广。加快林业产业发展，可以为农民提供最适应、最直接、最可靠的就业机会，充分释放林地、沙地、湿地资源和物种资源及劳动力资源的巨大潜力，对于增加农民收入、破解"三农"难题、建设社会主义新农村具有十分重大的作用。

5. 加快林业产业发展是全面推进现代林业建设的主要内容。林业具有巨大的生态功能、经济功能和社会功能。现代林业是全面协调可持续发展的林业，是运用现代技术开发林业的多种功能，满足经济社会发展和人们多样化需求的林业。只有加快林业产业发展，才能充分发挥林业的经济功能，为建立完善的生态体系和繁荣的生态文化体系提供重要保障。加快林业产业发展，不仅将产生巨大的生态、社会效益，而且将创造出巨大的物质财富，最大限度地满足经济社会发展对林业的多种需求。

二、目标和原则

6. 政策目标。全面落实科学发展观，实施以生态建设为主的林业发展战略，发挥市场配置资源的基础性作用和国家的宏观调控作用，逐步建立起门类齐全、优质高效、竞争有序、充满活力的现代林业产业体系，充分发挥林业的多种功能，大力提升林产品的供给能力，最大限度地满足经济社会发展对林产品与服务的多样化需求。

7. 基本原则。

——坚持宏观引导。以产业政策和产业发展规划为导向，综合运用经济、法律和行政等手段，逐步缓解林业物质产品、生态产品和文化产品总需求与总供给、消费结构与产品结构之间的矛盾。

——坚持生态优先。鼓励发展循环经济，提高资源综合利用水平，降低资源消耗，减少环境污染，走资源节约型、环境友好型发展道路。

——坚持因地制宜。既坚持产业规划布局的统一性，又发挥各区域比较优势，实现资源的合理有效配置。

——坚持多元化投入。多渠道筹集资金，打破部门、区域和所强度、密度、环保、耐腐、抗虫及阻燃等性能，替代优质木材。

——次小薪材、沙生灌木、三剩物的综合利用和废旧木质材料、一次性木制品的回收利用。严格执行《国务院办公厅转发发展改革委等部门关于加快推进木材节约和代用工作意见的通知》（国办发〔2005〕58号）的有关规定。

——林产品深加工及资源综合利用的设备制造。鼓励原始和集成创新，高起点引进林产品深加工核心技术和关键设备，促进引进技术的消化吸收再创新；以提高生产能力、监控检测、自动化控制水平为重点，提高设备装备水平。

——森林资源开发与利用国际合作。支持企业到境外设厂、开发森林资源；合理利用外资，引导外资投向《外商投资产业指导目录》鼓励类和《中西部地区外商投资优势产业目录》中的林业领域。

——林业重点生态工程示范区及其配套项目建设。鼓励发展草原围栏及舍饲圈养、固沙、保水、改土新材料、沙产业。

——山区基础设施和林业综合开发。综合利用和开发山区优势资源，发展特色种植业、养殖业和加工业，促进低效林改造和山区特色产业化。

8. 限制以优质林木为原料的一次性木制品与木制包装的生产和使用以及木竹加工综合利用率偏低的木竹加工项目。限制新建单线规模在5万立方米/年以下的高中密度纤维板项目、单线规模在3万立方米/年以下的木质刨花板项目以及1000吨/年以下的脂松香生产项目。

9. 根据国家产业结构调整指导目录和有关政策、法规，淘汰现有林业生产能力中落后的工艺、技术、装备及产品等。加快淘汰并禁止新建未达到国家环保标准的小型人造板企业、直火法等土法生产松香的小企业、湿法生产纤维板及未达到国家质量标准的林产品。严格禁止超过生态承载力的旅游活动和药材等林产品采集活动。禁止在严重缺水地区建设灌溉型造纸林基地。禁止砍伐天然林特别是热带雨林、季雨林营造大规模工业原料林基地。

三、区域发展政策

10. 逐步形成以东南沿海地区、南方用材林区、黄淮海平原地区等为主导的用材林产业带；以华北平原、西北、东南沿海地区为主导的重点干鲜果品经济林产业带；以南方和西南地区竹资源集中分布区为依托的竹产业带。

11. 发展以东南沿海和西南等地区为重点、大中城市为依托的花卉产业。

12. 促进各区域依法开发特色生态旅游产业。

13. 促进以华北平原、东南沿海地区、南方用材林区、东北林区的林产品精深加工产业集群的发展。

14. 建设以口岸进口原料为依托，以精深加工为重点，以国内和国际市场为导向的林产品加工集群。

15. 重点扶持天然林资源保护、退耕还林和京津风沙源治理等生态工程以及国有林场产业发展。大力发展相关木本粮油、森林药材、森林食品等森林种植业，森林养殖业和森林采集业。

16. 积极支持东北、内蒙古国有林区森林工业基地的调整、改造。结合国家东北老工业基地振兴战略的实施，优化林区产业布局和产业结构，进一步收缩木材采运业，鼓励培育速生丰产用材林特别是珍贵树种和大径级用材林。加快现有人造板、家具、木制品生产企业重组整合，鼓励上规模、低消耗、高效益、具有市场竞争力的精深加工龙头企业。利用地缘优势发展林产品加工基地和对外贸易。

17. 因地制宜发展沙产业。结合生态工程建设，在恢复植被、改善生态的前提下，充分利用沙区多种生物资源发展特色生态产业。

18. 结合各地实际发展生物质能源，建立林业生物质能源林生产基地，推进产业化和规模化。

四、组织政策

19. 扶持培育一批有特色、有市场竞争优势、产业关联度大、带动力强的大中型龙头企业，采取扶持、改造、组建等多种形式培植林业龙头企业，定期发布林业龙头企业目录，提高林业产业的规模化经营水平，带动相关中小企业发展，形成大中小企业协调发展、有序竞争的格局。

20. 鼓励企业以市场为导向，以资本、技术为纽带进行联合重组，通过股份出售、转让等多种形式逐步推进产权结构的调整和优化。

21. 通过市场和政策引导，发展具有国际竞争力的大型企业集团；营造有利的发展环境，促进劳动密集型中小企业健康发展。

22. 培育一批具有特色的品牌企业和品牌产品，尤其是具有原产地特色的产品企业和品牌，进一步加大保护和宣传力度，切实发挥其示范、辐射和带动作用。

23. 鼓励竞争，反对垄断，消除地方保护政策，促进区域性林产品交易市场发展，建立公平竞争、规范有序的林产品与服务市场体系。

24. 扶持培育林业专业经济合作组织发展，提高林农进入市场的组织化程度。整合和完善现有林业专业协会，建立区域和全国性林业产业的行业协会，充分发挥其在政府、企业和农户之间的桥梁作用。支持发展适应我国农村生产力发展水平的多种类型的农村林业专业经济合作组织，创新农村林业经营体制。

25. 大力发展非公有制林业，消除束缚非公有制林业发展的体制性障碍。在资源利用、资金和信贷支持、税费负担等方面一视同仁。鼓励多种所有制企业投资或参与林业产业发展，引入国际先进的林业技术和管理经验，提升我国林业产业技术和管理水平，提高林业产业质量。

26. 深化林业产权制度改革及综合配套改革，逐步建立起"产权归属清晰、经营主体落实、责权划分明确、利益保障严格、流转顺畅规范、监管服务到位"的现代林业产权制度。

27. 按照专业化协作的原则，加快国有森工企业的改革、改造和重组。

28. 鼓励打破行政区域界限，按照自愿互利原则，采取联合、兼并、股份制等形式组建跨地区的林业产业实体，发展混合所有制经济，获取规模经济效益。

五、技术政策

29. 按照产业化、集聚化、国际化的发展方向，加快建立以企业为主体、市场为导向、产学研相结合的技术创新体系，大力实施品牌战略、标准战略和知识产权战略，不断优化产品结构、企业结构和产业布局，提升林业产业的整体技术水平和综合竞争能力。

30. 重视全局性、战略性和对林业产业带动力强的生物技术、新材料技术、信息技术、关键性技术的研发和推广，推进产业化。

31. 完善林业标准体系，加强植物新品种保护。采取有效措施应对国际市场对我国林产品出口的技术性贸易壁垒。

32. 建立健全林产品质量检验监测体系，加强林产品质量安全检测。建立健全林产品检验检测机构体系，实施林产品质量监测制度，加大对人造板、竹藤、林木种苗、花卉和森林食品等林产品，特别是涉及人类身体健康和生命安全的林产品及非木质林产品的监督力度，确保林产品质量安全。

33. 鼓励和促进林业企业通过 ISO 9000 质量体系和 ISO 14000 环境质量等认证。积极推进森林认证体系和林产品认证体系建设。

34. 鼓励采用清洁生产工艺和节地、节水、节能、节材技术，积极发展先进的污染治理技术及装备，确保企业生产符合国家环境保护标准。

35. 企业建设造纸林基地要符合国家林业分类经营、速生丰产林建设规划和全国林纸一体化专项规划的总体要求，必须符合土地、生态、水土保持和环境保护等相关规定。

六、扶持政策

36. 严格执行国家已出台的各类林业税费减免优惠政策。林业产业按国家规定享受税收优惠政策。根据国家有关税收法律法规的规定，对企业从事农、林项目的所得免征、减征企业所得税。根据财政部、国家税务总局《关于以三剩物和次小薪材为原料生产加工的综合利用产品增值税即征即退政策的通知》（财税〔2006〕102号），在2008年底前，对以三剩物及次小薪材为原料生产加工的综合利用产品实行增值税即征即退。根据财政部、国家税务总局《关于"十一五"期间进口种子(苗)种畜(禽)鱼种(苗)和种用野生动植物种源税收问题的通知》（财关税〔2006〕3号），对进口种子(苗)、种畜(禽)、鱼种(苗)和种用野生动植物种源免征进口环节增值税。对天然林资源保护工程实施企业和单位有关房产税和城镇土地使用税政策，在

2010年12月31日前,按照财政部、国家税务总局《关于天然林保护工程实施企业和单位有关税收政策的通知》(财税[2004]37号)规定执行。对属于国家产业结构调整指导目录鼓励类投资项目的进口自用设备,除国发[1997]37号文件《国内投资项目不予免税的进口商品目录》所列商品外,免征进口关税和进口环节增值税。鼓励有条件的林业企业"走出去",并在资金、信贷等方面给予支持。国家有关税收政策发生调整变化,林业产业按新的税收政策执行。

37. 完善并实施国家林业重点龙头企业扶持政策。鼓励林业企业提高开拓国际市场能力,凡符合国家中小企业国际市场开拓资金使用方向和使用条件的林业企业予以积极支持。鼓励国家林业重点龙头企业利用资本市场等筹集扩大再生产资金。支持符合条件的重点龙头企业在国内资本市场上市。

38. 国家对用于国内建设的速生丰产用材林、珍稀树种用材林等基地建设及其森林防火、生物灾害防治和林木种质资源保存利用、林木良种选育、繁殖、推广、使用,给予积极扶持。结合国家东北老工业基地振兴战略的实施,对东北、内蒙古国有林区森林工业产业调整和林业龙头企业发展予以政策倾斜。

39. 改革育林基金管理办法,合理制定育林基金的征收标准,逐步将其返还给林业生产经营者,用于发展林业生产,基层林业管理单位因此出现的经费缺口纳入财政预算。探索研究建立林业信托基金制度。

40. 政策性银行应在业务范围内,积极提供符合林业特点的金融服务,适当延长林业贷款期限,对林业项目给予积极支持。国家开发银行对速生丰产用材林和工业原料林基地建设项目,根据南北方林木生长周期不同,贷款年限为12～20年;珍贵树种培育根据实际情况而定;经济林和其他种植业、养殖业和加工业项目,贷款年限为10～15年。中国农业发展银行对林业产业化龙头企业贷款期限一般为1～5年,最长为8年;对速生丰产用材林、工业原料林、经济林和其他种植业、养殖业和加工项目贷款一般为5年,最长为10年,具体贷款期限也可根据项目实际情况与企业协商确定。考虑到林木生产周期长,贷款宽限期可适当延长,具体由银行和企业根据实际情况确定。商业银行林业贷款具体贷款期限根据项目实际情况与企业协商确定。

41. 研究建立面向林农和林业职工个人的小额贷款和林业小企业贷款扶持机制。适当放宽贷款条件,简化贷款手续,积极开展包括林权抵押贷款在内的符合林业产业特点的多种信贷模式融资业务。

42. 加大贴息扶持力度。中央财政对林业龙头企业的种植业、养殖业以及林产品加工业贷款项目,各类经济实体营造的工业原料林贷款项目,山区综合开发贷款项目,林场(苗圃)和森工企业多种经营贷款项目,林农和林业职工林业资源开发贷款项目按有关规定给予贴息。基本建设贷款中央财政贴息资金对总投资5000万元以上的速生丰产用材林基地建设和总投资

3000万元以上的天然林资源保护工程转产项目给予适当支持。地方应根据实际情况，给予适当支持。

43．积极发挥信用担保机构作用，探索建立多种形式的林业信贷担保机制，各级政府应因地制宜支持开展林业担保工作。

44．积极研究探索建立政府扶持的林业保险机制。会同有关部门，研究开展各级政府对林业种植业和养殖业保险实行保费补贴的试点工作，以降低林业保险成本，增强林业产业项目抗风险能力。

45．建立森林、林木和林地使用权流转交易平台，推进森林、林木和林地使用权流转。鼓励林业贷款借款人以森林、林木和林地使用权作为抵押物向银行申请贷款，落实森林资源资产抵押登记办法。

46．按照市场经济体制和分类经营的要求，完善森林资源采伐管理制度，对人工商品林特别是工业原料林的采伐管理进一步依法放活，其采伐限额和采伐年龄依据经营者依法编制的森林经营方案确定，以充分保障其经营自主权和林木处置权。

47．加强产业开发的科技支撑，扶持新兴产业发展的科学研究、技术开发、成果转化和中试、推广。鼓励以生物产业为主的高新技术产业的发展，促进企业科技创新，促进产学研结合；并积极引进先进技术和生产工艺，大力推广实用技术和科技成果。

七、服务政策

48．充分发挥政府职能作用，不断提高产业服务能力和水平，疏通企业与政府沟通的渠道，规避发展中出现的重大风险，为产业发展创造有利环境。林业主管部门严格履行《行政许可法》所赋予的行业管理职能，实施木材、竹材经营加工、野生动植物及其产品经营利用等行业市场准入制度，加强对大中型林业加工企业原料（林）基地建设评估，利用外资营造工业原料林基地必须保持在一定比例之内。

49．鼓励为经营者提供市场和生产要素信息服务的平台建设，强化政府政策信息服务功能。

50．支持和引导林业咨询机构、规划评估和行业协会等中介组织、各种专业合作组织，为生产者提供从原料、生产到销售、消费等的全过程服务。

51．探索研究建立木材资源多渠道供给的保障机制，降低国际贸易及自然灾害等风险对我国林业产业发展的影响。

52．建立实用技术培训体系，强化对林业产业从业人员和林农的技能培训，积极推进技能资质证书制度，提高林业生产经营者的整体素质。

53．健全林业法律法规，提高林业产业发展规划的科学性和指导作用，强化科学管理、依法行政能力。对涉及国家经济安全、生态安全、履行国际公约、有重大环境影响的产品，依法进行管理与控制。

54. 外商投资企业按照《外商投资产业指导目录》执行。

5.2.24 关于加快发展森林旅游的意见

国家林业局、国家旅游局关于加快发展森林旅游的意见

（林场发〔2011〕249号）

我国拥有极其丰富的森林旅游资源。多年来，以森林公园、湿地公园、自然保护区为主要依托的森林旅游业一直保持着15%左右的年增长速度，森林旅游年接待人数超过4.5亿人次，占国内旅游人数的五分之一强，森林旅游已成为我国旅游业的重要组成部分，并在推动我国旅游业又好又快发展中显示出强劲动力。为深入贯彻落实《中共中央、国务院关于全面推进集体林权制度改革的意见》（中发〔2008〕10号）和《国务院关于加快发展旅游业的意见》（国发〔2009〕41号），进一步挖掘我国森林旅游的发展潜力，提升发展水平，国家林业局、国家旅游局决定加强战略合作，共同把发展森林旅游上升为国家战略，作为建设生态文明的重要任务，实现兴林富民的战略支撑点，推动绿色低碳发展的重点领域，促进旅游业发展新的增长极。为此，提出如下意见。

一、充分认识加快发展森林旅游的重要意义

（一）加快发展森林旅游是建设生态文明的重要任务，是经济社会发展的迫切要求。随着我国经济社会的快速发展和人们生活水平的不断提高，我国旅游业呈现出蓬勃发展态势，尤其是以走进森林、回归自然为主要特点的森林旅游越来越成为公众特别是城镇居民的旅游新内容，人们对林区观光、休闲游憩、生态养生、山水摄影、自然探索等方面的需求日益增大，加快发展森林旅游对于建设生态文明、满足国民日益增长的精神文化需求、提高人民的生活质量具有十分重要的意义。

（二）加快发展森林旅游是推进现代林业发展和旅游业升级转型的强劲动力。森林旅游是新兴的林业产业，是开发利用森林多种功能的主要形式，是实现森林资源永续利用的有效途径。多年来的实践证明，发展森林旅游，有利于林区自然资源和生态环境的保护，实现森林资源的可持续利用；有利于丰富和完善旅游产品体系，促进旅游业的升级转型；有利于拓展林业产业发展空间，促进林业产业结构调整，壮大林区经济实力；有利于普及生态文化知识，提高人们的生态文明意识。

（三）加快发展森林旅游是实现兴林富民和兴旅富民的重要途径。森林旅游是林业经济发展新的增长点，具有环境成本低、产业链条长、就业容量大、综合效益好的产业优势，并且在推动农村、农民生产发展、生活富裕中具有天然的地缘优势。加快发展森林旅游，是拓宽林

农就业渠道、增加林农收入、改善林农生活条件的重要途径。同时，有利于巩固集体林权制度改革成果，维护林区的繁荣稳定；有利于推动城乡交流，促进城乡经济社会一体化发展。

二、加快发展森林旅游的指导思想、基本原则和总体目标

（四）指导思想。以邓小平理论和"三个代表"重要思想为指导，深入贯彻落实科学发展观，按照发展现代林业、建设生态文明、推动科学发展的总体要求，解放思想，深化改革，创新体制机制，转变发展方式，加强统筹协调和部门合作，提升建设和服务水平，增强森林旅游业发展活力，把森林旅游业培育成为我国林业的支柱产业，培育成为我国旅游业发展新的增长极。

（五）基本原则。坚持严格保护、科学规划、合理利用、协调发展，实现森林资源保护与利用、生态与产业良性发展的格局；坚持以人为本，因地制宜，整合资源，打造特色，不断满足人民群众日益增长的森林旅游需求；坚持协同发展，加强区域合作，加强森林旅游与文化旅游、乡村旅游、红色旅游的融合，实现资源互补，利益共享；坚持改革创新，建立适应市场经济发展的管理体制和经营机制，不断提升森林旅游的产业规模和发展质量。

（六）总体目标。到2020年，各类森林旅游景区总数达到8000处，构建起以森林公园为主体，湿地公园、自然保护区旅游小区、森林植物园（树木园）、林业观光园等相结合的森林旅游发展体系，形成较为完善的森林旅游基础设施和服务接待能力，开发一批特色鲜明的森林旅游专项产品，推出一批国际国内一流的森林旅游景区。全国年森林旅游人数达到14亿人次，创社会综合产值达8000亿元，将森林旅游培育成林业支柱产业,满足城乡居民森林旅游的需求，促进森林旅游健康持续发展。

三、加快发展森林旅游的主要任务

（七）加快森林旅游景区发展。优化资源配置，在森林植被良好，景观资源丰富，生态环境优越，文化底蕴深厚的森林、湿地等区域，加快森林公园、湿地公园等各类森林旅游景区的发展。在理顺产权利益关系和群众自愿的基础上，支持鼓励林农利用具备一定景观条件的集体或个人经营管理的森林资源，提供森林旅游服务。在区位条件良好、具有林业特色的区域，鼓励各类林业观光园、采摘园和特色文化园的建设。

（八）提升景区建设水平和服务质量。改善森林旅游景区的外部交通条件,完善景区的供电、供水、供气、供热和通信等设施。加快森林旅游基础设施建设，重点加强资源环境保护设施、科普教育设施、旅游道路、停车场、游客服务中心以及各种安全、环卫设施的建设。改善景区接待服务条件，创新完善森林旅游服务体系，大力提高森林旅游接待服务质量。加强生态文化建设，强化生态文化教育功能。实施森林旅游精品工程，打造一批森林旅游精品景区，推出一批"全国森林旅游示范区"。积极开展森林旅游在线服务、网络营销、网络预定和网上支付，逐步提高景区的信息化服务水平。

（九）构建具有可持续竞争力的森林旅游产品体系。在提升传统观光旅游产品的同时，重

点发展休闲度假旅游。积极发展山地森林生态游、冰雪度假游、温泉度假游、森林生态养生游、城郊森林休闲健身游、滨海森林生态游、民俗风情体验游等特色森林旅游形式。丰富特色森林旅游项目，在加强保护、严格监管的前提下，因地制宜地开展登山、漂流、滑雪、山地自行车、滑翔伞、定向越野、溯溪、探险、攀岩、露营等森林旅游活动。打造一批有吸引力的森林旅游精品线路，加强"森林人家"等森林旅游接待服务品牌建设，开发富有地方特色的森林旅游商品和富有文化创意的森林旅游纪念品。

（十）深化森林旅游经营机制改革。在确保景区管理机构行使统一规划、统一管理职能并保持森林旅游资源权属稳定的基础上，鼓励国内各类企业、社会团体、个人以合资、合作等形式参与森林旅游景区的开发和经营；引入现代企业管理制度，依托市场在资源配置中的主导作用，提高景区经营水平和资源利用效率。积极引导森林旅游经营企业集群化、专业化发展；积极推进建立各级森林旅游行业协会，加强森林旅游行业的自我管理。稳步推进"中国森林旅游试验示范区"建设，大胆探索有利于森林旅游发展的管理体制、经营机制、投入机制和开发建设模式。

（十一）加强宣传推广。加大森林旅游宣传力度，打造优秀森林旅游品牌。国家林业局、国家旅游局定期举办"中国森林旅游节"和"中国森林旅游博览会"，强化国家级宣传品牌建设；充分利用电视、报刊、广播、网络等公共媒体，将系列报道与专题报道相结合，加大对森林旅游的公益宣传力度。引导各地不断丰富和推出具有地方特色、资源特色和文化特色的森林旅游主题活动；立足自身资源优势和产品优势，准确把握市场定位，加大特色森林旅游产品的宣传和推介。推动森林旅游景区与专业旅行社之间的合作，鼓励旅行社把开拓森林旅游市场纳入重要的业务范畴。

（十二）推动农民增收和农村经济发展。引导森林旅游景区积极为周边林农提供就业机会。鼓励林农依托各类森林旅游景区，大力发展餐饮、住宿、运输、导游服务等森林旅游相关产业，大力发展直接为森林旅游服务的种植业、养殖业和制造业，着力兴办"森林人家"等接待服务设施，让游客体验"住森林人家、吃绿色食品、呼吸清洁空气、欣赏森林美景、品读自然山水"的人与自然深度融合的森林旅游新形式。鼓励农民积极利用森林风景资源，建设经营各具特色的森林旅游景区（点），引导各地立足自身文化特色，建成民族村寨、民俗文化村等。

（十三）强化区域间合作。支持相邻行政区域间整合毗邻的森林旅游资源，提高资源的完整性，共同打造森林旅游品牌，扩大市场知名度；允许跨行政区划的森林旅游景区按照行政区划设置各自的管理机构，保持独立管理和经营。鼓励相邻省区间、相邻景区间在森林旅游产品开发、旅游线路设计、市场营销和交通服务等领域加强合作。支持各级政府在区域旅游合作中发挥主导作用，积极营造互利合作的良性氛围。鼓励各专业旅行社逐步开拓跨地区森林旅游客源市场，并在业务工作中加强合作。

（十四）加强资源保护和植被景观建设。加强对珍贵森林旅游资源的基础研究，建立科学的分类、调查与评价体系，明确保护对象和范围。加强对森林旅游景区资源保护工作的指导，加强保护能力建设，落实对珍贵资源的保护措施，建立保护档案，逐步建立起必要的监测体系；合理规划建设各类森林旅游设施，建设项目做到尽量不占或少占林地；做好重大旅游开发项目的前期研究及生态环境影响评估；将森林公园内非林地上的各类开发建设纳入森林公园总体规划的控制范畴；加快景区造林绿化，加强风景林抚育和改造，全面提升植被景观质量。

四、加快发展森林旅游的政策及保障措施

（十五）科学规划。将森林旅游统筹纳入全国旅游发展规划。编制《全国森林旅游发展规划》及各省、自治区、直辖市森林旅游建设发展规划，挖掘森林旅游发展潜力，统筹各类森林旅游景区发展。指导森林旅游景区认真做好总体规划的编制和修订，增强规划的科学性和可操作性；增强规划实施的严肃性，坚持以总体规划统领景区的开发建设；坚持"以人为本、重在自然、贵在和谐、精在特色"的景区开发理念。

（十六）完善法规、标准。进一步完善现有法律法规，明确森林的游憩功能，确立森林旅游发展的法律地位；研究制定《森林公园管理条例》《湿地公园管理条例》，加强森林公园、湿地公园的规范化管理建设；推动地方性法规的制定，对于重要的森林旅游景区，鼓励制定"一园（区）一法"。完善森林旅游标准化体系，逐步制定森林旅游景区在规划、保护、管理、建设、经营、服务等领域的国家标准或行业标准。积极开展标准化试点示范工作，进一步提升森林旅游标准化服务水平。

（十七）加大投入力度。各级林业、旅游行政主管部门要紧密合作，积极争取将森林旅游发展纳入各地经济社会发展规划，把城市型、城郊型森林旅游景区纳入城市公共服务网络；加大对森林旅游基础设施建设的投入，积极争取将森林旅游景区发展需要融入铁路、公路、水运码头、支线机场等相关建设规划。积极争取将国家级森林公园、湿地公园的基础设施建设纳入林业基本建设中央投资计划。把发展森林旅游作为各级林业基本建设、林业产业扶持、林业重点工程、旅游发展基金等项目资金的重要支持方向。积极争取国家文化和自然遗产地保护、旅游景区基础设施建设等国家项目的支持。扩大林业信贷对森林旅游的扶持，积极推进金融机构的信贷支持。鼓励各类经济实体依法投资森林旅游景区景点、旅游项目、商业网点、服务接待以及交通运输等的建设和经营。

（十八）加强监督检查。建立健全对森林旅游景区的监督检查制度，规范监督检查机制。督促森林旅游景区加强资源保护，加快开发建设步伐，实施规范化保护、建设、管理、经营和服务。加大执法力度，严厉打击各类违法占用林地、破坏森林风景资源和生态环境的开发建设行为，严厉打击各类非法旅游经营活动，严肃查处无规划或不按规划进行建设的行为，坚决取缔不按程序审批、不符合主体功能定位的开发建设项目。充分发挥行业协会的作用，维护旅

游经营者和旅游消费者合法权益，提高行业自律水平。

（十九）加强安全管理。坚持"安全第一，预防为主"的方针，确保旅游者的人身安全。健全景区安全管理制度，严格执行有关安全标准。配备安全保障和救援队伍，完善安全设施设备，加强安全检查，强化安全培训，落实安全责任。完善事故应急机制，建立火灾、地质灾害等安全隐患的监测预警、应急疏散制度，建立医疗急救站（点）和报警点，配备急救物资及设施。强化森林消防工作。维护好景区治安和森林旅游秩序。加强饮食卫生和环境卫生管理。严格执行安全事故报告制度和重大责任追究制度。

（二十）加强人才队伍建设。鼓励各林业院校强化森林旅游学科建设，加快实用型、技能型森林旅游人才培养；发展森林旅游职业教育，提高从业人员的职业技能水平；制定并实施森林旅游人才培训计划，重点加强森林旅游管理人员、导游员、解说人员的分级分类培训；鼓励相关领域的专业技术人员特别是离退休老专家、老教师从事森林旅游专业解说工作。

（二十一）健全组织领导。国家林业局、国家旅游局共同设立"全国森林旅游工作领导小组"及其办公室，定期召开工作协调会，加强对森林旅游产业发展的领导。各地林业、旅游行政主管部门要加强合作，建立联合推动森林旅游发展的有效机制。同时，积极争取其他部门的支持，会集各方力量，调动一切资源，合力推进森林旅游发展。

各级林业、旅游行政主管部门要进一步解放思想，转变观念，深化对加快发展森林旅游重要性的认识。各级林业行政主管部门要加强对森林旅游资源保护和利用的指导、监督和执法力度；各级旅游行政主管部门要加强对各地森林旅游发展的指导，创造良好的森林旅游发展环境和市场条件。要根据各地实际，明确森林旅游的发展定位，研究出台支持森林旅游发展的具体措施，确保在森林旅游发展中取得新突破，为我国到2020年成为世界旅游强国做出更大贡献。

5.2.25 关于加快林下经济发展的意见

国务院办公厅关于加快林下经济发展的意见

（国办发〔2012〕42号）

各省、自治区、直辖市人民政府，国务院各部委、各直属机构：

近年来，各地区大力发展以林下种植、林下养殖、相关产品采集加工和森林景观利用等为主要内容的林下经济，取得了积极成效，对于增加农民收入、巩固集体林权制度改革和生态建设成果、加快林业产业结构调整步伐发挥了重要作用。为加快林下经济发展，经国务院同意，现提出以下意见。

一、总体要求

（一）指导思想。以邓小平理论和"三个代表"重要思想为指导，深入贯彻落实科学发展观，在保护生态环境的前提下，以市场为导向，科学合理利用森林资源，大力推进专业合作组织和市场流通体系建设，着力加强科技服务、政策扶持和监督管理，促进林下经济向集约化、规模化、标准化和产业化发展，为实现绿色增长，推动社会主义新农村建设作出更大贡献。

（二）基本原则。坚持生态优先，确保生态环境得到保护；坚持因地制宜，确保林下经济发展符合实际；坚持政策扶持，确保农民得到实惠；坚持机制创新，确保林地综合生产效益得到持续提高。

（三）总体目标。努力建成一批规模大、效益好、带动力强的林下经济示范基地，重点扶持一批龙头企业和农民林业专业合作社，逐步形成"一县一业，一村一品"的发展格局，增强农民持续增收能力，林下经济产值和农民林业综合收入实现稳定增长，林下经济产值占林业总产值的比重显著提高。

二、主要任务

（四）科学规划林下经济发展。要结合国家特色农产品区域布局，制定专项规划，分区域确定林下经济发展的重点产业和目标。要把林下经济发展与森林资源培育、天然林保护、重点防护林体系建设、退耕还林、防沙治沙、野生动植物保护及自然保护区建设等生态建设工程紧密结合，根据当地自然条件和市场需求等情况，充分发挥农民主体作用，尊重农民意愿，突出当地特色，合理确定林下经济发展方向和模式。

（五）推进示范基地建设。积极引进和培育龙头企业，大力推广"龙头企业＋专业合作组织＋基地＋农户"运作模式，因地制宜发展品牌产品，加大产品营销和品牌宣传力度，形成一批各具特色的林下经济示范基地。通过典型示范，推广先进实用技术和发展模式，辐射带动广大农民积极发展林下经济。推动龙头企业集群发展，增强区域经济发展实力。鼓励企业在贫困地区建立基地，帮助扶贫对象参与林下经济发展，加快脱贫致富步伐。

（六）提高科技支撑水平。加大科技扶持和投入力度，重点加强适宜林下经济发展的优势品种的研究与开发。加快构建科技服务平台，切实加强技术指导。积极搭建农民、企业与科研院所合作平台，加快良种选育、病虫害防治、森林防火、林产品加工、储藏保鲜等先进实用技术的转化和科技成果推广。强化人才培养，积极开展龙头企业负责人和农民培训。

（七）健全社会化服务体系。支持农民林业专业合作组织建设，提高农民发展林下经济的组织化水平和抗风险能力。推进林权管理服务机构建设，为农民提供林权评估、交易、融资等服务。鼓励相关专业协会建设，充分发挥其政策咨询、信息服务、科技推广、行业自律等作用。加快社会化中介服务机构建设，为广大农民和林业生产经营者提供方便快捷的服务。

（八）加强市场流通体系建设。积极培育林下经济产品的专业市场，加快市场需求信息公共服务平台建设，健全流通网络，引导产销衔接，降低流通成本，帮助农民规避市场风险。支持连锁经营、物流配送、电子商务、农超对接等现代流通方式向林下经济产品延伸，促进贸易便利化。努力开拓国际市场，提高林下经济对外开放水平。

（九）强化日常监督管理。严格土地用途管制，依法执行林木采伐制度，严禁以发展林下经济为名擅自改变林地性质或乱砍乱伐、毁坏林木。要充分考虑当地生态承载能力，适量、适度、合理发展林下经济。依法加强森林资源资产评估、林地承包经营权和林木所有权流转管理。

（十）提高林下经济发展水平。支持发展市场短缺品种，优化林下经济结构，切实帮助相关企业提高经营管理水平。积极促进林下经济产品深加工，提高产品质量和附加值。不断延伸产业链条，大力发展林业循环经济。开展林下经济产品生态原产地保护工作。完善林下经济产品标准和检测体系，确保产品使用和食用安全。

三、政策措施

（十一）加大投入力度。要逐步建立政府引导，农民、企业和社会为主体的多元化投入机制。充分发挥现代农业生产发展资金、林业科技推广示范资金等专项资金的作用，重点支持林下经济示范基地与综合生产能力建设，促进林下经济技术推广和农民林业专业合作组织发展。通过以奖代补等方式支持林下经济优势产品集中开发。发展改革、财政、水利、农业、商务、林业、扶贫等部门要结合各地林下经济发展的需求和相关资金渠道，对符合条件的项目予以支持。天然林保护、森林抚育、公益林管护、退耕还林、速生丰产用材林基地建设、木本粮油基地建设、农业综合开发、科技富民、新品种新技术推广等项目，以及林业基本建设、技术转让、技术改造等资金，应紧密结合各自项目建设的政策、规划等，扶持林下经济发展。

（十二）强化政策扶持。对符合小型微型企业条件的农民林业专业合作社、合作林场等，可享受国家相关扶持政策。符合税收相关规定的农民生产林下经济产品，应依法享受有关税收优惠政策。支持符合条件的龙头企业申请国家相关扶持资金。对生态脆弱区域、少数民族地区和边远地区发展林下经济，要重点予以扶持。

（十三）加大金融支持力度。各银行业金融机构要积极开展林权抵押贷款、农民小额信用贷款和农民联保贷款等业务，加大对林下经济发展的有效信贷投入。充分发挥财政贴息政策的带动和引导作用，中央财政对符合条件的林下经济发展项目加大贴息扶持力度。

（十四）加快基础设施建设。要加大林下经济相关基础设施的投入力度，将其纳入各地基础设施建设规划并优先安排，结合新农村建设有关要求，加快道路、水利、通信、电力等基础设施建设，切实解决农民发展林下经济基础设施薄弱的难题。

（十五）加强组织领导和协调配合。地方各级人民政府要把林下经济发展列入重要议事日程，明确目标任务，完善政策措施；要实行领导负责制，完善激励机制，层层落实责任，并将其纳入干部考核内容；要充分发挥基层组织作用，注重增强村级集体经济实力。各有关部门要依据各自职责，加强监督检查、监测统计和信息沟通，充分发挥管理、指导、协调和服务职能，形成共同支持林下经济发展的合力。

各地区、各部门要结合实际，研究制定贯彻落实本意见的具体办法，加强舆论宣传，加大扶持力度，努力营造有利于林下经济健康发展的良好环境。

5.2.26 关于加快特色经济林产业发展的意见

国家林业局关于加快特色经济林产业发展的意见

（林造发〔2014〕160号）

各省、自治区、直辖市林业厅（局），内蒙古、龙江、大兴安岭森工（林业）集团公司，新疆生产建设兵团林业局，国家林业局各司局、各直属单位：

为深入贯彻落实党的十八大和十八届三中全会精神，加快农村小康社会建设步伐，促进生态林业与民生林业协调发展，推动实现2020年农民收入倍增和林业"双增"目标，现就加快新时期特色经济林产业发展，提出以下意见。

一、新时期发展特色经济林产业的重要意义

经济林是以生产果品、食用油料、饮料、调料、工业原料和药材等为主要目的的林木，是森林资源的重要组成部分。经济林产业，是集生态、经济、社会效益于一身，融一、二、三产业为一体的生态富民产业，是生态林业与民生林业的最佳结合。我国经济林树种资源丰富、产品种类多、产业链条长、应用范围广，发展经济林产业有利于有效利用国土资源，促进林业"双增"目标早日实现。经济林在集体林中占有较大比重，发展特色经济林的重点在集体林。通过在集体林中大力发展以木本粮油、干鲜果品、木本药材和香辛料为主的特色经济林，有利于挖掘林地资源潜力，为城乡居民提供更为丰富的木本粮油和特色食品；有利于调整农村产业结构，促进农民就业增收和地方经济社会全面发展。同时，对改善人居环境，推动绿色增长，维护国家生态和粮油安全，都具有十分重要的意义。

党中央、国务院对经济林培育与产业发展高度重视，《中共中央、国务院关于加快林业发展的决定》以及中央林业工作会议都明确提出要突出发展名特优新经济林，特别要着力发展板栗、核桃、油茶等木本粮油，加快林业改革发展步伐。国家林业局相继出台一系列扶持政策，将木本粮油等特色经济林纳入"十二五"时期林业发展十大主导产业。各地把发展经济林作为活跃农村经济的特色产业、调整种植业结构的主导产业、推进山区农民脱贫致富的支柱产业来抓，经济林产业发展步伐不断加快。截至2013年底，全国经济林种植面积3781万公顷，总产量1.48亿吨，经济林种植与采集业年产值达到9240.37亿元，占到林业第一产业产值的一半以上；全国近千个特色经济林重点县，经济林收入占到当地农民人均纯收入20%以上，成为农村特别是山区农民收入的重要来源。

当前，林业进入生态林业与民生林业协同发展的崭新阶段。党的十八大将生态文明建设纳入

"五位一体"的总体战略布局,提出到 2020 年全面建成小康社会,实现人均收入翻一番的奋斗目标,对经济林建设提出更高要求。因此,适应新形势需要,加快改革创新步伐,加大政策扶持力度,着力解决经济林发展基础薄弱、产业化程度不高、宏观规划指导不力、政策资金投入不足等问题,加快推动经济林产业持续健康发展,为建设生态文明和美丽中国、全面建成小康社会作出新的更大贡献,成为当前乃至今后一段时期经济林建设与发展的紧要任务。

二、把握总体要求

（一）指导思想

以党的十八大和十八届三中全会精神为指导,以推动经济绿色增长和提高农民收入为根本目标,以转变发展方式为主线,坚持生态林业与民生林业协调发展,改善生态与产业富民协同推进,按照"生态建设产业化,产业发展生态化"的总体思路,大力推进布局区域化、种植良种化、生产标准化、经营产业化、服务社会化,做大做强特色经济林产业,为维护国家生态和粮油安全,促进农村全面建成小康社会作出积极贡献。

（二）基本原则

生态优先,统筹发展。妥善处理重大生态修复工程与发展特色经济林产业的关系,坚持以实现生态修复目标为主,协同推进生态建设与绿色富民。组织实施重大生态修复工程,各工程市、县要把改善生态放在首位,但又要兼顾经济效益,充分尊重农民意愿,引导群众科学选择搭配林种、树种。

市场导向,政府扶持。发挥市场对资源配置的决定性作用,充分考虑比较效益,尊重市场规律和群众意愿。发挥政府政策保障和服务职能,建立稳定的政策扶持和资金投入长效机制。

因地制宜,特色发展。按照"生态保护、适地适树、突出特色、规模发展"的基本要求,发挥资源禀赋优势,科学发展适宜树种,优化区域布局,壮大各具特色的经济林产业。

立体发展,提质增效。兼顾生态与民生,围绕充分发挥森林的生态效益和提高林地产出,发挥基层和农民群众首创精神,在发展经济林的同时,选择适生灌木和草本植物,乔灌草科学配置,形成立体性、复合性的种植模式,提高林地利用率、林木培育质量和生态经济效益。

创新机制,社会参与。实施扶优扶强发展战略,大力扶植龙头企业,积极培育种植大户、家庭林场、专业合作社等新型经营主体,推行适度规模经营,探索建立新型经营体系,提升社会化服务水平,营造良好发展环境,广泛调动社会力量参与经济林建设。

（三）主要目标

到 2020 年,初步形成布局合理、特色鲜明、功能齐全、效益良好的特色经济林产业发展格局,实现我国特色经济林资源总量稳步增长,产品供给持续增加,质量水平大幅提高,木本粮油产业发展取得突破,经济林产业综合实力明显提升,富民增收效果显著增强的发展目标。

重点发展具有广阔市场前景、对农民增收带动作用明显的特色经济林,形成一批特色突出、竞争力强、国内知名的主产区，培育一批以特色经济林为当地林业支柱产业，产业集中度较高的重点县；建设一批优质、高产、高效、生态、安全的特色经济林示范基地。

力争到 2020 年，特色经济林新增种植面积 810 万公顷，经济林总面积比 2010 年增加 24%，达到 4100 万公顷；新增产量 5000 万吨，其中，木本粮食新增 1350 万吨，木本油料新增 1100 万吨，总产量比 2010 年增长 40%，达到 1.76 亿吨，木本油料占国内油料产量比重提高到 10%；实现总产值在 2010 年基础上翻一番，达到 1.6 万亿元以上；良种使用率达到 90% 以上，优质产品率达到 80% 以上；重点县农民来自经济林收入大幅增加，累计提供就业机会 40 亿个工日。

三、提升生产能力

（一）落实规划建设任务。按照做大做强木本粮油等战略优势产业，巩固优化干鲜果品等传统大宗产品，积极发展区域特色经济林的总体要求，在加快发展以油茶、核桃、红枣、板栗、油橄榄等木本粮油的同时，统筹推进其他特色经济林产业建设，优化主产区、产业带和基地建设布局。认真组织实施《全国优势特色经济林发展布局规划（2013—2020 年）》（以下简称《规划》），将建设任务体现在工程与项目中，分解到年度，落实到确定的每个优势特色经济林重点基地县。推广优质丰产栽培技术，实现面积和产量翻番，扩大木本粮油在全国粮油总产中的比重，增强粮油安全保障能力；立足提质增效，加快品种改良和树种、品种结构调整，改进生产方式和栽培模式，推广绿色、有机栽培管理技术，稳定干鲜果品等传统大宗产品的种植面积和生产规模；深入挖掘各地珍稀林木资源，加大种苗繁育和栽培力度，发展区域特色经济林，不断发展壮大特色经济林产业。

（二）提升基地建设水平。按照适地适树、良种栽培、规模种植、科学管理的要求，采取新建与改造相结合，高标准打造一批特色经济林示范基地，带动全国特色经济林建设。加强基地集水节水技术应用和配套基础设施建设，减少水土流失。在山区适度开展整梯田、修道路、建塘坝、栽植防护林等建设，推广集雨窖、小管出流等节水灌溉技术；平原和沙区积极采取微灌、滴灌等节水措施。积极推广应用土壤耕作、有害生物防治、动力修剪等机械，提高机械化程度，降低生产成本。

（三）实施标准化生产。加快制定特色经济林国家、行业和地方技术标准，完善经济林建设标准体系，加大标准化生产技术实施和推广力度。改进传统种植模式，大力推进矮化密植、网架棚架式等现代种植模式；改变传统耕作方式，推广有利于原生植被保护和水土保持的整地措施，全面推行增施有机肥、测土平衡施肥等方法；强化病虫无公害防控，推行生物、物理防治措施，推广安全间隔期用药技术；落实绿色、有机栽培管理措施。

（四）拓宽产业发展领域。充分发挥经济林培育森林、保护生态、营造景观、传承文化等多种功能和独特优势，创新推广以经济林栽培为主的多元发展模式。大力发展与经济林紧密结合的观光采摘、农事体验、休闲游憩等，进一步拓宽经济林产业发展领域，不断提高发展经济林的综合效益。

四、推进产业化经营

（一）培育壮大龙头企业。按照扶优、扶强要求，以提高精深加工、采后分级和冷链贮运能力为重点，进一步完善政策，优化环境，改善服务，活化机制，建设一批类型多样、资源节约、产销一体、效益良好的龙头企业。鼓励各类工商资本、民间资本和其他社会资本投资兴办经济林企业。引导企业完善法人治理结构，建立现代企业制度。积极引导龙头企业向优势产区集中，创建经济林产业化示范基地，培育壮大区域优势主导产业。

（二）积极创建知名品牌。引导各地及龙头企业、专业合作经济组织树立品牌意识，加强质量管理，增加科技投入，积极争创知名品牌，提高竞争实力。支持龙头企业申报驰名商标、名牌产品。鼓励主产区申报名特优经济林地理标志，提高社会知名度。整合同一区域、同类产品的不同品牌，集中打造优势品牌，增强品牌效力。

（三）发展多种流通业态。加大市场基础设施投入，规划建设一批全国性、区域性的产地、集散地特色经济林产品批发市场，推进现有市场的升级改造，提升专业批发市场服务功能。大力发展冷链贮运、连锁经营、产销对接、电子商务等现代物流业和新型营销方式，构建辐射国内外市场的特色经济林产品营销网络。培养经纪人，扩大营销专业队伍。支持举办特色经济林产品展销活动，搭建产业合作、招商引资、经贸洽谈平台，促进产销对接，推动产业发展。

（四）创新生产经营体制。深化集体林权改革，完善配套措施，规范林地流转，促进经济林规模化、专业化、标准化经营。鼓励单户向联户承包、股份合作方向发展，大力发展林农专业合作社、家庭合作林场、股份制林场等林业合作组织。积极推广"公司+基地+农户"、"公司+合作经济组织+农户"等发展模式，提高生产组织化程度。支持组建经济林行业协会、企业联合会和专业协会，充分发挥协会在行业自律、维护权益、信息咨询、技术服务等方面的积极作用。

（五）发展完善订单林业。龙头企业要在平等互利的基础上，与林农、专业合作社签订购销合同，形成稳定的购销关系。加强对订单生产的监管与服务，增强企业与农户的诚信意识，切实履行合同约定。鼓励龙头企业采取承贷还、信贷担保等方式，缓解生产基地农户资金困难。鼓励龙头企业资助订单农户参加农业保险。引导龙头企业创办或领办各类林业专业合作组织，支持专业合作社和农户入股企业或单独兴办企业。鼓励龙头企业和专业合作社采取股份分红、利润返还等形式，将加工、销售环节的部分收益让利给农户，共享产业化发展成果。

五、构建支撑体系

（一）良种繁育体系。在充分发挥现有良种繁育基地生产能力的基础上，新建和改扩建一批以油茶、核桃、枣、板栗、仁用杏（山杏）、油橄榄等为主的特色经济林木良种壮苗生产基地，保障特色经济林建设的优质种苗供应，全面提升特色经济林良种化水平。坚持科学引种，加大乡土优良品种选育力度，做到引种栽培和选育推广乡土优良树种相结合，在乡土经济林木资源相对集中的区域，建立种质基因库和收集圃。

（二）科技支撑体系。整合科技资源，组建专家技术服务团队，建设产业技术联盟，形成产学研用紧密结合的发展机制。强化科技创新，着力突破良种培育、优质丰产栽培、循环利用、现代信息、林机装备、储藏加工、安全检测等方面的关键技术，加大无公害、绿色和有机产品的开发和推广力度。积极构建各级林业科技推广机构、合作组织、龙头企业和社会力量广泛参与的新型林业科技推广体系。创新培训模式，加强林业科技队伍建设和实用人才培养。

（三）有害生物防控体系。开展病虫害统防统治、联防联治，强化综合防治。支持高等院校、科研院所进行经济林主要病虫害防控技术研究，提升重大病虫害防治技术研发能力。加强基层林业技术推广和主产区病虫害防治组织建设，提高预测预报的准确性、时效性。引导和鼓励农民林业专业合作社、专业技术协会、农村科技带头人等组建病虫害防治专业队伍，为林农提供低成本、便利化的病虫害防治服务，全面提高基层防控能力。加强无公害防治，降低农药污染和残留，提升有害生物防治效果。严格检疫监管，严防危险性病虫害传入和蔓延。

（四）质量安全监管体系。科学布局建设国家、省（自治区、直辖市）、主产区经济林产品质量检测中心（站），尽快构建以经济林主产区为基础、上下协调联动、各级相互补充的质量安全检验检测体系。完善质量安全标准，建立健全相关生产技术规范。强化源头治理，规范加工企业生产投入品使用，确保实现安全、清洁生产。建立协调联动机制，加强与有关部门沟通协调，开展联合执法检查，提高监管能力。落实有奖举报制度，形成全社会参与的质量安全运行机制。

（五）新型社会化服务体系。完善服务体系建设，提高产业服务保障功能，加快构建公益性和经营性服务相结合、专业服务和综合服务相补充的新型林业社会化服务体系。完善信息服务平台建设，基层林业机构要及时准确地向林农提供市场动态、新品种、新技术、病虫害预测预报、气象预报、灾害预警及生产资料供求等信息。鼓励科技人员深入生产一线，推广专家热线、科技特派员等科技推广服务模式，开展多种形式的科技下乡活动。充分发挥龙头企业在构建新型农业社会化服务体系中的重要作用，支持龙头企业围绕产前、产中、产后各环节，为农户积极提供农资供应、农机作业、技术指导、疫病防治、市场信息、产品营销等服务。

六、强化保障措施

（一）加强组织领导。各级林业主管部门要深刻认识新形势下发展经济林产业的重要意义，切实加强领导，将发展经济林产业列入本地生态林业民生林业建设发展重要议程，列入年度重点工作内容。各地要结合实际，抓紧贯彻落实《规划》和本意见，制定切实可行的实施方案，分解落实建设任务和政策措施。加强工作指导，协调服务，督促检查，务实推进工作，及时解决经济林产业发展中的困难和问题。强化各级林业主管部门发展经济林的工作职能，明确专门负责的工作机构，保障工作经费，加强与承担履职任务相适应的队伍建设。

（二）健全工作机制。要坚持从实际出发，因地制宜，突出重点，分类指导，切实推动特色经济林产业发展。各级林业主管部门要根据职责分工，完善内部机构之间的联动与合作机制，强化协作配合，形成工作合力，确保各项措施落到实处，共同推动特色经济林产业发展。

（三）完善政策措施。积极争取对从事木本粮油生产的农民享受粮食直补、良种补贴、测土配方施肥、农资综合补贴等国家补贴政策。加大各级财政造林补贴、抚育补贴、种苗补贴，以及林业有害生物防治、科研开发和技术推广等专项资金发展经济林的支持力度。将发展经济林统筹纳入退耕还林、防沙治沙、三北防护林等生态工程建设规划和年度计划，安排资金，落实任务。扩大林权抵押贷款规模，创新金融产品和服务，优先满足农户信贷需求。加大对龙头企业，以及家庭林场、林农专业合作组织的信贷扶持。鼓励融资性担保机构积极为发展经济林提供担保服务。积极协调落实农户贷款税收优惠、小额担保贷款贴息等政策。完善森林保险保费补贴政策，提高发展经济林的保费补贴比例。各地要加大政策扶持力度，完善激励机制，对作出突出贡献的企业、合作社和种植大户予以奖补。

（四）积极宣传引导。大力宣传发展经济林对强林富民、保民生、保稳定、维护生态和粮油安全方面的重大作用，广泛宣传国家扶持特色经济林产业发展的政策措施和有关要求，深入宣传经济林产业发展的先进理念、科学方法，以及各地各部门的好经验好做法，树立经济林产业发展的先进典型，营造全社会关心支持经济林产业发展的良好氛围。宣传特色经济林产品在改善膳食、促进健康方面的突出作用，积极倡导绿色消费理念。加大法制宣传力度，营造公平有序的生产经营环境，维护林农、企业和专业合作组织的合法权益，促进经济林产业又好又快发展。

5.2.27 关于加快木本油料产业发展的意见

国务院办公厅关于加快木本油料产业发展的意见

（国办发［2014］68号）

各省、自治区、直辖市人民政府，国务院各部委、各直属机构：

　　木本油料产业是我国的传统产业，也是提供健康优质食用植物油的重要来源。近年来，我国食用植物油消费量持续增长，需求缺口不断扩大，对外依存度明显上升，食用植物油安全问题日益突出。为进一步加快木本油料产业发展，大力增加健康优质食用植物油供给，切实维护国家粮油安全，经国务院同意，现提出以下意见：

一、**总体要求**

　　（一）指导思想。以邓小平理论、"三个代表"重要思想、科学发展观为指导，深入贯彻党的十八大和十八届三中、四中全会精神，认真落实党中央、国务院决策部署，充分发挥市场在资源配置中的决定性作用和更好发挥政府作用，以提高供给能力为目标，以完善政策措施为基础，以提高科技水平为支撑，建立健全木本油料种植、加工、流通、消费产业体系，努力提高木本食用油的消费比重，推动木本油料产业持续健康发展。

（二）基本原则。坚持统筹规划，科学布局，突出区域特色；坚持市场导向，政府扶持，促进适度规模发展，提高集约经营水平；坚持依靠科技，积极推广优良品种和新技术，努力实现高产、优质、高效；坚持适地适树，稳步推进，充分利用宜林地、盐碱地、沙荒地，不占耕地尤其是基本农田；坚持创新机制，发挥龙头企业带动作用，将企业和农民利益联结在一起，实现风险共担、利益共享；坚持多元发展，加强市场监管，维护经营秩序，确保产品安全。

（三）总体目标。力争到2020年，建成800个油茶、核桃、油用牡丹等木本油料重点县，建立一批标准化、集约化、规模化、产业化示范基地，木本油料种植面积从现有的1.2亿亩发展到2亿亩，年产木本食用油150万吨左右。

二、主要任务

（四）优化木本油料产业发展布局。各有关地区和部门要继续组织实施好《全国油茶产业发展规划（2009—2020年）》。各级林业部门要组织开展核桃、油用牡丹、长柄扁桃、油橄榄、光皮梾木、元宝枫、翅果油树、杜仲、盐肤木、文冠果等木本油料树种资源普查工作，查清树种分布情况和适生区域，分树种制定产业发展规划。要把发展木本油料产业与新一轮退耕还林还草、三北防护林建设、京津风沙源治理等国家重大生态修复工程以及地方林业重点工程紧密结合，因地制宜扩大木本油料种植面积。

（五）加强木本油料生产基地建设。抓好木本油料树种良种选育及品种审（认）定，建立健全种质资源收集保存和良种生产供应体系，积极推进良种基地、定点苗木生产基地建设。通过典型示范，全面推行优良品种，积极推广先进适用造林技术，努力提高单产水平，新建一批高产、稳产木本油料生产基地，对现有低产林进行抚育、更新和改造。

（六）推进木本油料产业化经营。积极培育跨地区经营、产供销一体化的木本食用油龙头企业，鼓励企业通过联合、兼并和重组等方式做大做强。支持企业在主产区建立原料林基地和建设仓储物流设施，发展"企业+专业合作组织+基地+农户"等产业化经营模式，建立长期稳定的购销合作关系，引导农民开展标准化和专业化种植。鼓励木本油料林立体种植和综合开发，提高林地利用率和木本油料综合生产能力。支持专业合作组织和农户加强木本油料烘干、仓储等初加工设施设备建设。鼓励企业利用新技术、新工艺，开展精深加工和副产品开发，实现循环发展和综合利用。

（七）健全木本油料市场体系。积极培育统一开放、竞争有序的木本油料产品专业市场。加快建设市场需求信息公共服务平台，健全流通网络，引导产销衔接，降低流通成本，帮助农民规避市场风险。制定木本油料种植、仓储、加工、销售等生产标准，完善油脂产品和相关副产品质量标准及其检测方法。规范木本食用油包装标识管理，保障消费者的知情权和选择权。建立木本食用油质量认证体系，加大生态原产地产品保护认定工作力度，着力培育名牌产品。推动企业提高质量安全管控水平，确保产品绿色、健康、安全、环保。

（八）加强市场监管和消费引导。加强对木本食用油原料生产、加工、储存、流通、销售等环节的监管，严格执行国家标准，强化市场准入管理和质量监督检查，严厉打击制假、售假等违法违规行为，严禁不合格产品进入市场，建立健全产品质量送检、抽检、公示和责任追溯制度。加强木本食用油营养健康知识的宣传教育和普及，通过公益广告、科普读物等形式，倡导消费者合理用油和科学用油，促进形成科学健康的饮食习惯。

三、保障措施

（九）完善多元投入机制。逐步建立以政府投入为引导，以企业和专业合作组织、农民投入为主体的多元化投入机制。国家统筹各类造林投资，加大对木本油料基地建设和良种繁育的扶持力度，带动地方投资和各类社会投资积极参与。中央财政继续整合资金支持木本油料产业发展，支持主产区新建蓄水池、塘坝等水利设施，改善基础设施和生产条件。完善落实产油大县奖补政策。对具备条件的农村贫困地区，可统筹安排财政专项扶贫资金，支持建档立卡贫困村、贫困户发展木本油料产业。

（十）加大金融扶持力度。支持农业发展银行等政策性金融机构加大对木本油料产业扶持力度。鼓励商业性金融机构在风险可控的前提下，针对木本油料产业周期长、投入大等特点，合理确定贷款期限和利率，加大信贷投入。推动金融产品和服务模式创新，大力发展林权抵押贷款、农户小额信用贷款和农户联保贷款，探索开展农村土地承包经营权抵押贷款业务试点。中央财政对符合条件的木本油料产业贷款项目，实行据实贴息。森林保险要逐步覆盖木本油料产业发展，建立生产灾害风险防范机制。各地要积极支持保险机构开展木本油料保险业务，鼓励和引导农民投保。

（十一）支持科技研发和推广。强化科技攻关，进一步扶持木本油料良种选育、丰产栽培技术研究，支持引进优良种质资源，在木本油料产业集中的区域建立国家级试点示范基地，通过推广优良高产新品种和配套技术示范，促进规模化、良种化种植。将木本油料采集、烘干、加工及综合利用列入国家科技创新开发项目，并给予重点扶持。积极研发适宜木本油料种植、收获和加工的机械设备，提高生产加工机械化水平。鼓励企业发挥科技创新主体作用，支持企业与科研机构合作，形成科技创新、技术服务、产业开发有机联系的产学研紧密合作体系。建立分级技术培训制度，支持专业合作组织开展木本油料科技推广，提高农民经营管理水平。

（十二）加强组织领导。各地区、各有关部门要高度重视木本油料产业发展，进一步健全组织领导体系。地方人民政府要根据当地实际，把木本油料产业发展列入重要议事日程，出台有针对性的配套措施。国家林业局要会同有关部门，加强木本油料产业发展系统性研究，及时解决产业发展中的矛盾和问题，加强督促检查，确保各项政策措施落实到位。

国务院办公厅
2014 年 12 月 26 日

5.2.28 关于完善退耕还林政策的通知

国务院关于完善退耕还林政策的通知

（国发〔2007〕25 号）

各省、自治区、直辖市人民政府，国务院各部委、各直属机构：

实施退耕还林是党中央、国务院为改善生态环境做出的重大决策，受到了广大农民的拥护和支持。自 1999 年开始试点以来，工程进展总体顺利，成效显著，加快了国土绿化进程，增加了林草植被，水土流失和风沙危害强度减轻；退耕还林（含草，下同）对农户的直补政策深得人心，粮食和生活费补助已成为退耕农户收入的重要组成部分，退耕农户生活得到改善。但是，由于解决退耕农户长远生计问题的长效机制尚未建立，随着退耕还林政策补助陆续到期，部分退耕农户生计将出现困难。为此，国务院决定完善退耕还林政策，继续对退耕农户给予适当补助，以巩固退耕还林成果、解决退耕农户生活困难和长远生计问题。现就有关政策通知如下：

一、指导思想、目标任务和基本原则

（一）指导思想。以邓小平理论和"三个代表"重要思想为指导，坚持以人为本，全面贯彻落实科学发展观，采取综合措施，加大扶持力度，进一步改善退耕农户生产生活条件，逐步建立起促进生态改善、农民增收和经济发展的长效机制，巩固退耕还林成果，促进退耕还林地区经济社会可持续发展。

（二）目标任务。一是确保退耕还林成果切实得到巩固。加强林木后期管护，搞好补植补造，提高造林成活率和保存率，杜绝砍树复耕现象发生。二是确保退耕农户长远生计得到有效解决。通过加大基本口粮田建设力度、加强农村能源建设、继续推进生态移民等措施，从根本上解决退耕农户吃饭、烧柴、增收等当前和长远生活问题。

（三）基本原则。坚持巩固退耕还林成果与解决退耕农户长远生计相结合；坚持国家支持与退耕农户自力更生相结合；坚持中央制定统一的基本政策与省级人民政府负总责相结合。

二、政策内容

（四）继续对退耕农户直接补助。现行退耕还林粮食和生活费补助期满后，中央财政安排资金，继续对退耕农户给予适当的现金补助，解决退耕农户当前生活困难。补助标准为：长江流域及南方地区每亩退耕地每年补助现金 105 元；黄河流域及北方地区每亩退耕地每年补助现金 70 元。原每亩退耕地每年 20 元生活补助费，继续直接补助给退耕农户，并与管护任务挂

钩。补助期为：还生态林补助8年，还经济林补助5年，还草补助2年。根据验收结果，兑现补助资金。各地可结合本地实际，在国家规定的补助标准基础上，再适当提高补助标准。凡2006年底前退耕还林粮食和生活费补助政策已经期满的，要从2007年起发放补助；2007年以后到期的，从次年起发放补助。

（五）建立巩固退耕还林成果专项资金。为集中力量解决影响退耕农户长远生计的突出问题，中央财政安排一定规模资金，作为巩固退耕还林成果专项资金，主要用于西部地区、京津风沙源治理区和享受西部地区政策的中部地区退耕农户的基本口粮田建设、农村能源建设、生态移民以及补植补造，并向特殊困难地区倾斜。

中央财政按照退耕地还林面积核定各省（区、市）巩固退耕还林成果专项资金总量，并从2008年起按8年集中安排，逐年下达，包干到省。专项资金要实行专户管理，专款专用，并与原有国家各项扶持资金统筹使用。具体使用和管理办法由财政部会同发展改革委、西部开发办、农业部、林业局等部门制定，报国务院批准。

三、配套措施

（六）加大基本口粮田建设力度。建设基本口粮田是解决退耕农户长远生计、巩固退耕还林成果的关键。要加大力度，力争用5年时间，实现具备条件的西南地区退耕农户人均不低于0.5亩、西北地区人均不低于2亩高产稳产基本口粮田的目标。对基本口粮田建设，中央安排预算内基本建设投资和巩固退耕还林成果专项资金给予补助，西南地区每亩补助600元，西北地区每亩补助400元。退耕还林有关地区要加大投入力度，加强基本口粮田建设。

（七）加强农村能源建设。各地要从实际出发，因地制宜，以农村沼气建设为重点、多能互补，加强节柴灶、太阳灶建设，适当发展小水电。采取中央补助、地方配套和农民自筹相结合的方式，搞好退耕还林地区的农村能源建设。

（八）继续推进生态移民。对居住地基本不具备生存条件的特困人口，实行易地搬迁。对西部一些经济发展明显落后，少数民族人口较多，生态位置重要的贫困地区，巩固退耕还林成果专项资金要给予重点支持。

（九）继续扶持退耕还林地区。中央有关预算内基本建设投资和支农惠农财政资金要继续按原计划安排，统筹协调，保证相关资金能够整合使用。鼓励退耕农户和社会力量投资巩固退耕还林成果建设，允许退耕农户投资投劳兴建直接受益的生产生活设施。

（十）调整退耕还林规划。为确保"十一五"期间耕地不少于18亿亩，原定"十一五"期间退耕还林2000万亩的规模，除2006年已安排400万亩外，其余暂不安排。国务院有关部门要进一步摸清25度以上坡耕地的实际情况，在深入调查研究、认真总结经验的基础上，实事求是地制订退耕还林工程建设规划。

（十一）继续安排荒山造林计划。为加快国土绿化进程，推进生态建设，今后仍继续安排荒山造林、封山育林。继续按原渠道安排种苗造林补助资金，并视情况适当提高补助标准。在安排荒山造林任务的同时，地方政府要负责安排好补植补造、抚育管理、病虫害防治和工程管理等工作，并安排相应经费。在不破坏植被、造成新的水土流失的前提下，允许农民间种豆类等矮秆农作物，以耕促抚、以耕促管。

四、组织实施

（十二）加强领导，落实责任。省级人民政府要对本地区巩固退耕还林成果、解决退耕农户长远生计工作负总责，坚持目标、任务、资金、责任"四到省"原则。市、县、乡要层层落实巩固成果的目标和责任，逐乡、逐村、逐户地狠抓落实。

（十三）科学规划，统筹安排。有关省级人民政府要制订切实可行的巩固退耕还林成果专项规划，重点包括退耕地区基本口粮田建设规划、农村能源建设规划、生态移民规划、农户接续产业发展规划等，并安排必要的退耕还林工作经费。规划要综合考虑还林的经营管理措施和退耕农户近期生计及长远发展配套项目，坚持因地制宜，突出重点，远近结合，综合整治，并与当地新农村建设规划等各专项规划相衔接。规划报发展改革委会同西部开发办、财政部、农业部、林业局等有关部门审批。经批准的规划作为安排年度项目和巩固退耕还林成果专项资金的前提和依据。退耕还林工作经费安排方案要随专项规划一并上报。

（十四）强化监督，严格检查。地方各级人民政府要认真落实政策，严肃工作纪律，严格核实退耕还林面积，严格资金支出管理，严禁弄虚作假骗取和截留挪用对农户的补助资金及专项资金。对于不认真执行中央政策的，根据问题性质和情节轻重，依法追究有关责任人员特别是地方人民政府负责人的责任。各级监察、审计部门要加强监督检查。

（十五）健全机制，加强协调。建立巩固退耕还林成果部际联席会议制度，协调巩固退耕还林成果有关工作。有关部门要按照规划要求，各司其职，各负其责，加强沟通，协同配合，形成合力，确保退耕还林成果切实得到巩固，退耕农户长远生计得到有效解决。

退耕还林工程涉及亿万农民，把这一项荫及子孙、惠及万民的工程建设好、巩固好、发展好，需要地方各级人民政府和全社会的共同努力。地方各级人民政府要从事关我国生态安全、全面建设小康社会和构建社会主义和谐社会的高度，充分认识巩固退耕还林成果的重要性和紧迫性，采取有力措施，确保政策落到实处，取得实效。

5.2.29 关于扩大新一轮退耕还林还草规模的通知

关于扩大新一轮退耕还林还草规模的通知

（财农〔2015〕258号）

各省、自治区、直辖市人民政府，新疆生产建设兵团：

党中央、国务院高度重视林业生态保护和建设，2014年启动了新一轮退耕还林还草。总体来看，地方各级党委政府对退耕还林还草工作高度重视，各部门密切配合，有序推进各项工作，基层干部群众的积极性比较高。但在新一轮退耕还林还草推进过程中，各地也反映总体规模偏小和实施进度偏慢等问题。为加快推进退耕还林还草，促进生态环境保护，推进连片特困地区脱贫致富，经国务院批准，现就有关事项通知如下：

一、充分认识扩大新一轮退耕还林还草的重要意义

加快推进新一轮退耕还林还草并扩大实施规模具有重要意义。一是有利于促进生态文明建设和可持续发展。《中共中央关于全面深化改革若干重大问题的决定》要求"稳定和扩大退耕还林范围"。《中共中央关于制定国民经济和社会发展第十三个五年规划的建议》提出"扩大退耕还林还草"。扩大新一轮退耕还林还草规模，把生态承受力弱、不适宜耕种的地退下来，种上树和草，是从源头防治水土流失、减少自然灾害、固碳增汇和应对气候变化的重要措施，是推进生态文明建设、实现可持续发展的重要举措。二是有利于推进连片特困地区脱贫致富。25度以上坡耕地（以下简称陡坡耕地）集中区域大多是连片特困地区。加快推进新一轮退耕还林还草并适当扩大规模，不仅能直接增加退耕农户现金收入，而且能解放农村劳动力，增加外出务工收入。三是有利于稳增长、促改革、调结构、惠民生。各地普遍将退耕还林还草作为调整农村产业结构的重要契机，在改善生态环境的同时，推动了农村经济发展转型。

各有关省、自治区、直辖市和新疆生产建设兵团（以下简称省）要充分认识扩大新一轮退耕还林还草规模的重要意义，准确把握政策要求，扎实细致地做好相关工作，把新一轮退耕还林还草组织实施好。

二、扩大新一轮退耕还林还草规模的主要政策

（一）将确需退耕还林还草的陡坡耕地基本农田调整为非基本农田。对陡坡耕地划为基本农田且确需退耕还林还草的，各有关省可在充分调查并解决好当地群众生计的基础上，研究拟定区域内扩大退耕还林还草的范围，并提出省级耕地保有量和基本农田保护指标的调整方案。省级调整方案请于2016年3月底前按法定程序上报国务院，并抄送财政部、国家发展改革委、国家林业局、国土资源部、农业部、水利部、国务院扶贫办。

（二）加快贫困地区新一轮退耕还林还草进度。从2016年起，国家有关部门在安排新一轮退耕还林还草任务时，重点向扶贫开发任务重、贫困人口较多的省倾斜。各有关省在具体落实时，要进一步向贫困地区集中，向建档立卡贫困村、贫困人口倾斜，充分发挥退耕还林还草政策的扶贫作用，加快贫困地区脱贫致富。

（三）及时拨付新一轮退耕还林还草补助资金。国家按退耕还林每亩补助1500元（其中中央财政专项资金安排现金补助1200元、国家发展改革委安排种苗造林费300元）、退耕还草每亩补助1000元（其中中央财政专项资金安排现金补助850元、国家发展改革委安排种苗种草费150元）。中央安排的退耕还林补助资金分三次下达给省级人民政府，每亩第一年800

元（其中种苗造林费 300 元）、第三年 300 元、第五年 400 元；退耕还草补助资金分两次下达，每亩第一年 600 元（其中种苗种草费 150 元）、第三年 400 元。各地要及时拨付中央下达的新一轮退耕还林还草补助资金。

（四）认真研究在陡坡耕地梯田、重要水源地 15-25 度坡耕地以及严重污染耕地退耕还林还草的需求。一是关于陡坡耕地梯田。各有关省可在充分调查并解决好当地群众生计的基础上，兼顾保护历史文化遗产的需要，在尊重农民意愿的前提下提出退耕还林还草的需求。二是关于重要水源地 15-25 度坡耕地。各有关省可根据国务院批准的全国重要江河湖泊一级水功能区划中规定的保护区、保留区迎水面的 15-25 度非基本农田坡耕地情况，提出退耕还林还草的需求。三是关于严重污染耕地。对于严重污染耕地确需退耕还林还草的，各有关省可按照国家有关土壤污染防治要求，在充分调查认定的基础上提出退耕还林还草的需求。上述三项退耕还林还草需求，请于 2017 年 4 月底前，分别报送财政部、国家发展改革委、国家林业局、国土资源部、农业部、环境保护部、水利部、国务院扶贫办。

三、工作要求

（一）坚持农民自愿、政府引导的原则。各有关省在研究扩大新一轮退耕还林还草范围工作时，要始终坚持农民自愿、政府引导的原则，对特殊困难地区以及主要依靠陡坡耕地粮食维持生计的农户，可根据实际情况自愿选择是否退耕。继续由省级人民政府负总责，并由地方政府做好粮食调运等工作，确保特殊困难地区退耕农户口粮安全。

（二）毫不动摇地保护好基本农田。各有关省必须严格遵守《中华人民共和国土地管理法》、《基本农田保护条例》等法律法规，优先划定永久基本农田，坚决保护好基本农田。此次调整仅限于调减陡坡耕地中的基本农田，严禁调减其他区域内基本农田，调减下来的基本农田必须用于退耕还林还草。

（三）加强部门之间沟通协调。财政、发展改革、林业、国土资源、农业、水利、环境保护、扶贫等相关部门要密切配合，积极沟通，妥善解决影响退耕还林还草进度的突出问题，确保各项工作顺利开展。进一步将退耕还林还草与农业结构调整、高标准口粮田建设、避险搬迁、土地整治、坡耕地水土流失治理等工作有机结合起来，采取积极措施，有效解决退耕农户的长远生计，切实巩固退耕还林还草成果。

[1] 《关于全面推进林业综合改革的意见》关于全面推进林业综合改革起草小组. 关于全面推进林业综合改革的意见政策解答 [M]. 北京: 中国农业出版社, 2008.
[2] 马天乐. 林业政策与林业管理 [M]. 北京: 中国林业出版社, 1998.
[3] 中国林业出版社. 集体林权制度改革森林经营管理务工作手册 [M]. 北京: 中国林业出版社, 2014.
[4] 江苏省林业局. 江苏省集体林权制度改革调研报告选 [M]. 北京: 中国林业出版社, 2009.
[5] 江苏省林业局. 集体林权制度改革政策法规汇编 [M]. 北京: 中国林业出版社, 2009.
[6] 何得桂. 林权改革: 难后补偿及改革深化研究 [M]. 北京: 知识产权出版社, 2015.
[7] 冷清波. 江西省集体林权制度改革及配套改革体系建设研究 [M]. 北京: 气象出版社, 2009.
[8] 张建国. 林业策等 [M]. 北京: 北京经济学院出版社, 1996.
[9] 秦长海, 陈来生. 广西集体林权制度改革综合效评价与政策调整研究 [M]. 北京: 中国林业出版社, 2013.
[10] 林小云. 林业法规化知识问答 1000 例 [M]. 北京: 中国林业出版社, 1993.
[11] 国家林业局集体林权制度改革领导小组办公室. 国家林业局重要文件和政策新之集 [M]. 北京: 中国林业出版社, 2010.
[12] 赵春. 新疆林业化作医疗发展问答 [M]. 北京: 中国人事出版社, 2010.
[13] 周永东. 林业政策等 [M]. 北京: 中国林业出版社, 2013.
[14] 施昆淼. 林业政策等 [M]. 哈尔滨: 东北林业大学出版社, 1995.
[15] 谢江谢林山广. 林业知识问答 [M]. 北京: 中国水利水电出版社, 2006.